Bibliothek der Abenteuer
Emilio Salgari
DER SCHWARZE KORSAR

Emilio Salgari

DER SCHWARZE KORSAR

Aus dem Italienischen
von Fr. M. von Siegroth

Die Reihe »Bibliothek der Abenteuer«
wird herausgegeben von Heinrich Pleticha

CIP–Titelaufnahme der Deutschen Bibliothek

Salgari, Emilio: Der schwarze Korsar / Emilio Salgari.
Aus dem Ital. von M. von Siegroth.
– 2. Aufl. – Würzburg: Arena, 1993
(Bibliothek der Abenteuer)
ISBN 3-401-04383-8

2. Auflage 1993
© 1991 by Arena Verlag GmbH, Würzburg
Alle Rechte vorbehalten
Übersetzung aus dem Italienischen: Fr. M. von Siegroth
Bearbeitung: Johannes Glanz
Einbandgestaltung: Karl Müller-Bussdorf
Gesamtherstellung: Chemnitzer Verlag und Druck GmbH,
Werk Zwickau
ISBN 3-401-04383-8

Inhalt

Die Flibustier der Insel Tortuga

Eine kraftvolle Stimme erscholl durch Dunkelheit und Wogengebraus. Sie rief einem auf den Wogen schaukelnden und sich mühsam vorwärts bewegenden Boote ein drohendes Halt zu. Die zwei Seeleute darin zogen die Ruder ein und schauten besorgt auf den riesigen Schiffsschatten, der urplötzlich aus den Fluten vor ihnen aufgetaucht war.

Beide Männer hatten markante, energische Züge, die durch den dichten, struppigen Bart noch kühner erschienen. Sie mochten wohl über die Vierzig sein. Ihre großen Filzhüte waren an vielen Stellen durchlöchert, und ihre zerrissenen, ärmellosen Wollhemden ließen die kräftige Brust sehen. Der rote Schal, den sie als Gürtel umgeschlungen hatten, war ebenfalls in miserablem Zustand, aber er enthielt ein Paar dicke, schwere Pistolen von jenem Ende des 16. Jahrhunderts gebrauchten Kaliber. Barfuß, mit Schlamm bedeckt, saßen sie in ihrem Kanu.

»Was siehst du?« fragte der eine von ihnen. »Du hast schärfere Augen als ich.«

»Ich sehe nur ein Schiff, kann aber nicht erkennen, ob Freund oder Feind, ob es von der Tortuga oder von den spanischen Kolonien kommt.«

»Nun, wer es auch sein mag – jedenfalls haben sie uns entdeckt, und werden uns nicht entschlüpfen lassen. Ein Kartätschenschuß würde genügen, um uns alle beide zum Teufel zu jagen.«

Jetzt erscholl dieselbe sonore Stimme von vorhin: »Wer da?«

Carmaux, der eine der Bootsleute, stieg auf die Bank und schrie aus Leibeskräften: »Wen die Neugierde plagt, der steige zu uns herab! Unsere Pistolen werden ihm antworten!«

Diese Entgegnung schien den Frager auf der Schiffsbrücke drüben nicht zu erzürnen. Im Gegenteil, er erwiderte belustigt: »Kommt nur herauf, ihr Helden! Die Küstenbrüder wollen euch ans Herz drücken.«

Die beiden Seeleute in dem Boot stießen einen Freudenschrei aus. »Die Küstenbrüder, also Freunde!«

»Das Meer soll mich verschlingen, wenn ich diese Stimme nicht kenne!« fügte Carmaux hinzu, der die Ruder wieder ergriffen hatte. »Nur einer ist so verwegen, bis zu den spanischen Festungen vorzudringen. Der Schwarze Korsar!«

»Donnerwetter! Ja, wirklich, er ist es!« sagte sein Gefährte aus Hamburg, mit Namen Stiller. »Aber was für eine schreckliche Nachricht müssen wir ihm bringen: Daß die Spanier nun auch seinen zweiten Bruder, den *Roten* Korsaren, an den Galgen gehängt haben! Vielleicht hoffte er, ihn noch zu retten. Wenn er ihn hängen sieht, wird er sich rächen wollen.«

»Und ich glaube, wir sind dabei, Stiller. Der Tag, an dem der verdammte Gouverneur von Maracaibo seine Strafe erleiden wird, soll der schönste Tag meines Lebens sein! Dann werde ich die beiden Smaragde, die ich in meine Hosen eingenäht habe, zu einem Schmause für die Kameraden spendieren. Sie müssen mindestens tausend Piaster bringen!«

Das Schiff, das man in der Dunkelheit nicht erkennen konnte, befand sich jetzt nur noch ein halbes Ankertau von der Schaluppe entfernt.

Es war eins jener Freibeuterfahrzeuge von der Insel Tortuga, die Jagd auf die großen spanischen Kauffahrteischiffe machten. Letztere wurden oft ihrer Ladung beraubt, wenn sie Schätze aus Mittelamerika, aus Mexiko oder den Gegenden am Äquator nach Europa brachten. Die Flibustierfahrzeuge waren gute, sehr stark bewaffnete Segler mit hohen Masten zur Ausnutzung der leichtesten Brisen. Sie hatten einen schmalen Kiel und ein sehr hohes Vorder- und Hinterteil. Zwölf lange Kanonen ragten mit ihren schwarzen Hälsen an Backbord und Steuerbord drohend empor, während auf der hohen Schiffsschanze zwei dicke Kanonen steckten, bestimmt, die Brücken der anderen Schiffe mit Kartätschenkugeln zu säubern.

Das Korsarenfahrzeug hatte sich back gelegt, um das Boot zu erwarten.

Am Bug sah man beim Lichte einer Schiffslaterne zehn bis zwölf Mann mit ihren Flinten schußbereit stehen.

Die beiden Kanufahrer ergriffen das Seil, das ihnen, zusammen mit einer Strickleiter, zugeworfen wurde, sicherten das Boot und zogen sich nun mit großer Geschicklichkeit in die Höhe.

Zwei Männer streckten ihnen die Flintenläufe entgegen, während ein dritter auf sie zutrat und ihnen mit einer Laterne ins Gesicht leuchtete.

»Wer seid ihr?« fragte er.

»Beim Beelzebub, meinem Schutzpatron!« rief Carmaux aus. »Erkennt ihr eure Freunde nicht mehr?«

»Ein Haifisch möge mich fressen, wenn das nicht der Biskayer Carmaux ist!« rief der Mann mit der Laterne. »Wie kommt es, daß du noch lebst, während man dich auf der Tortuga schon für tot hielt? Was? Da ist ja noch einer . . .! Bist du nicht der Hamburger Stiller?«

»In Fleisch und Blut steht er vor dir«, antwortete dieser.

»Auch du bist dem Strang entgangen?«

»Ja, der Tod wollte mich nicht haben. Und ich dachte auch, besser noch einige Jahre leben!«

»Und wie steht's mit dem Kapitän?«

»Still, still«, sagte Carmaux leise.

»Du kannst ruhig sprechen! Ist er tot?«

»Bande, ihr! Seid ihr noch nicht fertig mit Schwatzen?« rief jetzt eine metallisch klingende Stimme.

»Donnerwetter! Der Schwarze Korsar!« murmelte Stiller mit einem Schreckensschauder.

Carmaux dagegen rief laut: »Hier bin ich, Kommandant!«

Der von der Kommandobrücke Abgestiegene schritt auf sie zu. Die Hand hatte er auf dem Kolben der ihm am Gürtel hängenden Pistole. Er war ganz schwarz gekleidet und mit einer Eleganz, die man bei den Flibustiern des Golfs von Mexiko sonst nicht fand. Letztere begnügten sich gewöhnlich mit Hemd und Hose und kümmerten sich mehr um ihre Waffen als um ihre Gewänder.

Der Kapitän trug einen Kasack aus schwarzer Seide, mit Spitzen von derselben Farbe. Die auch aus schwarzer Seide bestehenden Beinkleider wurden durch eine breite, mit Fransen versehene Schärpe zusammengehalten. Hohe Stulpenstiefel und ein großer Schlapphut aus Filz, von dem eine lange, schwarze Feder bis auf die Schulter niederhing, vervollständigten seinen Anzug.

Auch das Äußere des Mannes hatte etwas von ernster Trauer an sich. Das marmorbleiche Gesicht stach seltsam ab von den schwarzen Spitzen des Kragens und der breiten Hutkrempe. Sein kurzer, schwarzer Bart war etwas gelockt und wie ein Christusbart geschnitten.

Es war ein schöner Mann mit regelmäßigen Zügen und der hohen, leichtdurchfurchten Stirn, die dem Antlitz etwas Melancholisches gab. Die kohlschwarzen Augen unter den langen Brauen blitzten zuweilen in einem solchen Feuer auf, daß sie selbst dem unerschrockensten Flibustier Furcht einflößten. Durch seine große, schlanke Gestalt, sein feines Benehmen und die aristokratischen Hände machte er den Eindruck eines Mannes von hoher Stellung. Vor allem merkte man ihm den Befehlshaber an.

»Wer seid ihr, und wo kommt ihr her?« fragte er die beiden Bootsleute.

»Wir sind Freibeuter von der Insel Tortuga, zwei Küstenbrüder«, antwortete Carmaux, »und kommen jetzt aus Maracaibo.«

»Seid ihr den Spaniern entwischt?«

»Ja, Kommandant!«

»Zu welchem Schiff gehört ihr?«

»Zu dem Roten Korsaren.«

Kaum hatte der andere diese Worte vernommen, als er auffuhr und die beiden mit sprühenden Blicken maß.

»Zum Schiff meines Bruders?« fragte er mit bebender Stimme.

Dann legte er einen Arm um Carmaux' Schultern und zog ihn fast gewaltsam zum Heck. Unter der Kommandobrücke wandte er den Kopf zu einem in straffer Haltung stehenden jungen Manne, seinem Oberleutnant.

»Wir wollen immer kreuzen, Morgan! Die Leute bleiben unter Waffen! Gebt mir sofort Nachricht, wenn sich ein Schiff oder eine Schaluppe naht!«

»Zu Befehl, Kommandant!« entgegnete der andere.

Der Schwarze Korsar stieg mit Carmaux in eine kleine Kabine hinunter. Dieselbe war behaglich eingerichtet. Eine vergoldete Lampe brannte, obgleich es an Bord der Piratenschiffe verboten war, nach neun Uhr abends noch Licht zu brennen.

Er wies dem Bootsmann einen Stuhl an und stand bleich, mit verschränkten Armen, vor ihm.

»Jetzt erzähle!« befahl er kurz. »Sie haben ihn getötet, meinen Bruder, den ihr den Roten Korsaren nanntet, nicht wahr?«

»Es ist so«, bestätigte Carmaux. »Sie haben ihn umgebracht, wie früher seinen anderen Bruder, den Grünen Korsaren.«

Ein heiserer, fast wilder Ton kam von den Lippen des Kommandanten.

Er führte die Hand zum Herzen und ließ sich in einen Stuhl fallen, indem er mit der Rechten die Augen bedeckte und laut aufschluchzte.

Dann aber sprang er auf, als ob er sich der Schwäche schämte. Die Erregung, die ihn für einen Moment ergriffen, war überwunden. Die Züge des marmornen Gesichts waren ruhiger, die Stirn freier geworden, aber in den Augen flammte es drohend.

Nachdem er mehrmals in der Kabine auf und ab gegangen, setzte er sich wieder und sagte: »Ich fürchtete schon, daß ich zu spät käme . . . Sprich, haben sie ihn erschossen?«

»Nein, gehenkt!«

»Bist du dessen sicher?«

»Ich habe ihn mit meinen eigenen Augen am Galgen gesehen.«

»Wann war das?«

»Noch heute nachmittag. Aber mutig ist er gestorben, Herr.«

»Rede!«

»Als der Strick ihn umschnürte, hatte er noch die Kraft, dem Gouverneur ins Gesicht zu spucken.«

»Dem Hunde?«

»Ja, dem flämischen Herzog van Gould.«

»Erst hat er einen meiner Brüder durch Verrat getötet und dann den zweiten gehenkt!« Der Kapitän knirschte mit den Zähnen. »Ich aber werde nicht eher ruhen, bis ich ihn und seine ganze Familie vernichtet habe!«

»Ja, es waren zwei der kühnsten Golfkorsaren!«

»Und die Stadt Maracaibo soll meine Rache spüren!« fuhr der Kommandant tonlos fort. »Ich lasse keinen Stein mehr dort, wo sie gestanden. Alle Flibustier der Tortuga und alle von San Domingo und Cuba sollen helfen . . .! Erzähle weiter! Wie haben sie euch gefangengenommen?«

»Wir sind nicht mit Waffengewalt besiegt, sondern überrascht und verhaftet worden, weil wir wehrlos waren. Wie Ihr wißt, hatte sich Euer Bruder nach Maracaibo begeben, um Vergeltung zu üben für den Tod des Grünen Korsaren. Wir waren achtzig Mann, alle mutig und zu jedem Wagnis entschlossen. Aber wir hatten das schlechte Wetter nicht in Betracht gezogen. In der Mündung des Golfs brach ein furchtbarer Sturm los, jagte uns wie rasend von Klippe zu Klippe, bis unser Schiff jämmerlich zerschellte. Nur sechsundzwanzig von unseren Leuten gelang es, unter unendlichen Anstrengungen die Küste zu erreichen. Wir hatten keine Waffen mehr und waren auch körperlich in so übler Verfassung, daß wir nicht den geringsten Widerstand leisten konnten. Der Kapitän führte uns durch die Sümpfe am Strande, uns immer Mut zusprechend.

Schon glaubten wir, einen Unterschlupf gefunden zu haben, fielen aber statt dessen in einen Hinterhalt. Leider waren wir auf dem gescheiterten Wrack von den Spaniern entdeckt worden. Dreihundert Soldaten, van Gould an der Spitze, umzingelten uns, griffen uns an und töteten alle, die sich widersetzten. Die andern wurden als Gefangene nach Maracaibo geschleppt.«

»Und mein Bruder war unter diesen?«

»Ja, Kommandant! Er hat sich mit dem einzigen Dolch, der ihm bei dem Schiffbruch geblieben, verteidigt wie ein Löwe, da er den Tod im Kampfe dem Galgen vorzog, aber der Flame hatte ihn erkannt! Als wir unter den Mißhandlungen der Soldaten und Beschimpfungen des Volks in Maracaibo ankamen, wurden wir zum Galgen verurteilt. Mein Freund Stiller und ich schienen mehr Glück zu haben als die andern Gefährten. Gestern morgen war es uns beiden in der Haft gelungen, unsern Wächter zu überwältigen und zu entfliehen. Von dem Dach einer Negerhütte, in der wir auf der Flucht Unterkunft gefunden hatten, haben wir das grausige Schauspiel der Hinrichtung eures Bruders und der andern Flibustier mit angesehen. Dann erhielten wir am Abend durch Hilfe des Negers ein Boot, mit dem wir über den Golf von Mexiko nach der Tortuga gelangen wollten. Das ist alles, Kommandant.«

»Wird mein Bruder noch heute am Galgen hängen?« fragte der Kapitän mit dumpfer Stimme.

»Drei Tage lang soll er da bleiben.«

»Und dann wird man ihn in eine Grube werfen?«

»Sicher.«

Nach einer Pause wandte sich der Korsar in verändertem Tone an Carmaux: »Hast du Angst?«

»Selbst nicht vor dem Teufel.«

»Du fürchtest auch nicht den Tod?«

»Nein, Kommandant!«

»Wirst du mir folgen?«

»Wohin?«

»Nach Maracaibo!«

»Wann?«

»Diese Nacht!«

»Sollen wir die Stadt angreifen?«

»Nein, dazu sind wir vorläufig nicht stark genug. Aber später wird Morgan zu diesem Zweck meine Befehle erhalten. Wir beide und dein Kamerad gehen vorerst allein.«

»Was gedenkt Ihr zu tun?«

»Die Leiche meines Bruders holen.«

»Seid auf der Hut, Kapitän! Ihr könntet dabei verhaftet werden!«

»Du kennst den Schwarzen Korsaren nicht.«

»Tod und Teufel! Er ist ja der kühnste Flibustier der Tortuga!«

»Geh jetzt und erwarte mich an der Schiffsbrücke! Ich lasse eine Schaluppe zurechtmachen.«

»Das ist nicht nötig, wir haben ja unser Boot. Das läuft wie der Wind.«

Ein verwegenes Unternehmen

Carmaux gehorchte sofort, da er wußte, daß mit dem Schwarzen Korsaren nicht zu spaßen war.

Stiller harrte seiner vor der Kajütenluke. Er stand mit dem Obermaat und einigen Flibustiern zusammen, die ihn über das unglückliche Ende des Roten Korsaren und seines Gefolges befragten. Sie entwickelten ihre Rachepläne gegen die Spanier von Maracaibo und besonders gegen den Gouverneur. Als der Hamburger hörte, daß das Boot zur Küste zurückkehren sollte, der man mit Mühe und Not entronnen war, murmelte er: »Dabei werden wir unsere Haut lassen müssen, Carmaux.«

»Bah, wir gehen ja diesmal nicht allein, der Schwarze Korsar fährt mit.«

»Dann hab' ich keine Sorge! Der Satansbruder kommt hundert Flibustiern gleich!«

Hierauf wandte sich Carmaux an den Obermaat: »He, Freundchen, laß drei Gewehre, Munition, ein paar Säbel und etwas Lebensmittel ins Boot legen! Man weiß nie, was einem zustößt und wann wir zurückkehren können.«

»Es ist schon geschehen«, antwortete der Angeredete. »Auch der Tabak ist nicht vergessen worden.«

»Danke, du bist wirklich ein Prachtkerl!«

Jetzt trat der Korsar hinzu. Er hatte noch sein Trauergewand an, hatte sich aber einen langen Säbel umgeschnallt und in den Gürtel ein paar Pistolen gesteckt, dazu einen jener langen, scharfen, »Misericordia« genannten Dolche. Über dem Arm trug er einen weiten schwarzen Mantel.

Er näherte sich dem Vizekapitän Morgan auf der Kommandobrücke und wechselte einige Worte mit ihm. Dann sagte er kurz zu den beiden Flibustiern: »Los!«

Alle drei stiegen ins Kanu. Der Korsar wickelte sich in seinen Mantel und setzte sich an den Bug, während die Bootsleute wieder angestrengt zu rudern begannen.

Das große Schiff, die »Fólgore«[*], hatte sofort die Laterne gelöscht und war, die Segel nach dem Winde richtend, dem Boote gefolgt, indem es immer lavierte, um ihm nicht voranzulaufen.

Wahrscheinlich wollte der Vizekapitän seinen Befehlshaber bis zur Küste begleiten, um ihn bei Gefahr schützen zu können.

Der Kommandant hatte sich halb ausgestreckt und den Kopf auf die Hand gestützt. So verharrte er schweigend, aber seine Blicke, scharf wie die eines Adlers, schweiften unablässig an dem noch finstern Horizont entlang. Noch konnte er die amerikanische Küste nicht erspähen. Von Zeit zu Zeit wandte er sich nach seinem Schiffe um, das ihm in einer Entfernung von sieben bis acht Ankertauen folgte.

Stiller und Carmaux ruderten indessen das leichte, flinke Kanu über die Fluten, daß es nur so flog. Beide schienen jetzt ohne Sorge über die Rückkehr nach dem feindlichen Ufer zu sein, so groß war ihr Vertrauen zu der Kühnheit und Tapferkeit des Schwarzen Korsaren, dessen Name allein schon genügte, um alle Küstenstädte des mexikanischen Golfs in Schrecken zu setzen.

Da das Meer in der Bucht von Maracaibo glatt wie Öl war, konnten die beiden Ruderer jetzt schneller vorwärtskommen.

---

[*] Fólgore: Blitz

Der Ort lag zwischen zwei Landzungen eingeschlossen, die ihn vor den breiten Wogen des großen Golfs schützten. Da es dort keine steilen Küsten gab, trat selten Flutwasser ein.

Schon ruderten die beiden eine Stunde lang, als der Schwarze Korsar, der sich bisher kaum bewegt hatte, sich plötzlich erhob, um den ganzen Horizont abzusuchen.

Ein Licht, das nicht von einem Stern herrühren konnte, leuchtete in südwestlicher Richtung in minutenlangen Zwischenräumen.

»Maracaibo!« sagte er in dumpfem Ton, der einen innern Grimm verriet. »Wie weit sind wir noch entfernt?«

»Vielleicht drei Meilen«, antwortete Carmaux.

»Also werden wir um Mitternacht da sein?«

»Ja, Kapitän!«

»Liegen Kreuzer vor?«

»Ja, die Zollbeamten!«

»Die müssen wir natürlich vermeiden!«

»Wir kennen einen Platz, Kapitän, wo wir ruhig landen und unser Boot verstecken können. Es sind Sumpfpflanzen dort.«

»Also los!«

»Aber es wäre besser, daß Euer Schiff jetzt nicht so nahe käme, Kommandant«, meinte Stiller.

»Es hat schon gewendet und wird uns draußen erwarten«, entgegnete der Korsar.

Nach einigen Augenblicken des Schweigens begann er wieder: »Ist es wahr, daß ein Geschwader im See liegt?«

»Ja, das des Konteradmirals Toledo, der über Maracaibo bis Gibraltar Wache hält.«

»Aha, haben sie Furcht? Nun, der ›Olonese‹ befindet sich auf der Tortuga. Bald werden wir zusammen das Geschwader in den Grund bohren. Warten wir noch ein paar Tage, dann wird van Gould wissen, mit wem er es zu tun hat!«

Er wickelte sich von neuem in seinen Mantel, zog den Filzhut über die Augen und setzte sich wieder, indem er seine Blicke fest auf jenen glänzenden Punkt gerichtet hielt, der den Hafenleuchtturm anzeigte.

Das Boot nahm seinen Kurs wieder auf. Es wandte den Bug aber nicht der Mündung von Maracaibo zu, da es den Zollkreuzer umgehen mußte, der die Insassen sicher festgehalten und verhaftet hätte.

Nach einer halben Stunde wurde die nur drei bis vier Ankertaue entfernte Golfküste deutlich sichtbar. Das Ufer fiel sanft zum Meere ab. Es war ganz mit Sumpfpflanzen bedeckt, jener Vegetation, die meist an Wassermündungen wächst und das gefürchtete gelbe Fieber erzeugt. Weiterhin sah man unter dem Sternenhimmel dunkle Sträucher, aus denen ricsige Blätterbüschel in die Luft ragten.

Carmaux und Stiller hatten die Ruderschläge verlangsamt. Sie näherten sich der Küste, indem sie jedes Geräusch vermieden und aufmerksam nach allen Richtungen ausschauten, als erwarteten sie eine Überraschung.

Der Schwarze Korsar saß schweigend, unbeweglich. Die drei Flinten, die er mitgenommen hatte, lagen zugriffbereit vor ihm, um jedes sich nahende Boot mit einer Ladung Schrot begrüßen zu können.

Es mußte Mitternacht sein, als das Boot inmitten der Sumpfpflanzen und verschlungenen Wurzeln landete.

Der Korsar hatte sich erhoben. Nachdem er die Küste genau beobachtet hatte, sprang er behend ans Land und band das Boot an einen Baum.

»Laßt die Flinten drin!« sagte er zu den beiden Ruderern.

»Habt ihr eure Pistolen? Und wißt ihr, wo wir uns befinden?«

»Ja, zehn oder zwölf Meilen von Maracaibo entfernt.«

»Liegt die Stadt hinter diesem Wald?«

»Gerade am Rande desselben!«

»Können wir bei Tag hinein?«

»Unmöglich!«

»Also sind wir zu warten gezwungen.« Hierauf schwieg er, wie in Gedanken versunken . . .

»Werden wir meinen Bruder noch finden?« fragte er nach einer Weile.

»Er sollte drei Tage auf dem Granadaplatz hängen!«

»Dann haben wir Zeit. Habt ihr Bekannte in Maracaibo?«

»Ja, einen Neger, der uns gestern das Kanu zur Flucht bot. Er wohnt am Waldessaum in einer einsamen Hütte.«

»Wird er uns auch nicht verraten?«

»Wir setzen unseren Kopf für ihn ein!«

»Gut! Vorwärts!«

Sie stiegen das Ufer hinauf, die Ohren gespannt und die Hände auf dem Knauf ihrer Pistolen.

Der Wald ragte vor ihnen auf wie eine dunkle Höhle: Baumstämme jeder Form und Größe mit ungeheuren Blättern, durch welche man das gestirnte Himmelszelt nicht mehr sehen konnte.

Bogenförmige Lianengehänge wanden sich rechts und links von den Palmenstämmen in tausenderlei Verschlingungen hinauf und hinunter, während am Erdboden unzählige miteinander verwickelte Wurzeln entlangkrochen, welche das Vorwärtskommen der drei Piraten sehr erschwerten. Sie waren gezwungen, weite Umwege zu machen, um einen Durchgang zu finden, oder sie mußten selbst Hand anlegen, um die Hemmnisse mit den Enterwaffen zu zerschneiden. Zwischen jenen tausend Stämmen liefen unstete Lichter hin und her wie leuchtende Punkte, welche ab und zu Strahlenbündel warfen. Bald tanzten sie auf dem Boden, bald im Blätterwerk. Jäh erloschen sie, um sich dann von neuem zu entzünden und wahre Lichtwellen von unvergleichlicher Schönheit zu bilden. Es waren die großen Leuchtkäfer Südamerikas. Bei ihrem Scheine kann man selbst die kleinste Schrift in einer Entfernung von mehreren Metern lesen. Drei oder vier dieser Tiere, in einer Kristallvase einge-schlossen, genügen zur Beleuchtung eines ganzen Zimmers.

Auch andere, wie Phosphor leuchtende Insekten schwirrten in Schwärmen herum.

Die drei Flibustier setzten schweigend ihren Marsch fort. Es war höchste Vorsicht geboten, da sie, außer den Menschen, auch die Tiere des Waldes zu fürchten hatten, die blutgierigen Jaguare und vor allem die Schlangen, besonders die Jararacaca genannten giftigen Reptilien, die man auch bei Tage schwer erkennen kann, da ihre Haut der Farbe der trockenen Blätter ähnelt.

So mußten sie schon zwei Meilen gegangen sein, als Car-maux, der als bester Kenner dieser Waldungen immer voran-ging, plötzlich stehenblieb und blitzschnell eine seiner Pistolen zog.

»Ist es ein Jaguar oder ein Mensch?« fragte der Korsar, ohne die mindeste Furcht.

»Es könnte ein Spion sein«, antwortete der Bootsmann. »In diesem Lande weiß man nie, ob man den nächsten Tag noch erlebt. Nur zwanzig Schritt von hier ist jemand vorbeige-huscht.«

Der Korsar bückte sich zur Erde und horchte aufmerksam, den Atem anhaltend. Er hörte ein leichtes Blätterrascheln, das aber so schwach war, daß es nur ein äußerst feines Ohr vernehmen konnte.

»Es wird ein Tiger gewesen sein«, sagte er, sich wieder erhebend. »Bah, lassen wir uns nicht so leicht erschrecken!«

Plötzlich blieb er bei einer Baumgruppe mit gigantischem Blätterwerk stehen. Sein scharfer Blick durchforschte die Dunkelheit. Das Geraschel hatte aufgehört, aber ein metallischer Ton, gleich einem tauben Gewehrschuß, drang an sein Ohr.

»Halt, es ist ein Spion hier, der den günstigen Moment abwartet, um hinterrücks auf uns zu schießen!«

»Möglich, daß man unsere Landung bemerkt hat«, sagte Stiller beunruhigt. »Diese Spanier haben überall Späher!«

Der Korsar suchte, mit der Pistole in der Hand, das Blätterdickicht ganz leise zu umgehen. Mit einem Sprung stand er einem Manne gegenüber, der sich im Gebüsch versteckt hatte.

Der Angriff des Korsaren war so ungestüm, daß der Späher, der gegen den Degenknauf des Gegners geprallt war, zur Erde fiel.

Carmaux und Stiller eilten sofort herbei. Sie nahmen ihm das Gewehr ab und setzten ihm die Pistole auf die Brust.

»Natürlich einer unserer Feinde!« sagte der Korsar, sich über ihn beugend. »Wenn du dich rührst, bist du des Todes!«

»Ein Soldat des verdammten van Gould!« rief Stiller. »Ich möchte nur wissen, warum du dich hier versteckst!«

Der Spanier, der von dem Angriff erst ganz verblüfft war, begann sich wieder zu erholen. Er machte Miene aufzustehen.

»Carrai!« stammelte er. »Bin ich in die Hände des Teufels gefallen?«

»Erraten!« lachte Carmaux. »So werden wir Flibustier von euch genannt!«

Den andern überlief ein Schauder. Carmaux bemerkte es.

»Hab keine Furcht, Freundchen!« sagte er. »Den Teufelsstrick sparen wir uns für später auf, wenn wir im Freien den Fandango tanzen werden mit einem hübschen, festen Hanf um die Kehle!«

Dann wandte er sich fragend zu dem Korsaren um, der schweigend den Gefangenen betrachtete.

»Oder soll ich ihm jetzt mit einem Pistolenschuß den Garaus machen?«

»Nein!«

»Oder an einen Baumzweig hängen?«

»Noch weniger!«

»Vielleicht gehört er zu denen, die meinen Kapitän, den Roten Korsaren, an den Galgen gebracht haben!«

Bei dieser Erinnerung schoß ein Blitz aus den Augen des Schwarzen Korsaren, aber er erlosch sofort.

»Er soll nicht sterben, weil er uns lebend mehr nützen kann!«

»Dann wollen wir ihn gut binden!« riefen die beiden Piraten.

Sie nahmen die roten Wollbinden, die ihnen seitlich am Gürtel hingen, und drückten die Arme des Gefangenen zusammen, ohne daß dieser Widerstand wagte.

»Jetzt möchten wir auch mal sehen, wie du aussiehst!« sagte Carmaux.

Er zündet ein Stück Lunte an, das er in der Tasche hatte, und näherte sich damit dem Gesicht des Spaniers.

Der arme Teufel mochte kaum dreißig Jahre sein. Er war lang und mager wie sein Landsmann Don Quichote und hatte gleich diesem ein eckiges Gesicht mit grauen Augen und rötlichem

Bart. Sein Anzug bestand aus einem Kasack von gelbem Leder, weiten, schwarz und rot gestreiften Hosen und hohen, schwarzen Stiefeln. Auf dem Kopfe hatte er einen Stahlhelm mit einer arg zerzausten Feder, und vom Gürtel hing ihm ein langes Schwert herab, dessen Scheide am Ende verrostet war.

»Beim Beelzebub, meinem Schutzpatron!« rief Carmaux lachend. »Wenn der Gouverneur von Maracaibo mehr von diesen Helden hat, so wissen wir, daß er sie nicht mit Kapaunen füttert, denn dieser hier ist ja mager wie ein geräucherter Hering. Ich glaube, Kapitän, daß es sich gar nicht der Mühe lohnt, ihn zu hängen.«

Der Schwarze Korsar berührte den Gefangenen mit seiner Degenspitze und sagte: »Jetzt sprich, wenn dir deine Haut lieb ist!«

»Die Haut ist schon verloren«, erwiderte der Gefangene trocken. »Ich werde ja nicht lebendig aus Euren Händen hervorgehen. Und wenn ich auch erzähle, was Ihr wissen wollt, bin ich ja doch nicht sicher, den morgigen Tag noch zu erleben.«

»Der Spanier scheint Mut zu haben«, meinte Stiller.

»Durch seine Antwort kann er begnadigt werden«, fügte der Korsar hinzu. »Los, willst du antworten?«

»Nein!« entgegnete der andere.

»Ich habe dir das Leben versprochen!«

»Wer glaubt daran!«

»Wer? Weißt du auch, wer ich bin?«

»Ein Pirat!«

»Ja, aber man nennt mich den Schwarzen Korsaren!«

»Bei der heiligen Jungfrau von Guadalupe!« rief der Spanier erblassend. »Ihr hier? Wollt Ihr Euren Bruder rächen und uns alle vernichten?«

»Wenn du nicht sprichst, so werden alle umgebracht! Es soll kein Stein auf Maracaibo bleiben!«

»Por todos santos!« sagte der Gefangene, der sich noch nicht von seiner Überraschung erholt hatte.

»Sprich!«

»Ich bin dem Tode verfallen. Also wozu?«

»Der Schwarze Korsar ist ein Ehrenmann, und ein solcher hält sein Wort«, sprach der Kapitän feierlich.

»Gut, fragt mich aus!«

Der Gefangene

Der Korsar hatte sich dem Gefangenen gegenüber auf eine Baumwurzel gesetzt, während die beiden Flibustier sich als Wachen am Ende des Wäldchens aufgestellt hatten, weil man nicht sicher war, ob der Verhaftete noch Kameraden in der Nähe hatte. »Sage mir, hängt mein Bruder noch?« fragte er nach kurzem Schweigen.

»Ja«, antwortete der Spanier. »Der Gouverneur hat befohlen, ihn drei Tage und drei Nächte hängen zu lassen, bevor man ihn den wilden Tieren im Walde vorwirft.«

»Glaubst du, daß man seinen Leichnam rauben kann?«

»Vielleicht. Bei Nacht ist nur eine einzige Schildwache auf der Plaza de Granada. Die fünfzehn Gehenkten können doch nicht entfliehen.«

»Fünfzehn!« rief der Korsar. »Hat der grausame van Gould nicht einen einzigen am Leben gelassen?«

»Keinen!«

»Und fürchtet er nicht die Rache der Tortugapiraten?«

»Maracaibo ist gut mit Truppen und Kanonen versehen.«

Ein verächtliches Lächeln umschwebte die Lippen des stolzen Korsaren.

»Was tun uns die Kanonen«, sagte er. »Unsere Enterwaffen sind mehr wert. Ihr habt es doch bei den Angriffen von San Francisco di Campeche, von Sant'Agostino de Florida und andern Kämpfen gesehen!«

»Es ist wahr, aber van Gould hält Maracaibo für sicher.«

»Gut. Wir werden es sehen, wenn ich es mit dem Olonesen überfallen werde.«

»Mit dem Olonesen?« rief der Verhaftete mit Schaudern aus.

»Was suchst du in diesem Walde?«

»Ich überwachte das Ufer!«

»Allein?«

»Ja, allein!«

»Fürchtet man eine Überraschung von unserer Seite?«

»Ja, da ein im Golf kreuzendes, verdächtiges Schiff signalisiert war!«

»Also mein Schiff?«

»Da Ihr hier seid, wird es wohl Euer Schiff gewesen sein.«

»Und der Gouverneur . . .«

»Er hat einige seiner Vertrauten nach Gibraltar geschickt, um den Admiral davon zu unterrichten.«

Diesmal wurde der Korsar unruhig. Dann zuckte er leicht mit den Schultern: »Bah, wenn die Schiffe des Admirals nach Maracaibo kommen, sind wir schon längst an Bord der ›Fólgore‹.«

Er stand auf und rief durch einen Pfiff die beiden am Waldesrand postierten Flibustier herbei: »Wir wollen weiter!«

»Aber was sollen wir mit diesem Mann anfangen?« fragte Carmaux.

»Wir nehmen ihn mit!«

Es begann schon zu dämmern. Die Schatten der Nacht wichen rasch, verscheucht von einem rosigen Licht, das den ganzen Himmel einnahm und das sich auch unter den gigantischen Bäumen des Waldes ausbreitete. Die Affen, die in Südamerika, besonders in Venezuela, so zahlreich sind, erwachten und erfüllten die Gebüsche mit ihrem seltsamen Geschrei.

Allerlei Vierfüßler bevölkerten die Wipfel der, Assai genannten, leichtstämmigen Palmen, wie das grüne Blätterwerk der riesigen Eriodendren. Sie bewegten sich wie Kobolde zwischen den, auch Sipos genannten, großen Lianen, welche die Bäume umklammerten oder an den Luftwurzeln der Arioden hängen.

Da erblickte man Affen, die so klein und niedlich waren, daß man sie in die Tasche stecken könnte, Scharen roter Sahui, die etwas größer als Eichhörnchen sind und mit ihrem schönen Schweif an kleine Löwen erinnern, ferner Scharen von Monos, den magersten aller Affen, die mit ihren langen Armen und Beinen an Riesenspinnen erinnern.

In ihr Geschrei mischten sich die Stimmen der Vögel. Laut plapperten die blauköpfigen Papageien auf den großen Blättern der Pomponasse, die zur Fabrikation der leichten Panamahüte verwandt werden, oder sie stolzierten auf den eigenartigen Palmen mit den Purpurblüten einher. Auf den Laransiabüschen mit den starkduftenden Blumen saßen die großen, ganz roten Papageien, die vom Morgen bis zum Abend ihr eintöniges Ará-Ará ertönen lassen.

Auch die Klagevögel fehlten nicht, so genannt, da ihre Laute einem Klagen oder Weinen gleichen.

Die Flibustier und der Spanier, die an die seltsamen Geräusche in den dortigen Wäldern gewöhnt waren, hielten sich nicht auf, um Pflanzen, Vierfüßler oder Vögel zu bewundern. Sie suchten so schnell wie möglich aus dieser Wildnis herauszukommen.

Der Korsar schritt mit düsterer Miene einher. So sah man ihn fast immer, sowohl an Bord eines Schiffes, wie an Land, selbst bei den Schmausereien auf der Tortuga. Die beiden Piraten kannten schon seine Gewohnheiten und hüteten sich, ihn zu fragen oder aus seinen Gedanken herauszureißen. So marschierten sie zwischen Palmen, Schlingpflanzen und Tieren wohl zwei Stunden lang, bis Carmaux bei einem Gebüsch seltsamer Gewächse stehenblieb. Sie hatten lederartige Blätter, die, wenn der Wind wehte, sonderbare Töne hervorbrachten.

»War es nicht hier?« fragte er seine Gefährten. »Ich glaube, mich nicht zu irren.«

In diesem Augenblick hörte man aus der Mitte des Gehölzes süße, melodische Flötentöne.

Der Korsar wandte sich um. »Was ist das?« fragte er.

»Mokkos Flöte!« antwortete Carmaux lächelnd. »Es ist der Neger, der uns zur Flucht verhalf. Seine Hütte befindet sich inmitten dieser sonderbaren Pflanzen. Er wird jetzt seine Schlangen meistern.«

»Ein Zauberer?«

»Ja, Kapitän!«

»Diese Flöte kann uns aber verraten!«

»Wir können sie ihm ja wegnehmen und die Schlangen in den Wald jagen!«

Carmaux, der schon in das Gebüsch eingedrungen war, wich mit einem Schreckensruf wieder zurück.

Vor einer armseligen Hütte aus verschlungenen Baumzweigen stand ein Neger von herkulischen Formen. Er war hochgewachsen, mit kräftigen Schultern und breiter Brust. Seinen Muskeln sah man die Riesenkraft an. Obgleich die Nase platt, die Lippen dick waren und die Backenknochen vorstanden, konnte das Gesicht nicht häßlich genannt werden. Im Gegenteil, es hatte etwas Gutes, Freimütiges, Kindliches, nicht eine Spur von dem wilden Ausdruck, den viele andere afrikanische Rassen zeigen.

Seine Behausung lag, wie die meisten Indianerhütten, halb versteckt hinter einem mächtigen Baume, umgeben von Kürbispflanzen.

Mokko stand an einem abgehauenen Baumstamm und blies

eine Flöte aus leichtem Bambusrohr, der er seltsam weiche, langgezogene Töne entlockte. Vor ihm krochen ganz sanft und ruhig etwa zehn der gefährlichsten Reptilien Südamerikas.

Es waren einige Jararacaca, die selbst die Indianer wegen ihres Giftes fürchten, kleine tabakfarbene Schlangen mit abgeplattetem, dreieckigem Kopf und feinem Hals. Auch mehrere Klapperschlangen, einige ganz schwarze Nattern, die fast blitzartig ihr Gift ausspritzen, und etliche Reptilien mit weißen, kreuzförmigen Streifen auf dem Kopfe, deren Biß eine Lähmung des betreffenden Gliedes bewirken kann.

Als der Neger Carmaux' Aufschrei hörte, richtete er seine großen, porzellanähnlichen Augen auf die Flibustier. Dann nahm er seine Flöte aus dem Munde und sagte erstaunt: »Ihr seid noch hier? Ich glaubte euch schon in Sicherheit.«

»Ja doch, ja . . . aber der Teufel hole mich, wenn ich nur einen Schritt in dein gefährliches Revier wage!«

»Meine Tiere tun den Freunden nichts Böses an«, antwortete Mokko lachend. »Warte einen Augenblick, ich werde sie schlafen legen!«

Er nahm einen aus Blättern geflochtenen Korb, legte die Schlangen hinein, ohne daß diese sich sträubten, und schloß ihn darauf sorglich mit einem großen Stein.

»Jetzt kannst du ohne Furcht in meine Hütte treten, weißer Bruder! Bist du allein?«

»Nein, ich komme mit meinem Schiffskapitän, dem Bruder des Roten Korsaren!«

»Mit dem Schwarzen Korsaren? Da kann Maracaibo sich freuen!«

»Still, Mokko! Überlaß uns deine Hütte, und du wirst es nicht bereuen!«

Jetzt war der Korsar mit Stiller und dem Gefangenen hinzugetreten. Er grüßte den Neger mit einem Wink der Hand und wandte sich an Carmaux: »Ist das der Mann, der euch zur Flucht verholfen hat?«

»Ja, Kapitän!«

»Haßt er die Spanier?«

»Wie wir!«

»Und kennt er Maracaibo?«

»Wie wir Tortuga!«

Der Korsar betrachtete die mächtige Muskulatur des Afrikaners und sagte: »Er wird uns nützlich sein!«

Sein Blick schweifte in der Hütte umher. Als er in einer Ecke einen aus Baumzweigen roh hergestellten Stuhl fand, setzte er sich, um von der beschwerlichen Wanderung auszuruhen.

Indessen beeilte sich der Neger, den Fremden Gastfreundschaft zu erweisen. Er brachte Backwerk, das aus dem Mehl der Maniocknollen hergestellt war, die im zerriebenen und zerdrückten Zustand ihre giftige Eigenschaft verlieren.

Außer aromatischen Goldbananen holte er Früchte des Flaschenbaums herbei, die wie Tannenzapfen aussahen und unter ihren Schuppen einen ausgezeichneten, weißlichen Saft enthielten. In einem ausgehöhlten Kürbis setzte er Pulque vor, ein der Agave entnommenes gegorenes Getränk.

Die drei Flibustier, die während der ganzen Nacht keinen Bissen zu sich genommen hatten, ließen sich das Frühstück schmecken. Sie gaben auch dem Gefangenen davon ab. Dann streckten sie sich sorglos auf einem Haufen frischer Blätter aus, die der Neger in die Hütte geschleppt hatte. Sie konnten ruhen, denn der Neger hielt indessen Wache.

Während des ganzen Tags rührte sich keiner von ihnen.

Kaum aber war die Dunkelheit wieder angebrochen, da sprang der Korsar auf. Er blieb vor dem gefangenen Spanier stehen.

»Ich habe dir versprochen, dich leben zu lassen. Dafür mußt du mir sagen, ob ich unbeobachtet in den Palast des Gouverneurs gelangen kann!«

»Ihr wollt ihn ermorden?«

»Ermorden«, entgegnete der Flibustier zornig. »Ich töte nie durch Verrat.«

»Er ist alt, der Gouverneur, während ihr jung seid. Ihr würdet auch nicht in sein Zimmer gelangen, denn eine Menge Soldaten bewachen ihn und würden euch sofort verhaften.«

»Ich weiß, daß er mutig ist.«

»Wie ein Löwe!«

»Gut, ich werde ihn schon finden!«

Dann drehte er sich zu den beiden Bootsleuten um, die sich ebenfalls erhoben hatten, und sagte zu Stiller: »Du wirst hierbleiben und diesen Mann bewachen!«

»Würde nicht der Neger genügen, Kapitän?«

»Nein! Er ist stark wie Herkules und muß mir helfen! Komm, Carmaux, laß uns erst eine Flasche spanischen Weins in Maracaibo leeren!«

»Zu dieser Stunde, Kapitän?«

»Hast du Angst?«

»Mit Euch würde ich selbst in die Hölle fahren und Meister Beelzebub an die Nase fassen! Nur fürchte ich, daß wir entdeckt werden.«

Ein Lächeln umspielte die Lippen des Korsaren. »Wir werden sehen. Komm nur!« sagte er.

Ein Zweikampf zwischen vier Wänden

Obgleich Maracaibo nur zehntausend Einwohner zählte, war es in jener Zeit doch eine der wichtigsten Städte, die Spanien an der mexikanischen Goldküste besaß.

Durch die herrliche Lage am südlichen Ende der Bucht und nahe dem gleichnamigen See, der es mit dem Festland verband, hatte es schnell große Bedeutung erlangt, so daß es ein Stapelplatz aller Erzeugnisse Venezuelas wurde.

Die Spanier hatten es mit einer mächtigen Festung versehen und diese mit einer großen Zahl von Kanonen ausgestattet. Auch auf den beiden Inseln, die es von der Golfseite schützten, hatten sie starke Garnisonen angelegt, da man immer einen plötzlichen Einfall der gefürchteten Flibustier der Tortuga befürchtete.

Schon die ersten Abenteurer, die ihren Fuß auf jenes Ufer setzten, hatten dort schöne Häuser errichtet. Viele Paläste waren von spanischen Baumeistern erbaut worden, die in der Neuen Welt ihr Glück suchten. In den zahlreichen repräsentativen Gebäuden versammelten sich die reichen Bergwerksbesitzer, und hier tanzte man bei öffentlichen Festen den Fandango und Bolero.

Als die Flibustier und der Neger ohne Hindernisse in Maracaibo ankamen, waren die Straßen noch belebt und die Tavernen, wo man den spanischen Wein ausschenkte, noch voll, denn die Spanier verzichteten auch in ihren Kolonien nicht auf ihren heimatlichen Malaga und Jerez[*].

---

[*] Sherry

Der Schwarze Korsar hatte den Schritt verlangsamt. Den Filzhut tief über die Augen gezogen und fest in seinen Mantel gehüllt, obgleich der Abend noch warm war, beobachtete er aufmerksam die Straßen und Häuser, als ob er sie seinem Gedächtnis einprägen wollte.

Auf der Plaza de Granada, die den Mittelpunkt der Stadt bildete, blieb er, sich an eine Mauer lehnend, stehen, als ob ihn ein Schwächeanfall ergriffen hätte. Der Platz bot ein schreckliches Schauspiel: Fünfzehn Galgen waren im Halbkreis vor einem die spanische Flagge tragenden Palaste errichtet. Die Leichen, die daran hingen, waren alle barfuß, nur mit Fetzen bekleidet, mit Ausnahme einer einzigen, die hohe Wasserstiefel und einen feuerroten Anzug trug. Über die Galgen zogen kleine schwarzgefiederte Geier, die nur die Fäulnis jener Unglücklichen abzuwarten schienen, um sich auf die Leichname zu stürzen.

Carmaux hatte sich dem Korsaren genähert und sagte mit tiefer Bewegung: »Unsere Gefährten, Kapitän!«

»Ja, sie schreien nach Rache, und ich werde sie rächen!«

Schnell schüttelte der Kommandant die Rührung ab, die ihn übermannt hatte, und trat mit raschen Schritten in eine nahegelegene Posada ein. Es war ein Gasthaus, wo sich die Nachtkumpane zu versammeln pflegten, um noch einige Becher zu leeren. Dort setzte er sich an einen leeren Tisch. Da er stumm blieb, bestellte Carmaux Wein.

»Gib aber von deinem besten Xeres!« rief er dem Wirt im reinsten Biskayer Dialekt zu. »Die Golfluft hat mir einen solchen Durst gemacht, daß ich deinen ganzen Keller austrinken könnte!«

Der Wirt eilte herbei und füllte drei Becher. Der Korsar rührte jedoch seinen nicht an. Er war in seine Gedanken vertieft.

Carmaux stieß den Neger an und sagte leise: »Er träumt von Sturmangriffen.«

Dann sah er sich neugierig um, und seine Blicke begegneten sechs mit gewaltig langen Navajas[*] bewaffneten Individuen, die ihn aufmerksam betrachteten.

»Wer sind die denn?« fragte er den Neger.

»Basken im Dienste des Gouverneurs.«

»Also Landsleute unter anderer Fahne. Bah, die schrecken mich nicht!«

Die Basken, die sich die Kehle mit einige Bechern Malaga angefeuchtet hatten, fingen jetzt an zu schwatzen. Sie sprachen so laut, daß Carmaux sie verstehen konnte.

»Habt ihr die Gehenkten gesehen?« fragte der eine.

»Ich bin extra dazu hergekommen«, antwortete der andere. »Diese Kanaillen bieten immer einen besonderen Anblick. Dem einen hängt die Zunge halb aus dem Munde. Man muß wirklich lachen!«

»Und dem Roten Korsaren hat man eine Zigarette in den Mund gesteckt«, sagte ein dritter.

»Und morgen will ich ihm einen Schirm in die Hand geben, damit er sich vor der Sonne schützen kann«, spöttelte ein anderer.

Plötzlich schlug Carmaux, der sich nicht mehr beherrschen konnte, mit der Faust auf den Tisch, daß die Gläser aneinanderklirrten.

Er war aufgesprungen, noch ehe der Kapitän daran dachte, sich einzumischen.

»Rayos de Dios!« rief er. »Schämt euch! Das ist ja ein schöner

---

[*] Navaja: sehr langer, säbelartiger Dolch

Beweis von Mut, sich über Tote lustig zu machen! Verhöhnt doch lieber die Lebenden!«

Die Trinker waren, überrascht von dem plötzlichen Wutausbruch des Unbekannten, aufgestanden und hatten die Hand an die Waffe gelegt.

»Wer seid Ihr, Caballero?« fragte einer von ihnen mit scheelem Blick.

»Ein guter Biskayer, welcher die Toten achtet, der aber den Lebenden auch Löcher in den Bauch treiben kann!«

Die Basken, die seine Antwort für Prahlerei hielten, brachen in lautes Gelächter aus.

»Ah, nehmt Ihr es so auf?« fragte Carmaux, blaß vor Wut.

Er schaute zum Korsaren hin, der unbeweglich sitzen geblieben war, als ob jener Zank ihn nichts anginge. Dann langte er mit der Hand nach dem anderen Tisch hinüber und warf denjenigen, der ihn gefragt hatte, zu Boden. Der Angegriffene hatte sich schnell wieder erhoben und zog seine Navaja aus dem Gürtel. Er wollte sich soeben auf Carmaux stürzen, aber der Neger, der bis dahin nur Zuschauer geblieben, sprang, auf einen Wink des Kapitäns, dazwischen, indem er drohend einen der schweren Stühle schwang.

»Zurück, oder ich bringe dich um!« rief er dem Bewaffneten zu.

Als die sechs Basken den schwarzen Riesen sahen, wichen sie zurück.

Zwanzig andere Gäste, die im Nebenzimmer den Lärm gehört hatten, eilten herbei. Darunter ein roher Kerl, der ein großes Schwert trug. Seine Brust war von einem alten Panzer aus Kordobafellen bedeckt. Die lange Feder seines breiten Hutes hing ihm bis auf die Schulter. Er war der Typ eines Raufboldes.

»Was geht hier vor?« schrie er, sein Schwert aus der Scheide ziehend.

»Was Euch nichts angeht, mein lieber Caballero«, antwortete Carmaux.

»Bei allen Heiligen!« brüllte der andere. »Man sieht, daß Ihr mich nicht kennt! Ich bin Don Gamara y Miranda, Graf von Badayos, Edler von Camargua und Viscont von . . .«

»Von der Teufelsmauer!« ergänzte der Schwarze Korsar, der sich erhoben hatte und den Prahlhans fixierte. »Was wollt Ihr, Caballero, Graf, Marquis, Herzog usw.?«

Der Herr von Gamara wurde rot wie eine Päonie.

»Bei allen Hexen der Hölle! Wofür haltet Ihr mich denn? Etwa für einen Schurken, wie jene da drüben auf dem Granadaplatz, wo der rote Korsarenhund hängt?«

Nun stieg dem Schwarzen Korsaren das Blut ins Gesicht. Er hielt Carmaux zurück, der sich auf den Abenteurer stürzen wollte, warf jetzt Mantel und Hut ab und zog rasch sein Schwert.

»Der Hund bist du, und deine verdammte Seele wird den Gehenkten dort Gesellschaft leisten!«

Dann winkte er den Zuschauern, Raum zu geben, und stellte sich fest und sicher dem Großsprecher gegenüber, um mit ihm einen Zweikampf auszufechten.

Der Prahlhans hatte sich ebenfalls in Positur gestellt. Plötzlich aber fuhr er auf.

»Einen Augenblick, Caballero! Wenn man die Waffen kreuzt, hat man das Recht, den Namen des Gegners zu erfahren!«

»Ich bin von Adel. Genügt es Euch?«

»Nein, den Namen will ich wissen!«

»Ihr wollt es. Um so schlimmer für Euch! Aber kein anderer darf ihn erfahren.«

Er näherte sich dem Gegner und flüsterte einige Worte in sein Ohr.

Der Abenteurer hatte einen Ruf der Überraschung ausgestoßen und war mehrere Schritte zurückgewichen. Fast schien es, als wolle er das Geheimnis den Zuschauern verraten. Da fing der Schwarze Korsar sofort an, ihn zu reizen, ihn so zur Verteidigung zwingend.

Die Gäste hatten einen weiten Kreis um die Duellanten gebildet.

Der Neger und Carmaux standen in erster Reihe und schienen durchaus nicht besorgt um den Ausgang des Gefechtes zu sein. Letzterer kannte die Geschicklichkeit und Kraft des stolzen Korsaren.

Der Prahlhans hatte schon bei den ersten Schlägen bemerkt, daß sein Gegner entschlossen war, ihn, falls er sich eine Blöße gäbe, zu töten. Er wandte daher alle Finessen der Fechtkunst an, um die wie Hagel fallenden Streiche abzuwehren. Er war kein zu verachtender Gegner. Hoch von Statur, dick und robust, mit festem Puls und kräftigem Arm, konnte er lange Widerstand leisten. Leicht war es nicht, ihn zu ermüden.

Der schlanke, gewandte Kapitän gab ihm nicht einen Augenblick Ruhe, da er befürchtete, daß er die geringste Pause zum Verrat seines Namens ausnutzen würde. So zwang er ihn unausgesetzt, zu parieren. Die Spitze seines Degens blitzte überall auf, schlug die Waffe des andern, daß die Funken stoben.

Nach einigen Minuten begann der Abenteurer nachzulassen. Er konnte seine Ruhe nicht mehr bewahren, da er die Gefahr fühlte, der er ausgesetzt war.

Der Korsar dagegen zeigte noch keine Spur von Ermüdung. Bei jedem Sprunge reizte er den anderen in immer stärkerem Maße. Äußerlich bewahrte er vollkommene Ruhe; nur seine in düsterm Feuer leuchtenden Augen verrieten die Erregung in seinem Innern. Diese Augen ließen nicht einen Moment die des Gegners los, als wollten sie einen Bann ausüben.

Der Zuschauerkreis hatte sich noch mehr geöffnet, um dem Abenteurer Raum zu verschaffen, der immer weiter zurückwich und sich schon der Wand näherte. Carmaux, der die Lösung des Kampfspiels voraussah, fing an zu lachen.

Plötzlich fühlte sich der Säbelheld an die Mauer gedrückt. Er war totenbleich. Kalte Schweißtropfen rannen ihm von der Stirn.

»Genug!« stammelte er mit erlöschender Stimme.

»Nein«, erwiderte der Korsar kurz, »mein Geheimnis muß mit dir sterben!«

Der Gegner versuchte noch einen verzweifelten Schlag. Er kauerte sich nieder, stürzte dann vor und gab hintereinander drei bis vier Degenstöße. Der Korsar jedoch, fest wie ein Felsen, parierte mit derselben Geschwindigkeit.

»Nun werde ich dich an die Wand nageln!« sagte er.

Der Abenteurer, der voller Schrecken begriff, daß er verloren sei, wollte jetzt den Namen des Gegners hinausschreien.

»Zu Hilfe . . .! Es ist der . . .«

Er kam nicht zu Ende. Das Schwert des Kapitäns war ihm in die Brust und dann weiter in die Mauer gedrungen.

Das Blut lief dem Besiegten aus dem Munde und rann über den Fellpanzer, der ihn nicht genügend geschützt hatte. Weit die Augen öffnend, fiel er zu Boden. Dabei zerbrach die Klinge, die ihn festgehalten hatte.

»Erledigt!« sagte Carmaux.

Hierauf beugte er sich über den Leichnam, nahm ihm das Schwert aus der Hand und reichte es dem Kommandanten, der mit finsterm Blick den Toten betrachtete.

»Da Eure Waffe zerbrochen ist, so nehmt nur diese! Wahrhaftig eine Toledoklinge!«

Der Korsar nahm wortlos den Degen und warf, nachdem er Hut und Mantel zusammengerafft, ein Doppelgeldstück auf den Tisch.

Dann ging er hinaus, gefolgt von Carmaux und dem Neger, ohne daß die andern in der Posada gewagt hätten, ihn zurückzuhalten.

Der Gehenkte

Als der Kapitän und seine Gefährten auf der Plaza de Granada ankamen, war es schon dunkel, so daß man in zwanzig Schritt Entfernung niemand unterscheiden konnte.

Schweigen lag auf dem Platze, das nur hin und wieder von dem klagenden Krächzen einiger um die Galgen herumfliegender Vögel unterbrochen wurde. Die Flibustier schritten langsam vorwärts, wobei sie sich an den Häuserfassaden und an den Palmenstämmen festhielten. Auge und Ohren hatten sie offen und die Hand an den Waffen.

Wenn irgendein Geräusch widerhallte, blieben sie unter einem Baume oder unter einem Bogengang stehen, bis wieder Stillschweigen eingetreten war.

Jetzt waren sie nur wenige Schritte von dem ersten Galgen entfernt, an dem, vom Nachtwind bewegt, fast nackt, ein armer Teufel baumelte. Da machte der Korsar seine Gefährten auf eine Gestalt aufmerksam, die an der einen Ecke des Gouverneurspalastes, dessen hohe Steinmasse vor dem Richtplatz emporragte, hin und her schritt.

»Potztausend«, murmelte Carmaux, »da ist ja der Wächter! Der wird uns die Arbeit verderben.«

»Aber Mokko ist stark«, bemerkte der Neger. »Ich werde mir den Soldaten da vornehmen!«

»Ja, und dabei die Hellebarde in den Leib kriegen, Gevatter Neger!«

Der Afrikaner lächelte, indem er seine zwei Reihen elfenbeinfarbiger Zähne zeigte, die so spitz waren, daß ihn ein Haifisch darum beneiden konnte.

»Mokko ist schlau und kann kriechen wie seine Zauberschlangen«, sagte er.

»Dann geh und beweise deine Tüchtigkeit!« erwiderte der Korsar.

»Ihr werdet sehen, Herr, daß ich den Mann da fangen werde, wie ich einst die Lagunenkrokodile fing!«

Er zog eine dünne Schnur aus geflochtenem Leder hervor, die in einen Ring endete, ein wirkliches Lasso, ähnlich, wie es die mexikanischen Vaqueros zur Stierjagd brauchen, und entfernte sich lautlos.

Der hinter einem Palmenstamm versteckte Korsar beobachtete ihn. Er bewunderte die Entschlossenheit des Schwarzen, der ohne Waffe war.

»Der hat Mut, was?« meinte Carmaux.

Der andere nickte wortlos. Sie sahen Mokko am Boden kriechen und sich langsam dem Gouverneurspalaste nähern.

Als der Neger bemerkte, daß der Soldat ihm den Rücken zuwandte, schlich er näher heran. Zehn Schritte von ihm entfernt, erhob er sich plötzlich, schwang zwei- oder dreimal das Lasso und lanzierte es mit sicherer Hand auf den Gegner.

Man hörte ein leises Schwirren, dann einen unterdrückten Schrei, und der Soldat lag am Boden, indem er die Hellebarde zur Erde fallen ließ und wie närrisch mit Armen und Beinen in der Luft herumfuchtelte und -strampelte.

Mokko wickelte ihn in die rote Schärpe, die er an seinem Gürtel trug, hob ihn auf wie ein Kind und warf ihn dem Kapitän vor die Füße.

»Du bist ein tapferer Mann«, sagte dieser. »Binde ihn jetzt an einen Baum und folge mir!«

Der Neger tat, wie ihm befohlen, unterstützt von Carmaux.

Indessen betrachtete der Korsar die Gestalten, die an den Galgen hingen.

Mitten auf dem Platz blieb er vor einem Gerichteten stehen, der ein rotes Gewand trug und – welch bittere Ironie! – eine Zigarette zwischen den Lippen hielt.

Der Korsar seufzte schmerzerfüllt. Er konnte sich eines Aufschluchzens nicht erwehren.

Auf seinen Wink war der Neger, das Messer zwischen den Zähnen, an dem Galgen hinaufgeklettert und hatte den Strick abgeschnitten. Dann hob er ganz langsam die Leiche herunter. Carmaux stand ihm unten bei. Obgleich die Fäulnis schon eingetreten, nahm der Flibustier den Körper sanft in seine Arme und wickelte ihn in den Mantel, den ihm der Bruder des Toten gereicht hatte.

»Gehen wir!« sagte der Kommandant kurz. »Unsere Aufgabe ist erfüllt. Die Leiche des Tapferen wird dem Ozean übergeben werden.«

Der Neger nahm diese auf, und alle drei verließen schweigend den Platz. Noch einmal blickte sich der Kapitän zu den vierzehn andern Gehenkten um und winkte ihnen düster zu: »Lebt wohl, ihr unglücklichen Gefährten des Roten Korsaren! Bald wird euer Tod gerächt werden!« Dann wandte er sich zum Gouvernementspalaste: »Und wir, van Gould, haben beide noch abzurechnen!«

Sie nahmen eiligst ihren Marsch auf, um so schnell wie möglich ans Meer und an Bord der »Fólgore« zu gelangen. Jetzt hatten sie in der Stadt nichts mehr zu suchen, in deren Straßen sie sich, infolge des Abenteuers in der Posada, doppelt unsicher fühlten.

Schon waren sie durch mehrere einsame Gassen gewandert,

als Carmaux, der voranging, einige verdächtige Schatten unter einem Torbogen bemerkte.

»Langsam, langsam«, mahnte er. »Dort scheint man uns zu erwarten.«

»Könnten das etwa die Leute aus der Weinschenke sein?« fragte der Korsar.

»Es sind wirklich die fünf Basken mit ihren säbelartigen Dolchen!«

»Nur fünf? Die werden wir schon bewältigen«, meinte der Kapitän, sein Schwert ziehend.

»Meine Enterwaffe soll ebenfalls tanzen«, sagte Carmaux.

Drei in weite Mäntel gehüllte Männer hatten sich an der Ecke rechts aufgestellt, während zwei andere den Weg auf der linken Seite versperrten.

»Du wirst die zwei links und ich die drei rechts aufs Korn nehmen!« ordnete der Korsar an. »Und du, Mokko, kümmerst dich nicht weiter um uns, du flüchtest mit deiner kostbaren Bürde! Erwarte uns dann am Waldessaum!«

Die fünf Basken stellten sich nun mit ihren langen scharfen Waffen in Positur.

»Ah, seht! Wir scheinen uns nicht getäuscht zu haben«, sagte der eine.

»Gebt Raum!« schrie der Kommandant.

»Langsam, Caballero!« rief der Baske.

»Was wollt Ihr?«

»Eine kleine Neugierde befriedigen! Wissen, wer Ihr seid.«

»Der Mann, der alle umbringt, die sich ihm in den Weg stellen und ihm hinderlich sind.«

»Und wir sind die Leute, Caballero, die keine Furcht kennen und uns nicht umbringen lassen wie jener arme Teufel, den Ihr an die Wand genagelt habt. Erst Euren Namen und Titel! Sonst kommt Ihr nicht aus Maracaibo heraus! Wir stehen im Dienste des Gouverneurs und sind verantwortlich für Personen, die zu so später Stunde durch die Straßen spazieren.«

»Wenn Ihr meinen Namen wissen wollt, gut, so kommt her! Carmaux, du nimmst die beiden rechts!«

Letzterer hatte die Enterpike gezogen und war resolut auf die beiden andern losgegangen.

Die Basken hatten sich nicht von der Stelle gerührt. Sie warteten auf den Angriff der Flibustier, die Linke am Gürtel, die Rechte auf dem Knauf der Najava.

Als der Kapitän das sah, griff er die drei Gegner an und teilte rechts und links mit blitzartiger Geschwindigkeit Säbelhiebe aus, Carmaux desgleichen.

Die fünf Diestros aber erschraken nicht. Sie sprangen mit bewundernswürdiger Geschicklichkeit zurück, indem sie sich bald mit dem breiten Kolben ihrer Waffe, bald mit dem Mantel, den sie um den linken Arm gewickelt hatten, wehrten.

Die beiden Flibustier waren vorsichtiger geworden, als sie bemerkten, daß sie es mit gefährlichen Gegnern zu tun hatten. Nachdem sie sich überzeugt hatten, daß der Neger in der Dunkelheit mit dem Leichnam entkommen war, gingen sie von neuem drauflos.

Sie mußten sich beeilen; denn jeden Augenblick konnte eine Wache den Basken zu Hilfe kommen.

Der Korsar, dessen Schwert viel länger als das der Gegner, und dessen Geschicklichkeit in der Fechtkunst außergewöhnlich war, hatte leichteres Spiel als Carmaux, der sich mit seiner kurzen Enterwaffe in acht nehmen mußte.

Die sieben Männer kämpften schweigend. Bald gingen sie

vor, bald zurück, bald sprangen sie rechts, bald links beim Kreuzen der Waffen.

Als der Kommandant plötzlich gewahrte, daß einer seiner Gegner das Gleichgewicht verlor und einen falschen Schritt machte, bei dem er die Brust freigab, traf er diese mit seinem Degen. Der Baske fiel, ohne einen Laut von sich zu geben.

»Einer wäre erledigt«, sagte der Sieger, »nun kommt ihr an die Reihe!«

Das jagte aber den beiden andern keinen Schrecken ein. Sie stellten sich fest vor ihm auf und wichen keinen Schrittbreit. Plötzlich stürzte der gewandteste von ihnen vor, indem er sich zur Erde bückte und den ihm den Arm schützenden Mantel vorschob. Dann aber sprang er mit einem Satze wieder auf und schwang den Degen zum Todesstoß.

Der Korsar warf sich flink zur Seite. Bei dem Hieb, den er führte, verwickelte sich jedoch seine Klinge in den Mantel des Gegners. Er stieß einen Wutschrei aus, doch gelang es ihm, sie zurückzuziehen. Nun mußte er die Stöße des zweiten Basken parieren. Dabei zerbrach seine Klinge.

Der Kapitän sprang entsetzt zurück, das zerbrochene Schwert in der Hand, und rief Carmaux zu Hilfe.

Der Flibustier, dem es noch nicht gelungen war, sich von seinen beiden Gegnern zu befreien, obgleich er sie gezwungen hatte, bis zur Straßenecke zurückzuweichen, kam in zwei Sätzen herbei.

»Himmel und Hölle«, rief er, »da sind wir in eine nette Gesellschaft geraten! Das kostet Arbeit!«

»Töten wir zwei der wütenden Hunde!« sagte der Korsar, indem er schnell seine Pistole aus dem Gürtel zog. Plötzlich gewahrte er einen Riesenschatten, der sich, mit einem Knüppel in der Hand, auf die vier beisammenstehenden und ihres Sieges sichern Basken warf.

»Mokko!« riefen die Flibustier zugleich aus.

Der Neger erhob den Stock und setzte ihn mit einer solchen Wucht und Wut in Tätigkeit, daß er die Unglücklichen sofort mit geschundenen Knochen zur Erde warf.

»Dank, Gevatter!« rief Carmaux froh. »Was für Hagelschläge waren das!«

»Fliehen wir!« rief der Schwarze Korsar. »Hier haben wir nichts mehr zu suchen!«

Einige von dem Geschrei der Geprügelten aufgeweckte Bürger öffneten die Fenster. Aber die beiden Flibustier und der Neger waren schon um die Straßenecke gebogen.

»Wo ist die Leiche?« fragte der Korsar.

»Schon außerhalb der Stadt!« antwortete Mokko. »Ich glaubte, daß ich hier sehr nötig sei, und bin daher wieder zurückgeeilt.«

»Ist niemand am Ausgang dieses Stadtviertels?«

»Niemand!«

»Kapitän!« rief jetzt Carmaux. »Eine Patrouille kommt!«

»Von woher?«

»Aus dieser Gasse dort!«

»Also schnell in die andere!«

»Aber Ihr seid wehrlos! Erlaubt, daß ich Euch meine Waffe zur Verfügung stelle! Ich habe den Dolch des getöteten Biskayers genommen, da ich mit ihm umgehen kann.«

Ein Trupp Soldaten näherte sich schnellen Schritts. Sie hatten wohl das Geschrei der Kämpfenden und das Waffengeklirr vernommen.

Die Flibustier eilten jetzt, von Mokko geführt, im Schatten

der Mauer entlang. Eine Strecke weiter hörten sie den gleich-
mäßigen Schritt einer zweiten Patrouille.

»Verdammt!« rief Carmaux. »Wir werden umzingelt!«

»Vielleicht hat man uns verraten«, murmelte der Schwarze
Korsar und blieb stehen.

»Jetzt gilt es, sich seiner Haut zu wehren! Mokko, dir vertraue
ich den Leichnam meines Bruders an, den du an Bord meines
Schiffes bringen sollst! Du findest unsere Schaluppe am Strande und wirst dich mit Stiller verständigen!«

»Ja, Herr!«

»Sollten wir hier überwältigt werden, so weiß Morgan, was
er zu tun hat. Wenn du deinen Auftrag erfüllt hast, kehre zurück
und schau, ob wir noch leben!«

»Ich kann mich nicht entschließen, Euch zu verlassen, Herr.
Ich bin stark und könnte Euch von großem Nutzen sein.«

»Es liegt mir daran, daß mein Bruder ins Meer versenkt wird.
Du wirst mir einen größern Dienst erweisen, wenn du dich an
Bord meiner ›Fólgore‹ begibst.«

»Dann werde ich hoffentlich mit Verstärkung zurückkehren.«

»Morgan wird dich begleiten, dessen bin ich gewiß. Geh, die
Patrouille kommt!«

Der Neger tat, wie ihm geheißen. Da der Weg indessen durch
die Wachen versperrt schien, schlich er durch die Seitenpforte
eines Gartens. Der Korsar sah ihm nach, bis er verschwunden
war.

»Nun los auf die Patrouille! Gelingt es uns, mit einem plötzlichen Angriff durchzukommen, so können wir vielleicht das
freie Gelände und dann den Wald erreichen!«

Sie befanden sich jetzt an einer Straßenecke und verbargen

sich hinter einen Hausvorsprung. Die eine Patrouille war schon in Sichtweite, während man von der andern nichts mehr vernahm.

Die Hellebardiere hatten ihren Schritt verlangsamt. Einer von ihnen, wohl der Anführer, sagte: »Die Schurken können nicht weit von hier sein! Wir sind zu acht, und der Tavernenwirt hat uns von nur drei Flibustiern erzählt!«

»Der verdammte Wirt!« murmelte Carmaux. »Er hat uns verraten. Wenn ich ihn unter die Hände bekomme, werde ich ihm ein Löchelchen in den Bauch stoßen, daß der ganze Wein, den er in einer Woche ausgesoffen, herausfließt.«

Der Schwarze Korsar erhob den Säbel. »Los!« schrie er.

Die beiden Flibustier warfen sich mit Ungestüm auf die sich an der Straßenecke gerade umwendende Patrouille und teilten rechts und links Schläge aus.

Die von dem blitzartigen Angriff überraschten Soldaten konnten nicht Widerstand leisten. Sie wichen bald nach der einen, bald nach der andern Seite aus, um sich den Streichen zu entziehen.

Als sie sich von dem Schrecken erholt hatten, waren der Korsar und sein Gefährte schon längst verschwunden. Jetzt kam es ihnen erst zum Bewußtsein, daß sie es nur mit zwei Männern zu tun gehabt hatten. Darum stürzten sie ihnen nach und heulten aus voller Kehle: »Haltet sie, haltet sie, die Flibustier! Haltet sie!«

Der Kapitän und Carmaux liefen und liefen, ohne zu wissen, wohin. Jetzt befanden sie sich mitten in einem Gassengewirr. Ob sie sich hier- oder dorthin wandten, immer gab es nur Häuserecken und keinen Ausweg ins Freie.

Die Einwohner waren von dem Patrouillenlärm aufgeweckt

worden. Man hörte Fenster- und Türenschlagen, dazwischen Gewehrschüsse.

Die Lage der Fliehenden wurde von Augenblick zu Augenblick verzweifelter. Der Waffenalarm konnte sich nach dem Zentrum der Stadt ausdehnen und die ganze Garnison herbeiziehen.

»Donnerwetter!« rief Carmaux im Lauf. »Das Geschrei der erschreckten Gänse wird uns noch ins Verderben stürzen. Wenn es uns nicht gelingt, ins Freie zu kommen, werden wir am Galgen enden.«

Jetzt waren sie am Ende eines Gäßchens angelangt, das keinen Ausweg hatte.

»Kapitän!« schrie Carmaux. »Wir sind in eine Falle geraten, es ist eine Sackgasse!«

»Gibt es keine Mauer, die wir überklettern könnten?«

»Nein, nur hohe Häuser!«

»Also zurück! Die Verfolger sind noch weit. Vielleicht finden wir doch noch einen Weg, der aus der Stadt führt.«

Plötzlich schien ihm eine neue Idee zu kommen. Er stand vor dem letzten Haus, welches das Gäßchen abschloß. Es war ein einfaches Gebäude aus Holz mit zwei Stockwerken. Das flache Dach zeigte eine kleine Terrasse mit Blumentöpfen.

»Carmaux! Schnell, öffne die Haustür! Verstecken wir uns hier! Es scheint mir das beste, um unsere Spur zu verwischen.«

»Gut, die Miete kostet auch nichts«, sagte der andere, und schon hatte er mit der Spitze der Navaja das Schloß gewaltsam aufgemacht.

Die Fliehenden traten ein und schlossen gerade das Tor noch hinter sich, als die Soldaten am Gäßchen vorbeizogen und mit lauter Stimme riefen: »Haltet sie, haltet sie!«

Die Flibustier tasteten sich in der Dunkelheit weiter und erreichten eine Treppe, die sie ohne Zögern emporstiegen. Auf dem oberen Flur machten sie halt.

»Wir müssen doch einmal sehen, wo wir sind, und unsere Mitbewohner kennenlernen«, meinte Carmaux, den selbst in den allerheikelsten Situationen sein trockener Humor nicht verließ.

»'ne nette Überraschung für die armen Teufel!«

Er zündete ein Stück Kanonenlunte an und blies darauf.

»Ah, da schnarcht jemand«, flüsterte er. »Ein gutes Zeichen! Wer ruhig schläft, ist ein friedlicher Mensch.«

Der Korsar hatte behutsam eine Tür geöffnet und war in ein bescheiden ausgestattetes Zimmer getreten. In diesem stand das Bett des Schnarchers.

Er nahm die Lunte und entzündete eine Kerze, die auf einer alten, als Kommode dienenden Kiste stand. Dann trat er an das Bett und hob die Decke. Ein kahlköpfiger Greis mit runzliger Pergamenthaut und einem Ziegenbart lag darin. Er schlief so fest, daß er nicht bemerkte, wie hell es auf einmal im Zimmer war.

»Dieser Mann wird uns nicht unbequem werden«, meinte der Kapitän.

Er faßte ihn beim Arm und rüttelte ihn, doch ohne Erfolg.

»Man muß ihm einen Kanonenschuß ins Ohr feuern«, lachte Carmaux.

Endlich, nach dreimaligem Schütteln, entschloß sich der Alte, die Augen zu öffnen. Als er die beiden Fremden bemerkte, fuhr er mit einem Ruck in die Höhe, riß entsetzt die Augen auf und rief: »Ich bin des Todes!«

»Mit dem Sterben, Freundchen, hat's noch gute Weile«,

meinte Carmaux. »Mir scheint, daß Ihr jetzt lebendiger ausseht als vor fünf Minuten.«

»Wer seid Ihr?« fragte der Schwarze Korsar.

»Ein armer Mann, der nie jemandem etwas zuleide getan hat«, erwiderte der Greis zähneklappernd.

»Wir wollen Euch nichts Böses antun, Ihr müßt uns aber über alles Auskunft geben!«

»Eure Exzellenz ist also kein Dieb?«

»Ich bin ein Flibustier der Tortuga.«

»Ein – Fli – bu – stier? Dann bin ich wirklich dem Tode überliefert!«

»Ich habe Euch doch gesagt, daß ich Euch kein Haar krümmen werde.«

»Was wollt Ihr . . .?«

»Vor allem möchten wir wissen, ob Ihr allein in diesem Hause wohnt?«

»Ganz allein, mein Herr.«

»Wer wohnt in Eurer Nachbarschaft?«

»Lauter brave Bürger!«

»Was seid Ihr von Beruf?«

»Ich bin ein armer Mann.«

»Ja, ein armer Mann, der Hausbesitzer ist, während ich nicht einmal ein Bett mein eigen nenne«, spöttelte Carmaux. »Ach, alter Fuchs, du hast nur Angst um dein Geld!«

»Ich habe kein Geld, Exzellenz!«

Carmaux brach in Lachen aus. »Ein Flibustier, der Exzellenz geworden! Dieser Mensch ist der drolligste Gevatter, der mir je vorgekommen!«

Der Alte schielte ihn von der Seite an, hütete sich aber wohl, den Beleidigten zu spielen.

»Kurz und gut!« rief der Korsar in drohendem Tone. »Was tut Ihr in Maracaibo?«

»Ich bin Advokat, ein armer Notar, Herr!«

»Es ist gut. Wir werden bis auf weiteres in Eurem Hause Quartier nehmen. Hütet Euch aber, uns zu verraten! Dann würdet Ihr um einen Kopf kürzer werden. Verstanden?«

»Aber was wollt Ihr denn von mir?« wimmerte der Unglückliche.

»Einstweilen nichts. Zieht Euch an und verhaltet Euch ruhig, wenn Euch das Leben lieb ist!«

Der Notar gehorchte schnell. Er zitterte aber derartig, daß Carmaux ihm behilflich sein mußte.

»Jetzt binde ihn an!« befahl der Korsar. »Paß aber auf, daß er nicht entflieht!«

»Ich bürge für ihn wie für mich selbst, Kapitän! Ich fessele ihn so, daß er nicht die kleinste Bewegung machen kann!«

Während der Flibustier den Alten wehrlos machte, hatte der Kommandant ein auf die Gasse gehendes Fenster im Vorflur geöffnet, um zu sehen, was sich draußen ereignete. Es schien, als ob die Patrouille sich entfernt hätte. Man hörte ihr Geschrei nicht mehr. Indessen sah man überall an den Fenstern der benachbarten Häuser Leute, die sich mit lauter Stimme unterhielten.

»Habt ihr gehört?« schrie ein Mann, der sich mit einer langen Büchse wichtig tat. »Die Flibustier scheinen einen Handstreich auf unsere Stadt versucht zu haben.«

»Das kann nicht sein«, entgegneten andere.

»Und sind sie in die Flucht geschlagen worden?« fragte ein dritter.

»Wahrscheinlich. Es ist ja alles still.«

»Welch eine Frechheit, in die Stadt zu dringen, wo hier so viele Soldaten liegen! Vielleicht wollten sie den Roten Korsaren retten!«

»Und statt dessen haben sie ihn am Galgen gefunden hatte. Schöne Überraschung für die Räuber.«

»Hoffentlich verhaften die Soldaten noch viele von ihnen«, lachte der Mann mit der Büchse. »Holz genug gibt es bei uns für neue Galgen. Gute Nacht, Freunde, auf morgen!«

»Ganz recht!« murmelte der Schwarze Korsar. »Holz gibt es genügend. Aber auf unsern Schiffen gibt es auch viele Kugeln, die Maracaibo zerstören werden. Eines Tages werdet ihr von mir hören!«

Er schloß das Fenster und kehrte ins Zimmer zurück.

Carmaux hatte inzwischen das ganze Haus durchstöbert, bis er die Speisekammer fand. Ihm war eingefallen, daß er am Abend vorher keine Zeit zum Essen gefunden hatte.

Da er Geflügel und ein schönes Stück gebratenen Fisch entdeckte, den der arme Advokat sich vielleicht zum Frühstück aufgehoben hatte, stellte er beides dem Kapitän zur Verfügung.

Außer den Speisen fand der Brave, tief im Schranke versteckt, auch einige verstaubte Flaschen besten spanischen Weins: Xeres, Portwein, Alicante und selbst Madeira.

»Herr!« wandte er sich an den Korsaren. »Während die Spanier unsern Schatten nachlaufen, wollen wir diese treffliche Seeforelle und diese gute Wildente verspeisen! Der Tropfen hier, den unser Freund, der Advokat, gewiß für seltene Gelegenheiten aufgespart hat, soll Euch in schönste Laune versetzen!«

Der Kapitän trank zwar einige Gläser, genoß aber von den Speisen nur wenig. Er saß, wie gewöhnlich, schweigend da.

Dann stand er auf und ging im Zimmer auf und nieder, während Carmaux den Rest des Essens verschlang und die angebrochene Flasche leerte.

Der arme Notar, der zusehen mußte, war in Verzweiflung und jammerte unaufhörlich: er habe sich die Weine unter großen Opfern aus dem fernen Vaterlande kommen lassen.

Da bot ihm denn großmütig der Seemann, der indessen lustig geworden war, ein Gläschen an, um seinen Grimm zu besänftigen.

»Donnerwetter!« rief er. »Ich dachte nicht, daß dieser Tag noch so fröhlich enden würde! Erst zwischen zwei Feuern, dann in Gefahr, gehenkt zu werden, und nun sitzen wir vor all diesen Herrlichkeiten!«

»Die Gefahr ist noch nicht vorüber«, bemerkte der Schwarze Korsar ernst. »Wer bürgt dir dafür, daß die Spanier, denen wir heut entwischten, uns nicht morgen hier entdecken werden? Ja, es geht uns nicht schlecht, aber lieber möchte ich doch auf meinem Schiffe sein.«

»An Eurer Seite ängstige ich mich nicht. Ihr ersetzt hundert Mann.«

»Hast du vergessen, daß der Gouverneur von Maracaibo ein alter Fuchs ist und daß er kein Mittel unversucht lassen wird, mich in seine Hand zu bekommen? Ich habe einen Kampf auf Leben und Tod mit ihm aufgenommen.«

»Niemand weiß, daß Ihr hier seid, Herr!«

»Man könnte es aber vermuten! Die Biskayer haben sicher eine Ahnung davon gehabt, daß der Bruder des gehenkten Roten Korsaren in der Stadt war!«

»Ihr könnt recht haben! Glaubt Ihr, daß Morgan uns Hilfe schicken wird?«

»Der Leutnant verläßt seinen Kommandanten nicht in den Stunden der Gefahr. Er ist ein kühner und tapferer Mann.«

»Wenn er den Kurs des Schiffs beschleunigte und einen Kugelregen auf die Stadt eröffnete . . .?«

»Das wäre eine Tollheit, die er teuer bezahlen müßte.«

»Oh, wie viele solcher Torheiten haben wir schon begangen und immer oder wenigstens fast immer mit glücklichem Erfolg!«

Der Korsar setzte sich wieder und trank langsam noch ein Glas Wein. Dann ging er von neuem an das Fenster, von dem man das Gäßchen überschauen konnte.

Nach einer Weile gab er seinen Beobachtungsposten auf und kehrte erregt ins Zimmer zurück.

»Bist du des Negers sicher?« fragte er Carmaux.

»Er ist erprobt.«

»Kann er uns nicht verraten?«

»Ich lege meine Hand für ihn ins Feuer.«

»Er ist hier!«

»Was? Habt Ihr ihn gesehen?«

»Ja, er streicht unten in der Gasse umher.«

»Kommandant, er wird uns suchen, er muß heraufkommen!«

»Aber was wird er mit dem Leichnam meines Bruders gemacht haben? Rufe ihn! Doch sei vorsichtig! Wenn man dich bemerkt, sind wir verloren.«

»Laßt mich nur machen, Herr!« entgegnete Carmaux lächelnd. »Zehn Minuten genügen mir, um mich in den Notar von Maracaibo zu verwandeln!«

Die Lage der Flibustier
verschlimmert sich

Kaum waren zehn Minuten verstrichen, als Carmaux das Haus des Advokaten verließ, um sich auf die Suche nach dem Neger zu begeben. In dieser kurzen Zeit hatte sich der brave Flibustier vollkommen unkenntlich gemacht. Mit wenigen Scherenschnitten waren der Bart gestutzt und die langen Haare gekürzt worden. Er hatte ein spanisches Gewand angelegt, das der Notar nur bei besonderen Gelegenheiten trug. Es paßte ihm gut, da beide so ziemlich von der gleichen Statur waren. So konnte der gefürchtete Seeräuber entweder für einen ruhigen Bürger Gibraltars oder gar für den Notar selber gelten. Als vorsichtiger Mann hatte er indessen doch seine Pistolen in die Taschen gesteckt, da er sich allein auf das Gewand nicht verließ.

Wie ein friedlicher Spaziergänger, der etwas frische Luft schnappen wollte, sah er zum Himmel empor, ob die Morgenröte schon da wäre. Das Gäßchen war wie ausgestorben.

»Wenn der Kommandant unsern Gevatter Kohlensack erst vor kurzem gesehen hat, so kann er doch nimmer weit sein«, murmelte er. »Sicher wird er Grund gehabt haben, Maracaibo nicht zu verlassen . . .«

»Ob der verdammte van Gould erfahren hat, wer den Streich verübte?« philosophierte er weiter. »Sollte es wirklich Bestimmung sein, daß die drei tapferen Brüder sämtlich in die Hände des Gouverneurs fallen? Aber wir würden uns rächen, Auge um Auge, Zahn um Zahn, Leben um Leben!«

In diesem Selbstgespräch war er die Gasse hinuntergegangen und wollte eben um die Ecke biegen, als ein Soldat, der bisher unter einem Torbogen stand, ihm unversehens den Weg vertrat und ihm ein drohendes Halt zurief.

»Tod und Teufel!« brummte Carmaux, mit einer Hand in die Tasche fahrend und seine Pistole umklammernd. »Da sind wir ja schon!«

Dann nahm er die Miene eines ehrbaren Bürgers an und sagte laut: »Was wünscht Ihr, mein Herr?«

»Wissen, wer Ihr seid!«

»Wie! Ihr erkennt mich nicht? Ich bin doch der Notar dieses Stadtviertels!«

»Verzeiht, ich bin erst seit kurzem in Maracaibo! Aber darf man wissen, wohin Ihr spaziert?«

»Ein armer Teufel liegt im Sterben. Und Ihr wißt, wenn einer sich vorbereitet, in die andere Welt zu gehen, so muß er an seine Erben denken!«

»Es ist wahr, Herr Notar! Aber seid vorsichtig, daß Ihr nicht den Flibustiern begegnet!«

»Mein Gott!« rief Carmaux aus, sich erschreckt stellend. »Die Piraten sind hier? Wie konnten diese Kanaillen nur wagen, in Maracaibo zu landen? Die Stadt ist ja fast uneinnehmbar und wird von dem tapferen van Gould regiert!«

»Man weiß nicht, wie sie sich ausgeschifft haben; denn man hat weder eins ihrer Schiffe bei den Inseln noch im Corogolf gesehen.

Aber hier sind sie, da ist kein Zweifel! Denn sie haben schon drei oder vier Leute getötet und hatten die Kühnheit, den Leichnam des Roten Korsaren zu rauben, der mit seiner Schiffsmannschaft vor dem Gouverneurspalast hing!«

»Diese Schurken! Und wo sind sie jetzt?«

»Man glaubt, daß sie aufs Land geflohen sind. Man hat

Truppen an verschiedenen Orten aufgestellt und hofft so, sie einzufangen und auch an den Galgen zu bringen.«

»Vielleicht halten sie sich noch in der Stadt verborgen?«

»Das ist nicht gut möglich. Man hat ja gesehen, daß sie ins freie Gelände flohen.«

Carmaux wußte genug. Er wollte den Neger suchen und durfte darum keine Zeit verlieren.

»Ich werde mich vorsehen«, sagte er. »Jetzt muß ich zu meinem sterbenden Klienten, sonst komme ich zu spät.«

»Viel Glück, Herr Advokat!«

Der schlaue Flibustier zog den Hut über die Augen und entfernte sich schleunigst.

»Man glaubt uns also außerhalb der Stadt«, murmelte er. »Ausgezeichnet! Da können wir ja ganz ruhig im Hause unseres guten Notars bleiben, bis die Truppen wieder abgezogen sind. Der Kapitän hatte wirklich eine herrliche Idee! Selbst der Olonese, der sich rühmt, der listigste Flibustier der Tortuga zu sein, konnte keine bessere haben!«

Er war schon um die Ecke gebogen, in eine breitere, von schönen Häusern mit eleganten Veranden flankierte Straße, als er einen schwarzen Schatten von gigantischer Größe bei einer Palme bemerkte, die neben einem hübschen, kleinen Palaste stand.

»Wenn ich mich nicht irre, ist das ja unser Mokko! Diesmal haben wir ja merkwürdiges Glück! Man weiß schon, daß der Teufel uns beschützt. Wenigstens sagen so die Spanier.«

Der Mann, der da halb verborgen hinter dem Baume stand, sah den angeblichen Advokaten kommen. Er flüchtete unter den Torweg des kleinen Palastes. Als er auch dort sich nicht sicher fühlte, lief er schnell um die Ecke.

Carmaux hatte sich nun überzeugt, daß es wirklich der Neger war. Er sprang ihm nach und rief halblaut: »He, Gevatter!«

Der Neger blieb stehen. Dann kehrte er langsam zurück. Als er Carmaux in der sonderbaren Verkleidung erkannte, rief er freudig: »Du bist es, weißer Gevatter!«

»Hast gute Augen!« lachte der Seemann.

»Wo ist der Kapitän?«

»Sei unbesorgt! Er ist in Sicherheit. Aber warum bist du zurückgekommen? Warum hast du nicht den Befehl des Kommandanten ausgeführt?«

»Ich konnte es nicht. Der Wald war von Truppen besetzt.«

»Da werden sie unsere Barke bemerkt haben!«

»Ich fürchte es auch.«

»Und wo hast du die Leiche des Roten Korsaren gelassen?«

»In meiner Hütte unter einem Haufen frischer Blätter.«

»Werden sie die Spanier nicht entdecken?«

»Ich habe vorsichtigerweise alle meine Schlangen freigelassen. Wenn die Soldaten kommen, werden sie ausreißen vor den Reptilien.«

»Du bist wirklich schlau! Und meinst du, daß augenblicklich an Flucht nicht zu denken sei?«

»Unmöglich!«

»Die Lage ist ernst. Wenn Morgan, der Vizekommandant der ›Fólgore‹, uns nicht zurückkommen sieht, kann er eine Unvorsichtigkeit begehen. Na, wir wollen sehen, wie dies Abenteuer ausläuft. Mokko, bist du in Maracaibo bekannt?«

»Man kennt mich überall, da ich oft in die Stadt komme, um heilsame Kräuter gegen Wunden zu verkaufen.«

»Und keiner mißtraut dir?«

»Nein.«

»Dann folge mir zum Kommandanten!«

»Noch einen Moment! Ich habe euern Gefährten mitgebracht.«

»Wen? Stiller?«

»Ja, er war dort in Gefahr und kann hier mehr helfen.«

»Und was habt ihr mit dem Gefangenen gemacht?«

»Den haben wir gut festgebunden. Wenn ihn seine Kameraden nicht inzwischen befreit haben, werden wir ihn so wieder vorfinden.«

Der Neger legte beide Hände auf die Lippen und pfiff. Man konnte es für den Laut eines Vampirs halten, einer der großen, ins Südamerika zahlreichen Fledermäuse. Einen Augenblick später überstieg ein Mann die Gartenmauer und sprang gerade neben Carmaux herunter.

»Wie freue ich mich, dich lebendig wiederzusehen!« sagte Stiller.

»Ich desgleichen!« antwortete Carmaux.

»Wird mir der Kapitän auch keine Vorwürfe machen, daß ich die Hütte verlassen habe?«

»Er wird zufrieden sein. Ein Tapfrer mehr ist im gegenwärtigen Moment sehr vonnöten. Kommt, Freunde!«

Es fing nun an, hell zu werden.

Die Sterne erbleichen schnell in jenen Regionen. Der Nacht folgt plötzlich der Tag, denn die Sonne geht fast mit einem Male auf und verscheucht mit der Macht ihrer Strahlen die Dunkelheit.

Die Einwohner von Maracaibo waren Frühaufsteher. Fenster wurden geöffnet, und Köpfe wurden sichtbar. Hier und dort hörte man Stimmen und allerlei Geschwätz, lautes Niesen und Gähnen. Sicher besprach man die Ereignisse der Nacht, die alle in nicht geringen Schrecken versetzt hatten; denn die Flibustier waren überall in den spanischen Kolonien des Golfs von Mexiko gefürchtet.

Carmaux, der jede Begegnung vermeiden wollte, da er fürchtete, von einem der Tavernengäste erkannt zu werden, lief schnell zurück, gefolgt von Mokko und Stiller.

Bei dem Gäßchen fand er denselben Soldaten vor, der, die Hellebarde auf der Schulter, noch immer von einer Ecke zur andern auf und ab schritt.

»Schon zurück, Herr Advokat?« fragte er.

»Was wollt Ihr, Freundchen?« antwortete Carmaux. »Mein Klient hat Eile gehabt, dieses Jammertal zu verlassen.«

»Hat er Euch jenen Prachtneger vererbt? Caramba! Das ist ja ein Koloß, der Tausende von Piastern wert ist!«

»Erraten! Er hat ihn mir geschenkt. Auf Wiedersehn!«

Sie bogen geschwind um die Ecke und eilten die Gasse entlang bis zum Hause des Notars. Hier traten sie ein und verrammelten sofort die Tür.

Der Schwarze Korsar harrte schon voller Ungeduld.

»Nun?« fragte er erwartungsvoll. »Auch Stiller ist hier? Wo ist der Leichnam meines Bruder?«

Carmaux berichtete alles in kurzen Worten, auch was er erlebt hatte.

»Die Nachrichten sind ernst«, sagte der Kapitän. »Sobald die Spanier das Land außerhalb der Stadt und die Küste besetzt halten, weiß ich nicht, wie ich meine ›Fólgore‹ erreichen soll. Für mich fürchte ich nicht, aber für mein Schiff, das vom Geschwader des Admirals Toledo überrascht werden kann.«

»Donnerwetter«, rief Carmaux, »das fehlte noch!«

»Das Abenteuer wird schlecht ausgehen«, murmelte Stiller.

»Bah, wir sollten schon seit zwei Tagen hängen! Da können wir ja froh sein, noch vierundzwanzig Stunden gelebt zu haben!«

Der Schwarze Korsar ging sinnend im Zimmer auf und nieder. Er war unruhig. Plötzlich blieb er vor dem im Bette festgebundenen Notar stehen und fragte ihn mit drohendem Blick: »Kennst du die Umgebung von Maracaibo?«

»Ja, Exzellenz«, antwortete der arme Mann mit zitternder Stimme.

»Kannst du uns, ohne daß wir von deinen Mitbürgern überrascht werden, aus der Stadt herauslassen und an einen sichern Ort führen?«

»Wie könnte ich das, Herr? Sobald wir aus meinem Hause heraus wären, würde man uns erkennen und uns festnehmen. Dann würde mich die Schuld treffen, daß ich versucht hätte, Euch zu retten, und der Gouverneur, der keinen Scherz versteht, würde mich erhängen.«

»Ah, man hat Furcht vor van Gould!«

Der Korsar knirschte mit den Zähnen, während seine Augen blitzten. »In der Tat, der Mann ist energisch, stolz und auch grausam. Er versteht es, sich so in Positur zu setzen, daß alle vor ihm zittern. Aber doch nicht alle. Eines Tages werde ich ihn erzittern lassen . . . An jenem Tage soll er den Tod meiner Brüder mit dem Leben bezahlen!«

»Ihr wollt den Gouverneur töten?« fragte der Notar ungläubig.

»Schweig, Alter, wenn dir deine Haut lieb ist!« rief Carmaux.

Der Korsar schien weder die eine noch die andere Bemerkung gehört zu haben. Er war an das Fenster des anstoßenden Flurs getreten, von dem man die Gasse überblicken konnte.

»Wir sind da in eine schöne Bredouille geraten«, wandte sich Stiller an den Neger. »Hat unser schwarzer Gevatter in seinem Schädel nicht irgendeine gute Idee, die uns aus dieser durchaus nicht lustigen Lage heraushilft? Ich fühle mich nicht ganz sicher in diesem Hause!«

»Vielleicht habe ich eine«, sagte Mokko.

»Nur heraus damit!« rief Carmaux. »Ist deine Idee ausführbar, so kriegst du einen Bruderkuß von mir.«

»Dann müssen wir aber bis zum Abend warten.«

»Wir haben ja vorläufig keine Eile.«

»Zieht euch alle als Spanier an und geht ruhig aus der Stadt hinaus!«

»Ich habe ja schon die Kleider des Notars an. Genügt das nicht?«

»Wie soll ich mich denn verkleiden?«

»Nehmt ein schönes Musketier- oder Hellebardierkostüm! Wenn ihr als Bürger hinausgeht, werden euch die Truppen draußen auf dem Lande sofort anhalten.«

»Potzblitz, das ist ein Gedanke!« rief Carmaux. »Du hast recht, Gevatter Kohlensack! Als Soldaten verkleidet, wird uns niemand fragen nach Namen und Ziel, besonders nicht bei Nacht. Man wird uns für eine Runde halten. So können wir bequem das Weite suchen und uns einschiffen!«

»Aber wo die Kleider herbekommen?« fragte Stiller.

»Wo? Man überwältigt einfach einige Soldaten und zieht sie aus«, meinte Carmaux resolut. »Du weißt doch, daß wir eine leichte Hand haben!«

»Solcher Gefahr sich aussetzen ist gar nicht nötig«, sprach der Neger. »Ich bin bekannt in der Stadt; niemand wird mich für verdächtig halten, so kann ich Kleider und Waffen kaufen.«

»Gevatter, du bist ein prächtiger Mensch!«

In diesem Augenblick hörte man einen dumpfen Schlag, der auf der Treppe widerhallte.

»Donnerwetter, da klopft jemand!«

Der Korsar kam vom Flur herein: »Da scheint jemand nach dem Notar zu fragen!«

»Es wird einer meiner Klienten sein«, seufzte der Gefangene. »Vielleicht würde ich durch ihn ein gutes Stück Geld verdienen, während ich es . . .«

»Was da! Kein Wort mehr, du Schwätzer!« sagte Carmaux.

Es folgte ein zweiter, stärkerer Schlag.

»Öffnet, Herr Notar! Schnell, schnell!«

»Carmaux!« sagte der Korsar, der einen raschen Entschluß gefaßt hatte: »Wenn wir uns widersetzen, kann der Mann draußen glauben, daß den Alten der Schlag gerührt habe! Dann wird er den Alkalden vom Stadtviertel benachrichtigen!«

»Ja, was soll ich machen, Kommandant?«

»Öffnen und dann den Unwillkommenen gut binden und hier hinlegen, damit er dem Notar Gesellschaft leiste!«

Ein dritter Schlag erfolgte, der beinahe die Tür zersprengt hätte. Carmaux öffnete.

»Oh, was für eine Wut habt Ihr, mein Herr!«

Ein elegant gekleideter junger Mann von etwa zwanzig Jahren trat rasch ein. Es hing ein kleiner, feiner Dolch am Gürtel.

»Ist das eine Art, Personen, die Eile haben, warten zu lassen?« schrie er. »Caramba!«

Als er Carmaux und den Neger sah, hielt er überrascht inne.

Dann wich er einen Schritt zurück, aber das Tor hatte sich schon hinter ihm geschlossen.

»Wer seid Ihr?« fragte er.

»Zwei Diener des Herrn Notars!« antwortete Carmaux mit einer tiefen Verbeugung.

»Ah«, rief der junge Mann aus. »Ist Don Turillo mit einem Male so reich geworden, daß er sich den Luxus erlaubt, zwei Diener zu halten?«

»Ja, er hat von seinem verstorbenen Oheim in Peru geerbt«, antwortete der Flibustier lachend.

»Führt mich sofort zu ihm! Es war ihm schon angekündigt worden, daß heute meine Hochzeit mit der Señorita Carmen de Vasconcellos stattfindet. Ich muß ihn bitten, daß er . . .«

Das Wort war ihm plötzlich durch die Hand des Negers im Munde steckengeblieben. Der halberwürgte Jüngling fiel auf die Knie, während die Augen ihm aus den Höhlen traten und seine Haut sich fast braun färbte.

»Langsam, langsam, Gevatter«, mahnte Carmaux. »Man muß liebenswürdig mit den Klienten des Notars umgehen!«

»Keine Angst!« antwortete der Schlangenbeschwörer.

Der junge Mann, der vor Schrecken nicht den mindesten Widerstand leistete, wurde in das obere Zimmer befördert. Man nahm ihm seinen Dolch weg, band ihn und warf ihn ins Bett an die Seite des Advokaten.

»Fertig, Kapitän!« rief Carmaux.

Der Kommandant nickte mit dem Kopfe, näherte sich dem Jüngling, der ihn mit ängstlichen Augen ansah, und fragte: »Wer seid Ihr?«

»Einer meiner besten Klienten, Herr«, entgegnete der Notar statt seiner. »Durch diesen braven jungen Mann hätte ich heut viel verdient.«

»Schweigt!« sagte der Korsar trocken.

»Ja, wirklich, der Notar schwatzt wie ein Papagei! Wenn er

so fortfährt, wird man ihm ein Stückchen Zunge abschneiden müssen!«

Der schöne Jüngling sprach: »Ich bin der Sohn des Richters von Maracaibo, Don Alonzo de Conxevio. Hoffentlich erklärt Ihr mir jetzt den Grund meiner Festnahme!«

»Den braucht Ihr nicht zu wissen! Wenn Ihr Euch aber ruhig verhaltet, so soll Euch nichts Böses geschehen. Morgen werdet Ihr frei sein, wenn nicht unvorhergesehene Ereignisse eintreten.«

»Morgen erst«, rief der Bräutigam schmerzbewegt. »Bedenkt, Herr, daß ich heute die Tochter des Kapitäns Vasconcellos heiraten soll!«

»Dann werdet Ihr sie eben morgen heiraten!«

»Hütet Euch. Mein Vater ist ein Freund des Gouverneurs, und Ihr könntet Euer geheimnisvolles Vorgehen teuer bezahlen müssen. In Maracaibo sind Soldaten und Kanonen!«

Ein verächtliches Lächeln umspielte die Lippen des Korsaren.

»Die fürchte ich nicht! Auch ich habe starke Mannschaften und Kanonen.«

»Wer seid Ihr denn?«

»Das braucht Ihr nicht zu wissen!«

Damit drehte sich der Korsar kurz um und ging hinaus. Während er sich wieder als Wache ans Fenster stellte, untersuchten Carmaux und der Neger das ganze Haus nach Lebensmitteln vom Keller bis zum Boden, da sie ein Frühstück bereiten wollten. Stiller hatte es sich indessen bei den beiden Gefangenen bequem gemacht, um einen Fluchtversuch zu verhindern.

Endlich war es dem schwarzen und weißen Gevatter gelungen, einen geräucherten Schinken und einen sehr feinen Käse zu entdecken, der so scharf und pikant war, daß er alle in gute Laune versetzen konnte. Auch sollte er, wie Carmaux meinte, Appetit für den ausgezeichneten Wein des Notars machen.

Schon hatten sie den Korsaren gerufen und einige Flaschen Portwein entkorkt, als von neuem an das Tor geklopft wurde.

»Wer mag das sein?« fragte Carmaux. »Wieder ein Klient, der dem Notar Gesellschaft leisten will?«

»Geh, sieh nach!« befahl der Korsar, der sich schon zu Tisch gesetzt hatte.

Der Seemann schaute durch die Fensterjalousien und sah dort unten einen alten Mann, der ein Diener oder ein kleiner Gerichtsbeamter zu sein schien.

»Teufel auch«, murmelte er. »Der wird den Bräutigam suchen. Sein mysteriöses Verschwinden wird die Eltern und die Eingeladenen, besonders aber die Braut beunruhigen . . . Die Sache fängt an, etwas brenzlig zu werden.«

Als der Pocher draußen keine Antwort erhielt, klopfte er mit solcher Kraft, daß alle Bewohner der umliegenden Häuser von dem Lärm ans Fenster gelockt wurden.

»Wir müssen öffnen und diesen zweiten Störenfried einfangen, ehe die Nachbarn Verdacht schöpfen und womöglich die Tür einschlagen oder gar die Soldaten herbeirufen!«

Carmaux und der Neger beeilten sich, auch diesen Gast ins Haus zu ziehen, ihn zu binden und nach oben zu seinem unglücklichen jungen Herrn und dem nicht weniger unglücklichen Notar zu führen.

»Der Teufel hole sie alle!« rief Carmaux. »Fahren wir so fort, so werden wir bald die ganze Bevölkerung von Maracaibo zu Gefangenen machen!«

Ein Duell zwischen Edelleuten

Das Frühstück war nicht so lustig, wie Carmaux gehofft hatte. Es fehlte der Humor, trotz des guten Schinkens, des pikanten Käses und der Weinflaschen des Advokaten.

Alle waren beunruhigt wegen der Wendung, welche die Ereignisse infolge der Hochzeit des jungen Mannes genommen hatten. Sein und des Dieners Verschwinden mußten bald neue Besucher heranziehen, Verwandte, Freunde, vielleicht gar Soldaten und hohe Gerichtsbeamte.

Dieser Zustand durfte nicht lange andauern. Die Piraten hatten verschiedene Pläne erwogen, aber keiner schien ihnen annehmbar. Flucht war für den Augenblick unmöglich. Sie würden alle vier erkannt, verhaftet und gehenkt werden wie der Rote Korsar und sein Gefolge. Man mußte die Nacht abwarten. Doch war es unwahrscheinlich, daß die Angehörigen des jungen Don Conxevio sie so lange in Ruhe lassen würden.

Die drei Flibustier, die sonst so schlau und so erfinderisch an Auswegen waren wie alle ihre Kameraden auf der Tortuga, befanden sich diesmal in Verlegenheit. Carmaux' Projekt, in den Kleidern der Gefangenen das Haus zu verlassen, wurde verworfen, da es doch zu gefährlich schien, den Soldaten auf dem nahen Gelände zu begegnen. Im übrigen paßte das Gewand des jungen Bräutigams keinem der Leute.

Des Negers erster Plan wurde vorläufig auch verschoben. Vor der Nacht ließ sich nichts unternehmen, was Erfolg versprach.

Noch überlegte man hin und her, um aus dieser Lage, die von Minute zu Minute schwieriger wurde, herauszukommen, als ein drittes Individuum an die Tür des Notars pochte.

»Donnerschock, das wird ja nach und nach eine ganze Prozession werden!« rief Carmaux. »Wenn alle Verwandten und Freunde hier sind, können wir zuletzt die Hochzeit in diesem Hause abhalten.«

Diesmal war es kein Diener, sondern ein mit Schwert und Dolch bewaffneter kastilianischer Edelmann, wohl ein Verwandter oder Pate des Bräutigams.

Als der neue Ankömmling merkte, daß man sich mit dem Öffnen des Tors nicht beeilte, verdoppelte er die Schläge mit dem schweren Eisenklöppel. Der Mann war weniger geduldig und so wahrscheinlich gefährlicher als der Jüngling und der Diener.

»Geh, öffne, Carmaux!« befahl der Korsar.

»Ich fürchte, Kommandant, daß der da draußen nicht so leicht zu binden ist wie die andern. Er wird uns verzweifelten Widerstand entgegensetzen.«

»Ich werde schon mit ihm fertig werden. Du weißt, meine Arme sind kräftig.«

Der Kapitän entdeckte plötzlich in einem Winkel des Zimmers einen Degen, eine alte Familienwaffe, die der Notar dort aufbewahrt hatte. Er erprobte die Elastizität der Klinge, legte sie an und murmelte: »Toledostahl! Da wird es der Kastilianer schwer haben.«

Carmaux und Mokko hatten inzwischen das Tor geöffnet, deren Füllungen unter den unausgesetzten Schlägen zu zerspringen drohten. Der Edelmann trat stirnrunzelnd ein und rief wütend: »Da ist wohl ein Kanonenschuß nötig, bis ihr öffnet!«

Es war ein schöner Mann über die Vierzig, von hoher kräftiger Gestalt: ein männlicher Typ. Sein voller, tiefschwarzer Bart gab ihm ein martialisches Aussehen.

Er trug ein elegantes spanisches Gewand aus schwarzer Seide und hohe, gelbe, an den Rändern gezackte Lederstiefel mit Sporen.

»Verzeiht, Herr, wenn wir ein wenig gezögert haben«, sagte Carmaux, sich komisch vor ihm verneigend, »aber wir waren sehr beschäftigt!«

»Womit?«

»Mit der Pflege des Advokaten.«

»Ist er krank?«

»Er hat sehr starkes Fieber, Herr.«

»Ihr habt mich mit Graf anzureden, dummer Kerl!«

»Entschuldigt, Herr Graf! Ich hatte noch nicht die Ehre, Euch kennenzulernen.«

»Geh zum Teufel . . .! Wo ist mein Neffe? Wo ist der Advokat?«

»Im Bett, Herr Graf.«

»Führe mich sofort zu ihm!«

Carmaux ging ihm langsam voran. Sobald er aber den Treppenabsatz erreicht hatte, drehte er sich um und gab dem Neger ein Zeichen. Dieser wollte sich eben auf den Kastilianer werfen, der aber entwand sich ihm mit fabelhafter Geschicklichkeit, war mit einem Satz über die drei ersten Stufen gesprungen, hatte Carmaux heftig beiseite gestoßen und seinen Säbel aus der Scheide gezogen.

»Zum Teufel! Was bedeutet dieser Angriff? Ich werde dir die Ohren abhauen!«

»Das werde ich Euch erklären«, ertönte plötzlich eine Stimme von oben.

Es war der Schwarze Korsar, der, mit dem Degen in der Faust, auf der obersten Stufe der Treppe erschien. Der Kastilianer hatte sich umgedreht, ohne dabei Carmaux und den Neger aus den Augen zu verlieren. Beide hatten sich nach der Tür zurückgezogen. Ersterer war mit der Navaja bewaffnet und der Schwarze mit einer hölzernen Querstange, die in seiner Hand eine furchtbare Waffe sein konnte.

»Wer seid Ihr, Herr?« fragte der Kastilianer ohne die geringste Furcht. »Eurer Kleidung nach könntet Ihr ein Hochgestellter sein, aber das Kleid macht nicht immer den Mann.«

»Ihr seid mutig, Herr, das muß man sagen. Ich rate Euch aber, das Schwert niederzulegen und Euch zu ergeben!«

»Wem? Einem Dieb, der im schnöden Hinterhalt die Leute umbringt?«

»Nein, dem Cavaliere Emilio di Roccabruna!« war die stolze Antwort.

»Ah, Ihr seid ein Edelmann! Dann möchte ich aber wissen, warum der Herr von Ventimiglia mich von seinen Dienern ermorden lassen will!«

»Das ist nur eine Vermutung von Euch. Niemand denkt daran, Euch zu töten. Man will Euch nur entwaffnen und für einige Tage zum Gefangenen machen, nichts weiter.«

»Und aus welchem Grunde?«

»Um zu verhindern, daß Ihr die Behörden von Maracaibo benachrichtigt, daß ich mich hier befinde!«

»Da haben die Behörden wohl mit dem Herrn von Ventimiglia ein Hühnchen zu rupfen?«

»Der Gouverneur liebt mich nicht. Er würde vor Freude außer sich sein, wenn er mich in seine Hand bekäme – wie ich glücklich wäre, wenn ich ihn hätte.«

»Ich verstehe Euch nicht, Herr!«

»Das tut auch nichts. Also – wollt Ihr Euch ergeben?«

»Oh, wo denkt Ihr hin? Ein Bewaffneter weicht nicht ohne Verteidigung.«

»Dann zwingt mich nicht, Euch zu . . .«

»Aber wer seid Ihr denn eigentlich?«

»Ihr müßt es doch schon erraten haben! Wir sind Flibustier von der Tortuga. Verteidigt Euch, Herr, denn jetzt werde ich Euch überwinden!«

»Da glaube ich schon, drei Gegner gegen einen.«

»Wenn der Kapitän befiehlt, mischen sich die beiden andern nicht ein«, sagte der Korsar, der dem Neger und dem Seemann einen Wink gab.

»In diesem Falle hoffe ich, Euch bald außer Kampf zu setzen! Ihr kennt noch nicht den Arm des Grafen Lerma!«

»Wie Ihr noch nicht den des Herrn von Ventimiglia kennt! Auf, Graf, verteidigt Euch!«

»Ein Wort erlaubt mir doch. Was habt Ihr mit meinem Neffen und seinem Diener gemacht?«

»Sie befinden sich beim Notar als Gefangene. Beunruhigt Euch nicht! Morgen werden sie frei sein, und Euer Neffe wird die Hochzeit feiern können.«

»Danke, Cavaliere!«

Der Schwarze Korsar verneigte sich leicht. Dann stieg er rasch die Stufen hinab und reizte den Kastilianer so ungestüm, daß dieser einige Schritte zurückweichen mußte.

Man hörte in dem engen Flur nur das Klirren der Waffen.

Carmaux und der Afrikaner, die sich mit gekreuzten Armen gegen die Tür gelehnt hatten, verfolgten schweigend das Duell.

Graf Lerma focht glänzend. Er parierte mit kaltem Blute und gab ganz gerade Degenstöße ab. Doch bald mußte er sich überzeugen, daß er einen der gefährlichsten Gegner vor sich hatte, einen Mann, der Muskeln von Stahl besaß.

Nach den ersten Schlägen war der Kapitän ganz ruhig geworden. Er griff nur selten an und beschränkte sich auf die Verteidigung, als ob er den Gegner zuerst müde machen und sein Spiel kennenlernen wollte. Er stand aufrecht mit blitzenden Augen, die linke Hand horizontal erhoben.

Vergeblich hatte der Kastilianer mit einem Sturm von Stößen versucht, ihn gegen die Treppe zu drängen, in der Hoffnung, daß er hinfallen würde. Aber Ventimiglia hatte nicht einen einzigen Schritt rückwärts gemacht; er war unbeweglich fest geblieben, während er die Hiebe mit bewundernswürdiger Raschheit niederschlug.

Plötzlich stürzte er vor. Die Klinge des Gegners abschlagen und ihn zu Boden strecken war das Werk eines Augenblicks. Als der Graf sich wehrlos fand, erblaßte er. Die blitzende Degenspitze des Korsaren blieb einen Moment gezückt, sie bedrohte seine Brust, dann aber wurde sie sofort wieder erhoben.

»Ihr seid wahrhaftig tapfer!« sagte der Kapitän, seinen Gegner grüßend. »Ihr wolltet Eure Waffe nicht übergeben! Jetzt nehme ich sie mir, aber ich lasse Euch am Leben!«

Der Kastilianer war sprachlos. Auf seinen Zügen malte sich tiefstes Erstaunen. Rasch trat er einige Schritte vor und reichte dem Korsaren die Hand.

»Meine Landsleute behaupten, daß die Flibustier Menschen ohne Glauben, ohne Gesetz seien, daß sie nur Räuber wären! Ich muß sagen, daß es unter ihnen auch Helden gibt, die in Ritterlichkeit und Großmut den vollendetsten Edelleuten Europas gleichkommen. Ich danke Euch, Cavaliere!«

Der Korsar drückte die dargebotene Hand, nahm das zur Erde gefallene Schwert des Gegners auf und reichte es ihm mit den Worten: »Behaltet Eure Waffe! Mir genügt Euer Versprechen, sie bis morgen nicht gegen uns zu gebrauchen.«

»Ich verspreche es Euch bei meiner Ehre!«

»Dann laßt Euch ohne Widerstand binden! Es tut mir leid, aber ich bin gezwungen dazu.«

»Macht, was Ihr wollt!«

Auf einen Wink band ihm Carmaux die Hände und übergab ihn dem Neger, der den Grafen in das oben gelegene Zimmer zu den andern Gefangenen führte.

»Ob nun die Besuche aufhören werden?« fragte Carmaux.

»Ich fürchte, nein«, antwortete der Kapitän. »Wenn die Verwandten Verdacht geschöpft haben, werden sich die Behörden von Maracaibo einmischen. Das beste wird sein, wir verbarrikadieren die Türen und bereiten uns auf eine Verteidigung vor. Hast du Feuerwaffen im Hause gefunden?«

»Nur eine Büchse nebst Munition, außerdem eine alte, verrostete Hellebarde und einen Küraß!«

»Die Büchse kann uns von Nutzen sein!«

»Aber wie können wir Widerstand leisten, wenn die Soldaten das Haus angreifen?«

»Das wird sich finden. Lebend soll mich van Gould nicht bekommen! Jetzt laßt uns an die Verteidigung denken und dann, wenn es noch Zeit ist, an die Mahlzeit!«

Der Neger kam zurück. Er und Carmaux machten sich nun ans Werk, mit den schwersten und größten Möbeln des Hauses die Tür zu verrammeln. Nicht ohne Protest des Advokaten wurden Schränke, Truhen und massive Tische in den Vorflur getragen. Eine zweite Barriere wurde vor der Treppe errichtet.

»Kommandant, Kommandant!« rief Stiller plötzlich, ganz außer Atem. »Vor dem Hause sind eine Menge Leute versammelt!«

Der Korsar trat, ohne eine Miene zu verziehen, ans Fenster und blickte hinter den Vorhängen auf die Gasse.

»Das fürchtete ich schon«, sagte er. »Gut, wenn ich in Maracaibo sterben soll, so wird es in meinem Schicksalsbuch geschrieben stehen! Aber vielleicht ist das Glück den Flibustiern der Tortuga doch noch hold, damit meine armen Brüder nicht ungerächt bleiben!«

Er rief Carmaux heran und fragte nach der Menge der gefundenen Munition.

»Ein kleines Pulverfaß! Etwa acht bis zehn Pfund werden es sein.«

»Schaff es in den Flur hinter die Haustür und zünde später die Lunte an!«

»Alle Wetter, sollen wir das Haus in die Luft sprengen?«

»Es wird uns wohl nichts anderes übrigbleiben!«

»Und die Gefangenen?«

»Um so schlimmer für sie, sollten uns die Soldaten verhaften! Wir haben das Recht, uns zu verteidigen, und werden es ohne Zögern tun.«

»Da sind schon die Soldaten!« rief Carmaux, der auf die Gasse gespäht hatte.

Etwa zwei Dutzend kriegsmäßig ausgerüstete Schützen standen vor der Tür, umringt von einer Unmenge Neugieriger.

Neben dem Leutnant sah man einen bewaffneten Greis mit weißem Bart: wahrscheinlich ein Verwandter des Bräutigams.

Die Soldaten hatten sich in drei Linien aufgestellt und den Lauf der Gewehre gegen das Haus gerichtet. Ihr Anführer beobachtete die Fenster, wechselte einige Worte mit dem Alten und schlug dann mit einem schweren Hammer gegen die Tür.

»Im Namen des Gouverneurs! Öffnet!«

»Ihr bleibt bei mir!« sagte der Kapitän zu den beiden Seeleuten. »Du aber, braver Mokko, such mal im obersten Stockwerk nach, ob du nicht ein Dachfenster entdecken kannst, das uns zur Flucht über die Dächer verhilft!«

Hierauf öffnete er das Fenster, beugte sich über die Brüstung und rief: »Was wünscht Ihr, mein Herr?«

Als der Leutnant, anstatt des Advokaten, den Fremden mit den verwegenen Zügen und dem großen, schwarzen, federgeschmückten Hut erblickte, starrte er ihn verdutzt an.

»Wer seid Ihr?« fragte er endlich. »Ich will den Notar sprechen!«

»Er kann im Augenblick nicht kommen. Statt seiner bin ich hier.«

»Dann öffnet mir im Namen des Gouverneurs!«

»Und wenn das nicht geschieht?«

»Dann müßt Ihr die Folgen tragen; es sind seltsame Dinge in diesem Hause vorgefallen, mein Herr. Ich bin beordert zu erfahren, was mit Herrn Pedro Conxevio, seinem Diener und seinem Oheim, dem Grafen Lerma, passiert ist.«

»Wenn Ihr es denn wissen wollt, sie leben und sind bei guter Laune.«

»Laßt sie herunterkommen!«

»Unmöglich!«

»Ich empfehle Euch, zu gehorchen, sonst muß ich die Tür einschlagen!«

»Tut es! Ich sage Euch aber, daß hinter der Tür ein Pulverfaß steht! Wendet Ihr Gewalt an, so lasse ich Feuer anlegen und das

Haus mitsamt dem Notar, dem Herrn Conxevio, seinem Diener und seinem Oheim in die Luft sprengen! Probiert es nur!«

Bei diesen kalt und energisch gesprochenen Worten, die keinen Zweifel an der Drohung ließen, ging ein Schrecken durch die Reihen der Soldaten und Neugierigen, von denen viele gleich das Weite suchten.

Der Korsar blieb ganz ruhig am Fenster stehen, während die zwei Seeleute hinter seinem Rücken das Volk auf den Terrassen beobachteten.

»Aber wer seid Ihr denn?« fragte der Leutnant. »Euer Name!«

»Der tut nichts zur Sache!«

»Ich werde Euch zwingen, ihn zu nennen!«

»Gut, dann fliegt das Haus in die Luft!«

»Schluß!« rief der Anführer wütend. »Der Scherz hat schon zu lange gedauert!«

»Wie Ihr wollt! Carmaux, geh ans Werk!«

Die wunderbare Flucht

Als dieser Befehl erscholl, erhob sich ein ungeheurer Lärm, nicht nur in den Reihen der Neugierigen, sondern auch bei den Soldaten.

Die Nachbarn fürchteten, daß ihre Häuser ebenfalls in die Luft gingen. Sie heulten laut, gebärdeten sich wie närrisch und versuchten schon, alle ihre Kostbarkeiten zusammenzuraffen. Alle trauten dem Mann mit dem kühlen Gesicht dort zu, daß er seine Drohung wahr machen würde.

Nur der Leutnant war mutig auf seinem Platz geblieben.

»Halt, Herr!« rief er. »Seid Ihr denn wahnsinnig! Ihr werdet euren traurigen Vorsatz nicht ausführen!«

»Wenn Ihr mich in Ruhe laßt, nein!«

»Gebt dem Grafen Lerma und den andern die Freiheit wieder, und ich verspreche, Euch nicht mehr zu belästigen!«

»Gut, wenn Ihr meine Bedingungen annehmt!«

»Und die wären?«

»Zuerst die Truppen zurückziehen und dann mir einen vom Gouverneur unterzeichneten Geleitbrief zu geben, damit ich und meine Gefährten unbehindert von den Soldaten Stadt und Land verlassen können!«

»Aber wer seid Ihr denn, daß Ihr dergleichen nötig habt?«

»Ein Edelmann von drüben . . . jenseits des Meeres!«

»Dann ist doch kein Geleitbrief notwendig! Habt Ihr denn eine Schuld auf dem Gewissen? Sagt mir Euren Namen!«

In diesem Augenblick näherte sich dem Offizier ein Mann mit hinkenden Schritten und einem blutbefleckten Tuche.

»Potzblitz!« rief Carmaux, der noch hinter dem Kommandanten stand. »Jetzt sind wir verraten! Das ist ja einer der Biskayer, die uns angegriffen haben!«

»Ihr wollt wissen, Herr Leutnant, wer jener Edelmann mit dem schwarzen Filzhut dort oben ist?« rief er höhnisch. »Das ist einer der Leute, die mich so zugerichtet haben! Gebt acht, daß er nicht entflieht! Es ist ein Flibustier!«

Ein Wutgeheul ging jetzt durch die Menge.

Carmaux hatte, auf einen Wink des Kapitäns, rasch seine Büchse erhoben und mit einer gutgezielten Kugel den Biskayer getötet.

Hundert Büchsen richteten sich nun auf die Fenster. Das Volk schrie aus voller Kehle: »Erschlagt die Kanaillen!«

»Nein, hängt sie auf!«

»Röstet sie am lebendigen Leibe!«

Auf des Leutnants Befehl sanken die Gewehr nieder.

»Die Komödie ist nun aus! Ergebt Euch!« rief er dem Korsaren zu, der noch immer ruhig, unbeweglich am Fenster stand, als ob ihn der ganze Krawall nichts anginge.

»Habt Ihr mich verstanden?«

»Vollkommen, mein Herr!«

»Ergebt Euch, oder ich lasse die Tür einschlagen!«

»Tut es!« antwortete Ventimiglia kalt. »Aber ich künde euch an, daß das Pulverfaß bereitsteht!«

»Dann werdet auch Ihr mit untergehen!«

»Bah, sterben inmitten rauchender Ruinen ist besser als der schimpfliche Tod, den Ihr mir nach der Ergebung bereiten würdet!«

»Ich verspreche Euch das Leben!«

»Was Eure Versprechungen gelten, weiß ich! Jetzt ist es sechs Uhr nachmittags. Während Ihr überlegen könnt, was zu tun sei, werde ich mit dem Grafen Lerma und seinem Neffen ein Glas auf Euer Wohl leeren!«

Damit lüftete der Korsar seinen Hut und grüßte höflich die Untenstehenden.

»Kommt, ihr Braven!« sagte er zu Carmaux und Stiller, welche die Kühnheit und Kaltblütigkeit des Kommandanten bewunderten. »Laßt die da unten schreien, soviel sie wollen! Wir essen jetzt!«

»Vielleicht unsere Henkersmahlzeit, Kapitän.«

»Gott bewahre, unsere letzte Stunde hat noch lange nicht geschlagen. Warte die Dunkelheit ab, und du wirst sehen, was für Wunder ein Pulverfaß tun kann!«

Dann trat er ins Zimmer zu den Gefangenen, zerschnitt die Stricke, welche den Grafen Lerma und den Bräutigam banden, und lud beide ein, sich mit ihm zu Tisch zu setzen.

»Ich vertraue Eurem Wort, nichts gegen mich zu unternehmen«, sagte er.

»Das ist selbstverständlich, Cavaliere«, entgegnete der Graf lächelnd. »Mein Neffe ist unbewaffnet, und ich weiß, wie gefährlich es ist, sich mit Eurem Schwerte einzulassen. Aber was schreien denn meine Landsleute da unten?«

»Sie belagern uns.«

»Früher oder später werden sie Euch aber doch zur Übergabe zwingen. Es würde mir wirklich leid tun«, sagte der Graf, »wenn solch ein tapfrer und liebenswürdiger Mann, wie Ihr es seid, in die Hände des Gouverneurs fiele! Er gibt den Flibustiern keinen Pardon.«

»Van Gould wird mich nicht bekommen. Ich muß leben bleiben, um eine alte Rechnung mit ihm zu begleichen.«

»Ihr kennt ihn?«

»Zu meinem Unglück!« seufzte Ventimiglia. »Er ist für meine ganze Familie verhängnisvoll gewesen. Daß ich ein Flibustier geworden bin, ist ihm allein zu verdanken. Aber sprechen wir nicht weiter davon! Jedesmal, wenn ich daran denke, lodert der Haß in mir auf, und ich werde traurig wie ein Leichenbitter! . . . Trinkt, Graf! . . . Carmaux, was machen die Spanier unten?«

»Sie fabeln alles mögliche über Euch, scheinen aber noch nicht einig zu sein, ob sie uns angreifen sollen oder nicht!«

»Das werden sie schon tun, aber vielleicht erst, wenn wir fort sind! Wo ist der Neger?«

»Noch auf dem Boden!«

»Stiller, bring ihm ein Glas Wein!«

Die Mahlzeit wurde schweigend beendet. Auch draußen war jetzt Ruhe eingetreten. Die Soldaten schienen den Angriff hinauszuschieben, da sie für das Leben des Grafen Lerma und seines Neffen fürchteten, die beide höchst angesehene Persönlichkeiten der Stadt waren und die man wohl gern retten wollte.

Die Dunkelheit war schon eingetreten, als Carmaux den Kapitän benachrichtigte, daß ein Schützentrupp und ein Dutzend Hellebardiere eingetroffen seien und den Ausgang der Gasse versperrten.

»Dann will man irgend etwas unternehmen«, meinte der Kommandant. »Rufe den Neger!«

Nach wenigen Minuten stand Mokko vor ihm.

»Hast du den Boden genau durchsucht? Gibt es ein Dachfenster?«

»Nein, aber ich habe einen Teil des Dachs durchgebrochen. So können wir hindurch und über die andern Dächer fliehen.«

In diesem Augenblick hörte man ein schreckliches Getöse,

das alle Fensterscheiben erzittern ließ. Einige Kugeln, die durch die Jalousien ins Haus gedrungen waren, hatten Wände und Decken der Zimmer durchbohrt.

Der Korsar war aufgesprungen. Er war plötzlich wie verwandelt. Seine Augen blitzten, und seine bleichen Wangen färbten sich rot.

»Ah, sie fangen an«, spöttelte er.

Dann wandte er sich zum Grafen und seinem Neffen um: »Ich habe euch mein Wort gegeben, daß Ihr leben bleibt. Ihr müßt Euch jedoch fügen und schwören, daß Ihr Euch nicht auflehnt gegen meine Anordnungen!«

»Sprecht, Cavaliere«, sagte Graf Lerma. »Ich bedaure, daß die Angreifer meine Landsleute sind. Ich würde an Eurer Seite kämpfen, wenn das nicht wäre!«

»Ihr müßt mir folgen – wenn Ihr nicht in die Luft fliegen wollt! In wenigen Minuten wird keine Mauer vom Hause mehr gerade stehen!«

»Wollt Ihr mich verderben?« kreischte der Notar.

»Still, alter Geizhals!« rief Carmaux, der ihn losband. »Du wirst gerettet und bist noch unzufrieden?«

»Aber ich will doch mein Haus nicht verlieren!«

»Ihr müßt Euch vom Gouverneur entschädigen lassen!«

Eine zweite Salve entlud sich draußen. Die Kugeln drangen ins Zimmer und schlugen die von der Decke herabhängende Lampe entzwei.

»Also los!« rief der Korsar. »Carmaux, zünde die Lunte an! Sieh dich aber vor, daß das Faß nicht explodiert, ehe wir das Haus verlassen haben!«

»Die Lunte ist lang, Herr!« antwortete der Seemann, der schnell die Treppe hinuntereilte.

Der Kapitän stieg nun, gefolgt von den andern, zum Boden hinauf, während die Schüsse durch die Fenster krachten.

Überallhin zischten die Kugeln, prallten auf die Mauersteine und durchschlugen die Wände. Den armen Notar durchschauerte es. Die Flibustier jedoch und Graf Lerma, ein Kriegsmann wie sie, kümmerten sich nicht darum.

Vom Boden aus hatte der Neger mit einem aus dem Fachwerk gerissenen Balken einen Weg zum Dach geschaffen.

»Vorwärts!« rief der Korsar, nachdem er mit dem Degen die Festigkeit der Brücke untersucht hatte. Er schwang sich aufs Dach und überprüfte die Lage: mehrere Dächer schlossen sich an, am Ende derselben sah man einen hohen Palmenstamm mit seinen Riesenblättern über eine Mauer emporragen.

»Können wir uns von dort hinablassen?« fragte er den Neger. »Jenseits scheint ein Garten zu sein!«

Mokko bejahte es.

Die Gefangenen wurden von Stillers kräftigem Arm aufs Dach gehoben, als Carmaux rief: »Schnell, schnell, in zwei Minuten wird das Haus einstürzen!«

»O Gott, ich bin verloren! Mein Besitz . . .«, jammerte wieder der Notar. Er konnte aber nicht mehr zurückschauen, denn Stiller hatte ihn bereits vorwärts geschoben.

Inzwischen sprang der Korsar von einem Dach zum andern, gefolgt vom Grafen und dessen Neffen.

Von der Gasse aus schoß man immer weiter aufs Haus. Pulverdampf und Rauch breiteten sich über die Dächer aus.

Die Fliehenden gelangten nun an das Dach des letzten Hauses, wo die Palme stand. Unten dehnte sich in der Tat ein großer, von hohen Mauern umschlossener Garten aus, der sich ins freie Land hinein erstreckte.

»Ich kenne diesen Garten«, sagte der Graf, »er gehört meinem Freunde Morales!«

»Hoffentlich werdet Ihr uns nicht verraten!« erwiderte Ventimiglia.

»Im Gegenteil, Cavaliere! Ich schulde Euch ja mein Leben!«

»Rasch hinab«, rief Carmaux. »Die Explosion kann uns in die Hölle befördern.«

Kaum hatte er diese Worte ausgesprochen, als ein mächtiger Blitz in die Höhe emporstieg, dem ein entsetzliches Krachen folgte.

Die Fliehenden fühlten das Dach unter ihren Füßen erbeben; dann fiel einer über den andern, während es ringsum Steine, Holzstücke und Zunder regnete.

Eine Rauchwolke schwebte über den Dächern, die minutenlang alles verdunkelte. Und während die Mauern einfielen, hörte man Schreckensgeheul auf der Gasse.

»Potzblitz!« rief Carmaux, der von der Explosion bis zur Dachrinne geschleudert worden war. »Noch einen Meter weiter, und ich wäre wie ein Lumpensack in den Garten gefallen!«

Der Korsar hatte sich schnell wieder erhoben, taumelte aber noch inmitten des ihn umhüllenden Rauches.

»Sind alle noch am Leben?« fragte er sofort.

»Einer liegt hier, ohne sich zu rühren«, sagte der Graf. »Vielleicht ist er von einem Stein getroffen worden!«

»Das ist ja der Notar!« rief Stiller. »Keine Angst, der ist nur vor Schreck ohnmächtig geworden!«

»Lassen wir ihn hier!« meinte Carmaux. »Er wird sich schon zu helfen wissen, wenn er nicht gar vor Schmerz um den Verlust seiner Bude stirbt!«

»Nein!« erwiderte der Kapitän. »Er würde ja geröstet werden, der Ärmste! Die umliegenden Häuser brennen jetzt auch! Mokko soll ihn tragen!«

Er näherte sich dem Rand des Daches, ergriff die Palme und ließ sich an ihrem Stamm in den Garten hinuntergleiten. Die andern taten es ihm nach.

Sie wollten soeben in eine Allee einbiegen, die zu der Einfriedung führte, als ihnen einige mit Büchsen bewaffnete Männer aus einem Gebüsch entgegenstürzten.

»Halt, oder wir schießen!«

Der Korsar hatte schon den Degen gezogen und mit der Linken eine Pistole ergriffen, um sich Bahn zu brechen.

Der Graf hinderte ihn jedoch: »Laßt mich nur machen, Cavaliere!«

Dann wandte er sich an die Leute: »Kennt ihr den Freund eures Herrn nicht wieder?«

»Ah, Graf Lerma?« riefen die Diener erstaunt.

»Nieder mit den Waffen, oder ich beschwere mich bei eurem Herrn!«

»Verzeiht«, sagte der eine, »wir wußten nicht, wen wir vor uns hatten, wir wollten nur die Flucht des greulichen Banditen verhindern!«

»Die sind schon geflohen! Gibt es eine Tür in der Mauer?«

»Ja, Herr Graf!«

»Öffnet sie für mich und meine Freunde, und kümmert euch nicht weiter um uns!«

Die drei Flibustier und der Neger traten aus der eisernen Tür hinaus ins Freie. Der Graf und sein Neffe folgten ihnen. Nur der Diener des Bräutigams blieb mit dem ohnmächtigen Notar im Garten zurück.

»Cavaliere«, sagte Graf Lerma, nachdem er die Flibustier

noch einige hundert Schritte begleitet hatte. »Ihr habt mir das Leben geschenkt, daher bin ich glücklich, Euch diesen kleinen Dienst erwiesen zu haben. Helden wie Ihr dürfen nicht am Galgen sterben, den Euch der Gouverneur nicht erspart hätte. Geht auf diesem Wege weiter, dann werdet Ihr zum Ufer kommen und Euer Schiff erreichen können!«

»Ich danke Euch, Graf«, sagte der Korsar. Und beide Edelleute schüttelten sich zum Abschied die Hand.

»Ein braver Mann«, murmelte Carmaux. »Wenn wir wieder nach Maracaibo kommen, werden wir ihn aufsuchen.«

Nach zehn Minuten waren sie ohne Hindernisse an den Rand des Waldes gelangt, in dem sich die Hütte des Schlangenbeschwörers befand. Beim Zurückschauen sahen sie noch eine große Rauchwolke, untermischt mit Funkenregen, aufsteigen, die der Wind über den See von Maracaibo wehte.

»Armer Teufel!« sagte Carmaux. »Der wird den Verlust seines Hauses und Weinkellers nicht überleben, für einen solchen Geizhals ist der Schlag zu groß.«

Man rastete einige Minuten im Schatten eines Bitterholzbaumes, um zu erforschen, ob auch kein Späher in der Nähe sei. Schweigen herrschte im Haine. Nach einer Viertelstunde Eilmarsch durch den Tropenwald erreichte man die Hütte, aus der lautes Klagen kam.

»Donnerwetter!« rief Carmaux. »Das ist ja unser Gefangener, den wir an den Baumstamm gebunden haben. Ich hatte ihn ganz vergessen!«

»Wollt ihr mich denn Hungers sterben lassen?« rief der Soldat. »Dann hängt mich doch lieber auf!«

»Ist jemand hier gewesen?« fragte der Korsar.

»Nein, nur Vampire!«

Nachdem er dem Neger befohlen hatte, die Leiche seines Bruders unter dem Blätterwerk aufzunehmen, befreite er den Soldaten, der schon fürchtete, sein letztes Stündlein hätte geschlagen, und sagte: »Ich könnte vor allem den Tod meines Bruders an dir rächen, auch den seiner unglücklichen Gefährten, die noch auf dem Platz dieser vermaledeiten Stadt hängen, aber ich versprach, dich zu begnadigen, und der Schwarze Korsar hält sein Wort. Du bist frei, doch du mußt mir schwören, zum Gouverneur zu gehen, ihm meinen Namen zu nennen und daß ich diese Nacht, in Gegenwart der auf der Brücke meines Schiffs versammelten Seeleute und angesichts der Leiche des Roten Korsaren, einen Eid schwöre werde, vor dem er zittern soll. Dafür, daß er meine beiden Brüder getötet hat, werde ich alle zugrunde richten, die den Namen van Gould tragen. Sage ihm, daß ich es Gott, dem Meere und der Hölle geschworen habe und daß wir uns bald wiedersehen werden!«

Dann löste er die Fesseln des Gefangenen, der ihn ganz verdutzt ansah, drehte ihn an den Schultern herum und fuhr fort: »Wende dich nicht mehr um, damit ich nicht bereue, dir das Leben geschenkt zu haben!«

»Ich danke Euch«, sagte der Spanier, »und verspreche, Euren Willen zu erfüllen!«

Der Korsar sah ihn im Dickicht verschwinden.

»Gehen wir, die Zeit drängt!«

Ein verhängsnisvoller Schwur

Der kleine Trupp marschierte, vom Neger geführt, der alle Wege und Stege im Walde kannte, rasch vorwärts, um noch vor Morgen das Golfufer zu erreichen. Alle waren besorgt, daß das Schiff, welches am Eingang des Sees kreuzen sollte, festgehalten worden wäre, da, wie man wußte, der Gouverneur von Maracaibo Boten nach Gibraltar geschickt hatte, um den Admiral von Toledo zu Hilfe zu rufen.

So war zu befürchten, daß das stark bewaffnete und von Hunderten von tapferen Seeleuten, meist Biskayern, bemannte Geschwader schon den See passiert und die »Fólgore« zerstört hatte.

Der Korsar hüllte sich in Schweigen, aber man merkte ihm die Unruhe an. Zuweilen blieb er stehen, um etwas zu erlauschen.

Oft mußten die Fliehenden bei einigen vom Blitze zerstörten Baumgiganten oder bei sumpfigen Gewässern Umwege machen, die Zeitverlust bedeuteten.

Um zwei Uhr morgens hörte Carmaux ein fernes Brausen, das die Nähe des Meeres ankündigte.

»Wenn alles gutgeht, so sind wir in einer Stunde an Bord«, sagte er zum Kapitän.

Dieser nickte nur mit dem Kopfe.

Der Seemann hatte sich nicht getäuscht. Das Rauschen der Wellen wurde immer deutlicher. Man hörte auch in Zwischenräumen den Schrei der früh erwachenden Wildgänse, Tieren mit schwarzem Gefieder und weißem Kopfe. Sie schwammen am Ufer des Golfs.

Ein niedriges, von Sumpfpflanzen bedecktes Gestade wurde sichtbar, das sich, so weit das Auge reichte, in wunderlichen Kurven nach Nord und Süd ausdehnte. Der Himmel war von den Ausdünstungen der ungeheuren Sümpfe in Nebel gehüllt. Noch herrschte tiefe Finsternis, aber das Meer wurde hier und dort wie von Feuerlinien nach allen Richtungen durchzuckt.

Die Wogenkämme schienen Feuer zu sprühen, und der Gischt, der am Ufer lag, hatte einen herrlichen, phosphoreszierenden Schimmer. Manchmal blitzten weite Stellen im Meere, die vorher schwarz wie Tinte gewesen waren, hell auf, als ob sie von unten elektrisch erleuchtet würden.

»Meeresleuchten!« rief Stiller.

»Der Teufel soll es holen!« brummte Carmaux. »Haben sich denn die Fische mit den Spaniern verbunden, um uns die Flucht zu erschweren?«

»Nein«, antwortete Stiller, geheimnisvoll auf den Leichnam weisend, den der Neger trug. »Die Wellen blitzen, um anzudeuten, daß sie den Roten Korsaren aufnehmen wollen!«

»Es muß wohl so sein«, murmelte Carmaux.

Der Schwarze Korsar blickte indessen über das Meer in die Ferne. Er unterschied einen großen Schatten, dessen Umrisse sich deutlich auf der schimmernden See abzeichneten.

»Die ›Fólgore‹ ist da!« rief er erfreut. »Sucht die Schaluppe!«

Carmaux und Stiller orientierten sich, an welchem Punkte des Gestades sie sich befänden. Dann eilten sie die Küste gegen Norden hinauf und suchten überall inmitten der Sumpfpflanzen, die ihre Wurzeln und gelben Blätter in den leuchtenden Wellen badeten, nach dem Boot. Endlich, nach einem Kilometer Weges, hatten sie es entdeckt.

Sie fuhren schnell zu der Stelle, wo der Kapitän und der

Neger auf sie warteten. Dort legten sie die in den schwarzen Mantel gewickelte Leiche zwischen zwei Bänke, bedeckten das Gesicht sorgsam und ruderten nun mit aller Kraft vorwärts.

Der Neger, der das Gewehr des gefangenen Spaniers zwischen den Knien hielt, hatte sich an den Bug gesetzt, während der Korsar am Heck saß, dem toten Bruder gegenüber. Er überließ sich wieder seinen melancholischen Gedanken. Unbeweglich saß er da, den Kopf in die Hände gestützt und die Augen auf die Leiche gerichtet, deren Formen sich unter dem schwarzen Tuche abzeichneten. Es war, als ob er seine ganze Umgebung vergessen hätte, selbst sein Schiff, das sich immer mehr vom schimmernden Meere abhob und wie ein großer, schwimmender Wal aussah. Die Oberfläche, auf der es dahinglitt, nahm sich wie gesponnenes Gold aus.

Indessen glitt auch das Boot rasch durch die Wellen. Das Wasser flammte um den Kahn, und der Gischt, den die Ruder aufspritzten, erschien wie von Feuer durchglüht.

Unter den Wolken trieben in jener Lichtorgie eine Unzahl seltsamer Mollusken ihr Spiel. Die großen Medusen wurden sichtbar. Die Knollenquallen tanzten wie Leuchtkugeln beim Hauch der nächtlichen Brise. Einige glänzten, als ob Diamanten über sie verstreut wären. Wieder andere leuchteten wie glühende Lava. Sie sahen mit ihren sonderbaren Schwänzen wie achtspitzige Malteserkreuze aus. Die zierlichen Segelquallen schimmerten, befreit von ihrer Schale, im sanften, bläulichen Licht, Scharen von andern Meerestieren mit runden, stachligem Körper gaben blaßgrüne Reflexe.

Fische jeder Art schnellten empor und tauchten wieder unter, leuchtende Furchen hinterlassend. Polypen jeglicher Form sandten bunte Lichter nach allen Richtungen hin, während an der Oberfläche des Wassers große Seekühe schwammen, die in jenem Jahrhundert noch häufig vorkamen. Mit ihren langen Schwänzen und ihren Seitenflossen erzeugten sie beachtliche Wellen.

Die von den kräftigen Armen der beiden Flibustier geruderte Schaluppe flog wie ein schwarzer Schatten rasch über die flammenden Wogen. So wäre sie eine gute Zielscheibe für die Kanonen des spanischen Geschwaders gewesen, hätte sich Admiral Toledo jetzt in jenen Gewässern befunden.

Aber nicht nur Befürchtungen, die feindlichen Schiffe zu sichten, machten die beiden Seeleute unruhig; auch abergläubische Gedanken hatten inmitten des funkelnden Meeres sich ihrer bemächtigt. Der Tote, den sie im Boote hatten, und die Gegenwart des düstern Kapitäns, den sie nie anders als in Trauerkleidung gesehen, flößten ihnen Angst ein. Sie konnten den Augenblick nicht erwarten, endlich an Bord der »Fólgore« bei ihren Kameraden zu sein.

Schon trennte sie nur eine Meile von dem Schiffe, das ihnen entgegenkam, als ein seltsamer Schrei, einem Klageton ähnlich, der in Schluchzen endete, ihr Ohr traf. Sie hielten, furchtsam um sich schauend, mit dem Rudern inne.

»Hast du das gehört?« fragte Stiller, und kalter Schweiß bedeckte seine Stirne.

»Ja«, antwortete Carmaux mit unsicherer Stimme. »Könnte es nicht ein Fisch gewesen sein?«

»Ich habe nie gehört, daß Fische solche Töne ausstoßen können.«

»Wofür hältst du es denn?«

»Ich weiß es nicht, aber es hat mir Grauen eingeflößt.«

»War es vielleicht der Bruder des Toten . . .?«

»Schweig, Kamerad!«

Alle beide blickten zum Schwarzen Korsaren hinüber, aber dieser schien nichts gehört zu haben. Er hielt den Kopf noch immer gestützt, und die Augen waren auf den Leichnam gerichtet.

»Gott steh uns bei!« murmelte Carmaux und ergriff wieder das Ruder. Dann wandte er sich zum Neger um: »Hast du auch den Schrei gehört, Gevatter?«

»Ja!« antwortete dieser.

»Was kann das gewesen sein?«

»Vielleicht eine Seekuh!«

»Das könnte sein, aber . . .«

Im selben Augenblick war hinter dem Heck der Schaluppe, inmitten schimmernden Schaumes, ein dunkles Etwas aufgetaucht, das sogleich wieder in die Tiefe zurückschoß.

»War das nicht ein Kopf?« fragt Stiller atemlos. Der Hals war ihm wie zugeschnürt.

»Ja«, antwortete Carmaux zähneklappernd. »Ein Totenkopf! Das war der Grüne Korsar, der uns verfolgt, um den Roten Korsaren entgegenzunehmen!«

»Mich schaudert!« sagte Stiller.

»Und du, schwarzer Gevatter, hast du nichts gesehen?«

»Ja, den Kopf einer Seekuh!«

»Der Teufel hole dich mitsamt deinen Seekühen!« brummte Carmaux. »Es war ein Totenkopf ohne Augen.«

In diesem Moment ertönte eine Stimme vom großen Schiff her über das Meer: »Oihe! Wer da?«

»Der Schwarze Korsar!« schrie Carmaux.

Die »Fólgore« näherte sich rasch wie eine Seeschwalbe, indem sie die blitzenden Fluten teilte. In ihrer schwarzen Farbe ähnelte sie dem sagenhaften »Fliegenden Holländer« oder dem schwimmenden »Sargschiff«.

Längs der Brüstung stand die Mannschaft in Reih und Glied. Alle waren bewaffnet.

Am Heck hinter den Verfolgungskanonen sah man die Schützen, mit der angezündeten Lunte in der Hand. Und auf der Spitze des Girksegels wehte das große, schwarze Banner des Korsaren mit kreuzweise gestellten, goldenen Buchstaben in bizarrer Verschnörkelung.

Die Schaluppe legte an Backbord an, während das Schiff Anker warf, und die Seeleute warfen das Tau vom Bord.

»Herunter das Takelwerk!« hörte man eine laute Stimme.

Das Boot wurde, auf einen Pfiff des Obermaats, an Bord gezogen mitsamt den Personen darauf.

Als der Kiel gegen das Schiffsdeck stieß, schien der Schwarze Korsar aus seiner Schwermut zu erwachen. Er schaute sich um, beugte sich dann über den Leichnam, nahm ihn in seine Arme und legte ihn zu Füßen des Hauptmastes nieder.

Die Mannschaft grüßte stumm, unbedeckten Hauptes, die Leiche.

Morgan, der Vizekapitän, war von der Kommandobrücke herabgestiegen und erwartete schweigend die Befehle seines Vorgesetzten.

»Tut, wie es Brauch ist!« sagte der Korsar mit gesenktem Kopf.

Dann schritt er langsam über das Oberdeck, betrat die Kommandobrücke und blieb dort unbeweglich, wie eine Statue, mit auf der Brust gekreuzten Armen.

Es begann gegen Osten zu dämmern. Dort, wo der Himmel sich mit dem Meere zu vereinigen schien, stieg ein blasses Licht auf, welches das Seewasser bläulich färbte. Es war nicht rosa wie gewöhnlich, sondern trübe, fast grau, eisenähnlich.

Inzwischen waren das große Banner des Korsaren zum Zeichen der Trauer auf Halbmast heruntergelassen und die Rahen der Flaggenstöcke in Kreuzform gesetzt worden.

Die ganze Besatzung befand sich auf Deck. All diese Männer mit den von Sonne und Seewind gebräunten Gesichtern standen in Trauer ernst vor der Hülle des Roten Korsaren, die der Obermaat, zusammen mit zwei Kanonenkugeln, in eine große Hängematte gelegt hatte.

Am Horizont wurde es heller, aber die Meereswellen leuchteten noch immer um das Schiff und schlugen dumpf gegen die Flanken und um den hohen Bug. Bald klang es wie Seufzer, bald wie Klagen.

Plötzlich hallte Glockenklang vom Heck her. Die ganze Mannschaft war in die Knie gesunken, als der Maat, unterstützt von drei andern Seeleuten, die Leiche emporhob und auf die Brüstung des Backbords legte.

Feierliches Schweigen herrschte an Bord des unbeweglich auf dem leuchtenden Wasser liegenden Schiffs. Sogar das Meer schwieg jetzt und murmelte nicht mehr.

Aller Augen waren auf den Schwarzen Korsaren gerichtet, dessen dunkle Gestalt sich vom grauen Horizont seltsam abhob. Es schien, als ob sie riesenhafte Formen angenommen hätte. Er stand aufrecht auf der Kommandobrücke mit der im Morgenwinde wehenden schwarzen Feder, den einen Arm auf die Leiche ausgestreckt.

Da unterbrach seine kräftige Stimme das Schweigen.

»Hört mich, Seeleute! Ich schwöre bei Gott, bei diesen Meereswellen, die unsere Gefährten sind, und bei meiner Seele, daß ich keine Ruhe mehr finden soll, bis ich meine beiden von van Gould hingemordeten Brüder gerächt habe! Mögen die Blitze mein Schiff anzünden, möge meine Seele bis in Ewigkeit verdammt sein, wenn ich nicht den Gouverneur töten und seine ganze Familie umbringen werde, wie er die Meinigen umgebracht hat! . . . Habt ihr mich gehört?«

»Ja!« antworteten die Flibustier, während ein Schauer durch ihre Reihen ging und Grausen sich auf ihren Mienen malte.

Auf einen Wink des Kommandanten versenkte nun der Obermaat die Hängematte mit dem toten Körper des Roten Korsaren ins Meer. Hochauf spritzten die Wellen mit flammender Gischt.

Alle Mann hatten sich über die Brüstung gebeugt. In dem phosophoreszierenden Wasser sah man klar den Leichnam in die Tiefe sinken und verschwinden.

In diesem Augenblick wurde wieder jener geheimnisvolle Schrei hörbar, der die beiden Bootsleute vor kurzem so erschreckt hatte. Sie standen unter der Kommandobrücke und sahen sich erblassend an.

»Das ist der Ruf des Grünen Korsaren, der den Bruder begrüßt«, murmelte Carmaux.

»Die beiden werden sich auf dem Meeresgrunde getroffen haben«, bestätigte Stiller mit erstickter Stimme.

Ein kurzer Pfiff unterbrach ihr Gespräch.

»Braßt an Backbord!« schrie der Maat. »Die Stange anluven!«

Die »Fólgore« hatte gedreht und lief jetzt um die kleinen Inseln des Sees herum, worauf sie sich dem großen Golf zuwandte, dessen Wasser unter den ersten Sonnenstrahlen erglühten. Das Meeresleuchten war plötzlich verglommen.

An Bord der »Fólgore«

Als die »Fólgore« des Schwarzen Korsaren die Insel verlassen und das lange, von den letzten Ausläufern der Sierra di Santa Marta gebildete Vorgebirge passiert hatte, war sie in das Karibische Meer eingelaufen. Sie schiffte so gen Norden, also den großen Antillen zu. Das Meer war ruhig. Kaum merkte man die Morgenbrise, die von Südosten wehte und hier und dort kurze Wellen warf, welche rauschend gegen die Flanken des Segelschiffs schlugen.

Viele von den Küsten kommende Wasservögel kreisten über dem Meere. Scharen von raubgierigen Raben, so groß wie Hühner, flatterten in Ufernähe und schossen auf die Beute zu, die sie stückweise zerrissen. Dicht über den Wellen flogen Vögel mit gespaltetem Schwanz, auf dem Rücken schwarz und weiß gefiedert. Mit ihren eigenartigen Schnäbeln waren sie zu langem Fasten verdammt, wenn ihnen die Fische nicht selbst in den Mund flogen. Auch die im mexikanischen Golf häufigen Tropinvögel sah man in langen Reihen mit ihren langen Schwanzfedern über die Wogen streifen. Grauenerregend waren ihre schwarzen Flügel. Sie spähten nach den fliegenden Fischen aus, die aus dem Wasser emporschossen und die Luft streckenweise durchfurchten, um dann wieder hinabzutauchen und sofort ihr Spiel von neuem zu beginnen. Nur die Schiffe fehlten. Die Wächter an Deck schauten sich die Augen aus, aber kein Segler war am Horizont sichtbar. Die Furcht, den kühnen Tortugakorsaren zu begegnen, hielt die einzelnen spanischen Fahrzeuge von der Einfahrt in die Häfen von Caracas, Yucatan, Venezuela und den großen Antillen ab, ehe sie nicht zusammen ein Geschwader bilden konnten. Nur gut bewaffnete und zahlreich bemannte Schiffe wagten es noch, das Karibische Meer und den Golf von Mexiko zu durchqueren. Man hatte die Unerschrockenheit jener Seefahrer, die das Banner der Tortuga führten, schon reichlich kennengelernt.

Während des ersten Tages nach dem Begräbnis des Roten Korsaren war nichts auf dem Flibustierschiff vorgefallen. Der Kommandant hatte sich weder an Bord noch auf der Schiffbrücke blicken lassen. Er überließ seinem Leutnant die Leitung des Fahrzeugs. Nicht einmal Carmaux und Stiller hatten ihn gesehen.

Jedoch wußte man, daß er den Neger mit in die Kajüte genommen hatte.

Als Carmaux den Vizekommandanten darüber befragen wollte, wurde er mit einer Geste zurückgewiesen, die besagen sollte: »Kümmere dich nicht darum. Was geht es dich an?«

Am Abend verwickelte sich ein Teil der Segel infolge der plötzlichen Windstöße, die in jenen Gegenden häufig vorkommen und fast immer Unglück bringen.

Endlich sahen die beiden Seeleute, die in der Nähe der Kajüte herumstrichen, aus der Luke am Heck den Wollkopf des Afrikaners auftauchen.

»Da ist ja unser Gevatter!« rief Carmaux. »Hoffentlich können wir jetzt erfahren, ob sich der Kommandant noch an Bord befindet, oder ob er mit seinen Brüdern auf dem Meeresgrunde Zwiesprache hält. Dem finsteren Manne ist das zuzutrauen!«

»Ja, ja«, antwortete Stiller, der sehr abergläubisch war. »Er kommt mir immer wie ein Meeresgott vor, aber nicht wie ein Mensch aus Fleisch und Blut wie wir!«

»He, Freundchen!« rief Carmaux dem Neger zu: »Es ist

endlich Zeit, daß du wieder zu deinen weißen Kameraden kommst!«

»Aber der Kapitän hat mich doch festgehalten«, antwortete Mokko.

»Große Neuigkeit das! Was macht denn der Kommandant?«

»Er ist trauriger denn je.«

»Na, ich habe ihn niemals lustig oder lachend gesehen, nicht einmal auf der Tortuga.«

»Es liegt ihm immer nur die Rache im Sinn.«

»Die er ausführen wird. Er ist der Mann, der seinen schrecklichen Schwur erfüllt. Ich möchte nicht in der Haut des Gouverneurs noch in der seiner Verwandten stecken!«

»Van Gould muß einen bittern Haß auf den Schwarzen Korsaren haben, aber dieser Haß wird ihm verhängnisvoll werden. Und kennst du den Grund, weißer Gevatter?«

»Man sagt, daß van Gould beschlossen habe, die drei Brüder zu vernichten, noch ehe er nach Amerika gekommen sei und Spanien seine Dienste angeboten habe.«

»Als er sich noch in Europa befand? Also müssen sie sich vorher gekannt haben!«

»Ja, so sagt man, weil nämlich gerade zu derselben Zeit, als van Gould sich zum Gouverneur von Maracaibo ernennen ließ, drei herrliche Schiffe vor der Tortuga erschienen, die von dem Schwarzen, dem Roten und dem Grünen Korsaren befehligt wurden. Es waren drei bildschöne Männer, mutig wie die Löwen, kühne, unerschrockene Seefahrer. Der Grüne war der jüngste und der Schwarze der älteste von ihnen, aber alle waren gleich an Kraft und Tüchtigkeit. Kein Flibustier auf der Tortuga kam ihnen in Handhabung der Waffen gleich. Diese drei sollen die Spanier im Golf von Mexiko in Schrecken versetzt haben.

Kaum zu zählen waren die von ihnen geraubten Schiffe und vernichteten Städte. Niemand konnte ihren schnellen und gut bewaffneten Freibeuterfahrzeugen widerstehen.«

»Ich glaub' es schon«, erwiderte der Neger, »man braucht nur dieses Schiff hier zu sehen!«

»Es kamen jedoch auch traurige Tage für sie«, fuhr Carmaux in seiner Erzählung fort. »Als der Grüne Korsar einst mit seinem Schiff von der Tortuga absegelte, hatte er das Unglück, mitten in das spanische Geschwader zu geraten. Er wurde nach einem verzweifelten Kampfe besiegt, gefangengenommen, nach Maracaibo geführt und dort von van Gould gehenkt.«

»Ich erinnere mich«, sagte Mokko, »sein Leichnam wurde jedoch nicht den wilden Tieren vorgeworfen.«

»Nein, weil es dem Schwarzen Korsaren gelang, mit wenigen Getreuen heimlich nach Maracaibo zu kommen, ihn dort zu rauben und dann im Meer zu versenken.«

»Ich hörte davon. Man sagte, daß van Gould aus Wut darüber, daß er nicht auch den Bruder fassen konnte, die vier Wächter, die mit der Wache über die Gehenkten betreut waren, erschießen ließ.«

»Dann war die Reihe an den Roten Korsaren gekommen, der ja nun auch im Karibischen Meer begraben liegt. Aber der dritte Bruder ist der mächtigste. Er wird die ganze Familie der van Goulds ausrotten!«

»Ja, ja, Gevatter! Er wird bald nach Maracaibo gehen; denn er hat mich über alle Einzelheiten befragt. Er will mit einer Flotte die Stadt angreifen!«

»Pierre Nau, der gefürchtete Olonese, ein Freund des Schwarzen Korsaren, ist auch noch auf der Tortuga. Der wird ihm helfen.«

Er unterbrach sich, stieß den Neger und Stiller an, der nahe bei ihm stand, und flüsterte: »Da ist er! Kann er einem nicht Furcht einflößen? Er sieht wirklich wie ein Meereswesen aus!«

Beide hatten nach der Kommandobrücke geschaut. Dort stand der Korsar, wie immer ganz in Schwarz gekleidet, mit seinem großen, über die Stirn gezogenen Hute, dessen lange Feder im Winde wehte.

Jetzt ging er mit gekreuzten Armen, das Haupt auf die Brust geneigt, langsam auf der Brücke auf und nieder, ohne daß man seine Tritte hörte.

Leutnant Morgan wachte auf der andern Seite der Brücke. Er wagte nicht, seinen Kapitän anzureden.

»Wie ein Gespenst!« murmelte Stiller.

»Und Morgan paßt zu ihm«, meinte Carmaux. »Der ist auch nie lustig. Alle beide haben sich gefunden.«

Plötzlich ertönte ein Ruf durch die Dunkelheit. Er kam aus der Höhe des Hauptmastes. Die Stimme rief zweimal: »Ein Schiff in Sicht – seewärts!«

Der Schwarze Korsar hatte seinen Gang jäh unterbrochen. Er stand einen Augenblick still und schaute über das Meer. Dann wandte er sich an Morgan: »Laßt die Lichter auslöschen!«

Nach Empfang des Kommandos beeilten sich die Seeleute des Vorderdecks, die beiden großen Lampen an Bord und Steuerbord zu bedecken.

Als Dunkelheit auf der »Fólgore« herrschte, fragte der Kapitän den Mastwächter nach der Fahrtrichtung des gesichteten Schiffs.

»Es fährt gen Süden, Kommandant!«

»Nach der Küste von Venezuela zu?«

»Ich glaube!«

»In welcher Entfernung?«

»In sechs oder sieben Meilen!«

»Täuschst du dich auch nicht?«

»Nein, ich kann die Laternen genau unterscheiden!«

Der Korsar rief kurz: »Alle Mann auf Deck!«

Kaum eine halbe Minute hatte es gedauert, bis die ganze aus einhundertundzwanzig Flibustiern bestehende Mannschaft auf Deck erschien: die Männer vom Takelwerk an den Segeln, die Mastwächter hoch oben, die besten Schützen in den Mastkörben und auf der Schiffsschanze und die andern Seeleute längs der Brüstung verteilt. Die Artilleristen standen hinter ihren Geschützen, die Lunte in der Hand.

Die auf den Flibustierschiffen herrschende Ordnung und Disziplin übertraf die auf den Kriegsschiffen der größten seefahrenden Nationen. Die meist aus dem Auswurf der französischen, italienischen, holländischen, deutschen und englischen Häfen zusammengesetzten Mannschaften, die sich hier im Golf von Mexiko zusammenfanden, hatten sich wohl oft allen Lastern ergeben, fürchteten sich aber nicht vor dem Tode. Sie waren unglaublich kühn und der größten Taten fähig. Sie gehorchten wie Lämmer, in der Erwartung, sich in den Kämpfen wie Tiger gebärden zu können. Diese Seefahrer wußten, daß ihre Anführer keine Fahrlässigkeit ungestraft lassen würden und daß ihnen bei der geringsten Disziplinlosigkeit ein Kopfschuß mit der Pistole oder zumindest die Aussetzung auf eine einsame Insel drohte.

Als der Schwarze Korsar sich überzeugt hatte, daß alle auf ihrem Posten waren, wandte er sich an Morgan, der seiner Befehle harrte.

»Glaubt Ihr, daß das Schiff ein Spanier ist?« fragte er.

»Ja, Kommandant!«

»Dann wird es eine verhängnisvolle nacht für die Gegner werden, manch einer von ihnen wird morgen die Sonne nicht mehr sehen.«

»Sollen wir das Schiff noch heute nacht angreifen?«

»Ja, und laßt es nicht aus den Augen!«

Morgen sprang auf die Brüstung und blickte seewärts. Aus der das rauschende Meer bedeckenden Finsternis tauchten leuchtende Punkte auf.

»Jetzt sind sie vier Meilen entfernt!« rief der Leutnant.

»Und nehmen den Kurs nach Süden?« fragte der Korsar.

»Nach Maracaibo!«

»Also gebt Order, dem fremden Schiff den Weg abzuschneiden! Dann laßt hundert Handgranaten auf Deck schaffen und alles in Gängen und Kabinen sichern!«

»Wenn wir das Schiff in Brand setzen, verlieren wir aber die Gefangenen!«

»Was liegt an ihnen?«

»Aber das Schiff kann Reichtümer bergen. Ich spreche im Interesse unserer Leute.«

»Für sie habe ich Gold! Laßt das Schiff wenden!«

Beim ersten Kommando hörte man die Pfeife des Obermaats. Die Leute vom Takelwerk braßten mit blitzartiger Geschwindigkeit die Segel, während der Steuermann backbord wandte.

Die »Fólgore« machte sofort eine Wendung und stürzte sich, von einer frischen Südostbrise getrieben, auf das signalisierte Fahrzeug, indem sie eine lange weiße Schaumlinie hinter sich ließ. Sie schoß durch die Dunkelheit, leicht wie ein Vogel und fast lautlos, gleich dem märchenhaften Geisterschiff.

Längs der Brüstung standen unbeweglich und stumm die

Füsiliere und lugten nach dem feindlichen Schiff aus. Sie hatten ihre großkalibrigen Flinten umklammert, die in ihren Händen eine entsetzliche Waffe waren, da sie nur selten einen Schuß verfehlten. Indessen zündeten die Artilleristen, über ihre Geschütze gebeugt, die Lunte an, bereit, einen Geschoßhagel auf ihre Gegner zu senden.

Der Schwarze Korsar und Morgan hatten die Kommandobrücke nicht verlassen. Sie ließen kein Auge von den beiden leuchtenden Punkten, welche durch die Dunkelheit in kaum drei Meilen Entfernung blitzten.

Carmaux, Stiller und der Neger standen alle drei am Bug und sprachen leise zusammen.

»Wird eine schlechte Nacht geben«, sagte Carmaux. »Ich fürchte, daß der Kommandant keinen einzigen Spanier am Leben lassen wird.«

»Mir scheint, daß der Segler drüben merkwürdig hoch gebaut ist«, meinte Stiller, der die Höhe der Laternen mit dem Wasserspiegel verglich. »Hoffentlich ist es kein Linienschiff, das sich mit dem Geschwader des Admirals Toledo vereinen will!«

»Und wenn schon! Das würde den Schwarzen Korsaren nicht schrecken. Bisher hat noch kein Schiff der ›Fólgore‹ widerstanden. Wir sollen feuern, hat der Kommandant gesagt.«

»Zum Teufel, wenn er so fortfährt, wird eines Tages auch die ›Fólgore‹ mal dran glauben müssen!«

»Die ist felsenfest.«

»Aber auch Felsen brechen manchmal.«

Die Stimme des Schwarzen Korsaren unterbrach das Gespräch. Auf seinen Befehl wurden die Beisegel an der äußersten Spitze dem Haupt- und Fockmast zugefügt.

»Die Jagd beginnt«, fuhr Carmaux fort. »Es scheint, daß das

spanische Schiff gut fährt, da es die ›Fólgore‹ zwingt, die Beisegel zu hissen.«

»Ich sage dir, daß wir es mit einem Linienschiff zu tun haben. Sieh doch nur die hohen Masten an!«

»Um so besser! Dann wird es auf beiden Seiten heiß hergehen!«

In diesem Augenblick hallte eine kräftige Stimme von dem feindlichen Fahrzeug herüber. Der Wind hatte das Signal dem Flibustierschiff zugetragen.

Plötzlich blinkte ein heller Schein auf und erleuchtete die Brücke und einen Teil der Masten des spanischen Schiffs. Ein heftiges Dröhnen folgte. Es war ein Kanonenschuß, der mit langem Widerhall verebbte. Das Wasser spritzte am Heck des Korsarenschiffs hoch auf. Der Pfiff in der Luft war den Flibustiern wohlbekannt. Niemand von der Mannschaft sprach ein Wort.

Diese erste Kanonade des gegnerischen Schiffs sollte eine Warnung sein, ihm nicht weiter zu folgen. Es hatte von neuem beigedreht mit dem Bug nach Süden und schien damit anzudeuten, daß es in den Golf von Maracaibo einfahren wolle.

Als der Korsar die Schwenkung bemerkte, wandte er sich an seinen Oberleutnant: »An den Burg, Morgan!«

»Soll ich Befehl zum Schießen geben?«

»Noch nicht, es ist zu dunkel! Bereitet alles vor.«

Am Vorderteil des Schiffs lagen vierzig Mann ausgestreckt, die Gewehre in der Hand und die Eisenpiken neben sich.

»Auf!« kommandierte Morgan. »Macht die Quirlanker zurecht!«

Dann gab er den Leuten hinter der Brüstung weitere Anordnungen.

Fürchtete die Mannschaft schon den Schwarzen Korsaren, so hatte sie fast noch mehr Furcht vor Morgan. Er war fest, unbeugsam und ebenso mutig wie der Erste Kommandant. Von englischer Abstammung, war Morgan erst vor kurzem nach Amerika gekommen. Er hatte sich aber sofort durch seinen Unternehmungsgeist, seine seltene Energie und Kühnheit ausgezeichnet. Beweise davon hatte er unter dem Befehl von Mansfield, einem berühmten Korsaren, gegeben. Später übertraf er an Mut und Tapferkeit alle Flibustier der Tortuga bei dem bekannten Unternehmen gegen Panama, dessen Einnahme man für unmöglich gehalten hatte.

Neben einer ungewöhnlichen Kraft und einem schönen Äußeren besaß er Seelenadel. Gleich dem Schwarzen Korsaren übte auch er eine geheimnisvolle Macht auf die rohen Seeleute aus, die ihm gehorchten, sobald er nur winkte.

Als alles fertig war, stellte sich Morgan neben das Bugspriet auf den Beobachtungsposten, die eine Hand am Säbelgriff, die andere auf der Pistole in seinem Gürtel.

Das feindliche Schiff war jetzt kaum sechs- bis siebenhundert Meter entfernt. Die ihren Namen mit Recht tragende »Fólgore« hatte ihr Ziel erreicht und bereitete sich nun zum Angriff vor.

Obgleich die Nacht dunkel war, konnte man doch das spanische Schiff in allen Einzelheiten erkennen.

Wie Stiller vermutet hatte, war es ein Linienschiff. Mit seinen hohen Wänden, dem erhöhten Deck und den drei bis an die Spitze der Flaggenstöcke mit Segeln bedeckten Mastbäumen hatte es ein imponierendes Aussehen. Das Schlachtschiff war stark bewaffnet und mit einer zahlreichen, zum tapferen Widerstand bereiten Mannschaft gerüstet. Jeder andere Korsar hätte sich wohl gehütet, anzugreifen; denn auch nach einem Sieg wäre wenig Beute gefunden worden. Waren es doch sonst nur die mit reichen Schätzen aus den Minen Mexikos, Yukatans und Venezuelas beladenen Kauffahrteischiffe, die sich die Seeräuber aussuchten! Aber der Schwarze Korsar, der sich um Reichtümer nicht kümmerte, dachte anders.

Da er einen mächtigen Verbündeten van Goulds in diesem Schiffe sah, das später seine Pläne durchkreuzen konnte, griff er es an, noch ehe es das Geschwader des Admirals Toledo verstärken oder zur Verteidigung Maracaibos heranrücken konnte.

Als das spanische Schiff sich hartnäckig verfolgt sah, gab es sich wohl keinem Zweifel mehr über die Absichten des Korsaren hin. So feuerte es aus einer seiner größten Kanonen einen zweiten Schuß aus einer Entfernung von fünfhundert Metern ab.

Diesmal verirrte sich die Kugel nicht ins Wasser. Sie sauste durch das Vormarssegel und den Mastkorb und traf die äußerste Spitze des Girksegels, so daß das schwarze Banner des Piraten sank.

Die beiden Geschützmeister auf Deck wandten sich an den Schwarzen Korsaren, der noch immer am Steuer stand, das Sprachrohr in der Hand, und fragten: »Sollen wir anfangen, Kommandant?«

»Noch nicht!« erwiderte er.

Ein dritter, noch stärkerer Kanonenschuß erschütterte das Meer, und eine Kugel pfiff durch das Takelwerk des Piratenschiffs.

Ein verächtliches Lächeln umspielte die Lippen des kühnen Flibustiers, aber kein Befehl kam aus seinem Munde.

Die »Fólgore« beschleunigte ihren Kurs und zeigte dem feindlichen Schiff ihren hohen Sporn, der das Meer mit dumpfem Geräusch durchschnitt, voller Ungeduld, mit einem Riesenstoß in den Bauch des spanischen Schiffes vorzudringen. Sie flog dahin wie ein schwarzer Vogel mit einem ungeheurem Schnabel.

Der Anblick dieses Fahrzeugs, das so plötzlich aus dem Meere auftauchte und stumm dahinfuhr, ohne Antwort auf die Herausforderung und ohne ein Zeichen, daß Menschen darauf wären, mußte auf die abergläubischen Seelen der spanischen Seeleute eine eigenartige Wirkung ausüben.

Plötzlich hallte Lärm durch die Finsternis. Eine gebieterische Stimme, wohl die des Kommandanten, übertönte den Tumult: »Braßt an Backbord! . . . Stützt den Balken! . . . Geschützfeuer! . . .«

Ein furchtbares Getöse brach an Bord des Linienschiffes aus, während Feuerblitze die Nacht erleuchteten. Die sieben Geschütze an Steuerbord und die beiden Kanonen auf Deck hatten auf das Korsarenschiff ihre Geschosse gespien. Die Kugeln pfiffen nur so um die Flibustier herum; sie drangen durch die Segel, zerrissen die Taue, vernichteten das Kiel, zertrümmerten die Wände, aber sie konnten dem Rasen der »Fólgore« nicht Einhalt gebieten.

Vom kräftigen Arm des Schwarzen Korsaren geleitet, fuhr sie mit Ungestüm auf das große Schiff los, das noch im letzten Augenblick von dem Steuermann vor einer entsetzlichen Katastrophe gerettet wurde. Aus seinem Kurs gerissen, das Backbord schräg geneigt, entrann es wunderbarerweise dem Stoß, der es mit gespaltener Flanke in die Tiefe schleudern sollte.

Die »Fólgore« fuhr dort vorüber, wo sich vor wenigen Minuten noch das Heck des feindlichen Schiffes befunden hatte. Sie stieß das Schiff mit ihrer Seitenwand, so daß es im Innern erschüttert wurde; sie vernichtete das Girksegel und einen Teil des Gebälks – aber sie konnte ihm sonst nichts weiter anhaben.

Als das Korsarenschiff sein Ziel verfehlt hatte, fuhr es rasch weiter und verschwand in der Finsternis, ohne gezeigt zu haben, ob Mannschaft oder Geschütze an Bord wären.

»Donnerwetter!« rief Stiller, der in Erwartung des furchtbaren Stoßes den Atem angehalten hatte. »Da können die Spanier von Glück sagen! . . .«

»Ich hätte kein Gramm Tabak für die Rettung der Mannschaft drüben gewettet«, sagte Carmaux. »Schon sah ich alle untertauchen.«

»Glaubst du, daß der Kommandant den Angriff noch einmal versuchen wird?«

»Die Spanier werden jetzt aufpassen und uns die Zähne zeigen.«

»Sie werden uns gut bombardieren. Wäre es Tag gewesen, so hätte uns die Geschützsalve auch verhängnisvoll werden können!«

»Sie hat aber nur wenig Schaden angerichtet.«

»Still, Carmaux!«

»Was gibt's?«

Der Schwarze Korsar hatte das Sprachrohr erhoben und hineingerufen: »Das Schiff wenden!«

»Wir fangen also wieder an?« brummte Stiller.

»Wirklich! . . . Er läßt das spanische Schiff nicht gehen«, bestätigte Carmaux.

»Es scheint auch gar nicht die Absicht zu haben, weiterzufahren.«

In der Tat. Anstatt seine Fahrt fortzusetzen, hielt das Kriegsschiff an und legte sich gegen den Wind, als ob es zur Wiederaufnahme des Kampfes bereit wäre. Es drehte sich jedoch nur langsam, den Schnabel nach vorn, um nicht gerammt zu werden.

Auch die »Fólgore« hatte in einer Entfernung von zwei Meilen gewendet. Statt aber zum Gegner zurückzukehren, beschrieb sie einen großen Kreis um ihn und hielt sich auch immer aus dem Bereich der Geschütze.

»Ich verstehe schon!« sagte Carmaux. »Unser Kapitän will den Morgen abwarten, ehe er sich einläßt und ans Erobern geht!«

»Sicher will er die Fahrt der Spanier nach Maracaibo verhindern!« fügte Stiller hinzu.

»Na, bereiten wir uns nur auf einen ordentlichen Kampf vor! Sollte ich von einer Kanonenkugel zerrissen oder auf Deck des feindlichen Schiffes getötet werden, so ernenne ich dich nach Piratenbrauch zum Erben meines bescheidenen Vermögens.«

»Auf wie hoch stellt es sich denn?« fragte Stiller lachend.

»Auf zwei Smaragde, von denen jeder mindestens fünfhundert Piaster wert ist. Sie sind in meinem Jackenfutter.«

»Das reicht gerade, um sich eine Woche lang auf der Tortuga zu amüsieren! Auch ich ernenne dich zu meinem Erben; aber ich bemerke, daß ich nur drei Dublonen besitze, die in meinem Gürtel eingenäht sind.«

»Sie genügen, um sechs Flaschen spanischen Weins auf dein Andenken zu leeren!«

»Danke, Carmaux. Jetzt bin ich beruhigt und kann den Tod heitern Gemüts erwarten.«

Inzwischen setzte die »Fólgore« ihre Fahrt um das Linienschiff fort, das still lag und nur den Bug zeigte. Rasch wie ein Vogel flog sie drohend herum, aber ohne ihre Geschütze donnern zu lassen.

Der Schwarze Korsar hatte das Steuer nicht verlassen. Seine Augen leuchteten wie die eines Raubtiers im Dunkeln. Sie hafteten unentwegt auf dem Kriegsschiff, als ob sie die Geschehnisse an Bord erspähen wollten. Vielleicht wartete er auf ein falsches Manöver, um ihm den Todesstoß zu versetzen.

Seine Mannschaft betrachtete ihn mit abergläubischer Furcht. Dieser Mann, der sein Schiff behandelte, als ob es mit seiner Seele verwachsen sei, der es um die Beute herumfahren ließ, fast ohne Segel zu ändern, dieser unbeweglich dastehende Mann mit dem finstern Aussehen flößte den kühnen Seefahrern beinahe Schrecken ein.

Die ganze Nacht hindurch fuhr der Pirat um das Linienschiff herum, ohne auf die von Zeit zu Zeit erfolglos abgefeuerten Kanonenschüsse zu antworten. Als jedoch die Sterne erblaßten und das Morgenlicht das Wasser des Golfs erhellte, ertönte die Stimme des Korsaren: »Alle Mann an den Kampfplatz! – Meine Flagge in die Höhe!«

Die »Fólgore« umsegelte jetzt nicht mehr das Schlachtschiff; sie steuerte auf dasselbe zu, zum Entern entschlossen.

Das große, schwarze Banner des Korsaren war hoch oben gehißt und angenagelt worden, damit es niemand streichen konnte . . . das bedeutete: Siegen um jeden Preis oder sterben – ohne Übergabe!

Die Artilleristen an Bord hatten die beiden Verfolgungskanonen gerichtet, während die übrige Mannschaft an der Brüstung ihre Gewehre durch die Hängematten steckte, um das feindliche Schiff zu beschießen.

Der Schwarze Korsar vergewisserte sich, ob alle auf ihrem Posten waren und ob die Mastwächter ihre Stellung auf den Körben, Tauen und Segelstangen eingenommen hatten. Dann ertönte sein Ruf: »Ich halte euch nicht mehr zurück! . . . Es lebe die Freibeuterei!«

Drei mächtige Hurrarufe hallten an Bord des Flibustiers wider und wurden vom Gedröhn der beiden Kanonen unterstützt.

Das Linienschiff hatte sich wieder dem Wind überlassen und ging dem Piratenschiff entgegen. Es mußte mit tapferen, entschlossenen Matrosen bemannt sein. Gewöhnlich entzogen sich die spanischen Schiffe den Angriffen der Tortugakorsaren, weil sie in ihnen gefährliche Gegner fürchteten.

Auf tausend Schritt Entfernung begann es die Kanonade mit erneuter Heftigkeit. Bald entluden sich seine Geschütze von Steuerbord, bald von Backbord aus und verbreiteten Rauch und Flammen um sich.

Es war ein großes Fahrzeug mit drei Verdecken, vielen Masten, sehr hohem Bord und mit vierzehn Feuerschlünden ausgerüstet – ein echtes Schlachtschiff, das sich vielleicht aus irgendeinem Grunde vom Geschwader des Admirals Toledo abgesondert hatte.

Auf der Kommandobrücke stand der Kommandant in großer Uniform, den Säbel in der Hand, von den Leutnants umgeben. Viele Matrosen bemerkte man auf dem Oberdeck. Die Standarte Spaniens flatterte am Hauptmast. So bewegte sich das mächtige Schiff unter Kanonendonner kühn auf die »Fólgore« zu.

Obwohl viel kleiner, ließ sich das Korsarenfahrzeug durch den Kugelregen nicht einschüchtern. Es beschleunigte den Kurs, antwortete mit seinen Verfolgungskanonen und wartete wohl nur den günstigen Augenblick ab, um auch die zwölf andern Geschütze zu entladen.

Die Kugeln fielen dicht auf sein Deck, schlugen in die Wände, drangen ins Innere und in die Batterien ein, hinderten das Manövrieren und lichteten die Reihen der Flibustier am Bug. Das Piratenschiff wich jedoch keinen Schrittbreit, sondern ging mit derselben Kühnheit vor. Die Schützen bedienten sich nun der beiden Kanonen auf der Schanze und beschossen das Oberdeck des feindlichen Schiffes.

Dieses Feuer mußte den Spaniern bald verhängnisvoll werden, denn die Piraten verfehlten niemals ihr Ziel. Zu diesem Zweck waren sie durch eine gute Schule gegangen. Waren manche dieser karibischen Seeräuber doch früher »Bukanier«, Büffeljäger, gewesen und deshalb im zielsicheren Schuß geübt!

Die Kugeln der großen Arkebusen richteten größeren Schaden an als das Kanonenfeuer. Zu Dutzenden fielen die Leute am Bord des Linienschiffes, ebenso die Artilleristen auf der Schanze und die Offiziere auf der Kommandobrücke. Nach zehn Minuten war kaum einer mehr am Leben. Auch der Kommandant war inmitten seiner Leutnants gefallen, noch ehe die beiden Schiffe angelegt hatten. Es blieben jedoch noch die Männer aus den Batterien, die weit zahlreicher als die Deckmatrosen waren. Der Sieg schien also noch immer nicht entschieden.

Auf zwanzig Meter Entfernung voneinander wendeten die beiden Schiffe. Da übertönte die Stimme des Korsaren den Donner der Geschütze: »Verwickelt das Großtau und den Mastkorb, laßt das Focksegel gegenbrassen, zieht das Girksegel an!«

Nach einem heftigen Ruck des Steuers veränderte die »Fólgore« plötzlich ihre Stellung und brachte ihren Bugspriet zwischen die Hintermasttaue des Linienschiffs.

Der Korsar war mit dem Degen in der rechten und der Pistole in der linken Hand von der Schanze gesprungen.

»Alle Mann!« rief er. »Entert das Schiff!«

Die flämische Herzogin

Als die Flibustier sahen, daß ihr Kommandant mit Morgan schnell zum Entern des Schiffes, das nun nicht mehr entfliehen konnte, übergegangen war, folgten sie ihm. Sie hatten die Gewehre, die in einem Kampf Mann gegen Mann nichts taugten, beiseite geworfen und zu Säbeln und Pistolen gegriffen. Wie ein reißender Strom stürmten sie vorwärts und schrien aus vollem Halse, um größeren Schrecken um sich zu verbreiten.

Die Enterhaken zum Heranziehen der beiden Schiffe waren rasch hinübergeworfen worden, und schon waren die ersten Flibustier auf dem Mast des Bugspriets. Sie hatten sich voller Ungeduld auf die Tauumgürtungen gestürzt und hielten sich an den Seitenwänden fest. So glitten sie auf das Oberdeck des Schiffs hinüber.

Aber dort fanden sie unerwarteten Widerstand. Aus den Luken stürmten wutentbrannt die Soldaten der Batterie, mit den Waffen in der Hand. Es waren mindestens hundert unter der Führung von Offizieren und Geschützmeistern. Blitzschnell verteilten sie sich auf Deck, stiegen auf die Vorderschanze und fielen über die zuerst angekommenen Piraten her, während andere die beiden Deckkanonen entluden und das Piratenschiff mit einem Geschützhagel bedeckten.

Der Schwarze Korsar zögerte nun nicht mehr. Die beiden Schiffe befanden sich jetzt Bord an Bord, da die Entertaue fest angezogen waren. Mit einem Satz übersprang er die Brüstung und stand auf dem Oberdeck.

»Mir nach, Flibustier!« schrie er.

Morgan folgte ihm, hinter ihm die Flibustier, während die

Mastwächter auf den Körben und Rahen Granaten auf die Spanier schleuderten und ein Höllenfeuer mit Gewehren und Pistolen eröffneten.

Der Kampf wurde immer heftiger.

Dreimal führte der Schwarze Korsar seine Leute zum Angriff auf die Schanze, wo etwa siebzig Spanier bei den Kanonen standen, und dreimal wurde er zurückgeschlagen. Auch Morgan gelang es nicht, zur Back vorzudringen.

Auf beiden Seiten wurde mit gleicher Wut gekämpft. Die Spanier, die schon durch das Büchsenfeuer verheerende Verluste erlitten hatten und in der Minderzahl waren, leisteten heldenhafte Gegenwehr. Entschlossen, sich eher töten zu lassen, als sich zu ergeben, wichen sie nicht, obwohl die von den Mastwächtern des Korsarenschiffes geschleuderten Handgranaten ihre Reihen lichteten. Tote und Verwundete lagen zu Haufen an Bord. Aber noch wehte die große Standarte Spaniens auf der Spitze des Hauptmastes mit ihrem in den ersten Sonnenstrahlen erglänzenden Kreuz. Die durch den hartnäckigen Widerstand wild gewordenen Korsaren stürmten nun unter Führung ihrer beiden Kapitäne zum letzten Angriff auf das Kastell. Sie kletterten über die Taue, um sich von den Pardunen des Hintermastes oder von den Haupttauen des Hecks hinunterzulassen, sie liefen über die Brüstungen und fielen von allen Seiten auf die letzten Verteidiger des Schiffs her.

Der Schwarze Korsar mischte sich unter die letzten Kämpfer. Er hatte die Enterpike fortgeworfen und das Schwert ergriffen. Seine Klinge zischte wie eine Schlange, sie schlug die Waffen zurück, die seine Brust durchdringen wollten, traf rechts und links. Keiner konnte seinen Stößen ausweichen. Er stand inmitten eines Leichenhügels, inmitten von Blutlachen.

In diesem Augenblick stürmte Morgan mit einer Schar Flibustier heran. Er hatte die Vorderschanze erobert und wollte nun die letzten Überlebenden töten, die mit dem Mute der Verzweiflung die Standarte des schwankenden Schiffs verteidigten.

Sein Kommandant hielt ihn mit den Worten zurück: »Der Schwarze Korsar siegt, aber mordet nicht!«

Die Piraten hielten inne, und die zum Angriff erhobenen Waffen senkten sich.

»Ergebt euch!« rief der Korsar und ging zu den letzten, um das Steuer versammelten Spaniern. »Ich schenke euch das Leben, weil ihr tapfer seid!«

Ein Maat, der einzig überlebende Unteroffizier, trat vor und warf seine blutige Axt fort.

»Wir sind besiegt«, sagte er mit heiserer Stimme. »Macht mit uns, was ihr wollt!«

»Nehmt Eure Axt wieder, Maat«, erwiderte der Korsar. »Leute wie Ihr, die so hartnäckig das Banner des fernen Vaterlandes verteidigen, verdienen meine Achtung!«

Der Maat war starr vor Staunen. Nur selten gewährten die Piraten Gnade, und fast nie gaben sie ihren Besiegten die Freiheit ohne Lösegeld.

Von den Verteidigern des Linienschiffs waren außer ihm nur achtzehn Matrosen, wenn auch zumeist verwundet, am Leben geblieben. Sie hatten die Waffen gestreckt und erwarteten ihr Schicksal in stumpfer Ergebenheit.

»Morgan!« rief der Korsar. »Laßt die große Schaluppe ins Wasser mit Lebensmitteln für eine Woche!«

»Wollt Ihr denn all diese Leute freilassen, Kapitän?« fragte der Oberleutnant mißbilligend.

»Ja, ich will ihren Mut belohnen!«

Als der Unteroffizier das hörte, stammelte er Worte des Dankes: »Stets werde ich der Großmut des Schwarzen Korsaren gedenken!«

»Beantwortet meine Fragen!« sagte der Kapitän.

»Sprecht, Kommandant!«

»Woher kommt ihr?«

»Aus Veracruz.«

»Wohin solltet ihr fahren?«

»Nach Maracaibo.«

»Erwartet euch der dortige Gouverneur?«

»Ich weiß es nicht, Herr. Nur der Kapitän hätte darauf antworten können!«

»Ihr habt recht. Zu welchem Geschwader gehört euer Schiff?«

»Zu dem des Admirals Toledo!«

»Habt ihr keine Ladung im Ballastraum?«

»Nur Kugeln und Pulver!«

»Geht! Ihr seid frei!«

Der andere zögerte; dann sagte er verlegen: »Es sind noch andere Leute an Bord, Kommandant!«

»Gefangene?«

»Nein, Frauen und Pagen!«

»Wo?«

»In einem Raum des hintern Decks.«

»Wer sind diese Frauen?«

»Der Kapitän sagte es uns nicht; aber es scheint eine Dame von hohem Rang darunter zu sein! Ich glaube, eine Herzogin.«

»Auf diesem Kriegsschiff?« rief der Korsar erstaunt. »Wo habt ihr sie an Bord genommen?«

»In Veracruz.«

»Gut, sie wird mit uns nach der Tortuga kommen, und wünscht sie die Freiheit, so muß sie die Lösesumme bezahlen, die meine Mannschaft festsetzen wird. Geht jetzt! Ihr habt eure Fahne tapfer verteidigt! Mögt ihr glücklich die Küste erreichen!«

»Seid bedankt, Kapitän!«

Die große Schaluppe wurde ins Meer gelassen. Man hatte sie mit Lebensmitteln für acht Tage, mit einigen Gewehren und Ladung versehen.

Der Unteroffizier und die achtzehn Seeleute schifften sich ein, während das große Banner Spaniens vom Mastbaum gleichzeitig mit der auf der Spitze des Girksegels wehenden Fahne niedergelassen wurde. Das Hissen der schwarzen Fahne des Flibustiers wurde mit zwei Kanonenschüssen begrüßt.

Der Schwarze Korsar war auf das Vorderdeck gestiegen und hatte der großen Schaluppe nachgeschaut, die sich nach Süden zur Maracaibobucht hin rasch entfernte.

Seine Mannschaft hatte inzwischen die Verwundeten in den Krankenraum geschafft und die Leichen in die Hängematten gelegt, um sie im Meer zu versenken.

Der Kapitän winkte Morgan zu sich heran.

»Sagt meinen Leuten, daß ich zu ihren Gunsten auf den mir entfallenen Teil bei dem Verkauf des Schiffs verzichte!«

»Aber Kommandant!« rief der Leutnant erstaunt. »Das Schiff ist viele tausend Piaster wert!«

»Was nützt mir das Geld? Ich führe Krieg aus persönlichen Gründen und nicht aus Gier nach Reichtum. Im übrigen habe ich meinen Anteil gehabt!«

Als ihn Morgan ungläubig ansah, fuhr der Korsar fort: »Ja,

die neunzehn Gefangenen haben ihre Freiheit einlösen müssen!«

»Das kann nicht viel gewesen sein!«

»Mir genügt es. Sagt auch meinen Leuten, daß sie die Einlösungssumme für die Herzogin, die sich an Bord des Fahrzeugs befindet, bestimmen sollen! Der Gouverneur von Veracruz oder der von Maracaibo wird zahlen müssen, wenn er die Dame wiedersehen will.«

»Unsere Leute lieben wohl das Geld, aber mehr noch ihren Kommandanten. So werden sie Euch auch die Gefangenen der Kajüte überlassen.«

»Wie werden sehen.«

Eben wollte sich der Kapitän nach dem Hinterdeck wenden, als plötzlich die Kajüte rasch geöffnet wurde und eine hochgewachsene, junge, schlanke Frauengestalt erschien, gefolgt von zwei Mulattinnen und zwei Pagen. Ihr Gesicht zeigte jene zarte, rosige Haut, wie sie nur bei nordischen Rassen vorkommt. Ihre hellblonden Haare waren in dicken Zöpfen um den Kopf gewunden, und ihre graublauen Augen mit den feingezeichneten dunklen Brauen schimmerten wie Stahl.

Sie trug ein Gewand aus blauer Seide mit großem Spitzenkragen, wie er zu jener Zeit Mode war. Keine Gold- und Silberstickereien, sondern vornehme Einfachheit zeichnete es aus. Um den Hals trug sie allerdings mehrere Perlenschnüre – Perlen, die vielleicht Tausende von Piaster kosteten – und in den Ohren zwei herrliche Smaragde, Steine, die in jenem Zeitalter sehr gesucht und geschätzt wurden.

Die beiden Mulattinnen, die ihr folgten, waren auch schöne Frauen mit bronzefarbener Haut. Gleichfalls dunkelfarbig waren die Pagen.

Als die Dame die Toten und Verwundeten sah, wich sie zuerst mit Schaudern zurück. Der Anblick der Blutlachen widerte sie an. Dann aber fiel ihr Blick auf den Schwarzen Korsaren, der sich ihr genähert hatte, und sie fragte zornig: »Könnt Ihr mir eine Erklärung dafür geben, mein Herr?«

Er verbeugte sich vor ihr. »Eine Seeschlacht, Madame, die zuungunsten der Spanier ausgefallen ist!«

»Und wer seid Ihr?« fragte sie weiter.

Der Kapitän warf sein Schwert beiseite, zog galant seinen Federhut und antwortete: »Ich bin ein Edelmann von drüben – jenseits des Meeres!«

»Das sagt mir nicht, wer Ihr seid!« entgegnete sie, jedoch ein wenig sanfter infolge der Höflichkeit des Flibustiers.

»Dann also: Ich bin Cavaliere Emilio di Roccabruna, Herr von Valpenta und Ventimiglia, aber hier habe ich einen ganz anderen Namen!«

»Und welchen, Cavaliere?«

»Ich bin der Schwarze Korsar!«

Bei der Nennung dieses Namens malte sich ein wilder Schrecken in den Zügen der schönen Dame. Die rosige Farbe war einer tiefen Blässe gewichen.

»Der Schwarze Korsar«, murmelte sie wie erstarrt. »Der schreckliche Flibustier der Tortuga, der die Spanier so tödlich haßt?«

»Vielleicht irrt Ihr Euch darin, Madame! Ich bekämpfe wohl die Spanier, aber ich habe keinen Grund, sie zu hassen. Daß ich nicht so grausam bin, wie Ihr glaubt, habe ich den Überlebenden dieses Schiffs hier bewiesen. Seht Ihr dort unten, wo sich das Meer mit dem Himmel vereinigt, jenen schwarzen Punkt? Es ist eine Schaluppe mit neunzehn spanischen Seeleuten, die ich freiließ, obgleich ich nach Kriegsrecht sie töten oder gefangennehmen konnte.«

»So hätten also die Gerüchte gelogen, die Euch als den wildesten Piraten der Tortuga darstellen?«

»Möglich.«

»Und was wollt Ihr jetzt mit mir machen, Cavaliere?«

»Bevor ich antworte, gestattet mir eine Frage. Wer seid Ihr?«

»Eine Flämin.«

»Und Euer Name?«

»Ist es denn nötig, daß ich ihn nenne?«

»Ihr müßt mir doch sagen, wer Ihr seid, wenn Ihr die Freiheit wiedererlangen wollt!«

»Die Freiheit? Ah, richtig, ich bin ja Eure Gefangene!«

»Nicht meine allein, die der Freibeuter. Wenn es sich um mich handelte, würde ich Euch mein bestes Boot mit meinen Leuten zur Verfügung stellen, die Euch im nächsten Hafen ausschiffen sollten, aber ich darf mich nicht den Gesetzen der Küstenbrüder entziehen.«

Sie dankte ihm lächelnd. »Ich finde es nur so seltsam, daß ein Edelmann mit so ritterlicher Gesinnung ein Seeräuber geworden ist.«

»Es gibt Motive, die es erklären«, sagte er stirnrunzelnd. »Einige werden Seeräuber, um Rache zu nehmen. Hat Montbars, der Gefürchtete, nicht auch die Indianer gerächt, die durch die Habsucht der spanischen Abenteurer ausgerottet wurden? . . . Wollt Ihr mir jetzt Euren Namen sagen, Madame?«

»Honorata Willerman, Herzogin von Weltendrem!«

Er verbeugte sich. »Nun bitte ich Euch dringend, Herzogin, in die Kajüte zurückzugehen. Wir haben hier ein trauriges Werk zu vollbringen, die im Kampfe Gefallenen zu bestatten. Darf ich Euch heute abend zu Tisch am Bord meines Schiffes erwarten?«

Sie reichte ihm zum Dank ihre kleine weiße Hand, neigte ein wenig das Haupt und zog sich wieder zurück.

Bevor sie in den Wohnraum trat, wandte sie sich noch einmal zu dem Schwarzen Korsaren um. Er stand unbeweglich auf seinem Platze, den Federhut in der Hand.

Seine Augen hafteten noch lange auf der Tür der Kajüte. Sein Blick war düster und seine Stirn umwölkt, als ob ihn ein Gedanke quälte, als ob seine Augen eine Vision verfolgten . . . Dann raffte er sich auf, schüttelte die Gedanken ab und murmelte: »Bah, Torheiten!«

Das erste Feuer

Der Kampf zwischen dem Korsarenfahrzeug und dem Linienschiff war für beide Mannschaften unheilbringend gewesen.

Mehr als zweihundert Leichen bedeckten den Boden, das Vorderkastell und die Schanze des geraubten Schiffs. Einige waren durch die aus den Mastkörben geworfenen mörderischen Granaten gefallen, andere durch die Kugeln auf Deck und wieder andere durch Flinten, Pistolen oder blanke Waffen.

Einhundertundsechzig Mann hatten die Spanier verloren und achtundvierzig Mann der Korsar. Außerdem gab es siebenundzwanzig Verwundete, die im Krankenraum der »Fólgore« lagen.

Auch die Fahrzeuge selbst wiesen Beschädigungen auf. Die »Fólgore« hatte, dank der Schnelligkeit ihres Angriffs und der fixen Manöver, nur leicht zu ersetzende Rahen verloren. Die zertrümmerten Stellen an der Brüstung waren ebenfalls bald wiederherzustellen. Dagegen befand sich das spanische Schiff in schlimmerer Lage. Es wieder unter Segel zu setzen war fast unmöglich.

Sein Steuer hatte eine Kanonenkugel durchbohrt. Der durch eine Bombe am Fuße getroffene Mastbaum drohte bei der geringsten Segelkraft umzufallen. Das Besansegel hatte seine Taue und einen Teil der Pardunen verloren. Auch die Brüstungen hatten Schaden gelitten.

Es war jedoch ein großes, schönes Schiff, das man reparieren und mit gutem Gewinn auf der Tortuga verkaufen konnte. Besonders von Wert waren seine Kanonen und der Munitionsvorrat, an dem die Flibustier stets Mangel litten.

Der Schwarze Korsar traf sofort Anordnungen für die dringendsten Ausbesserungen, da er sich so bald als möglich aus den Gewässern entfernen wollte. Es drohte die Gefahr, daß das Geschwader des Admirals Toledo einen Angriff wagte.

Die Leichen wurden an den Füßen mit Kanonenkugeln versehen, zu zweien in die Hängematten gelegt und in die Tiefe des Meerbusens versenkt. Zuvor hatte man ihnen die Wertsachen abgenommen, welche die Fische nicht brauchten, wie Carmaux scherzhaft zu seinem Freunde Stiller sagte. Beide waren bei dem Kampfe unversehrt geblieben.

Nachdem dies Werk vollbracht, reinigte die Mannschaft das Oberdeck von den Trümmern und Blutlachen und machte sich an das Wechseln der von den Kanonenkugeln beschädigten Segel und Taue. Es mußte der Mastbaum des Linienschiffs heruntergeschlagen und der Hintermast bedeutend verstärkt werden. An Stelle des Steuers wurde ein riesiges Ruder genommen, da man in der Stellmacherkammer keinen Ersatz fand.

Trotz alledem war das Schiff noch immer nicht fahrtüchtig. Darum mußte es die »Fólgore« ins Schlepptau nehmen. Auch wollte der Korsar die nun verringerte Mannschaft nicht zu sehr aufteilen. Man warf einen großen Anker auf das Heck des Flibustierschiffs hinüber und befestigte es am Bug.

Gegen Sonnenuntergang setzten sich die Piraten wieder unter Segel und fuhren langsam nach Norden ihrer Insel zu.

Der Kommandant ließ für die Nacht die Wachen verdoppeln, da er sich nach dem Kanonenfeuer am Morgen nicht ganz sicher fühlte bei der kurzen Entfernung von der venezuelischen Küste.

Carmaux und der Neger wurden beauftragt, die flämische Herzogin auf das Korsarenschiff zu bringen.

Währenddessen ging der Kapitän auf Deck seines Fahrzeugs mit einer Unruhe auf und nieder, die seinen sonstigen Gewohnheiten nicht entsprach. Oft stand er still, als ob ihn ein Gedanke peinigte. Sein Antlitz war düster wie immer. Als er den dumpfen Anprall der Schaluppe vernahm, verließ er eilig das Kastell und stellte sich an die an Backbord hinunterführende Treppe.

Honorata stieg leichtfüßig empor, ohne sich zu stützen. Sie war wie am Morgen gekleidet; nur über den Kopf hatte sie einen bunten Seidenschal geworfen.

Der Korsar, der sie mit entblößtem Haupte begrüßte, dankte ihr, daß sie gekommen.

»Ich habe zu danken, Cavaliere, daß Ihr mich hier empfangt! Ich bin ja Eure Gefangene. Würdet Ihr erlauben, daß eine meiner Dienerinnen bei mir bleibt?«

Der Kapitän bejahte, reichte ihr dann galant den Arm und führte sie in seinen unter der Schanze liegenden Wohnraum, der mit Luxus ausgestattet war.

Die Wände seiner Kabine waren mit blauer, goldbestickter Seide tapeziert und mit großen venezianischen Spiegeln versehen. Der Fußboden verschwand unter einem weichen orientalischen Teppich, und die breiten, von feinen, kannelierten Säulchen unterbrochenen Fenster mit Aussicht auf das Meer waren durch leichte Musselingardinen verhängt. In den Ecken standen vier mit Silbergegenständen bestandene Regale, in der Mitte ein reich geschmückter, mit feinem flandrischen Linnen bedeckter Tisch und ringsherum bequeme Sessel aus blauem Samt mit dicken Metallbeschlägen. Zwei hohe silberne Armleuchter erhellten den Raum und beleuchteten die Spiegel wie die über der Tür angebrachte Gewehrdekoration.

Der Korsar lud die junge Flämin und ihre Gesellschafterin, die Mulattin, ein, Platz zu nehmen, und ließ sich ihnen gegenüber nieder. Der Neger Mokko servierte die Speisen auf silbernen Schüsseln, die ein eigenartiges Wappen trugen. Es stellte einen Felsen dar, auf dem vier Adler thronten, darunter eine unleserliche Inschrift.

Das Mahl, das aus vortrefflich zubereiteten Fischen, konserviertem Fleisch, süßen Speisen und tropischen Früchten bestand, wurde fast schweigend eingenommen. Da der Gastgeber stumm blieb, hatte es die junge Flämin nicht gewagt, ihn in seinen Betrachtungen zu stören. Als nach Tisch die Schokolade in winzigen Porzellanschälchen gereicht worden war, entschloß sich der Kommandant endlich, das Schweigen zu brechen.

»Verzeiht, Madame«, sagte er, »daß ich ein so schlechter Gesellschafter war; aber oft, wenn die Nacht hereinbricht, überkommt mich eine seltsame Schwermut, der ich mich nicht erwehren kann. So auch heute. Es quälen mich dann Erinnerungen düsterer Natur und drücken mich nieder!«

»Ihr, der kühnste der Korsaren, seid traurig?« rief Honorata erstaunt. »Ihr besitzt ein Schiff, das die größten Fahrzeuge besiegt, Ihr habt tapfere Leute, die sich auf Euren Befehl töten lassen, seid einer der mächtigsten und reichsten Häupter der Freibeuterei. Wie könnt Ihr da traurig sein?«

»Seht das Kleid an, das ich trage, und denkt an den Namen, den man mir gab! Hat das nicht eine Bedeutung?«

»Ja, ja, Ihr tragt ein Trauerkleid, und Euer Name flößt Furcht ein!« antwortete die junge Herzogin betroffen. »In Veracruz, wo ich einige Zeit zubrachte, wurden seltsame Geschichten über Euch erzählt.«

»Erzählt mir davon«, bat der Korsar. Um seine Lippen spielte ein spöttisches Lächeln, aber seine Augen schauten die junge Flämin voller Güte an.

»Ich hörte, daß Ihr den Atlantischen Ozean mit zwei Brüdern durchquert hättet, der eine im grünen, der andere im roten Gewande. Ihr wurdet mir beschrieben, wie Ihr seid, als ein finsterer, schweigsamer Mann. Man sagte mir, daß, wenn die Stürme über die Antillen wüten, Ihr den Wogen und Winden zum Trotz aufs Meer ginget, daß Ihr den Zorn der Natur herausfordert, da Euch höllische Geister schützen.«

»Und weiter . . .?«

Die Herzogin blickte den Flibustier mit einer gewissen Unruhe an.

»Warum wollt Ihr nicht fortfahren?« fragte er lächelnd.

»Ich wage es nicht . . .«

»Flöße ich Euch Angst ein?«

»Nein, aber . . .«

Plötzlich ging sie auf ihn zu und fragte: »Ist es wahr, daß Ihr Tote heraufbeschwören könnt?«

In diesem Moment prallte eine mächtige Welle gegen das Backbord, deren Schlag in der Kajüte dumpfen Widerhall fand, und der Gischt spritzte bis an die Fenster empor.

Der Korsar sprang auf. Er war leichenblaß . . . Er trat an eins der Kajütenfenster, öffnete es und schaute hinaus.

Das Meer war aber ganz ruhig, durchschimmert von dem matten Glanz des Nachtgestirns. Nur eine leichte Brise, welche die Segel der »Fólgore« schwellte, kräuselte die Oberfläche. Allein am Backbord schäumte das Wasser gegen die Schiffswand. Sollte eine geheimnisvolle Macht jenen Wogenschlag erzeugt haben . . .?

Die Herzogin hatte sich nach einer Weile dem Kommandanten genähert, der regungslos, in Sinnen verloren, in die Tiefe hinunterblickte. Auch sie war bleich und schreckenerfüllt.

»Woran denkt Ihr, Kapitän?«

Erst als sie ihre Frage wiederholte, wandte er sich langsam um.

»Ist es möglich, daß die auf dem Grunde des Meeres begrabenen Toten ihre Gräber verlassen und wieder an die Oberfläche kommen können?«

Das junge Weib erschauderte.

»Von welchen Toten sprecht Ihr? Von Euren Brüdern . . .?«

»Von denen, die noch ungerächt gestorben sind.«

Da trat der Korsar schnell vom Fenster zurück, füllte zwei Gläser mit weißem Wein und sagte mit veränderter Stimme: »Auf Euer Wohl, Madame! Die Nacht ist schon angebrochen, Ihr werdet Euch nach Ruhe sehnen.«

»Die Nacht ist schön«, sagte sie leise, »es würde mich der Schlaf doch fliehen.«

Die düstern Augen des Kapitäns blitzten auf.

»Wollt Ihr mir noch Gesellschaft leisten? Dann nehme ich es mit Dank an. Das Leben ist hart und einsam auf dem Wasser, fast nie ein Zerstreuung! Eure Anwesenheit hier ist wie eine milde Hand, die über meine Stirne streicht. Seht nur, die Traurigkeit, die mich vor kurzem übermannt hatte, habt Ihr verscheucht. Trinken wir noch ein Glas zusammen!«

Sie stießen mit den Gläsern an.

»Ich möchte Euch etwas fragen, Cavaliere, doch wage ich es nicht. Es würde Euch wieder schwermütig machen.«

»Sprecht!«

»Sagt mir, ist es wahr, daß Ihr Euer Land verlassen habt, um eine Rache zu vollstrecken?«

»Ja, Madame, und ich werde nie Ruhe finden, bis ich sie vollzogen habe!«

»So stark haßt Ihr einen Menschen?«

»Ich würde mein Leben sofort dahingeben, wenn ich ihn töten könnte!«

»Was hat er Euch angetan?«

»Er hat meine ganze Familie zugrunde gerichtet. Ich halte den Eid, den ich geschworen, und müßte ich selber dabei verderben! Tod ihm und allen, die das Unglück haben, seinen Namen zu tragen!«

»Weilt dieser Mann hier in Amerika?«

»In einer Stadt des Großen Golfs.«

»Und sein Name?« fragte sie angstvoll. »Darf ich ihn nicht erfahren?«

Erstaunt blickte sie der Korsar an. »Warum drängt es Euch so, ihn zu kennen? Ihr seid eine Frau. Was wißt Ihr von Rache?«

Dann wandte er sich an den Neger, der wie eine Bronzestatue vor der Tür gewartet hatte, und fragte: »Ist die Schaluppe für die Dame bereit?«

»Ja, Herr!« erwiderte Mokko.

»Wer führt sie?«

»Die weißen Brüder Carmaux und Stiller!«

Die junge Flämin, die sich den Seidenschal um den Kopf gewickelt hatte, nahm jetzt den ihr gebotenen Arm des Korsaren. Während er sie an die Schiffstreppe führte, wo die Bootsleute ihrer harrten, schaute er sie mehrmals von der Seite an, was sie ein wenig in Verwirrung brachte.

Sie streckte ihm leise zitternd die kleine Hand entgegen und dankte ihm für die Gastfreundschaft.

Beim Abschied verbeugte er sich schweigend.

Von der Mulattin gefolgt, stieg sie in das Boot. Als sie beim Abstoßen desselben noch einmal zum Schiff hinaufschaute, sah sie, wie der Schwarze Korsar, über die Brüstung gebeugt, ihr nachblickte.

Mit wenigen Ruderschlägen erreichte die Schaluppe das Linienschiff, das langsam im Kielwasser der »Fólgore« fortgeschleppt wurde.

Statt sich in ihre Kabine zu begeben, blieb Honorata noch an Bord und schaute sinnend zu dem Piratenschiff hinüber.

Am hintern Deck in der Nähe des Steuers zeichnete sich beim Mondschein deutlich die schwarze Gestalt des Korsaren ab mit seiner langen, im nächtlichen Winde wehenden Feder am Hut. Er stand unbeweglich, die Rechte in die Seite gestemmt, und sah unverwandt nach dem spanischen Schiff.

»Siehst du den finstern Edelmann da drüben?« fragte die Herzogin ihre Begleiterin. »Es ist mir nie ein so seltsamer Mensch begegnet!«

Im Zauberbann

Die »Fólgore« fuhr langsam nach Norden, der Küste von San Domingo zu. Von dort wollte sie in den breiten Kanal einlaufen, der sich zwischen jener Insel und Kuba öffnet. Sie kam bei den leichten Winden nur mühsam vorwärts. Einmal weil sie das Linienschiff mit sich schleppen mußte, und zweitens, weil sie durch den Golfstrom behindert war.

Dieser trat aus dem Meerbusen von Mexiko ins Antillenmeer und strömte durch die Floridastraße in den Atlantischen Ozean, an den Gestaden Mittelamerikas entlang.

Zum Glück blieb das Wetter heiter. Sonst hätte man die so teuer erkämpfte Beute den Wellen überlassen müssen. Die Stürme, die zuweilen das Antillenmeer aufwühlen, sind schrecklicher Art.

Diese von der Natur scheinbar so gesegneten Regionen, diese Inseln, prangend in üppiger Fruchtbarkeit unter herrlichem Klima, sind infolge der herrschenden Ostwinde und Äquinoktialstürme oft den furchtbarsten Katastrophen unterworfen, welche sie in wenigen Stunden verheeren.

Die Stürme vernichten die reichen Pflanzungen, entwurzeln ganze Wälder und zerstören Städte und Dörfer. Zuweilen bringen Seebeben das Meer in Aufruhr und fegen alles fort, was sich an den Küsten vorfindet. Selbst die in den Häfen verankerten Schiffe schleifen sie durch die verwüsteten Felder. Auch von heftigen Erdbeben wird die Gegend heimgesucht, die Tausende von Menschen unter ihren Trümmern begraben.

Doch noch leuchtete ein guter Stern dem Piraten. Das Wetter versprach eine gute Fahrt nach der Tortuga. Die »Fólgore«

segelte ruhig durch die smaragdgrünen Gewässer dahin, die so kristallhell und durchsichtig waren, daß man in der Tiefe den weißen Sand des mit Korallen bedeckten Golfbettes erblicken konnte.

In diesem klaren Wasser sah man Fische nach allen Richtungen huschen; sie spielten miteinander, verfolgten sich oder fraßen einander auf. Zuweilen kamen mit mächtigem Schwanzschlag die menschenfressenden Hammerhaie zum Vorschein. Den andern ebenso gefährlichen Haifischen ähnlich, sind sie oft zwanzig Fuß lang und haben einen hammerähnlichen Kopf, seitlich stehende, große, runde, gläserne Augen und ein riesiges, mit langen dreieckigen Zähnen bewaffnetes Maul.

Zwei Tage nach dem Kapern des Schiffs fuhr die »Fólgore« bei stärkerem und günstigerem Winde zwischen Jamaika und der Westküste Haitis weiter, um dann nach der Südküste zu eilen.

Der Schwarze Korsar, der sich fast immer in seiner Kabine aufhielt, stieg auf Deck, als der Steuermann die hohen Berge Jamaikas signalisierte.

Seit dem Abend, als er die junge Flämin zu sich geladen hatte, war er von einer merkwürdigen Unruhe erfaßt. Es litt ihn an keinem Orte. Gedankenvoll wanderte er auf und nieder, ohne mit jemandem, selbst nicht mit seinem Offizier Morgan, ein Wort zu wechseln. Die breite Krempe seines Hutes tief in die Stirn gedrückt, schaute er zerstreut zu den am Horizont sich abhebenden Bergen hinüber, die aussahen, als ob sie im Wasser ständen.

Wie einem unwiderstehlichen Drange folgend, blieb er an der Brüstung des hintern Decks stehen.

Seine Blicke hafteten auf dem Vorderdeck des spanischen

Schiffs, das kaum sechzig Schritte entfernt in der Länge des Ankertaus war. Plötzlich zuckte er zusammen und wollte sich wieder zurückziehen, doch war die Macht, die ihn festhielt, stärker. Seine sonst so finstere Miene erhellte sich, eine leichte Röte überzog sein blasses Gesicht.

Auf dem Vorderdeck des spanischen Schiffes hatte er eine weiße Gestalt bemerkt, die an der Winde lehnte. Es war die Herzogin. Ein breiter, weiter Mantel umhüllte sie. Die blonden Haare fielen ihr über die Schultern, ab und zu von der Seebrise aufgeweht. Sie hatte die Augen auf das Piratenschiff gerichtet und schaute unverwandt nach dem Schwarzen Korsaren.

Dieser stand unbeweglich, wie unter einem Bann, kaum atmend. Er gab kein Zeichen, daß er sie erkannt hatte. Er grüßte sie nicht.

Da endlich erwachte er aus seiner Verzauberung, die für einen Mann mit seinem Temperament höchst seltsam war.

Fast, als ob er bereute, der Anziehungskraft dieser Augen drüben nachgegeben zu haben, wandte er sich plötzlich mit einem Ruck ab.

Doch Honorata hatte sich nicht gerührt. Noch immer lehnte sie an der Schiffswinde.

Der Kapitän war inzwischen auf die Kommandobrücke gestiegen. Hier konnte er der Versuchung nicht widerstehen, noch einmal zu ihr zurückzublicken. Im Rückwärtsschreiten stieß er auf Morgan, der gerade seinen Wachrundgang beendigte.

»Schaut Ihr auch auf die Färbung der Sonne, Kommandant?« fragte ihn der Offizier.

Der Korsar gewahrte nun erst, daß das Tagesgestirn, das vor wenigen Augenblicken noch strahlte, jetzt rötlich gefärbt war und wie eine weißglühende eiserne Scheibe aussah.

Die Berggipfel von Jamaika hoben sich mit größerer Klarheit vom Horizonte ab und waren von einem viel helleren Lichte als vorher umflossen.

Sofort zeigte sich eine gewisse Unruhe auf dem Gesicht des Kapitäns.

»Wir werden einen Orkan bekommen«, sagte er mit dumpfer Stimme.

»Ja, alles weist darauf hin«, bestätigte Morgan. »Merkt ihr nicht auch die vom Meer aufsteigenden üblen Gerüche?«

»Auch die Luft fängt an, trüber zu werden. Das sind die Anzeichen der schweren Antillenstürme. Sollen wir unsere Beute verlieren?«

»Wollt Ihr einen Rat, Kommandant?«

»Sprecht!«

»Laßt die Hälfte unserer Mannschaft an Bord des spanischen Schiffes gehen!«

»Ihr habt recht. Es täte mir für meine Leute leid, wenn dieses schöne Schiff versinken würde.«

»Und die Herzogin? Es wird besser sein, wir nähmen sie auf unser Schiff!«

»Würde es euch denn weh tun, wenn sie unterginge?« fragte der Kapitän, indem er sich jäh zu Morgan umwandte und ihn fixierte.

»Ich denke, daß sie wohl mehrere tausend Piaster bringen kann.«

»Ah, Ihr meint das Lösegeld, das sie zahlen muß.«

»Soll ich sie herüberschaffen lassen, noch ehe der Sturm ausbricht?«

Der Korsar antwortete nicht. Er schritt mehrmals sinnend das Deck auf und nieder, dann blieb er plötzlich vor dem Leutnant stehen und fragte ihn hastig: »Glaubt Ihr, daß uns Frauen zum Verhängnis werden können?«

»Was meint Ihr damit?« fragte Morgan erstaunt.

»Könntet Ihr eine Frau lieben, ohne Furcht zu haben?«

»Warum nicht?«

»Kann ein schönes Weib nicht gefährlicher als ein blutiger Kampf sein?«

»Manchmal gewiß, Kapitän.«

Der Kapitän zeigte auf Honorata.

»Wie gefällt Euch die junge Herzogin, Leutnant?«

»Sie ist eine der reizvollsten Frauen, die ich je gesehen habe.«

»Fürchtet Ihr Euch vor ihr?«

»Vor diesem Weibe? Nein!«

»Aber ich, Leutnant!«

»Der Schwarze Korsar sollte – Ihr scherzt, Kommandant!«

»Nein!« erwiderte der Flibustier. »Eine Zigeunerin in meinem Lande hat mir geweissagt, daß die erste Frau, die ich liebe, mir Unglück bringen würde.«

»Aberglaube, Kapitän!«

»Hört weiter! Dieselbe Zigeunerin hat mir auch wahrgesagt, daß einer meiner Brüder im Kampfe durch Verrat sterben, und daß die beiden andern am Galgen enden würden. Ihr wißt, daß diese traurige Prophezeiung sich erfüllt hat.«

»Und weiter . . .?«

»Daß ich auf dem Meere, fern von meinem Vaterland, durch eine geliebte Frau sterben werde.«

Morgan erschauerte.

»Aber beim vierten Bruder mag sich die Zigeunerin geirrt haben.«

»Nicht anzunehmen«, erwiderte dumpf der Korsar. Dann

schüttelte er die schwermütigen Gedanken ab, die ihn gepackt hatten, und fügte entschlossen hinzu: »Es sei!«

Er stieg vom Bug, wo er den Neger mit Carmaux und Stiller reden hörte und befahl ihnen: »Die große Schaluppe ins Wasser! Führt die Herzogin und ihr Gefolge an Bord unseres Schiffs!«

Während die drei gehorchten, wählte Morgan dreißig Seeleute aus, um sie zur Verstärkung der Mannschaft auf das Linienschiff zu schicken.

Eine Viertelstunde später kehrten Carmaux und seine Gefährten zurück. Honorata, ihre beiden Frauen und zwei Pagen stiegen an Bord der »Fólgore«, an dessen Treppe sie der Korsar erwartete.

»Habt Ihr mir eine dringende Mitteilung zu machen, Cavaliere?« fragte die Dame.

»Ja, Madame, daß wir genötigt sind, das Linienschiff seinem Schicksal zu überlassen.«

»Warum? Werden wir verfolgt?«

»Es droht ein Orkan, der mich zwingt, das Schlepptau zu durchschneiden! Vielleicht kennt Ihr schon die Wut dieses Golfsturms?«

»Also wollt Ihr Eure Gefangene nicht verlieren?«

»Die ›Fólgore‹ ist sicherer als das andere Schiff!«

»Ich danke Euch für Eure Fürsorge, Kapitän!«

»Dankt nicht!« erwiderte er. »Dieser Orkan wird einem Manne hier auf dem Schiff verhängnisvoll werden.«

»Verhängnisvoll?« fragte die Herzogin erstaunt. »Und wem?«

»Die Zukunft wird Euch Antwort geben.«

»Fürchtet Ihr für Euer Schiff?«

Der Korsar lächelte. »Meine ›Fólgore‹ kann alle Blitze des Himmels und alle Wutausbrüche des Meeres aushalten. Ich führe sie durch Wellen und Winde hindurch.«

»Ich weiß es. Aber sagt mir doch . . .«

»Ich bitte Euch, nicht weiterzufragen – ich kann es Euch doch nicht erklären.«

Er zeigte ihr das Gemach am hintern Deck und sagte, sich verbeugend: »Nehmt die Gastfreundschaft an, die ich Euch biete. Ich werde inzwischen dem Tod und meinem Schicksal trotzen.«

Der Kapitän verließ sie und stieg wieder auf die Kommandobrücke.

Die bisher auf dem Meere herrschende Stille wurde plötzlich unterbrochen. Es war, als ob hundert Wirbelwinde von den Kleinen Antillen herkämen.

Die Schaluppen, welche die dreißig Matrosen nach dem Linienschiff gebracht hatten, waren zurückgekehrt und von der Mannschaft wieder an Bord gewunden worden.

Der Korsar beobachtete aufmerksam den Himmel in Westen. Eine große tiefschwarze Wolke mit feuerroten Rändern war am Horizont sichtbar. Sie wurde vom Winde emporgejagt. Die dem Untergang nahe Sonne schien sich zu verdunkeln. Es war, als ob ein Nebel sich zwischen ihre Strahlen und die Erde legte.

»Auf Haiti wütet bereits ein Orkan!« sagte der Kommandant zu Morgan.

»Und die Kleinen Antillen sind vielleicht jetzt schon verwüstet«, fügte der Leutnant hinzu. »In einer Stunde werden wir hier das Unwetter haben. Ich an Eurer Stelle würde auf Jamaika Zuflucht nehmen.«

»Meine ›Fólgore‹ soll vor einem Sturm fliehen? Niemals!«

»Bedenkt – ein Antillensturm! – Herr!«

»Auch diesem biete ich Trotz! Mag das Linienschiff an jenen Küsten Schutz suchen. Wer befehligt unsere Leute auf dem spanischen Schiff?«

»Der Maat van Horn!«

»Ein tapferer Mann, der eines Tages ein berühmter Pirat werden wird.[*] Der zieht sich schon aus der Verlegenheit, ohne die Beute zu verlieren!«

Der Korsar stieg auf die Schanze hinunter. An der Brüstung des Hecks nahm er das Sprachrohr zur Hand und rief mit schallender Stimme: »Ohè! Schneidet das Schlepptau durch! Landet auf Jamaica! Wir erwarten euch auf der Tortuga!«

»Gut, Kommandant«, erwiderte der Maat, der in Erwartung der Befehle am Bug des Schiffes stand.

Er ergriff seine Axt und tat, wie ihm geheißen. Dann wandte er sich zu seinen Matrosen und rief, in dem er die Mütze zog: »Gott befohlen!«

Das Schiff entfaltete die Segel des Fock- und hinteren Mastes, weil es auf den Hauptmast nicht mehr rechnen konnte, und drehte. Es lief auf Jamaika zu.

Währenddessen fuhr die »Fólgore« kühn zwischen der Westküste Haitis und der Südküste Kubas in den sogenannten Überwindkanal ein.

Der Orkan kam näher. Die Ruhe wurde von heftigen, von den Kleinen Antillen kommenden Windstößen unterbrochen. Hohe, mächtige Wogen rauschten heran.

Das Innere des Meeres schien zu sprudeln; denn auf der

---

[*] Wenige Jahre später errang van Horn bei der Einnahme und Plünderung von Veracruz, der wichtigsten Hafenstadt Mexikos, große Berühmtheit.

Oberfläche bildeten sich schäumende Wirbel, die Wasserstrahlen türmten sich auf, gleich flüssigen Säulen, um dann mit großem Getöse niederzustürzen.

Inzwischen war die schwarze Wolke weiter emporgestiegen, hatte sich verbreitert und nahm jetzt schon den ganzen Himmel ein. Der Dämmerschein war vollständig aufgesogen. Finsternis senkte sich auf das stürmische Meer und färbte die Wellen schwarz, als ob sie mit Pechströmen vermischt wären.

Der Korsar stand ruhig und gelassen wie immer an Bord und schien sich nicht um den Sturm zu kümmern. Seine Blicke folgten dem Linienschiff, das er beilegen und am dunklen Horizont verschwinden sah. Seine Besorgnis galt nur jenem Schiff, das, schon beschädigt, den furchtbaren Windstößen ausgesetzt war. Für seine »Fólgore« fürchtete er nichts.

Dann stieg er auf die Schanze und rief dem Steuermann zu: »Gib mir das Ruder! Mein Schiff führe ich selbst!«

Antillenstürme

Der Orkan verheerte die Kleinen Antillen, die ihrer Lage nach als Dämme im Atlantischen Ozean den ersten fürchterlichen Anprall der Ostwinde auszuhalten hatten. Er warf sich auf das amerikanische Festland und dann auf Porto Rico und Haiti und stürzte in den Überwindkanal mit einer Wucht, die den Schiffen im Golf von Mexiko und im Karibischen Meer wohlbekannt war.

Auf das helle, glänzende Tageslicht der Äquatorgegend war eine tiefe Nacht gefolgt, die kein Blitz erhellte, eine jener Nächte, die selbst den kühnsten Seefahrern Schrecken einjagen. Man sah nur Wellenschaum, der fast wie Meeresleuchten erschien.

Blitzartig fegte ein Windstoß über die See dahin. Heftige Stöße folgten einander unter Pfeifen und Heulen. Die Segel klapperten, und selbst die Masten bogen sich.

Man hörte ein seltsames Getöse in der Luft, das von Augenblick zu Augenblick anschwoll. Es klang, als ob tausend mit Eisenwerk beladene Wagen im Fluge durch die Luft rasselten oder als ob schwere Eisenbahnzüge mit Volldampf über Metallbrücken gingen.

Das Meer war schrecklich anzusehen. Berghoch fluteten die Wogen von Osten nach Westen, indem sie mit dumpfem Gebrüll und entsetzlichem Gebraus eine über die andere stürzten, von hohem, phosphoreszierendem Gischt umhüllt.

Lärmend erhoben sie sich, als ob sie ein ungeheurer Druck von unten nach oben triebe. Dann wallten sie wieder zurück, tiefe Abgründe bildend und das Meer tief aushöhlend, als ob sie dabei seinen Grund berührten.

Da die »Fólgore« ihr Segelwerk aufs äußerste beschränken mußte, hatte sie nur die Fänge und das Fock- und Großsegel behalten. Nach dem Reffen nahm sie den Kampf tapfer auf.

Sie schoß über die See wie ein zauberhafter Vogel. Bald flog sie den Wellenberg hinauf, umgeben von gurgelndem Schaum, wie wenn sie die schwarzen Wolkenmassen anführen wollte. Bald flog sie an den Wogenwänden hinunter, wie wenn sie sich in die Tiefe des Meerbusens stürzen wollte. Sie tauchte mit der äußersten Spitze ihrer Focksegelrahen in den Gischt, aber ihre mächtigen Flanken wichen nicht dem gewaltigen Anprall der Fluten. Hin und wieder fielen Baumzweige, allerlei Früchte, Zuckerrohr und Blättermassen auf das Oberdeck, welche der Wirbelwind aus den Wäldern und Pflanzungen von der nahen Insel Haiti herüberwehte, während nasse Strahlen aus den Sturmwolken auf das Deck prasselten und dann mühsam verrannen.

Bald folgte jedoch der dunklen Nacht eine feurige. Blitze zuckten durch die Finsternis und erhellten Meer und Schiff mit einem fahlen Lichte. Donner grollten in den Wolken, als ob ein Kampf zwischen hundert Geschützen dort oben stattfände.

Die Luft war so stark mit Elektrizität erfüllt, daß Hunderte von Funken aus den Ankerketten der »Fólgore« sprühten und auf den äußersten Mastspitzen bei den Windzeigern elektrische Flämmchen zitterten.

Der Orkan hatte seine größte Stärke erreicht.

Mit blitzartiger Geschwindigkeit fuhr der Wind unter gewaltigem Brausen dahin. Er wirbelte Wasserhosen auf, die kreisend zurückfielen, Schleier bildend, die dann zerstäubten.

Die vom Winde zerrissenen Fänge der »Fólgore« waren fortgeweht, und das gänzlich zerschlitzte Focksegel baumelte hin und her, aber das Großsegel hielt stand.

Das von den Fluten und heftigen Windstößen vorwärtsgetriebene Schiff lief inmitten der Blitze und Wasserhosen mit unglaublicher Schnelligkeit. Es schien, als ob es jeden Augenblick versinken müßte, und doch erhob es sich immer wieder und schüttelte die Wassermassen ab, die es schäumend überfluteten.

Der Schwarze Korsar stand aufrecht am Heck und führte mit sicherer Hand das Steuer. Unbewegt inmitten des Tobens der Elemente, unempfindlich, ob auch das Wasser über ihn dahinbrauste, so trotzte er unerschrocken dem Wüten der Natur.

Wenn die feurigen Zickzacklinien der Blitze ihn rings umzuckten, nahm seine dunkle Gestalt phantastische Formen an. Oft verhüllte ihn der weiße Gischt vollständig. Der Wind riß an der langen Feder seines Huts und zerfetzte sie nach und nach. Der Donner umgrollte ihn immer lauter, immer gewaltiger, aber der Kapitän blieb unentwegt auf seinem Posten und führte beharrlich das Schiff durch Wellen und Wind. So glich er einem Meergeist, der heraufgestiegen war aus der Tiefe des Golfs, um seine Kräfte mit der Natur zu messen.

Die Mannschaft betrachtete ihn mit abergläubischem Schrecken, wie in jener Nacht, als die »Fólgore« das Kriegsschiff enterte. Die Seeleute fragten sich, ob dieser Mann, dem weder Schwerter, Kanonen noch Orkane etwas anhaben konnten, ein Sterblicher sei oder ein übernatürliches Wesen.

Plötzlich sah man ein Weib aus der Kajüte kommen und auf die Schanze steigen. Sie hielt sich mit äußerster Energie am Geländer der kleinen Treppe des Backbords fest, um nicht von den Schiffsstößen umgeworfen zu werden. Ein schwerer Mantel umhüllte sie. Ihre langen, blonden Haare wehten im Winde.

»Halt!« schrie der Korsar. »Seht Ihr denn nicht, daß der Tod hier wartet?«

Die Herzogin antwortete nicht; sie machte ihm ein Zeichen mit der Hand, als ob sie sagen wollte: »Ich habe keine Furcht.«

»Zieht euch zurück, Madame!« rief der Korsar in höchster Bestürzung.

Anstatt zu folgen, zog sie sich an den Tauen zur Schanze hinauf, hielt sich beim Weitergehen oben am Girksegelbalken fest und stieg dann in die große Schaluppe, die man mit dem Kran hinaufgezogen hatte, damit sie nicht von den Wellen fortgetragen werde. Dort kauerte sie sich nieder.

Der Korsar bedeutete ihr noch einmal, sich zurückzuziehen, doch sie schüttelte energisch den Kopf.

»Aber hier herrscht der Tod!« wiederholte er. »Geht in Euer Gemach zurück!«

»Nein«, erwiderte sie fest.

»Was wollt Ihr nur hier?«

»Den Schwarzen Korsaren bewundern!«

»Und Euch von dem Wogen forttreiben lassen . . .«

»Das würde Euch nicht bekümmern!«

»Ich will nicht Euren Tod! Versteht Ihr wohl, Herzogin?« rief der Kommandant, dessen Stimme zum erstenmal leidenschaftlich klang.

Honorata lächelte, ohne sich zu rühren. Ihre Hände legten sich fest um ihr schweres Gewand; ihre Haare flatterten im Winde. So ließ sie die Wellen wild über sich schlagen, ohne die Augen vom Korsaren zu wenden. Er wußte jetzt, daß jede weitere Mahnung vergeblich wäre. Und er schien fast beglückt zu sein über die Gegenwart des jungen Weibes, das ebenso mutig wie er dem Tode ins Auge schaute. Wenn der Orkan seinem Schiff einen Moment Ruhe gönnte, wandte er sich der Herzogin zu und lächelte sie an. Und jedesmal begegneten sich dabei ihre Blicke. Honoratas Augen hatten jene merkwürdige Starrheit angenommen wie an dem Morgen, als sie auf dem Vorderdeck des Linienschiffs stand, in seinen Anblick versunken.

Diese Augen übten eine geheimnisvolle Macht über den Flibustier aus. Es überkam ihn eine Unruhe, die er sich nicht zu erklären vermochte. Auch wenn er sie nicht ansah, fühlte er ihren Blick und empfand einen unwiderstehlichen Reiz, immer wieder das Haupt nach ihr hinzuwenden.

Als die Wogen sich einmal mit Ungestüm über die »Fólgore« warfen, fürchtete er sich sogar vor diesem Blick.

»Schaut mich nicht an, Herzogin! Es geht um unser Leben.«

Sofort war der Zauber gebrochen. Honorata schloß die Augen und senkte das Haupt, indem sie ihr Gesicht mit beiden Händen bedeckte.

Die »Fólgore« befand sich jetzt in der Nähe der Küste von Haiti. Beim Flammen der Blitze war es möglich, die hohen Ufer mit den vorgelagerten Klippen zu unterscheiden, an welchen das Schiff zerschellen konnte. Die Stimme des Korsaren drang durch Wellengebraus und Windgeheul.

»Wechselt ein Segel am Fockmast!«

Obwohl der Sturm das Meer hauptsächlich gegen die Südküsten Kubas peitschte, war er kaum weniger wild vor Haiti. Etwa fünfzehn, sechzehn Meter hohe Grundwellen brandeten um die Klippen, und mächtige Gegenwellen schlugen darüber.

Doch die »Fólgore« blieb standhaft. Sie fuhr an der Küste entlang wie ein Steamer mit Volldampf.

Von Zeit zu Zeit fluteten die Wogen bald über das Backbord, bald über das Steuerbord, doch immer hob der Korsar das Schiff mit kräftigem Steuerstoß empor und lenkte es auf die richtige Bahn.

Nachdem der Orkan seine volle Stärke erreicht, nahm er an Heftigkeit ab. Meist dauern diese fürchterlichen Stürme nur wenige Stunden. Die Wolken verteilten sich schon hier und da und ließen einige Sterne durchblicken. Der Wind pfiff nicht mehr so stark wie im Anfang. Doch das Meer war immer noch erregt. Es vergingen noch viele Stunden, ehe sich die vom Atlantischen Ozean in den Großen Golf gejagten Wassermassen beruhigten und verebbten.

Die ganze Nacht hindurch kämpfte das Piratenschiff gegen die von allen Seiten eindringenden Wogen, bis es endlich siegreich den Überwindkanal überstanden hatte und in die Meerenge zwischen den Großen Antillen und der Bahamainsel einlief.

Am Morgen, als der Wind sich von Osten nach Norden gedreht hatte, befand sich die »Fólgore« dem Kap von Haiti fast gegenüber.

Der Schwarze Korsar, dessen Kleider von Wasser trieften, war von dem langen Kampf erschöpft. Als man den kleinen Leuchtturm der Zitadelle des Kaps unterscheiden konnte, übergab er Morgan das Steuer und wandte sich nach der großen Schaluppe, wo die junge Flämin noch immer zusammengekauert saß.

»Kommt herauf, Herzogin! Auch ich habe Euch bewundert! Sicher hätte keine andere Frau dem Tod so verwegen ins Auge geschaut, wie Ihr es tatet!«

Honorata hatte sich erhoben und schüttelte das Wasser von ihren Haaren und Kleidern ab. Sie sah dem Kommandanten lächelnd in die Augen und sagte: »Kann wohl sein, daß keine andere Frau sich bei dem Wetter auf Deck gewagt hätte; aber auch keine andere darf sich rühmen, den Schwarzen Korsaren im Sturmgebraus gesehen zu haben!«

Der Kapitän antwortete nicht. Er stand vor ihr und sah sie mit glühenden Blicken an. Dann aber umdüsterte sich seine Stirn wieder. Er murmelte, doch so leise, daß nur sie es hören konnte: »Ihr seid ein tapferes Weib! Schade, daß die traurige Prophezeiung der Zigeunerin mein Verhängnis ist!«

»Eine Prophezeiung?« fragte Honorata erstaunt.

»Ach, Narrheiten!« rief er.

»Solltet Ihr gar abergläubisch sein, Kapitän?«

»Vielleicht!«

»Ihr . . .?«

»Ja, oft bewahrheiten sich Voraussagen!«

Er zeigte auf die See hinunter und fuhr fort: »Fragt diese da unten, die auf dem Meeresgrunde ruhen! Beide waren sie schöne, starke und kühne junge Männer. Bei ihnen ist die traurige Weissagung in Erfüllung gegangen. Vielleicht . . . auch schon bei mir. Schon fühle ich hier im Herzen eine Flamme lodern, die ich nicht mehr löschen kann . . . Es sei! Möge sich mein Schicksal erfüllen, wenn es so geschrieben steht! Den Tod im Meere fürchte ich nicht, und wo meine Brüder schlafen, kann auch ich Ruhe finden, aber erst dann, wenn mir der Verräter vorausgegangen ist.«

Er hob drohend die Faust und stieg von der Schanze herunter, indem er die junge Flämin, die sich seine Worte nicht erklären konnte, ratlos zurückließ.

Drei Tage später war das Meer ruhig geworden, und die »Fólgore« segelte bei günstigen Winden nach der Tortuga, dem gefürchteten Piratennest im Großen Golf.

146

Das Freibeutertum

Als Frankreich und England im Jahre 1625 die Vorherrschaft Spaniens durch ununterbrochene Kriege zu brechen versuchten, warfen fast gleichzeitig zwei Schiffe, ein französisches und ein englisches, vor einem St. Cristoph genannten Inselchen Anker, das nur von einigen Karibenstämmen bewohnt war. Beide Fahrzeuge waren mit einer kleinen Anzahl kühner Korsaren bemannt, die sich in das Antillenmeer eingeschifft hatten, um den blühenden Handel der spanischen Kolonien zu schädigen.

Die Franzosen wurden von einem normannischen Edelmann, d'Enanbue, und die Engländer von Sir Thomas Warner befehligt.

Da die Insel fruchtbar und die Bewohner gefügig waren, ließen sich die Ankömmlinge dort nieder, teilten sich brüderlich das Stückchen Land und gründeten zwei kleine Kolonien. Fünf Jahre lang lebten sie so, friedlich den Boden bebauend und auf das Piratenhandwerk ganz verzichtend, als eines Tags ein spanisches Geschwader erschien und den größten Teil der Kolonie mitsamt ihren Bewohnern vernichtete, denn die Spanier betrachteten alle Inseln im Golf von Mexiko als ihr Eigentum.

Einige der Kolonisten entrannen der Wut der Spanier und retteten sich auf ein anderes, Tortuga* genanntes Inselchen. Es lag nördlich von San Domingo, der Halbinsel Samana fast gegenüber, und war mit einen bequemen, leicht zu verteidigenden Hafen versehen.

---

* Tortuga-Tartaruga (Tortue), Schildkröte, mit der die Insel Ähnlichkeit hat.

Diese wenigen Männer wurden die Begründer jener verwegenen Flibustierrasse, die bald darauf die Welt durch ihre unglaublichen Unternehmungen in Staunen setzen sollte.

Während sich einige im Frieden dem Tabakbau widmeten, der auf diesem jungfräulichen Boden glänzend gedieh, strebten andere, kriegerisch Gesinnte nach Rache für die Zerstörung der beiden kleinen Kolonien. Sie befuhren als Seeräuber auf einfachen Booten das Meer zum Schaden der Spanier.

Bald wurde die Tortuga ein Zentrum. Viele französische und englische Abenteurer strömten ihm nicht nur aus dem nahen San Domingo, sondern auch aus Europa zu. Unter letzteren befanden sich hauptsächlich normannische Freibeuter.

Diese zumeist aus Leuten, die ihres Besitzes enteignet wurden, ferner aus Soldaten und beutegierigen Matrosen zusammengesetzten Scharen waren alle von dem Wunsche beseelt, ihr Glück zu versuchen und ihre Hand auf die reichen Minen zu legen, aus denen Spanien Ströme Goldes zuflossen. Als sie jedoch auf jener kleinen Insel nicht das fanden, was sie erhofft hatten, streiften sie wagemutig auf dem Meere umher. Sie glaubten sich um so mehr dazu berechtigt, als ihre Länder in fortwährendem Krieg mit dem spanischen Koloß waren.

Die spanischen Kolonisten auf San Domingo, die ihren Handel geschädigt sahen, wollten sich selbstverständlich dieser Räuber sofort entledigen. So benutzten sie den Augenblick, in dem die Tortuga fast ganz ohne Besatzung war, um sie mit stark bewaffneter Macht anzugreifen. Die Einnahme war leicht, und alle Piraten, die in die Hände der Spanier fielen, wurden niedergemacht oder gehängt.

Kaum erfuhren die auf dem Meere umherstreifenden Korsaren von dem angerichteten Blutbad, als sie Rache schworen.

Nach verzweifeltem Kampf eroberten sie unter Willes' Befehl ihre Insel wieder und töteten die neue Besatzung. Unter den Kolonisten entstanden nunmehr heftige Streitigkeiten, da die Franzosen zahlreicher als die Engländer waren, was die Spanier benutzten, um abermals über die Tortuga herzufallen und die Einwohner zu verjagen, die sich in die Wälder von San Domingo zurückziehen mußten.

Wie die ersten Kolonisten von St. Cristoph die ersten Flibustier waren, so wurden die Flüchtlinge der Tortuga die ersten Bukanier (Büffeljäger). Die Kariben nennen das Trocknen und Räuchern der Häute der getöteten Tiere »bukan«, daher der Name Bukanier.

Diese Leute, die später die tapfersten Verbündeten der Piraten wurden, lebten wie die Wilden in elenden, aus Baumzweigen hergestellten Hütten. Ihr Anzug bestand nur aus einem groben Leinenhemd, das immer mit Blut getränkt war, einem Paar derber Hosen, Schweinslederschuhen und einem schäbigen Hut. Der breite Gürtel enthielt stets einen kurzen Säbel und zwei große Messer. Sie hatten nur einen Ehrgeiz: den Besitz eines guten Gewehr und einer Meute großer Hunde.

Familie besaßen sie nicht. Bei Morgengrauen gingen sie immer zu zweien, um sich gegenseitig helfen zu können, auf die Jagd nach wilden Ochsen, die in den Wäldern von San Domingo äußerst zahlreich waren. Des Abends kehrten sie dann, jeder mit einem Fell und einem Stück Fleisch zum Essen beladen, heim. Zum Frühstück begnügten sie sich mit dem Aussaugen der Markknochen.

Als sie sich zu einem Bund zusammengetan hatten, wurden sie den Spaniern bald lästig, so daß diese sie wie wilde Tiere verfolgten. Da es ihnen aber nicht gelang, sie zu vernichten, so erlegten sie alle wilden Ochsen selber und entzogen dadurch den armen Jägern jede Lebensmöglichkeit.

Nun rotteten sich die Bukanier und Flibustier unter dem Namen »Küstenbrüder« zusammen und kehrten nach der Tortuga zurück, nur von dem einen Wunsche beseelt, sich an den Spaniern zu rächen.

Diese tüchtigen Jäger, die nie ihr Ziel verfehlten, waren als Soldaten natürlich auch tüchtige Schützen, so daß sie für die Freibeuterei, die bald einen ungeheuren Aufschwung nahm, unentbehrlich wurden.

Die Tortuga blühte rasch auf und wurde der Zufluchtsort aller Abenteurer aus Frankreich, Holland, England und andern Ländern. Diese Männer standen meist unter dem Oberbefehl von Bertrand d'Orgeron, den die französische Regierung als Gouverneur dorthin gesandt hatte.

Den Krieg mit Spanien fortführend, begannen die Piraten ihre ersten kühnen Unternehmungen und griffen verwegen alle spanischen Schiffe an, die sie nur erreichen konnten.

Was an Kanonen fehlte, wurde durch die Büffeljäger ausgeglichen, die als unfehlbare Schützen mit wenigen Schüssen die spanischen Besatzungen erledigten. Ihre Kühnheit war so groß, daß sie sich daranwagten, die größten Schiffe zu überfallen, die sie mit wahrer Wut enterten. Nichts hielt sie zurück, weder Kanonen noch Flintenkugeln, noch hartnäckiger Widerstand. Es waren wirkliche »Desperados«, die jeder Gefahr trotzten und den Tod nicht scheuten, wahre Dämonen. Und für Höllengeister hielten sie auch die Spanier.

Selten nur gewährten sie den Besiegten Gnade, wie es andererseits ihre Gegner auch nicht taten. Sie behielten nur Personen höheren Ranges zurück, um große Lösegelder zu erlangen; die übrigen aber wurden ins Wasser geworfen. Auf beiden Seiten kämpfte man bis zur Vernichtung des Gegners.

Alle Seeräuber hatten gleiche Rechte, und nur bei der Teilung der Beute erhielten die Führer einen größeren Anteil. Nach Verkauf ihrer Beute wurden den Verwundeten und den Tapfersten Prämien verliehen. So bekamen diejenigen eine gewisse Summe, die zuerst auf das geenterte Schiff gesprungen waren, ebenso diejenigen, welche die feindliche Flagge heruntergerissen hatten. Ferner belohnte man auch jene, die unter Einsatz ihres Lebens Nachrichten über die Bewegungen oder über die Streitkräfte der Spanier brachten. Denen, die beim Angriff den rechten Arm verloren, wurde außerdem ein Geschenk von sechshundert Piastern zuteil, die ihren linken Arm einbüßten, fünfhundert Piaster, bei Verlust eines Beins vierhundert und den Verwundeten ein Piaster täglich zwei Monate lang.

An Bord der Piratenschiffe herrschten strenge Gesetze, welche die Korsaren in Zucht hielten. Wer seinen Platz während des Kampfs verließ, wurde mit dem Tode bestraft. Verboten war das Trinken von Wein und Likören nach acht Uhr abends, der Stunde, in der jedes Feuer erloschen sein mußte. Verboten waren Zweikämpfe, Streitigkeiten, Spiele jeder Art. Mit dem Tode bestraft wurde derjenige, der heimlich eine Frau, und sei es auch die eigene Gattin, mit an Bord brachte.

Verräter wurden auf verlassenen Inseln ausgesetzt, ebenso die, die bei der Verteilung der Beute sich unehrlicherweise etwas angeeignet hatten. Aber nur höchst selten sollen diese Fälle vorgekommen sein; denn die Korsaren waren von erprobter Ehrlichkeit.

Als die Flibustier sich in den Besitz mehrerer Schiffe gesetzt hatten, wurden sie kühner. Da die Spanier den Handel zwischen ihren Inseln aufgegeben hatten und es nun keine Segelschiffe mehr zu kapern gab, fingen die Korsaren ihre großen Unternehmungen an.

Montbars war der erste ihrer Führer, der zu Ruhm gelangte. Dieser Edelmann aus dem Languedoc hatte sich nach Amerika begeben, um die bedauernswerten, von den ersten spanischen Eroberern ausgerotteten Indianer zu rächen. Wie viele andere haßte auch er die Spanier glühend wegen der von Cortez in Mexiko und von Pizarro und Almagro in Peru begangenen Grausamkeiten. Er wurde ein so furchtbarer Gegner, daß man ihn nur noch den »Vernichter« nannte. Bald an der Spitze der Flibustier, bald zusammen mit den Bukaniern trug er die Brandfackel an die Küsten San Domingos und Kubas und metzelte eine große Anzahl Spanier nieder.

Nach ihm wurde Pierre le Grand, ein Franzose aus Dieppe, berühmt. Dieser kühne Seemann traf einst auf ein spanisches Linienschiff bei Kap Tiburon. Obgleich er nur achtundzwanzig Mann an Bord hatte, griff er es an, nachdem er zuvor sein eigenes Fahrzeug durchlöchert und auf den Meeresgrund versenkt hatte, um seinen Leuten die Möglichkeit zur Flucht zu rauben. So groß war die Überraschung der Spanier, als sie diese Männer aus dem Meere emportauchen sahen, daß sie sich nach kurzem Widerstand ergaben, da sie die Feinde für Wassergeister hielten.

Lewis Scott belagerte mit wenigen Piratenschwadronen die gut befestigte Stadt St. François de Campeche, die er einnahm und plünderte. John Davis eroberte mit nur neunzig Mann zuerst Nicaragua, dann Sant' Agostino auf Florida. »Eisenarm«, ein Normanne, der sein Schiff durch einen »von der heiligen Barbara entzündeten Blitz« an der Orinocomündung verlor, widerstand den Angriffen der Wilden. Andere, noch kühnere und bedeutendere Seefahrer kamen nach ihm.

Pierre Nau, genannt der »Olonese« – aus der Stadt Olone in der Vendée (Niederpoitou) – war der Schrecken der Spanier. Seine lange Piratenlaufbahn endete nach mehr als hundert Siegen. Zuletzt wurde er eine Beute der Wilden, die ihn rösteten und dann verspeisten.

Grammont, ein französischer Edelmann, stand ihm an Ruhm nicht nach. Er griff mit wenigen Flibustier- und Bukaniertruppen Maracaibo an. Bei Porto Cavallo hielt er mit nur vierzig Gefährten einem Angriff von dreihundert Spaniern stand. Dann eroberte er, zusammen mit van Horn und Laurent, zwei andern berühmten Korsaren, Veracruz.

Doch der bedeutendste von allen war zweifellos Morgan, der Adjutant des Schwarzen Korsaren. Er stellte sich an die Spitze einer großen Schar englischer Piraten und begann seine glänzende Laufbahn mit der Einnahme von Port-au-Prince. Dann griff er mit neun Schiffen Portobello an und plünderte es trotz des heftigen Widerstands der Spanier und ihres mörderischen Kanonenfeuers. Nach der nochmaligen Eroberung von Maracaibo und nach Durchqueren des Isthmus gelang es ihm, nach schwankendem Glück und blutigen Kämpfen Panama einzunehmen, das er einäscherte, nachdem er vierhundertvierundvierzigtausend Pfund Silber erbeutet hatte.

Drei andere kühne Korsaren, die sich zusammentaten, Sharp, Harris und Samwkins, überfielen raubend Santa Maria, durchquerten ebenfalls den Isthmus, eingedenk des Morganschen Unternehmens, und verrichteten dabei Wunder an Tapferkeit. Sie brachten überall die viermal so großen Streitkräfte der Spanier in Verwirrung, setzten sich am Stillen Ozean fest, wo sie dann das ganze spanische Geschwader nach furchtbarem Kampfe vernichteten. Sie wurden der Schrecken Panamas, machten die Küste Mexikos und Perus unsicher, griffen Ylo und Serena an und kehrten hierauf durch die Straße von Magellan nach den Antillen zurück.

Andere, ebenso mutige, nur weniger von Glück begünstigte Seefahrer folgten, wie Montabon, Michele der Baske, Jonqué, Dronage, Grogner, Davis, Tusley und Wilmet, welche die Unternehmungen der ersten Piraten fortsetzten, indem sie das Antillenmeer und den Stillen Ozean durchkreuzten, bis endlich die Tortuga und mit ihr die Korsaren ihre Bedeutung verloren.

Einige gründeten eine neue Kolonie auf den Bermudainseln und machten noch etliche Jahre von sich reden, indem sie die Kolonisten der Großen und Kleinen Antillen in Angst und Schrecken versetzten. Bald aber lösten sich auch diese letzten Banden auf, und jene verwegene Menschenkaste verschwand gänzlich.

Auf der Tortuga

Als die »Fólgore« im sicheren Hafen jenseits des engen Kanals, der von jeglicher Überraschung seitens des spanischen Geschwaders Schutz bot, Anker warf, war alles auf der Tortuga in freudiger Stimmung, weil einige Piraten, unter der Führung des Olonesen und Michele des Basken, von ihren Streifzügen an den Küsten San Domingos und Kubas mit reicher Beute heimgekehrt waren.

Am Strande unter großen Zelten oder im Schatten von Palmen hielten die Seeräuber ihr Festgelage, wobei sie die mitgebrachten Vorräte wie Nabobs verzehrten.

Wenn auch Tiger auf dem Wasser – auf dem Lande waren sie die fröhlichsten Bewohner der Antillen, dabei auch gastfreundlich und liebenswürdig. Sie luden stets zur ihren Festen die unglücklichen Spanier ein, die sie als Gefangene, in der Hoffnung auf hohes Lösegeld, zurückbehalten hatten, ebenso auch die weiblichen Gefangenen, denen sie höchst ritterlich begegneten, damit diese ihre traurige Lage vergessen sollten. Erhielten sie aber die geforderten Lösegelder nicht, so griffen sie zu grausamen Mitteln. Sie sandten dann einige Köpfe von Gefangenen an die spanischen Gouverneure, um sie zur Herausgabe der Gelder zu zwingen.

Als das Schiff landete, unterbrachen die Korsaren ihr Mahl, ihre Tänze und Spiele, um mit lärmenden Hurrarufen die Rückkehr des Schwarzen Korsaren zu begrüßen, der sich ähnlicher Beliebtheit wie der Olonese erfreute.

Alle hatten von dem verwegenen Plan gehört, daß er dem Gouverneur von Maracaibo den Roten Korsaren tot oder lebendig entreißen wolle. Da sie seine Tapferkeit kannten, hofften sie auch auf die Rückkehr der beiden Brüder.

Als sie jedoch die schwarze Fahne halbmast, als Zeichen der Trauer, wehen sahen, verstummten die Rufe mit einem Schlage. Schweigend versammelten sich die Männer am Strande, um Nachrichten über das Unternehmen einzuziehen.

Der Schwarze Korsar, der auf der Kommandobrücke stand, rief Morgan zu: »Sagt den Küstenbrüdern, daß der Rote Korsar ein ehrliches Grab in den Wellen des Großen Golfs gefunden habe und daß sein Bruder lebend zurückgekehrt sei, um die Rache vorzubereiten. Benachrichtigt auch den Olonesen, daß ich ihn heute abend aufsuchen werde, und überbringt dem Gouverneur meine Grüße! Später besuche ich auch ihn.«

Hierauf wartete er, bis die Segel gestrichen und die Achtertaue ausgeworfen waren. Dann stieg er zu der jungen Flämin hinunter, die sich schon zum Aussteigen gerüstet hatte.

»Herzogin«, sprach er, »ein Boot wartet, das Euch an Land bringen soll.«

»Ich bin Eurer Befehle gewärtig als Eure Gefangene, Herr!« erwiderte sie.

»Nein, Madame, Ihr seid frei.«

»Frei? Ich habe mein Lösegeld doch noch nicht bezahlt, Kapitän.«

»Es liegt bereits in der Mannschaftskasse.«

»Von wem bezahlt?« fragte sie erstaunt. »Ich habe bis jetzt weder den Marqués von Heredias noch den Gouverneur von Maracaibo von meiner Gefangenschaft in Kenntnis gesetzt.«

»Es wird sich wohl ein anderer gefunden haben«, erwiderte er lächelnd.

»Ihr vielleicht . . .?«

»Und wenn ich es gewesen wäre?« Der Kommandant blickte ihr tief in die Augen.

Die junge Flämin schwieg einen Augenblick errötend. Dann sagte sie bewegt: »Das ist eine Großmut, die ich bei den Flibustiern der Tortuga nicht zu finden glaubte; doch von Euch überrascht sie mich nicht!«

»Wieso, Madame?«

»Weil Ihr anders seid! In den wenigen Tagen, in denen ich mich am Bord dieses Schiffes befinde, hatte ich Gelegenheit, die edlen Eigenschaften des Herrn von Ventimiglia kennenzulernen. Ich bitte Euch jedoch, mir anzugeben, auf wie hoch mein Lösegeld sich beläuft!«

»So drängt es Euch, das Lösegeld zu bezahlen und die Tortuga zu verlassen?«

»Ihr irrt! Wenn der Augenblick da ist, wo ich diese Insel verlassen muß, so werde ich es vielleicht mit tiefem Bedauern tun . . . Stets werde ich dem Schwarzen Korsaren dankbar sein und ihn nie vergessen!«

»Madame!« rief der Korsar, und seine Augen leuchteten.

Er wollte rasch auf sie zutreten, besann sich aber und sagte traurig: »Vielleicht bin ich dann schon der schlimmste Feind Eurer Freunde; wer weiß, ob Ihr mich dann noch leiden könnt.«

Mit schnellen Schritten durchquerte er den Wohnraum, blieb plötzlich vor Honorata stehen und fragte sie unvermittelt: »Kennt Ihr den Gouverneur von Maracaibo?«

Die Herzogin zitterte bei diesen Worten, und ihre Blicke verrieten Angst.

»Ja«, entgegnete sie zögernd. »Warum fragt Ihr?«

»Nehmt an, ich hätte es nur aus Neugierde getan!«

»O Gott!«

»Was habt Ihr?« fragte der Korsar erstaunt. »Ihr seid blaß und erregt . . .?«

»Warum diese Frage?« wiederholte Honorata mit erstickter Stimme.

Ehe der Korsar antworten konnte, wurde an die Tür geklopft, und Morgan trat ein.

»Kommandant, Pierre Nau erwartet Euch in seiner Wohnung und hat Euch wichtige Mitteilungen zu machen. Ich glaube, daß Eure Pläne zustande kommen und daß alles für das Racheunternehmen bereit ist.«

»Ah!« rief der Korsar mit flammenden Augen. »Ist es schon so weit gediehen?«

Er wandte sich an die junge Flämin, die ihn noch immer erschrocken anstarrte.

»Madame! Darf ich Euch Gastfreundschaft in meinem Hause anbieten? Dasselbe steht Euch ganz zu Eurer Verfügung! Mokko, Carmaux und Stiller werden Euch dorthin begleiten und zu Euren Diensten sein!«

»Noch ein Wort wegen des Lösegelds«, stammelte die Herzogin.

»Davon sprechen wir später!«

Ohne sie weiter anzuhören, ging der Korsar, von Morgan gefolgt, mit kurzem Gruß hinaus.

Eine von sechs Mann besetzte Schaluppe harrte seiner an Backbord. Er setzte sich ans Steuer, fuhr aber anstatt nach dem Strande, wo die Piraten noch immer ihre Orgien feierten, nach einer kleinen Bucht im Osten des Hafens, wo sich ein Palmenwald erhob.

Da stieg er an Land, winkte seinen Leuten, bei dem Boot zurückzubleiben, und bahnte sich allein einen Pfad durch den dichten Hain. Er war schon ziemlich weit vorgedrungen, als ihn eine vergnügte Stimme, die einen leicht spöttischen Ton hatte, aus seinen Betrachtungen riß.

»Ich schwor schon, daß die Kariben mich fressen sollten, wenn du es nicht seist. Die Lustigkeit, die auf der Tortuga herrscht, schreckt dich wohl so, daß du auf dem Waldweg in mein Haus kommst! So traurig, Emilio? Du bist ja wie ein Totengräber! . . .«

Aus einer Baumgruppe trat ihm ein Mann von ziemlich kleiner, kräftiger Gestalt, groben Gesichtszügen und durchdringenden Blicken entgegen. Er mochte etwa fünfunddreißig Jahre alt sein, war wie ein einfacher Seemann gekleidet und mit Pistolen und Entersäbel bewaffnet.

»Ah, du bist es, Pierre?« sagte der Korsar.

»Ich bin's, der Olonese!«

Es war der berühmte Pirat, der kühnste Seefahrer und fürchterlichste Feind der Spanier, der schon viel Blutvergießen angerichtet hatte.

Gebürtig in Olone (Poitou), war er zuerst Schmuggler an der Küste Spaniens gewesen. Als er eines Nachts von Zollwächtern überrascht wurde, büßte er seine Barke ein. Während sein Bruder dabei das Leben verlor, wurde er selbst so schwer verwundet, daß er lange zwischen Leben und Tod schwebte. Als er geheilt war, befand er sich im größten Elend. Darum verkaufte er sich als Sklave, um seiner alten Mutter zu helfen, für vierzig Taler an Montbars, den großen »Vernichter«. Zunächst wurde er der Gehilfe der Bukanier, dann Flibustier, und da er über einen ganz besonderen Mut und große Geistesgegenwart verfügte, erhielt er endlich vom Gouverneur von Tortuga ein kleines Schiff.

Mit diesem Fahrzeug vollbrachte der kühne Mann wahre Wunder. Er schädigte die spanischen Kolonien auf jede Weise und wurde dabei kräftig von drei Korsaren, dem Schwarzen, Roten und Grünen, unterstützt.

Eines Tages jedoch hatte er, fast unter den Augen der Spanier, an der Küste von Campeche durch Sturm Schiffbruch erlitten. Alle seine Gefährten wurden niedergemetzelt. Nur ihm allein gelang es, sich zu retten, indem er bis zum Halse in einen Morast untertauchte und sich sogar das Gesicht mit Schlamm bedeckte, um nicht erkannt zu werden.

Als er lebend aus dem Sumpf herauskam, floh er nicht etwa, sondern ging in den Kleidern eines spanischen Soldaten wagemutig in die Stadt hinein, um dort alles auszuforschen. Er gewann einige Sklaven für sich und kehrte auf einer gestohlenen Barke nach der Tortuga zurück, wo man ihn schon für tot gehalten hatte.

Ein anderer hätte sich wohl gehütet, nochmals das Glück herauszufordern, nicht so der Olonese. Bald darauf begab er sich wieder aufs Meer, und zwar mit zwei kleinen Fahrzeugen, die nur mit achtundzwanzig Seeleuten bemannt waren. Er fuhr nach Los Cayos auf Kuba, einem damals sehr wichtigen Handelsplatz. Aber einige spanische Fischer hatten seine Anwesenheit bemerkt. Sie benachrichtigten sofort den Gouverneur des Orts, der nun gegen die beiden kleinen Korsarenschiffe eine Fregatte mit neunzig Mann sandte, außerdem vier Segelschiffe mit tapferer Besatzung, darunter einen Neger, der den Auftrag hatte, die Piraten zu hängen.

Den Olonesen jedoch schreckte die Überzahl der Gegner nicht. Er erwartete den Morgen, griff die Fregatte an, enterte sie trotz des tapferen Widerstands der Spanier und metzelte die

Besatzung nieder. Dann ging er gegen die andern vier Schiffe vor, eroberte sie und warf ihre Mannschaft über Bord.

Ihm sollten aber später noch kühnere Taten vorbehalten bleiben . . .

Die beiden Flibustier schüttelten sich die Hand zum Gruß.

»Ich erwarte schon mit Ungeduld deine Rückkehr«, sagte Pierre Nau.

»Weißt du, daß ich in Maracaibo gewesen bin?«

»Du selber?« rief der Olonese erstaunt.

»Wie sollte ich sonst den Leichnam meines Bruders bekommen haben?«

»Ich glaubte, du hättest einen Zwischenhändler benutzt. Sieh nur zu, daß deine Kühnheit dich nicht eines Tages das Leben kostet! Du hast ja gesehen, wie es deinen Brüdern ergangen ist! Aber wir werden sie bald rächen. Ich habe die Expedition schon vorbereitet.«

»Über wieviel Schiffe verfügst du?«

»Über acht Schiffe, deine ›Fólgore‹ einbegriffen, und über sechshundert Mann, Piraten und Ochsenjäger. Wir werden die Flibustier anführen, Michele, der Baske, die Bukanier!«

»Auch der Baske kommt mit?«

»Er fragte mich, ob er an der Expedition teilnehmen dürfe. Da habe ich gleich zugesagt. Du weißt, er ist Soldat, hat in den europäischen Heeren gekämpft und kann uns große Dienste leisten. Außerdem ist er reich.«

»Brauchst du Geld?«

»Ich habe alles verbraucht, was ich auf dem letzten bei Maracaibo gekaperten Schiff bei der Rückkehr von Los Cayos erbeutet habe.«

»Rechne von meiner Seite auf zehntausend Piaster!«

»Donnerwetter! Hast du unerschöpfliche Minen auf deinem Besitztum jenseits des Ozeans?«

»Ich hätte dir noch mehr geben können, wenn ich nicht heute früh ein großes Lösegeld hätte zahlen müssen!«

»Ein Lösegeld . . . Du? Und für wen?«

»Für eine hochgestellte Dame, die in meine Hand gefallen ist. Das Lösegeld gebührt meiner Mannschaft, also bezahlte ich es.«

»Wer mag das sein? . . . Eine Spanierin . . .?«

»Nein, eine flämische Herzogin, die sicher mit dem Gouverneur von Veracruz verwandt ist.«

»Eine Flämin?« rief der Olonese, welcher nachdenklich geworden war. »Auch dein Todfeind ist Flame!«

»Und was schließt du daraus?« fragte der Korsar, während er sichtlich erbleichte.

»Könnte sie nicht vielleicht mit van Gould verwandt sein?«

»Das möge Gott verhüten!« kam es fast unhörbar von den Lippen des Korsaren. »Nein, das ist unmöglich!«

Der Olonese blieb unter den riesigen Blattkronen einer Maotgruppe stehen – Bäumen, die den Baumwollpflanzen gleichen. Er betrachtete aufmerksam den Gefährten.

»Warum siehst du mich so an?« fragte dieser.

»Ich dachte an deine flämische Herzogin und fragte mich nach der Ursache deiner plötzlichen Erregung.«

»Dein Verdacht brachte mein Blut in Wallung!«

»Welcher?«

»Daß sie mit van Gould verwandt sein könnte!«

»Und wenn es so wäre, was ginge es dich an?«

»Ich schwor, alle van Goulds und ihre Verwandten von dieser Erde auszurotten!«

»Nun gut, dann tötest du sie eben, und alles ist vorüber.«

»Sie . . . Niemals!« rief der Korsar voller Entsetzen.

»Das heißt . . .« sagte zögernd der Olonese.

»Was?«

»Daß du deine Gefangene liebst?«

»Schweig!«

»Warum schweigen? Ist es denn für die Flibustier eine Schande, eine Frau zu lieben?«

»Nein, aber ich fühle instinktiv, daß mir dieses Weib verhängnisvoll werden wird, Pierre!«

»Dann überlasse sie doch ihrem Schicksal!«

»Es ist zu spät.«

»Du liebst sie sehr?«

»Wahnsinnig.«

»Und liebt sie dich?«

»Ich glaube.«

»Wahrlich ein passendes Paar! Der Herr von Ventimiglia kann sich nur mit einer Dame von hohem Range vermählen. Das ist ein seltenes Glück für einen Piraten! Also trinken wir ein Glas auf das Wohl deiner Herzogin, Freund!«

Die Villa des Schwarzen Korsaren

Der Olonese bewohnte ein bescheidenes Holzhäuschen mit Blätterdach, wie man es gewöhnlich bei den Indianern der Großen Antillen fand. Es war aber behaglich und mit einem gewissen Luxus eingerichtet, den die rauhen Männer liebten. Eine halbe Meile von der Zitadelle entfernt, am Waldesrand, lag es schön und ruhig im Schatten großer Palmen, die eine köstliche Frische boten.

Der Olonese führte den Schwarzen Korsaren in ein Zimmer zu ebener Erde, dessen Fenster mit Strohmatten verhängt waren, und lud ihn ein, sich auf einem Bambussessel niederzulassen. Dann ließ er von einem seiner Diener einige Flaschen spanischen Weins bringen, die sicher von irgendeinem Raubzug stammten, und füllte zwei große Gläser damit.

»Auf dein Wohl, Cavaliere, und auf das deiner Dame!«

»Mir ist lieber, du trinkst auf das gute Gelingen unseres Unternehmens«, erwiderte der Korsar.

»Es wird gelingen, Freund, und ich verspreche, den Mörder deiner Brüder dir zu überliefern!«

»Man wird bald drei Brüder unter den Toten zählen«, sagte der Korsar düster.

»Der dritte . . .?«

»Wird auch bald sterben!«

»Fort mit der Leichenbittermiene! Ich werde dir mit allen Kräften beistehen! Zunächst einmal: Kennst du van Gould?«

»Besser als die Spanier, denen er dient!«

»Was ist es für ein Mann?«

»Ein alter Soldat von hohem Adel, der lange in Flandern

gekämpft hat. Einst Bandenführer, bis ihn das spanische Gold zum Verräter gemacht hatte.«

»Wie alt?«

»Vielleicht fünfzig Jahre.«

»Scheint noch recht zähe zu sein. Er soll zu den besten Gouverneuren gehören, die Spanien in den Kolonien hat.«

»Er ist listig wie ein Fuchs, energisch wie Montbars und tapfer.«

»Wir müssen also auf einen kräftigen Widerstand in Maracaibo gefaßt sein.«

»Sicher. Wer kann aber dem Angriff von sechshundert Piraten widerstehen? Du weißt, wie tüchtig unsere Leute sind!«

»Beim Sande von Olone!« rief der Pirat, der diesen Ausruf als Heimaterinnerung liebte. »Ich habe sie bei Los Cayos kämpfen sehen. Du kennst ja jetzt Maracaibo und weißt, welches die schwache Seite des Platzes ist.«

»Ich werde die Führung übernehmen, Pierre!«

»Hält dich hier nichts?«

»Nichts!«

»Nicht einmal deine schöne Flämin?«

»Sie wird mich erwarten«, sagte lächelnd der Korsar.

»Wo hast du sie untergebracht?«

»In meiner Villa.«

»Und wo bleibst du?«

»Bei dir.«

»Ein unverhofftes Glück! Dann können wir ja die Expedition mit dem Basken besprechen, der auch zum Essen zu mir kommt!«

»Wann soll es abgehen?«

»Morgen in aller Frühe! Ist deine Mannschaft vollzählig?«

»Mir fehlen sechzig Mann! Dreißig mußte ich auf dem erbeuteten Linienschiff lassen, und die andern dreißig verlor ich im Kampfe.«

»Nun, wir werden andere finden! Alle reißen sich ja darum, mit der ›Fólgore‹ zu fahren!«

»Obwohl ihr Kommandant im Rufe steht, ein Meergeist zu sein.«

»Weil du so finster bist wie ein Gespenst! Aber mit deiner Herzogin bist du wohl anders?«

»Wer weiß!« antwortete der Korsar.

Er hatte sich erhoben.

»Auf Wiedersehen, Pierre! Heute abend werde ich mich wieder hier einfinden, wenn auch etwas später.«

»Gib nur acht, daß die Augen der Flämin dich nicht behexen!« rief der Olonese ihm nach.

Der Korsar war aber schon weit fort. Er hatte einen andern Weg genommen und zwar durch den Wald, der sich, einen Hauptteil der Insel einnehmend, hinter der Zitadelle ausdehnte. Herrliche, Maximilianen genannte Palmen, riesenhafte Mauritien mit großen, fächerartigen Blättern schlangen ihr Laubwerk um palmenähnliche Baumkolosse, deren harte Blätter wie Zink aussahen. Darunter wuchsen kostbare Agaven in Fülle, die jenes süßliche Getränk hergeben, das an den Ufern des mexikanischen Golfs Wasserhonig und in gegorenem Zustand Mezcal genannt wird. Auch wilde Vanillenbüsche, langer Pfeffer und Gewürz wurden von den gezackten Blättern der Jupatien und Bosso beschattet. Der Schwarze Korsar kümmerte sich aber nicht um die wunderbare Vegetation.

Nach einer halben Stunde gelangte er an eine Zuckerrohrplantage. Das hohe, gelblich rote Rohr hatte bei den Strahlen der untergehenden Sonne eine purpurne Färbung angenommen. Die langen, bis zur Erde hängenden Blätter legten sich um einen schlanken Stiel, der in einem Federbusch endete und in bläulichen und gelblichen Farben schimmerte. Die Pflanzen waren schon zur Reife gediehen.

Der Kapitän verweilte einen Moment horchend, ehe er die Plantage durchschritt. Dann stand er vor einem reizenden Häuschen, das im Schatten einiger Palmengruppen lag.

Es war eine Villa mit drei Stockwerken, wie sie noch heute in Mexiko gebaut werden, mit rotbemalten Wänden, Porzellankacheln und einer großen, voll mit Blumentöpfen besetzten Dachterrasse.

Eine riesige Kürbispflanze mit breiten Blättern, dicken, blaßgrünen Früchten, kugelrund und groß wie Melonen, die, wenn sie leer sind, den Indianern als Gefäße dienen, bedeckte das Haus vollständig bis zur Terrasse hinauf.

Gemütlich vor der Tür saß Mokko, der Neger, und rauchte eine alte Pfeife, wohl ein Geschenk seines weißen Freundes. Er erhob sich mit einem Ruck, als er den Kommandanten auf sich zukommen sah.

»Wo sind Carmaux und Stiller?«

»Nach dem Hafen gegangen. Sie wollten fragen, ob Ihr Befehle für sie habt.«

»Was macht die Herzogin?«

»Sie ist im Garten.«

»Allein?«

»Mit ihren Dienerinnen und Pagen. Sie schmückt den Tisch für Euch zum Abendessen.«

»Für mich?« fragte der Korsar, und seine umwölkte Stirn erhellte sich plötzlich.

»Ja, sie erwartet Euch.«

Er öffnete die Tür, durchschritt den mit duftenden Blumenvasen bestellten Flur und trat auf der andern Seite des Hauses in den großen, von hohen, festen Mauern umgebenen Garten hinaus.

Ebenso entzückend wie das Haus, so malerisch war auch der Garten. Wunderschöne Alleen von Bananenbäumen, die mit ihren großen dunkelgrünen Blättern für Kühlung sorgten und schon leuchtende Früchte trugen, die riesigen Trauben glichen, dehnten sich nach allen Seiten hin aus und teilten den Boden in Beete, die mit tropischen Blumen bewachsen waren. Hier und da an den Ecken erhoben sich prächtige Perseen mit grünen, zitronengroßen Früchten, die, mit Sherry und Zucker gemischt, von ausgezeichnetem Wohlgeschmack sind. Ferner Passifloren mit köstlichen Früchten, groß wie Enteneier, die eine gallertartige, gut schmeckende Substanz enthalten. Auch zierliche Cumaru mit purpurroten, süß duftenden Blüten und Zwergpalmkraut, das schon stachelig aus kolossalen Mandeln hervorwächst und eine Länge von sechzig und sogar von achtzig cm erreicht.

Lautlos durchschritt der Korsar eine der Alleen und näherte sich einer aus einem Riesenkürbis gebildeten Laube, die von einer wunderbaren Palme beschattet wurde, deren Blätter über elf Meter lang waren.

Lichtstrahlen fielen durch die Blätter, und ein silbernes Lachen ertönte.

Der Korsar war stehengeblieben. Er blickte durch das dichte Laubwerk und sah einen Tisch mit schneeweißem flandrischem Linnen bedeckt. Herrliche Blumen waren mit künstlerischem Geschmack geordnet um Armleuchter und Obstpyramiden.

Ananas, Bananen, grüne Kokosnüsse und Pfirsiche schmückten die Tafel.

Die junge Herzogin ordnete selbst die Blumen und Früchte, unterstützt von ihren Dienerinnen.

Sie trug ein duftiges Spitzengewand, das ihre zarte Haut noch mehr hervorhob. Die blonden Haare waren wieder in Zöpfen um den Kopf geschlungen. Den weißen Hals umschloß eine Perlenkette.

Der Korsar verfolgte mit flammenden Augen jede ihrer Bewegungen. Diese nordische Schönheit hatte es ihm angetan. So blieb er eine Weile, um den Zauber nicht zu brechen.

Er mochte sich wohl durch Blätterrascheln verraten haben, denn die junge Flämin wandte sich um. Da trat er vor und begrüßte sie. Eine leichte Röte überzog ihre Wangen, als er ihr galant die Hand küßte.

»Ich erwartete Euch schon«, sagte sie freudig. »Seht, der Tisch ist gedeckt, und alles ist zum Abendessen vorbereitet! Ich habe selbst die Zubereitung der Speisen überwacht.«

»Ihr selbst, Herzogin?«

»Ja, die flämischen Frauen pflegen ihren Gästen und Gatten eigenhändig das Mahl zu bereiten!«

»Habe ich Euch denn gesagt, daß ich hier in mein Haus zum Abend zurückkommen werde?«

»Nein, aber bisweilen errät das Herz der Frauen die Absicht der Männer, und meines sagte mir, daß Ihr heute abend hierher kämet«, sprach sie lächelnd.

Der Korsar schloß für einen Moment die Augen, um die Glücksempfindung, die Honoratas Worte in ihm auslösten, nicht zu zeigen.

»Ich habe zwar meinem Freunde versprochen, mit ihm zu

essen; aber ich ziehe Eure Gegenwart vor. Wer weiß, vielleicht ist es das letzte Mal, daß wir zusammen sind!«

Sie fuhr erschrocken auf. »Wollt Ihr so schnell aufs Meer zurück? Eben erst heimgekehrt, wollt Ihr schon wieder auf neue Abenteuer ausgehen?«

»Es ist mein Schicksal, und ich muß ihm folgen.«

»Nichts hält Euch zurück?« fragte sie zitternd.

»Nichts!« erwiderte er seufzend.

»Weder Liebe noch Freundschaft?«

Er antwortete nicht.

Sie hatten sich an die Tafel gesetzt, und die Dienerinnen trugen auf silbernen Platten Seefische und am Spieß gebratene Vögel auf.

Während des Mahls zeigte sich der sonst so schweigsame Korsar nicht nur als vollendeter Kavalier, sondern auch als ausgezeichneter Gesellschafter. Er erzählte der Herzogin von den Sitten und Gebräuchen der Piraten und Ochsenjäger und von ihren verwegenen Taten, wie sie immer wieder aus See-schlachten, Schiffbrüchen und gefährlichen Abenteuern, selbst bei menschenfressenden Rassen, siegreich hervorgegangen. Aber von dem bevorstehenden Unternehmen mit dem Olonesen und dem Basken erwähnte er nichts.

Die Flämin hörte ihm aufmerksam zu, ohne den Blick von seinem Antlitz zu wenden. Ein bestimmter Gedanke beherrsch-te sie.

Sie war wißbegierig, den Zweck der neuen Expedition zu erfahren, aber sie fühlte, daß er jenes Gespräch vermied.

Es war schon lange dunkel geworden. Der Mond war bereits seit zwei Stunden hinter den Bäumen aufgegangen, als der Korsar sich erhob. Erst jetzt erinnerte er sich, daß ihn der

Olonese und der Baske erwarteten, um mit ihm über die Bemannung seines Schiffs zu sprechen.

»Die Zeit ist mir in Eurer Nähe entflohen, so daß ich fast
meine Angelegenheiten vergessen hätte. Ihr übt eine geheimnisvolle Macht aus!«

»Der süße Genuß der Ruhe in Eurem Hause nach so vielen
Meeresfahrten wird Euch gefesselt haben!«

»Oder – Eure Augen, Herzogin!«

»Auch mir hat Eure Gesellschaft schöne Stunden verschafft!
Wer weiß, ob wir in dieser Idylle, fern von Meer und Menschen,
noch ähnliche zusammen verleben werden«, fügte sie schmerz-
voll hinzu.

»Zuweilen lächelt auch das Glück nach Krieg und Sturm.«

»Seid Ihr sicher, daß eure ›Fólgore‹ immer über Wind und
Wogen siegen wird?«

»Wenn ich das Schiff lenke, ja. Morgen bei Tagesanbruch
geht es wieder hinaus.«

»Eben gelandet, wollt ihr Euer Haus schon wieder verlassen?«

»Ich liebe das Meer. Außerdem muß ich meinen Todfeind
treffen!«

»Ist das Euer einziger Gedanke?«

»Immer! Und dieser Gedanke stirbt nur mit mir.«

»Was ist jetzt Euer Ziel?« fragte die Flämin so angstvoll, daß
es dem Korsaren nicht entging.

»Ich darf die Geheimnisse der Freibeuterei nicht verletzen.
Ihr weiltet noch vor wenigen Tagen als Gast der Spanier in
Veracruz und habt auch in Maracaibo Bekannte!«

»Mißtraut Ihr mir?«

»Das nicht!«

Honorata atmete auf. »Es würde mich auch sehr gekränkt haben.«

Bevor er ihr die Hand zum Abschied reichte, blieb er zögernd stehen.

»Sprecht, Cavaliere! Ihr habt noch etwas auf dem Herzen!«

»Ich wollte fragen, ob Ihr die Insel während meiner Abwesenheit zu verlassen gedenkt?«

»Und wenn ich das täte . . .«

»Es würde mich schmerzen, Euch bei meiner Rückkehr nicht mehr hier zu finden! Wie gerne möchte ich noch einmal einen Abend wie den heutigen mit Euch verleben! Es würde mich für alles Leid, das ich seit Jahren trage, entschädigen.«

»Ich bekenne, daß auch ich glücklich sein würde, den Schwarzen Korsaren wiederzusehen«, antwortete die Herzogin.

»Ihr wollt also hier meine Rückkehr erwarten?« fragte stürmisch der Kapitän.

»Lieber möchte ich Euch um nochmalige Gastfreundschaft an Bord der ›Fólgore‹ bitten.«

Der Korsar machte eine heftige Bewegung. Dann sagte er festen Tons: »Das ist unmöglich!«

»Störe ich Euch?«

»Nein, aber es ist den Piraten untersagt, eine Frau bei ihren Unternehmungen mitzuführen. Ich bin zwar Herr auf meinem Schiffe, aber . . .«

»Was aber . . .?«

»Ich fürchte mich, Euch noch einmal an Bord der ›Fólgore‹ zu nehmen. Ist es die Vorahnung eines Unglücks? Ich weiß es nicht. Als Ihr mich eben darum batet, zog sich mein Herz krampfhaft zusammen, statt daß es aufjubelte!«

»O Gott«, rief die Herzogin voller Schrecken, »wenn Euch auf dieser Fahrt etwas Schlimmes bevorstände . . .!«

»Wer weiß . . . wer kennt die Zukunft! . . . Laßt mich fort! Ich leide in diesem Augenblick um Eurethalben! Wenn mich und mein Schiff der Golf verschlingen sollte, wenn mich eine Kugel oder ein Dolch etwa treffen sollte, so vergeßt den Schwarzen Korsaren nicht! Lebt wohl!«

Mit raschen Schritten entfernte er sich, ohne einmal zurückzuschauen, als fürchte er, trotz seines Widerstands doch festgehalten zu werden.

Die Vorgeschichte des Hasses

Kaum war die Sonne am nächsten Morgen aufgegangen, als unter Trommelwirbel und Pfeifentönen, unter den Gewehrschüssen der Bukanier auf der Tortuga und den lärmenden Hurrarufen der Flibustier die neue Expedition bei Flut den Hafen verließ. Sie stand unter dem Befehl des Schwarzen Korsaren, des Olonesen und Micheles, des Basken.

Das Geschwader setzte sich zusammen aus acht Schiffen, großen und kleinen, die mit sechsundachtzig Kanonen bewaffnet waren, von denen sich sechzehn auf dem Schiff des Olonesen und zwölf auf der »Fólgore« befanden. Die Mannschaft bestand aus sechshundertundfünfzig Leuten. Da die »Fólgore« der schnellste Segler war, fuhr sie dem Geschwader voran und diente zugleich als Kundschafter. Vom Großmast flatterte die schwarze Fahne mit den Goldfransen ihres Kommandanten und an der Spitze des Mastbaums das große rote Band der Schlachtschiffe. Ihr folgten die übrigen Fahrzeuge in zwei Reihen, aber so weit voneinander entfernt, daß sie frei manövrieren konnten, ohne Gefahr, aneinanderzustoßen oder sich gegenseitig den Weg zu verlegen.

Das Geschwader wandte sich draußen auf offener See nach Westen, um durch den Überwindkanal ins Karibische Meer einzulaufen. Das Wetter war herrlich, das Meer ruhig und der von Nordosten wehende Wind günstig, so daß alles auf eine ruhige, schnelle Fahrt nach Maracaibo schließen ließ. Um so mehr, als die Flibustier erfahren hatten, daß die Flotte des Admirals Toledo sich auf dem Wege nach den mexikanischen Häfen befände und gerade zu dieser Zeit an der Küste von Yukatan läge.

Nach zwei Tagen wollte das Piratengeschwader das Kap Engano umschiffen. Es war bisher noch keinem Fahrzeug begegnet. Da plötzlich signalisierte die »Fólgore« ein feindliches Schiff, das nach der Küste von San Domingo fuhr.

Der Olonese, der zum Höchstkommandierenden ernannt worden war, befahl sofort allen Schiffen, back zu legen. Er erreichte die »Fólgore«, die sich schon zur Verfolgung gerüstet hatte.

Jenseits des Kaps segelte ein Schiff an der Küste entlang, das an der Spitze das große Banner Spaniens und am Großmast das lange Band der Kriegsschiffe trug. Vielleicht hatte es die Seeräuberflotte bemerkt und suchte dort Schutz.

Der Olonese hätte es von seinen acht Schiffen umzingeln und zur Übergabe zwingen oder versenken können; aber diese stolzen Korsaren hatten eine so großmütige Gesinnung, daß sie es für unwürdig hielten, einen Feind mit stärkeren Waffen anzugreifen. Es widerstrebte ihnen, ihre Macht zu mißbrauchen.

Pierre gab darum dem Schwarzen Korsaren ein Zeichen. Er allein wollte zum Kampf vorgehn, indem er unbedingte Übergabe oder Krieg forderte. So ließ er vom Vorderdeck den Befehl verkünden, daß sich das Geschwader ruhig verhalten sollte, wie auch der Kampf ausginge.

Als die Aufforderung an die Spanier erging, ließ dessen Kapitän die Fahne festnageln, anstatt sie einzuziehen, und als Antwort seine acht Steuerbordkanonen auf das feindliche Schiff abfeuern als Zeichen, daß es sich nur nach hartnäckiger Gegenwehr ergeben würde.

Auf beiden Schiffen entbrannte nun eine heftige Schlacht. Das spanische Schiff besaß sechzehn Kanonen, aber nur sechzig Mann; der Olonese hatte ebensoviele Feuerschlünde, doch das Doppelte an Leuten, hauptsächlich Bukanier, also gute

Schützen, die mit ihren unfehlbaren Schüssen bald das Schicksal entschieden.

Das Geschwader, das beigedreht hatte, griff nicht ein, gehorsam den Befehlen des Piraten. Seine Mannschaften, die in Reih und Glied auf Deck standen, sahen dem Schauspiel zu, in der Erwartung, daß sich das spanische Schiff bei dem ungleichen Kampf bald ergeben würde.

Obwohl die Spanier in der Minderzahl waren, verteidigten sie sich doch tapfer. Ihre Geschütze feuerten unverdrossen und versuchten, mit abwechselnden Ladungen das Piratenschiff seiner Masten zu berauben. Um nicht gerammt zu werden und so lange wie möglich die Berührung zu vermeiden, drehte der Spanier, indem er sein Vorderdeck dem Korsaren zuwandte. Er war sich der numerischen Überlegenheit des Gegners wohl bewußt.

Der Olonese war wütend und ungeduldig über den Widerstand, den er fand, und wollte schnell ein Ende machen. Er versuchte alle Mittel, um das Schiff zu entern, doch vergebens. Zeitweise mußte er sich sogar entfernen, um seine Leute vor dem Geschoßhagel zu schützen. Endlich wurde der Kampf zwischen den Geschützen beider Fahrzeuge entschieden. Er dauerte drei volle Stunden und fügte Segeln und Masten schweren Schaden zu, ohne daß die spanische Flagge niederging. Sechsmal waren die Piraten zum Angriff vorgegangen, und sechsmal von den sechzig tapferen Gegnern zurückgeschlagen worden. Erst beim siebten Male konnten sie auf dem feindlichen Schiff Fuß fassen und die Fahne herunterholen.

Dieser Sieg war ein gutes Zeichen für das bevorstehende Unternehmen. Er wurde von den Piraten des Geschwaders mit lärmenden Hurrarufen begrüßt.

Inzwischen war es der »Fólgore«, die in eine Bucht eingelaufen war, gelungen, ein anderes spanisches, mit acht Kanonen bewaffnetes Schiff aufzustöbern und nach kurzem Widerstand zu kapern.

Nach Besichtigung der beiden eroberten Schiffe stellte sich heraus, daß das größere eine kostbare Ladung, teils aus wertvollen Waren, teils aus Silberbarren, mit sich führte. Das zweite hatte Pulver und Gewehre an Bord, die für die spanische Garnison von San Domingo bestimmt waren.

Die beiden Mannschaften wurden an der Küste abgesetzt, da man keine Gefangenen an Bord haben wollte. Nachdem die Schäden an den Masten beseitigt waren, segelte das Geschwader gegen Abend in der Richtung nach Jamaika weiter.

Die »Fólgore« war als bester Segler wieder vorangeeilt und hielt Entfernung von vier bis fünf Meilen von den andern.

Der Schwarze Korsar befürchtete, daß irgend ein spanisches Schiff das Geschwader entdeckte und seine Nähe dem Gouverneur von Maracaibo oder dem Admiral Toledo verriete. Um das Meer immer überblicken zu können, verließ er fast nie die Kommandobrücke und schlief auch daselbst auf einem Bambusstuhl im Freien, in seinen Mantel gehüllt.

Drei Tage nach der Eroberung der beiden Schiffe sichtete die »Fólgore« beim Auftauchen der Küste Jamaikas das bei Maracaibo von ihr eroberte Linienschiff, das während des Sturms auf der Insel Schutz gesucht hatte. Es war noch ohne Großmast, aber die Mannschaft hatte den Hintermast und den Fockmast verstärkt und alle an Bord befindlichen Wechselsegel gespannt. Es eilte nach der Tortuga, um nicht von einem spanischen Schiff überrascht zu werden.

Der Kommandant ließ sich vom Zustand der Verwundeten

berichten, die er in den Gängen des Schiffes untergebracht hatte. Dann setzte er seine Fahrt nach Süden fort, um so bald wie möglich in den Golf von Maracaibo einzulaufen.

Da das Meer unverändert ruhig lag, vollzog sich die Fahrt durch das Karibische Meer ohne Zwischenfälle. Vierzehn Tage, nachdem das Geschwader die Tortuga verlassen hatte, sichtete der Kapitän die Spitze von Paraguana, die ein kleiner Leuchtturm bezeichnete, der den Seefahrern den Weg in den Kleinen Golf zeigen sollte.

»Endlich!« rief Ventimiglia mit flammenden Augen. »Vielleicht wird morgen schon der Mörder meiner Brüder nicht mehr unter den Lebenden weilen!«

Er rief Morgan zu sich, der gerade auf Deck die Wache hatte: »Der Olonese hat befohlen, es solle kein Licht heute nacht an Bord angezündet werden. Die Spanier dürfen nichts von unserer Anwesenheit ahnen, sonst finden wir morgen keinen Piaster in der ganzen Stadt.«

»Sollen wir am Eingang des Golfs bleiben?«

»Nein, das ganze Geschwader soll bis in die Mündung des Sees vorrücken und morgen bei Tagesanbruch Maracaibo überfallen.«

»Sollen unsere Leute landen?«

»Ja, mit den Bukaniern des Olonesen! Während die Flotte die Forts vom Meer aus bombardiert, werden wir sie von der Landseite angreifen, damit der Gouverneur nicht nach Gibraltar entfliehen kann. Bis zum Morgengrauen müssen alle Landungsboote bereit und mit den einpfündigen kleinen Kanonen bewaffnet sein!«

»Gut, Kapitän!«

»Übrigens werde auch ich auf der Brücke sein«, fügte der Korsar hinzu.

Er verließ das Deck und stieg in den Wohnraum hinunter, um seine Kriegsrüstung anzulegen. Eben wollte er die Tür seiner Kabine öffnen, als ein feiner, wohlbekannter Geruch ihm entgegenströmte.

»Seltsam«, murmelte er und blieb verwundert stehen. »Wenn ich nicht die Flämin auf der Tortuga gelassen hätte, bei meiner Seele würde ich schwören, daß sie hier sei.«

Er blickte sich um. Aber alles war finster, da die Lichter ausgelöscht werden mußten. Nur in einer Ecke des Wohnraums hob sich eine weiße Gestalt ab, die an einem der breiten Kajütenfenster lehnte.

Der Korsar war tapfer, doch, wie alle seine Zeitgenossen, ziemlich abergläubisch. Als er die Gestalt unbeweglich in jener Ecke stehen sah, bedeckte sich seine Stirn mit Schweiß.

»Sollte es das Gespenst meines Bruders sein?« dachte er. »Will er mich an meinen Eid erinnern . . . Ist seine Seele aus dem Meeresgrund emporgestiegen?«

Diese Gedanken gingen im Fluge durch ein Hirn. Doch sofort schämte er sich dieser abergläubischen Anwandlung und ging mit gezücktem Dolche vor.

»Wer bist du? Sprich, oder ich bringe dich um!«

»Kapitän! Erkennt Ihr mich nicht?« erwiderte eine sanfte Stimme, die das Herz des Korsaren erzittern ließ.

»Honorata!« rief er zwischen Staunen und Freude. »Träume ich denn?«

»Es ist kein Traum!« entgegnete die junge Flämin bebend.

Der Kommandant stürzte vor, ließ den Dolch fallen und streckte die Arme nach ihr aus.

»Ihr hier, auf meinem Schiffe?«

»Ja, ich . . . folgte Euch. Es drängte mich, Euch zu folgen!«

»So liebt Ihr mich?« fragte er jubelnd.

»Ja«, flüsterte sie.

»Jetzt kann ich dem Tod furchtlos ins Auge schauen!« rief er.

Dann zündete er mit einem Feuerzeug den Armleuchter an und stellte ihn so, daß sein Licht nicht aufs Meer fallen konnte.

Die Flämin stand noch immer am Fenster. Sie war in ein weites, weißes, mit Spitzen besetztes Gewand gehüllt. Die Hände hatte sie aufs Herz gedrückt, als ob sie dessen Schläge bändigen wollte. Das anmutige Haupt hielt sie gesenkt, schaute aber mit ihren schönen, schimmernden Augen zum Korsaren auf, der mit glücklichem Lächeln vor ihr stand. Beide blickten sich schweigend an, noch überrascht von dem Bekenntnis ihrer Liebe. Dann umfing er sie selig und führte sie an der Hand zu den beiden Sesseln, in deren Mitte der Armleuchter stand.

»Zuerst erzählt mir, durch welches Wunder Ihr hier seid? Ich wage noch nicht, an das Glück zu glauben.«

»Erst dann, wenn Ihr mir Euer Wort gebt, meinen Mitschuldigen zu verzeihen.«

»Euren Mitschuldigen?«

»Allein konnte ich doch nicht auf die ›Fólgore‹ kommen und mich hier vierzehn Tage verborgen halten!«

»Gut, weil sie mir eine so herrliche Überraschung bereitet haben, sei ihnen verziehn! Wer waren Eure Helfershelfer?«

»Stiller, Carmaux und der Neger!«

»Ich hätte es ahnen können!« rief der Korsar. »Wie habt Ihr nur deren Hilfe erlangt? Die Piraten, die den Befehlen ihrer Führer zuwiderhandeln, werden erschossen, wißt Ihr das?«

»Sie waren überzeugt, daß es ihrem Kommandanten nicht mißfallen würde, denn sie hatten heimlich bemerkt, daß Ihr mich liebt.«

»Aber wie habt Ihr Euch eingeschifft?«

»Nachts, als Matrose verkleidet, bin ich mit ihnen zusammen aufs Schiff gekommen.«

»Sie haben Euch also hier versteckt gehalten?« fragte er lächelnd.

»In der Kabine, die neben der Euren liegt. Von Zeit zu Zeit kamen sie, um mir Nahrung zu bringen, die sie der Speisekammer des Kochs entnahmen. Sie trotzten dem Tod, um ihren Anführer glücklich zu sehen.«

Er küßte ihre Hände und seufzte: »Wer weiß, wie lange das Glück dauernd wird!«

»Sprecht nicht so!« bat sie ängstlich.

»In zwei Stunden bricht der neue Tag an, dann muß ich Euch verlassen.«

»Kaum haben wir uns gesehen und gefunden«, rief sie schmerzlich.

»Wenn die Sonne am Horizont aufsteigt, wird im Golf eine Schlacht stattfinden, wie sie wohl kaum je die Korsaren der Tortuga geschlagen haben. Achtzig Kanonen sollen die Festung beschießen, die mein Todfeind verteidigt. Sechshundert Mann, entschlossen zu siegen oder zu sterben, werden zum Angriff vorgehen. Ich ihnen voran!«

»Und den Tod herausfordern!« schrie die Herzogin.

»Bedenkt, daß ich seit zwei Jahren den Augenblick ersehne, jenen Schurken zu bestrafen!«

»Was hat Euch nur der Mann getan, den Ihr mit so unversöhnlichem Hasse verfolgt?«

»Er hat mir drei meiner Brüder gemordet, und er beging einen furchtbaren Verrat.«

»Welchen?«

Der Korsar antwortete nicht. Er hatte sich erhoben und schritt mit finsterm Blick und zusammengepreßten Lippen auf und nieder, als ob er ihre Gegenwart vergessen hätte. Dann setzte er sich neben die Herzogin, die ihn mit ängstlichen Augen verfolgt hatte, und begann: »Hört mich an, und urteilt selbst, ob mein Haß gerechtfertigt ist! – zehn Jahre sind verflossen seit dem Erlebnis, aber ich erinnere mich an alles, als ob es gestern gewesen.

Ich muß weit ausholen in meiner Erzählung. Ihr wißt, daß im Jahre 1686 der Krieg zwischen Frankreich und Spanien um den Besitz Flanderns entbrannt war. Ludwig XIV. stand damals auf der Höhe seiner Macht. Da er seinen mächtigen Gegner, der schon viele Siege über die französischen Truppen davongetragen, vernichten wollte, drang er kühn in jene Provinzen ein, die einst der furchtbare Herzog Alba erobert und mit Feuer und Schwert unterdrückt hatte.

Ludwig besaß zu jener Zeit einen großen Einfluß auf Piemont. Als er den Herzog Viktor Amadeus II. um Beistand bat, konnte dieser ihm seine besten Regimenter, das von Aosta, Nizza und das der Marine, nicht verweigern. Bei letzterem dienten meine drei Brüder und ich als Offiziere. Der älteste war damals zweiunddreißig Jahre und der jüngste, der später als ›Grüner Korsar‹ bekannt wurde, erst zwanzig Jahre alt.

In Flandern hatten unsere Regimenter schon mehrfach siegreich gekämpft, wie beim Übergang über die Schelde, bei Gent und Tournay. Die verbündeten Armeen drängten die Spanier bis Antwerpen zurück, als eines Tages ein Teil unserer Marine, welche bis zur Mündung der Schelde vorgedrungen war, um einen vom Feind verlassenen Platz zu besetzen, plötzlich von einer so großen Anzahl Spanier angegriffen wurde, daß er sich innerhalb der Mauern verbarrikadieren mußte. Nur mit Mühe rettete er seine Geschütze.

Zu diesen Verteidigern gehörten wir vier Brüder. Vom französischen Heer abgeschnitten, von allen Seiten von einem zehnfach überlegenen Feind umgeben, der entschlossen war, die für ihn wichtigste Feste wiederzuerobern, da sie der Schlüssel zu einem Hauptarm der Schelde war, hatten wir nur eine Wahl: uns zu ergeben oder zu sterben. Von Übergabe sprach keiner; im Gegenteil: Wir hatten geschworen, uns eher unter den Ruinen begraben zu lassen, als das glorreiche Banner der stolzen Herzöge von Savoyen zu senken.

Zum Befehlshaber des Regiments hatte Ludwig XIV., ich weiß nicht, aus welchem Grunde, einen älteren flämischen Herzog bestimmt, der ein tapferer, erfahrener Krieger sein sollte. Da er sich an dem Tage, an dem wir überrascht wurden, gerade bei unsern Kompanien befand, hatte er die Leitung der Verteidigung übernommen.

Der Kampf war auf beiden Seiten mit gleicher Wut entbrannt. Jeden Tag zerstörten die feindlichen Geschütze unsere Bastionen, aber am nächsten Morgen konnten wir jedesmal Widerstand leisten, da wir nachts die Schäden in aller Eile beseitigten. Vierzehn Tage und vierzehn Nächte lang folgte ein Angriff dem andern mit Verlusten auf beiden Seiten. Als Antwort auf die Aufforderung zur Übergabe ließen wir unsere Kanonen sprechen.

Mein ältester Bruder wurde die Seele der Verteidigung. Stolz, tapfer, in allen Waffen geschickt, leitete er die Infanterie und Artillerie, immer der erste bei den Stürmen. Die Tapferkeit des jungen Kriegers hatte sogar bei dem flamländischen Kommandanten Eifersucht entzündet, die uns allen später zum Unheil werden sollte.

Dieser Elende vergaß eines Tages seinen Treueschwur auf das herzogliche Banner und befleckte so seinen Adel, der seinem bürgerlichen Vorfahren einst verliehen wurde. Er verständigte sich nämlich heimlich mit den Spaniern, um sie durch Verrat wieder in den Besitz der Feste zu setzen. Die Stelle als Gouverneur in den amerikanischen Kolonien und eine große Summe Geldes sollte der Preis des schändlichen Paktes sein. Eines Nachts öffnete er mit einigen seiner Verwandten eins der Festungstore, um die Feinde, die sich insgeheim dem Fort genähert hatten, hineinzulassen.

Mein ältester Bruder, der nicht weit davon mit einigen Soldaten wachte, bemerkte die Ankunft der Spanier, stürzte sich ihnen entgegen und schlug Alarm. Jedoch erwartete ihn der Verräter mit Pistolen hinter der Ecke einer Bastion. Mein Bruder fiel, zu Tode verwundet, und die Feinde drangen in die Stadt ein. Wir kämpften in den Straßen, in den Häusern, aber vergeblich. Die Feste fiel. Kaum konnten wir uns mit wenigen Getreuen durch eiligen Rückzug bis Courtray retten.

Sagt selbst, würdet Ihr jenem Manne verzeihen?«

»Nein!« erwiderte Honorata.

»Auch wir verziehen nicht. Wir schworen, den Verräter zu töten und unsern Bruder zu rächen. Als der Krieg beendet war, suchten wir ihn lange, zuerst in Flandern, dann in Spanien. Als wir erfuhren, daß er zum Gouverneur einer der Festungsstädte in den amerikanischen Kolonien ernannt worden war, rüsteten wir, ich und meine jüngeren Brüder, drei Schiffe aus, segelten nach dem Großen Golf, von dem einzigen Wunsch beseelt, den Flamen früher oder später zu strafen.

Wir wurden Korsaren. Der viel heftigere, aber weniger erfahrene Grüne Korsar wollte das Schicksal versuchen, fiel aber leider in die Hände unseres Todfeindes und wurde wie ein gewöhnlicher Verbrecher an den Galgen gehängt. Dann versuchte es der Rote Korsar und hatte dasselbe Geschick. Es gelang mir, beide Brüder vom Galgen abzuschneiden und im Meer zu versenken, wo sie auf die Vollstreckung der Rache harren. So Gott mir hilft, wird der Verräter in wenigen Stunden in meiner Hand sein!«

»Und was werdet Ihr mit ihm machen?«

»Aufhängen!« erwiderte kalt der Korsar. »Sodann will ich alle diejenigen vernichten, die das Unglück haben, seinen Namen zu tragen. Er hat meine Angehörigen umgebracht; so werde ich auch seine Familie umbringen. Ich schwor es, und ich halte mein Wort.«

»Wo befinden wir uns? Wie heißt die Stadt, die jener Flame regiert?« fragte die Herzogin unvermittelt.

»Ihr werdet es bald erfahren.«

»Seinen Namen will ich wissen!« Angstvoll stieß sie es aus. »Warum?«

Die junge Herzogin atmete kaum. Kalter Schweiß stand auf ihrer Stirn.

»Ich weiß nicht«, sagte sie mit gebrochener Stimme. »In meiner Jugend erzählten mir einige Soldaten, die im Heere meines Vaters dienten, eine ganz ähnliche Geschichte. Nennt mir doch den Namen jenes Mannes!«

»Nun wohl: Es ist der Gouverneur van Gould!«

In demselben Augenblick erdröhnte ein Kanonenschuß. Der Schwarze Korsar stürzte aus der Kabine hinaus auf Deck.

»Der Morgen ist da!« rief er fast jubelnd.

Honorata hatte nichts getan, um ihn zurückzuhalten. Sie war lautlos, wie vom Blitz getroffen, zu Boden gesunken.

Der Sturm auf Maracaibo

Der Kanonenschuß war vom Olonesenschiff abgefeuert worden, das jetzt die Vorhut hatte und sich Maracaibo auf zwei Meilen Entfernung näherte. Es legte sich vor das auf einer Höhe gelegene Fort, welches zusammen mit zwei Inseln die Stadt verteidigte.

Einige Piraten, die schon damals mit dem Grünen und Roten Korsaren im Golf von Maracaibo gewesen waren, hatten dem Olonesen geraten, dort die Ochsenjäger zu landen, um das Fort, das den Anfang des Sees beherrschte, unter zwei Feuer zu nehmen. Daraufhin hatte Pierre das Zeichen zum Angriff gegeben.

Mit bewundernswerter Schnelligkeit wurden die Boote von sämtlichen Schiffen ins Meer gelassen und mit den Bukaniern und den zum Landen bestimmten Flibustiern bemannt.

Als der Schwarze Korsar die Brücke bestieg, hatte Morgan schon sechzig der verwegensten und kräftigsten Leute ausgesucht und in die Boote beordert.

Er wandte sich nun an Ventimiglia.

»Kommandant, es ist kein Augenblick zu verlieren! In wenigen Minuten beginnen die schon ausgeschifften Leute den Angriff auf das Fort, und unsere Flibustier sollen als erste den Sturm unternehmen!«

»Hat der Olonese irgendeinen Befehl gesandt?«

»Ja! Die Flotte hat sich nicht dem Feuer des Forts auszusetzen.«

»Gut! Ich übergebe Euch das Kommando über meine ›Fólgore‹.«

Schnell legte er den Schlachtenpanzer an, den ein Maat für ihn bereithielt, und stieg in die große, von dreißig Leuten bemannte und mit einem Mörser bewaffnete Schaluppe, die ihn unter der Backbordtreppe erwartete.

Da schon der Morgen graute, mußte man sich mit dem Landen beeilen, noch bevor die Spanier ihre Truppen sammeln konnten.

Die Boote fuhren rasch auf einen bewaldeten Strand zu, der steil zu einem Hügel aufstieg. Seine Spitze beherrschte die Festung, ein solider Bau mit sechzehn Kanonen großen Kalibers und einer tüchtigen Anzahl Verteidiger.

Die Spanier, die durch den ersten, vom Olonesen abgefeuerten Kanonenschuß aufgeschreckt worden waren, hatten eiligst einige Abteilungen Soldaten hinuntergeschickt, um den Flibustiern den Weg zu verlegen und ein heftiges Geschützfeuer zu eröffnen.

Die Bomben hagelten nur so und schlugen ins Meer ein, so daß das Wasser um die Schaluppen hochspritzte; doch die Piraten wichen den Kugeln geschickt aus. Durch blitzschnelles Manövrieren und unerwartete Drehungen der Schiffe ließen sie den Feinden keine Zeit, sie aufs Korn zu nehmen.

Die drei Schaluppen mit dem Olonesen, dem Schwarzen Korsaren und Michele, dem Basken, befanden sich in der ersten Linie und hatten die kräftigsten Ruderer. Sie jagten dahin, um an Land zu gelangen, noch ehe die bereits in den Wäldern auftauchenden spanischen Schwadronen festen Fuß am Strande fassen konnten.

Die Korsarenschiffe hielten sich im Hintergrund, um sich nicht unnütz dem Feuer der sechzehn großen Festungskanonen auszusetzen. Aber die von Morgan befehligte »Fólgore« hatte sich auf tausend Schritt Entfernung dem Strand genähert und beschützte mit ihren beiden Verfolgungskanonen die Landenden.

Trotz der wütenden Kanonade landeten die ersten Boote nach fünfzehn Minuten. Ohne ihre andern Gefährten abzuwarten, stürzten die Flibustier und Bukanier, mit ihren Führern an der Spitze, in den Wald den spanischen Schwadronen entgegen.

»Zum Angriff!« schrie der Olonese.

»Alle Mann vor!« rief der Schwarze Korsar, der, mit dem Schwert in der Rechten und einer Pistole in der linken Hand, vorwärts drang.

Die im Hinterhalt liegenden Spanier ließen einen Kugelregen auf die Angreifer niederprasseln, der aber wegen der Bäume und des dichten Gestrüpps wenig Schaden anrichtete. Auch die Kanonen des Forts sandten unter betäubendem Lärm ihre schweren Geschosse nach allen Richtungen. Die Bäume barsten und fielen krachend nieder; die Zweige knickten rechts und links, und Haufen von Blättern und Früchten hagelten auf die Flibustier und Bukanier, ohne sie jedoch im Vorwärtsdringen zu hindern.

Wie ein verheerender Sturm fielen sie über die spanischen Schwadronen her, griffen sie mit ihren Enterpiken an und machten sie trotz hartnäckigem Widerstande nieder. Nur wenige Feinde entrannen dem Gemetzel. Sie fielen lieber mit der Waffe in der Hand, als daß sie wichen oder sich ergeben hätten.

»Los, auf die Festung!« brüllte der Olonese.

Vom ersten Erfolg ermutigt, erklommen die Korsaren den Hügel, aber immer darauf bedacht, sich in der dichten Vegetation vor dem Feind zu verstecken.

Inzwischen waren die andern Kameraden hinzugekommen, so daß sich ihre Zahl auf über fünfhundert belief. Aber das

188

Unternehmen war nicht leicht. Es fehlte an Truppen. Außerdem verteidigte sich die aus zweihundertfünfzig tapferen Soldaten bestehende spanische Garnison mit großer Hartnäckigkeit und gab noch kein Zeichen zur Übergabe. Da das Fort ziemlich hoch lag, hatten die Kanonen leichtes Spiel; sie zündeten die Wälder an und drohten, die Angreifer zu vernichten.

Der Olonese und der Schwarze Korsar, die den verzweifelten Widerstand sahen, hielten Beratung ab.

»Wir verlieren zuviel Leute«, meinte Pierre. »Wenn wir nicht durch irgendein Mittel Bresche schlagen, mähen sie uns nieder!«

Ventimiglia schlug vor, eine Mine unterhalb der Bastionen sprengen zu lassen.

»Das wäre wohl das beste«, stimmte der Olonese zu, »aber wer wird sich dieser Gefahr aussetzen und das unternehmen?«

»Ich!« sagte eine Stimme hinter ihnen.

Sie wandten sich um und erblickten Carmaux mit seinem unzertrennlichen Freunde Stiller und seinem schwarzen Gevatter.

»Du bist's?« fragte der Korsar erstaunt. »Was machst du hier?«

»Ich will Euch helfen, Kapitän, und die Bresche schlagen. In einer Viertelstunde wird alles gemacht sein. Wir nehmen dreißig Pfund Pulver und eine gute Zündschnur!«

»Ich hoffe euch lebend wiederzusehen!« rief der Korsar den sich eiligst Entfernenden nach.

Inzwischen waren die Piraten weiter durch den Wald gedrungen und hatten versucht, mit ihren gut gezielten Schüssen die Spanier von den Zinnen zu verjagen und ihre Schützen abzuschießen.

Die Kerntruppe widerstand noch immer mit bewundernswerter Hartnäckigkeit und hielt ein höllisches Feuer aufrecht. Die Festung glich einem Krater in voller Tätigkeit. Riesige Rauchwolken stiegen von allen Bastionen auf und dazwischen die Feuergarben der sechzehn großen Kanonen. Ein Kugelregen ging auf das Dickicht nieder, in dem sich die Flibustier verborgen hielten, um im günstigen Augenblick zum Angriff vorzustürzen.

Plötzlich erfolgte oben auf der Spitze des Hügels eine furchtbare Explosion, die in den Wäldern und auf dem Meere langen Widerhall fand. Eine Riesenflamme stieg an der einen Seite des Forts empor, dann fiel ein Hagel von Eisenstücken auf die Bäume nieder, zerschmetterte Hunderte von Zweigen und tötete eine Anzahl Angreifer.

Da übertönte die metallische Stimme des Schwarzen Korsaren das Geschrei der Spanier, das Gedröhn der Geschütze und das Knallen der Flinten: »Seeleute! Zum Angriff vor!«

Als die Flibustier und Bukanier ihn und den Olonesen über das freigelegte Erdreich stürzen sahen, folgten sie ihm, überstiegen wie eine Welle die letzten Anhöhen und brachen in das Fort ein.

Die von Carmaux und seinen Freunden entzündete Mine hatte eine lange Bresche in eine der Hauptbastionen geschlagen. Der Schwarze Korsar drang hinein, überstieg den Schutt und die zertrümmerten Geschütze, und sein starker Degen schlug die ersten sich ihm entgegenstellenden Feinde zurück.

Die Piraten stürzten ihm nach mit ihren Enterpiken, heulten aus vollem Halse, um größeren Schrecken um sich zu verbreiten, warfen die ersten Spanier über den Haufen und verteilten sich über das Fort.

Die zweihundertfünfzig Soldaten, die es verteidigten, konnten solchem Ansturm nicht widerstehen. Sie verschanzten sich hinter den Wällen, wurden aber daraus vertrieben. Noch einmal versuchten sie, sich auf dem Hauptplatze um die Standarte Spaniens zu sammeln, damit sie nicht niedergeholt werde; aber auch da wurden sie auseinandergesprengt. Man verfolgte sie weiter ins Innere der Bastionen, wo sie fielen, aber sich nicht ergaben.

Als der Schwarze Korsar die Fahne sinken sah, wandte er sich eiligst gegen die jetzt unbeschützte Stadt. Er sammelte einhundert Mann um sich, stürmte den Hügel hinunter, in die bereits verödeten Straßen Maracaibos hinein. Fast alle Einwohner waren geflohen. Männer, Frauen und Kinder hatten sich mit ihren kostbarsten Habseligkeiten in die Wälder geflüchtet. Aber der Kapitän achtete nicht darauf. Er hatte die Expedition nicht unternommen, um die Stadt zu plündern, sondern um den Gouverneur gefangenzunehmen.

Um noch rechtzeitig den Palast van Goulds zu erreichen, trieb er seine Leute zu einem rasenden Lauf an.

Aber auch die Plaza de Granada war leer, und das Tor des Gouverneurspalast stand unbewacht offen.

»Sollte er mir entwischt sein . . .?« fragte sich der Korsar zähneknirschend.

Als die ihn begleitenden Flibustier das offene Tor sahen, blieben sie stehen. Sie witterten Verrat. Der Korsar jedoch wollte unbeirrt weitergehen. Schon hatte er die Schwelle zum Hof überschritten, als sich eine Hand auf seinen Arm legte: »Nicht weiter, Kommandant! Erlaubt, daß ich vorgehe!«

Es war Carmaux, der, schwarz wie Pulver, mit zerrissenen Kleidern und blutigem Gesicht, aber lebendiger denn je, neben ihm stand.

»Du bist's wieder?« rief der Kapitän. »Ich glaubte nicht, daß die Mine dich verschonen würde!«

»Ich kann viel vertragen!«

Der Hamburger und der Neger waren gleichfalls zur Stelle, ebenso schwarz und zerrissen wie er. Die drei stürmten nun mutig voran in den Hof, mit Enterpiken und Pistolen in der Hand. Der Korsar und die andern Piraten folgten.

Es war keine Seele zu erblicken. Soldaten, Stallknechte, Knappen und Diener – alle waren in die Küstenwälder geflohen. Nur ein Pferd lag mit gebrochenem Bein am Boden.

»Sie sind umgezogen!« scherzte Carmaux, lustig wie immer. »Wollen wir nicht ein Schild ›Hier ist ein Palast zu vermieten!‹ ans Portal hängen?«

Auf einen Wink des Korsaren stürzten sie nun die Treppen hinauf und durchsuchten die Zimmerflucht. Aber auch hier standen die Türen offen, Zimmer und Säle waren verödet, die Möbel durcheinandergeworfen, die Truhen geöffnet und leer. Alles deutete auf eine eilige Flucht hin.

Plötzlich hörte man aus einem Zimmer lautes Geschrei. Der Kapitän sah, wie Carmaux und Stiller einen großen, hagern spanischen Soldaten vor sich herstießen.

»Erkennt ihr ihn, Kommandant?« fragte Carmaux.

Der Krieger nahm seinen mit einer zerzausten Feder verzierten Stahlhelm ab, verneigte sich tief und sagte: »Ich bin Euer ehemaliger Gefangener. Ihr habt mich nicht aufhängen wollen, und darum lebe ich noch.«

»Du wirst mir für alle zahlen, Schurke!« schrie der Korsar.

»Dann wäre es allerdings besser gewesen, wenn ich mit den andern das Weite gesucht hätte!«

»Und warum bist du hiergeblieben?«

»Ich wollte dem Schwarzen Korsaren, der mir großmütig das Leben geschenkt hat, einen Dienst erweisen und mich zugleich am Gouverneur für meine ungerechte Behandlung rächen.«

»Du?«

»Ja, als der Flame erfuhr, daß Ihr mich nicht gehenkt habt, ließ er mir fünfundzwanzig Stockschläge geben. Mir, Don Bartolomeo de Barboza, dem Abkömmling eines alten katalonischen Geschlechts. Dieser Fremde behandelt die spanischen Soldaten wie Hunde und die spanischen Adligen wie indianische Sklaven. Darum bin ich hiergeblieben und habe Euch erwartet!«

»Er ist geflohen?«

»Ja, als er sah, daß das Fort in Eure Hände fiel. Aber ich weiß, wohin, und werde Euch auf seine Spur führen.«

»Betrügst du mich auch nicht? Hüte dich, sonst lasse ich dir das magere Fell über die Ohren ziehen!«

»Bin ich denn nicht ganz in Eurer Hand?« fragte der Soldat. »Ihr könnt mich nach Belieben behandeln.«

»Sprich! Wohin ist der Verräter geflohen?«

»In den Wald, nach Gibraltar zu.«

»Die Küste entlang?«

»Ja, Kommandant!«

»Kennst du den Weg?«

»Besser als die Leute, die ihn begleiten.«

»Wieviel Mann hat er bei sich?«

»Einen Hauptmann und sieben Soldaten, die ihm ergeben sind.«

»Und wo sind die andern Soldaten?«

»Zerstreut!«

»Gut!« sagte der Korsar. »Wir folgen dem Elenden und

werden ihm Tag und Nacht keine Ruhe lassen! Hat er Pferde bei sich?«

»Ja, doch werden sie zurückbleiben müssen, da sie ihm auf der Flucht nichts nützen.«

Der Kapitän ging an einen Schreibtisch, auf dem sich Papier, Feder und ein kostbares Bronzetintenfaß befanden. Er nahm ein Blatt Papier und schrieb folgende Zeilen:

Lieber Pierre!

Ich verfolge van Gould durch die Wälder, habe Carmaux, Stiller und meinen Neger bei mir. Verfüge über mein Schiff und meine Leute, und wenn die Plünderung vorüber ist, komm zu mir nach Gibraltar! Dort gibt es reichere Schätze als in Maracaibo.

Der »Schwarze Korsar«.

Er schloß den Brief und übergab ihn einem Maat aus seiner Gefolgschaft. Dann verabschiedete er die andern Flibustier mit den Worten: »In Gibraltar werden wir uns wiedersehn! Jetzt geht die Jagd auf meinen Todfeind los!«

»Ich habe einen ganz neuen Strick eingesteckt, um ihn aufzuknüpfen«, sagte Carmaux lachend. »Gestern abend habe ich ihn schon ausprobiert. Ich versichere Euch, der funktioniert gut und reißt nicht!«

Die Verfolgung des Gouverneurs

Inzwischen plünderten die Flibustier und Bukanier, die den Befehlen des Basken und Olonesen unterstellt waren, nach Herzenslust die ausgestorbene Stadt, wo sie keinen Widerstand fanden. Später wollten sie die Bewohner in den Wäldern aufstöbern, um sie auch ihrer letzten Habseligkeiten zu berauben.

Der Schwarze Korsar und seine vier Gefährten, die sich mit Gewehren und Lebensmitteln versehen hatten, begaben sich nun an die Verfolgung des Gouverneurs. Als sie die Stadt im Rücken hatten, durchquerten sie die sich an dem großen Maracaibosee entlangziehenden Waldungen auf einem kleinen, kaum sichtbaren Pfade.

Die ersten Spuren der Flüchtlinge im feuchten Waldboden wurden sofort entdeckt, nämlich die Huftritte von acht Pferden.

»Sehr Ihr!« rief der Katalonier triumphierend. »Hier ist der Gouverneur mit seinem Hauptmann und den sieben Soldaten geritten, von denen einer ohne Pferd abmarschiert ist, da es gerade im Augenblick das Bein brach!«

»Glaubst du, daß sie einen großen Vorsprung vor uns haben?« fragte der Korsar.

»Fünf Stunden vielleicht!«

»Das ist viel, doch wir sind ja gute Fußgänger!«

»Hofft nur nicht, daß ihr sie heute oder morgen noch erreichen werdet! Ihr kennt die Wälder Venezuelas nicht! Wir werden uns auf unerwartete Überraschungen gefaßt machen müssen!«

»Wieso?«

»Raubtiere und Wilde können uns überfallen!«

»Mich schrecken weder die einen noch die andern.«

»Die Kariben sind furchtbar!«

»Sie werden es auch mit dem Gouverneur sein.«

»Es sind seine Verbündeten, nicht Eure!«

»Meinst du, daß er sich von den Wilden den Rücken decken läßt?«

»Schon möglich, Kapitän!«

»Das beunruhigt mich nicht! Die Wilden haben mir nie Furcht eingejagt!«

»Um so besser, Caballero, seht, hier fängt der große Wald erst an!«

Plötzlich verlor sich der Pfad. Ein undurchdringliches Dickicht dehnte sich vor ihnen aus, das den Reitern scheinbar keinen Durchgang gewährt hatte.

Niemand kann sich einen Begriff machen von der üppigen Vegetation des feuchten, heißen Bodens der südamerikanischen Regionen. Auf dieser Erde, die seit Jahrhunderten ständig von Blättern und Früchten befruchtet wird, nehmen die einfachsten Pflanzen kolossale Dimensionen an.

Wohl in keinem andern Teil der Welt sieht man solche Pflanzenmassen.

Der Schwarze Korsar und der Spanier blieben vor dem Dickicht stehen und lauschten aufmerksam. Indessen untersuchten seine Leute das dichte Laubwerk der Bäume, ob es irgendeine Überraschung bärge.

»Wo mögen die Fliehenden nur durchgekommen sein?« fragte der Korsar. »Ich sehe ja keine einzige Öffnung in dieser Pflanzenwelt. Die Bäume sind ja von Lianen dicht umwunden!«

»Ich hoffe doch nicht, daß sie der Teufel geholt hat«, murmelte der Katalonier. »Es täte mir für die fünfundzwanzig Stockhiebe leid, die mir noch auf dem Rücken brennen.«

»Und ihre Pferde können doch keine Flügel gehabt haben«, sagte der Kapitän kopfschüttelnd.

»Der Gouverneur ist listig und wird versuchen, seine Spuren zu verwischen. Ist irgendein Geräusch im Walde zu hören?«

»Ja!« rief Carmaux. »Dort hinten scheint Wasser zu fließen!«

»Dann bin ich auf der richtigen Fährte. Folgt mir, Caballeros!«

Der Soldat ging zurück, um den Erdboden genau zu untersuchen. Endlich fand er die Pferdespuren wieder, denen er folgte, indem er durch eine Palmengruppe drang. Es waren Carien, die einen stacheligen Stiel und den echten Kastanien ähnliche, aber traubenförmig hängende Früchte hatten.

Vorsichtig weiterschreitend, um mit seinen Kleidern nicht an den langen, spitzen Stacheln der Stiele hängenzubleiben, gelangte er bald an die Stelle, wo Carmaux das Rinnen eines Wasserlaufs vernommen hatte. Er blickte wieder auf die Erde und suchte zwischen den Blättern und Gräsern die Fußtritte der Vierfüßler; dann aber schritt er aus, bis er an ein zwei bis drei Meter breites, trübes Gewässer gelangte.

»Ah!« rief er belustigt, »habe ich's nicht gesagt, daß der Alte mächtig schlau ist!«

»Was meinst du damit?« fragte der Korsar etwas ungeduldig.

»Daß er mit Absicht das Flüßchen benutzt hat, um zu verschwinden und seine Spuren zu verwischen!«

»Ist es tief?«

Der Spanier senkte seinen Degen hinein, um Grund zu finden.

»Höchstens fünfunddreißig bis vierzig Zentimeter tief.«

»Sind Schlangen darin?«

»Nein, sicherlich nicht.«

»Also los durchs Wasser, und zwar schnell! Wir werden ja sehen, wie weit sie mit ihren Pferden gekommen sind!«

Alle fünf, der Spanier zuerst, der Neger als Rückendeckung zuletzt, durchschritten nun das schlammige, von trockenen Blättern angefüllte, übelriechende Gewässer.

Es war voll von niedrigen und hohen Wasserpflanzen, die an vielen Stellen zerrissen oder niedergetreten schienen. Dort gab es Mucumucusträucher, feine Aroiden, die sich mühelos durchschneiden ließen, da ihre Stiele schwammartiges Mark enthielten. Außerdem silbern schimmerndes Schilfrohr mit glatten Stielen, die zum Bau leichter Flöße dienen. Auch holzige Stengel der Robinien – eine Lianenart –, die einen milchigen Saft enthalten, der, mit Flußwasser vermischt, die seltsame Eigenschaft besitzt, die Fische zu berauschen, und noch viele andere Pflanzen, die den Durchgang beschwerlich machten.

Eine tiefe Stille herrschte unter diesen großen Gewässern, die ihre Zweige oft kreuzweise über den schmalen Wasserlauf breiteten. Nur von Zeit zu Zeit hörte man in regelmäßigen Abständen einen Laut, der so natürlich wie ein Glockenton klang, daß Carmaux und Stiller beunruhigt den Kopf hoben. Dieser klare Laut, welcher mit seinem Silberklang sich weiter fortpflanzte und alle Echos des Urwaldes meilenweit weckte, rührte nicht von einer Glocke, sondern von einem weißen, von den Spaniern Campañaro genannten Vogel her, der so groß wie eine Taube ist, und dessen Ruf man drei Meilen weit hört.

Die kleine Karawane eilte schweigend voran. Man war begierig, zu entdecken, wie weit der Gouverneur und seine Begleitung die Pferde gebraucht hatten. Plötzlich erfolgte am linken Ufer eine kräftige Detonation, gefolgt von einem Regen kleiner Geschosse, die prasselnd wie Hagelkörner ins Flüßchen fielen.

»Donnerwetter!« rief Stiller, der sich instinktiv gebückt hatte, um der Gefahr zu entgehen, »wer beschießt uns da?«

Auch der Korsar hatte sich, mit dem Gewehr im Anschlag, niedergekauert, und seine Gefährten waren schnell zurückgesprungen. Nur der Katalonier war ruhig geblieben.

»Werden wir angegriffen?« fragte ihn Carmaux.

»Ich sehe niemand«, antwortete er.

»Hast du denn das Knallen nicht gehört?«

»Das ängstigt mich nicht.«

Ein zweiter, noch stärkerer Knall ertönte diesmal von oben, und wieder fiel ein Geschützregen ins Wasser.

»Das ist ja eine Bombe!« schrie Carmaux.

»Ja, aber eine Pflanzenbombe!« erwiderte der Spanier. »Ich kenne sie.«

Er wies nach dem rechten Ufer und zeigte den Gefährten eine Pflanze, eine Euforbacee, fünfundzwanzig bis dreißig Meter hoch, mit stachligen Zweigen und zwanzig bis dreißig Zentimeter breiten Blättern. An der äußersten Spitze hingen runde Früchte, die in einer fast holzigen Hülle steckten.

»Gebt acht!« sagte er. »Die Früchte sind verdorrt.«

Und wieder platzte eine der Kugeln geräuschvoll auf und schüttelte rechts und links einen Körnerregen aus.

»Sie tun nichts«, rief der Spanier, als er Carmaux und Stiller zurückweichen sah. »Es sind ja nur Samenkörner. Wenn die Frucht reift, wird die holzige Schale hart, springt nach einer gewissen Zeit auf und streut die in sechzehn innern Abteilungen eingeschlossenen Samenkörner in alle Winde.«

»Kann man die Früchte wenigstens essen?«

»Sie enthalten eine milchige Substanz, die aber nur von Affen genossen wird.«

»Zum Teufel mit den Bombenbäumen«, sagte Carmaux empört, »ich glaubte schon, daß uns die Spanier des Gouverneurs beschießen!«

»Vorwärts!« mahnte der Kapitän. »Vergeßt nicht, daß ihr auf der Verfolgung seid!«

Sie nahmen ihren Marsch durch das Flüßchen wieder auf, aber nach zweihundert bis dreihundert Schritten bemerkten sie ein Hindernis: schwärzliche Massen, die halb im Wasserschlamm lagen.

»Ich sollte mich sehr irren, wenn da nicht die Pferde des Gouverneurs lägen«, meinte der Spanier.

»Langsam!« flüsterte der Korsar. »Die Reiter könnten nicht weit davon lagern!«

»Das glaube ich nicht«, erwiderte der Katalonier. »Der Gouverneur würde vorsichtiger sein. Er hat sich auf eine hartnäckige Verfolgung Eurerseits gefaßt gemacht.«

»Wenn auch! Wir wollen achtgeben!«

Sie luden ihre Flinten, schritten gebückt in einer Reihe, wie es die Indianer machen, weiter und suchten sich unter den tief über das Flüßchen herabhängenden Baumzweigen zu verbergen. Doch alle zehn bis zwölf Schritte blieb der Spanier lauschend stehen und prüfte die an beiden Ufern wachsenden Sträucher und Lianen, weil er immer einen Überfall befürchtete.

Endlich gelangten sie an die Stelle, wo sich die dunklen Massen befanden. Sie hatten sich nicht getäuscht: Es waren wirklich die Kadaver der acht Pferde, die nebeneinander halb im Wasser lagen.

Der Katalonier wälzte mit Hilfe des Negers eins herum und sah, daß es mit einem Navajastoß getötet worden war.

»Ich erkenne sie wieder«, sagte er. »Es sind die Pferde des Gouverneurs.«

»Wo sind aber die Reiter geblieben?« fragte der Korsar.

»Sie werden tiefer in den Wald hineingegangen sein!«

»Siehst du keine Öffnung zwischen den Bäumen?«

»Nein – aber diese Schlauberger! Seht ihr den abgebrochenen Zweig dort, von dem noch ein wässriger Saft tropft? Und da sind wieder zwei andere Zweige abgebrochen! . . . Nun ist es klar! Die Flüchtlinge haben sich auf diese Zweige geschwungen und dann jenseits des Dickichts wieder heruntergelassen. Es bleibt uns nichts anderes übrig, als dieses Manöver nachzuahmen.«

»Nichts ist für die Seeleute leichter«, sagte Carmaux. »Also hinauf!«

Der Spanier reckte seine langen Spinnenarme empor und schwang sich auf einen großen Zweig; die andern kamen hinterher.

Vom ersten Zweig ging es auf einen zweiten horizontal hingestreckten, dann auf einen dritten, zu einem andern Baum gehörigen, und so setzte sich dieser Marsch durch die Lüfte etwa dreißig bis vierzig Meter lang unter ständiger Beobachtung der Äste und Blätter fort.

Plötzlich rutschte der Spanier inmitten eines Lianennetzes zur Erde nieder und stieß ein Triumphgeschrei aus.

»Du hast wohl einen goldenen Kieselstein gefunden?« rief Carmaux. »Die sollen in diesem Lande häufig sein!«

»Nein, aber einen Dolch, der vielleicht einen noch größeren Wert für uns hat!«

»Gut für das Herz des Gouverneurs!«

Auch der Schwarze Korsar war auf den Boden gesprungen

und hob einen mit Arabesken geschmückten Dolch mit kurzer Klinge und einer Spitze, fein wie eine Nadel, auf.

»Den muß der Kapitän verloren haben, der den Gouverneur begleitet«, sagte der Soldat. »Er hatte einen solchen im Gürtel stecken.«

»Also hier haben sie wieder ›Fuß gefaßt‹!« sprach der Korsar.

»Da ist auch der Pfad, den sie sich mit ihren Äxten gebahnt haben. Ich weiß, daß jeder eine solche hatte. Sie hing am Pferdesattel.«

»Das ist gut«, meinte Carmaux. »So sparen sie uns die Mühe, und wir kommen schneller vorwärts.«

»Still«, rief der Korsar. »Hörst du nichts?«

»Gar nichts!« entgegnete der Spanier, nachdem er einige Augenblicke gelauscht hatte. »Sie haben ja einen Vorsprung von vier bis fünf Stunden!«

Sie betraten nun den Weg, den die Flüchtlinge inmitten des Urwalds geöffnet hatten. Ein Irrtum war unmöglich; denn die abgeschlagenen Zweige, die in großer Zahl auf dem Boden herumlagen, waren noch nicht verwelkt.

Der Spanier und die Flibustier fingen sogar an zu laufen, um den Vorsprung etwas einzuholen. Aber wieder wurde der schnelle Marsch von einem unvorhergesehenen Hindernis gehemmt, das der Neger mit seinen bloßen Füßen und Carmaux und Stiller mit ihren kurzen Stiefeln nur mit äußerster Vorsicht überwinden konnten.

Die Hemmung bestand aus einer großen Anzahl Dornen, die ganz dicht zwischen den Riesenstämmen des Waldes wuchsen. Diese Dornenpflanzen kommen häufig in den Urwäldern Venezuelas und Guayanas vor. Da sie so scharf sind, daß sie durch jeden Stoff, sogar durch Schuhsohlen dringen, ist für denjenigen, der nicht mit dicken Ledergamaschen und starken Stiefeln geschützt ist, ein Durchkommen unmöglich.

»Donnerwetter!« schrie Stiller, der als erster in den Dornen hängenblieb. »Ist das der Weg zur Hölle? Wir werden ja hier geschunden wie der heilige Bartholomäus!«

Auch Carmaux, der zurückgesprungen war, brüllte: »Paßt auf! Wenn wir diesen Leidensweg gehen müssen, kommen wir nur als hinkende Krüppel heraus. Die Zauberer, die in diesem Walde hausen, sollten eine Tafel mit der Inschrift ›Durchgang verboten!‹ aufhängen!«

»Leider ist es schon zu spät, einen andern Weg zu suchen«, seufzte der Katalonier. »Seht!«

Fast mit einem Schlage erlosch das Tageslicht. Eine tiefe Finsternis senkte sich über den Wald.

»Müssen wir hier bleiben?« fragte der Korsar mit gerunzelter Stirn.

»Ja, bis der Mond aufgeht, bis Mitternacht. Da werden auch die Flüchtlinge ihren Marsch unterbrechen müssen.«

»Also lagern wir!«

Im Urwald

Um den Mondaufgang zu erwarten, hatten sie sich eine Summameira ausgesucht, einen Baum mit riesigen Wurzeln und einem kolossalen Stamme, der alle Pflanzen des Waldes überragte.

Diese Bäume, die oft sechzig und selbst siebzig Meter hoch werden, ruhen auf natürlichen Sporen, nämlich auf knorrigen und ganz symetrisch geformten Wurzeln von außerordentlicher Dicke, die weit vom Boden entfernt seltsame Bogen bilden, unter denen mehr als zwanzig Personen Schutz finden können.

Es war eine Art natürlicher Festung, die den Korsaren und seine Gefährten vor jedem plötzlichen Angriff, sei es von Menschen oder Tieren, schützte.

Sie machten es sich, so gut es ging, unter den Waldriesen bequem, aßen Gebäck und ein Stück Schinken und teilten sich die Wache der noch bleibenden vier Stunden, während die andern schliefen.

Ehe man sich Morpheus' Armen überließ, entfernte man aber zuerst das Gras, aus Furcht vor giftigen Schlangen, deren es viele in den Wäldern Venezuelas gibt.

Bei dem plötzlichen Einbruch der Dunkelheit herrschte im Walde ein vollkommene, fast schreckerregende Stille. Vögel und Vierfüßler schwiegen. Alles, was Federn und Fell hatte, verstummte für Augenblicke, als ob es verschwunden oder tot wäre. Mit einem Male aber fing ein Teufelskonzert an, so daß Carmaux, der nicht gewohnt war, seine Nächte im Urwald zu verbringen, aufgeregt emporsprang. Es war, als ob eine Schar Hunde auf den Baumzweigen Platz genommen hätte, denn von oben kamen Gebell, Geheul und lang anhaltendes Gewinsel, von einem seltsamen Gekreisch begleitet, das von tausend kreisenden Rollen herzurühren schien.

»Mein Gott!« rief der Seemann und starrte in die Höhe. »Was ist denn los? Man sollte meinen, alle Hunde dieses Landes hätten Vogelflügel und Katzenkrallen bekommen! Wie sind die nur auf die Bäume gestiegen? Kannst du mir es nicht sagen, Gevatter Kohlensack?«

Statt zu antworten, lachte der Neger in sich hinein.

»Und was ist das hier?« fragte Carmaux weiter. »Es hört sich an, als ob hundert Seeleute alle Schiffsschrauben zu irgendeinem Manöver gleichzeitig knarren ließen. Sollten das Affen sein?«

»Nein«, antwortete der Neger, »das sind alles, alles Frösche.«

»Die singen so?«

»Ja, Gevatter.«

»Und was ist das? Hörst du? Als ob Tausende von Schmieden auf alle Kupferkessel Beelzebubs schlügen!«

»Das sind auch Frösche.«

»Donnerwetter! Wenn mir das ein anderer sagte, würde ich glauben, er machte sich über mich lustig, oder er wäre verrückt. Ist das vielleicht eine neue Spezies?«

Plötzlich übertönte ein mächtiges Maunzen, gefolgt von Geheul, alle andern Laute im Urwald. Selbst das Froschkonzert schwieg. Der Neger hob spähend das Haupt und griff eilig nach seinem Gewehr, eine Bewegung, die lebhafte Furcht ausdrückte.

»Ist dieser heulende Herr vielleicht auch ein Frosch?«

»O nein«, rief der Neger, »ein Jaguar!«

»Potzdonner und Blitz! Das gräßliche Raubtier?«

»Ja, Gevatter!«

»Ich möchte mir lieber von drei Männern den Bauch aufschlitzen lassen, als mit solch einem Menschenfresser zu tun zu haben! Man sagt, daß er schlimmer als der Tiger Indiens wäre.«

»Und als die Löwen Afrikas, Gevatter!«

»Himmel und Hölle! Wenn wir hier angegriffen werden, dürfen wir ja unsere Feuerwaffen nicht gebrauchen!«

»Warum nicht?«

»Würden der Gouverneur und seine Begleiter Schüsse hören, wüßten sie sofort, daß sie verfolgt werden, und würden das Weite suchen!«

»Willst du denn einem Jaguar mit dem Messer zu Leibe gehen?«

»Wir können den Säbel nehmen!«

»Da möchte ich dich sehen!«

»Na, wünsche es mir nicht, Gevatter Kohlensack!«

Ein zweites, noch stärkeres Geheul hallte durch das finstere Dickicht. Der Neger sprang auf. Auch Carmaux wurde unruhig und brummte: »Jetzt wird die Sache ernst.«

In diesem Augenblick nahm der Schwarz Korsar seinen Mantel ab und stand auf.

»Ein Jaguar?« fragte er ruhig.

»Ja, Kapitän!«

»Ist er noch weit?«

»Nein, er scheint sich sogar zu nähern.«

»Was auch kommen mag, schießt nicht!«

»Das Raubtier wird uns aber auffressen!«

»Meinst du«, sagte er lächelnd. »Wir werden ja sehen!«

Er faltete den Mantel sorgfältig zusammen, legte ihn über den linken Arm und zog den Degen.

»Von jener Seite kam das Heulen, Kommandant!«

»Gut! Warten wir ab!«

»Soll ich den Spanier und Stiller wecken?«

»Das ist nicht nötig; wir sind genug. Seid still und schürt das Feuer!«

Jetzt hörte man deutlich die den Katzen und Jaguaren eigenen knurrenden Töne durch die Blätter hindurch, und ab und zu ein Rascheln von Blättern. Das Raubtier mußte schon die Gegenwart der Menschen gerochen haben; denn es kam vorsichtig näher.

Der Korsar stand unbeweglich lauschend neben dem Feuer, den Degen in der Hand und die Augen auf das nahe Buschwerk gerichtet, um dem Überfall der Bestie zuvorzukommen. Carmaux und der Neger standen hinter ihm, der eine mit der Enterpike, der andere mit dem Gewehr, das er mit dem Kolben nach oben hielt, um ihn gegebenenfalls als Axt zu gebrauchen.

Das Blätterrascheln hielt noch eine Weile an. Der Jaguar schien nur langsam näher zu kommen. Mit einem Male hörte jedes Geräusch auf. Der Korsar hatte sich vorgebeugt, um besser hören zu können. Als er den Kopf wieder hob, begegneten seine Blicke zwei leuchtenden Punkten, die durch das dichte Gebüsch funkelten. Sie waren unbeweglich und hatten einen grünlich phosphoreszierenden Schein.

»Da ist er«, murmelte Carmaux. »Er will uns angreifen.«

»Ich erwarte ihn«, antwortete der Korsar vollkommen ruhig.

»Diese Kaltblütigkeit!« dachte der Flibustier. »Der würde sich nicht einmal vor dem Teufel und seinen gefallenen Engeln fürchten!«

Der Jaguar blieb etwa dreißig Schritt von der Gruppe entfernt stehen. Er schien unentschlossen. Beunruhigte ihn das zu Füßen des Baumes brennende Feuer oder die energische Haltung des Korsaren?

Unbeweglich, die Augen starr, drohend auf den Gegner gerichtet – so stand er einen Moment im Dickicht, dann aber verschwanden plötzlich die beiden leuchtenden Punkte. Die Zweige knackten, das Laub raschelte noch einige Augenblicke, bis jedes Geräusch aufhörte.

»Er ist fort«, sagte Carmaux aufatmend. »Gott sei Dank! Mögen ihn die Krokodile verschlingen!«

»Es ist wahrscheinlicher, daß er die Krokodile frißt, Gevatter«, sagte der Neger.

Der Korsar verharrte noch einigen Minuten an seinem Platze, ohne den Degen zu senken. Als sich nichts mehr hören ließ, steckte er die Waffe ruhig wieder ein, hüllte sich von neuem in seinen Mantel und legte sich nochmals nieder.

»Ruft mich, wenn er wiederkommt!« sagte er wie selbstverständlich.

Carmaux und der Neger setzten sich wachehaltend hinter das Feuer. Sie verdoppelten jetzt ihre Aufmerksamkeit; denn sie waren überzeugt, daß das Raubtier nicht endgültig verschwunden war.

Um zehn Uhr weckten sie Stiller und den Katalonier und benachrichtigten sie von der Nähe des Jaguars. Dann aber legten sie sich neben dem Korsaren nieder, der so friedlich schlief, als ob er sich in seiner Kabine auf der »Fólgore« befände.

Die zweite Hälfte der Wache verlief ruhiger als die erste, obwohl Stiller und sein Gefährte das Heulen des Jaguars noch mehrere Male im dunklen Walde gehört hatten.

Um Mitternacht stieg der Mond empor. Der Korsar, der

bereits wach war, gab das Zeichen zum Abmarsch, weil er hoffte, seinen Todfeind schon am nächsten Morgen zu treffen.

Das nächtliche Gestirn erstrahlte in wunderbarer Pracht am klaren Himmel und übergoß mit seinem Silberschein den großen Wald. Doch drang nur wenig Licht in das Dickicht hinein. Trotzdem konnten die Flibustier rasch vorwärtsschreiten und die sich ihnen in den Weg stellenden Hindernisse erkennen.

Den von den Begleitern des Gouverneurs gebahnten Pfad hatten sie verloren, was sie aber nicht störte, da sie jetzt wußten, daß der Weg nach Gibraltar nach Süden weiterging. Mit Hilfe des Kompasses verfolgten sie die Richtung und hofften so von einem Augenblick zum andern, den kleinen Weg wieder zu erreichen.

Eine Viertelstunde lang wanderten sie mühsam über riesige, den ganzen Boden bedeckende Wurzeln hinweg, durch Zweige und Lianen hindurch, als der Katalonier, der jetzt an der Spitze der kleinen Schar marschierte, plötzlich stehenblieb.

»Was gibt's?« fragte der Korsar hinter ihm.

»Schon das dritte Mal dringt ein verdächtiges Geräusch an mein Ohr. Mir scheint, als ginge jemand gleichzeitig mit uns durch das Dickicht.«

»Was bringt dich auf die Vermutung?«

»Ein Knacken von Zweigen und Blätterrascheln.«

»Sollte uns jemand verfolgen?«

»Aber wer? Es wagt doch keiner, des Nachts zu dieser Stunde durch den Urwald zu gehen«, meinte der Spanier.

»Ob es vielleicht ein Begleiter des Gouverneurs sein könnte?«

»Die müssen aber längst weiter sein!«

»Oder ein Indianer?«

»Vielleicht. Halt! Habt ihr gehört?«

»Ja«, bestätigten die Flibustier. »Neben uns knackte ein Zweig.«

»Wenn nur der Wald nicht so dicht wäre, würde man besser beobachten können, wer uns verfolgt«, meinte der Korsar, der schon seinen Degen gezogen hatte. »Unsere Kleider aber würden auf anderm Weg in den Dornen hängenbleiben!«

»Was sollen wir tun, Kapitän?«

»Mit dem Schwerte in der Hand weitergehen. Ich will nicht, daß wir uns der Gewehre bedienen.«

Langsam und vorsichtig schritt der kleine Trupp vorwärts. Er gelangte an einen engen Durchgang, der durch hohe Palmen führte, die mit einem Lianennetz verbunden waren. Da plötzlich warf sich eine schwere Masse auf den an der Spitze marschierenden Spanier und riß ihn zur Erde.

Der Angriff erfolgte so überraschend, daß die Flibustier zuerst glaubten, ein riesiger Baum wäre auf den Unglücklichen gefallen. Aber ein rauhes Gebrüll belehrte sie, daß es sich um ein wildes Tier handelte.

Der Soldat hatte einen Schrei des Entsetzens ausgestoßen. Dann versuchte er, sich von dem Ungeheuer, das ihn am Boden festhielt, zu befreien.

»Zu Hilfe!« schrie er. »Die Bestie reißt mich in Stücke!«

Da eilte der Kapitän mit gezücktem Degen hinzu. Wie der Blitz stieß er die Waffe in den Körper des Tiers. Als dieses sich verwundet fühlte, ließ es von seinem Opfer ab und stürzte sich nun auf seinen neuen Gegner.

Der Korsar war ihm aber geschickt ausgewichen, indem er die blitzende Degenspitze der Bestie vorhielt und mit rascher Gebärde seinen Mantel um den linken Arm wickelte.

Noch einen Augenblick zögerte das Raubtier, dann aber sprang es mutig zuerst auf Stiller, den es zu Boden warf, dann auf den daneben stehenden Carmaux, den es mit einem Schlag seiner mächtigen Pranke zu Boden riß.

Als der Kommandant seine Flibustier in Gefahr sah, stürmte er zum zweiten Male auf die Bestie ein und durchbohrte sie mit Schwertstößen. Doch wagte er sich dabei nicht allzu dicht heran, um nicht von ihren Klauen zerrissen zu werden.

Brüllend wich das Raubtier zurück, um Raum für einen neuen Sprung zu gewinnen. Aber der Korsar rückte ihm wieder zu Leibe. Erschreckt und vielleicht auch schwer verletzt, drehte es sich um und sprang auf einen nahen Baum, indem es tiefe, lang anhaltende Töne ausstieß: Uh-uh!

»Zurück!« schrie Ventimiglia, einen neuen Angriff befürchtend.

»Verflucht!« rief Stiller, der sofort wieder aufgestanden war, ohne die kleinste Schramme davongetragen zu haben. »Man wird es niederschießen müssen, um endlich seinen Hunger nach uns zu stillen!«

»Nein, keiner darf feuern!« erwiderte der Korsar.

»Ich hätte ihm den Kopf zerschmettert!« sagte eine Stimme hinter ihm.

»Du lebst noch?« rief der Kommandant erstaunt.

»Ja, das verdanke ich nur dem Büffelfellpanzer, den ich unter meiner Jacke trage«, sagte der Spanier. »Sonst hätte es mir die Brust mit einem Prankenschlag zerrissen!«

»Achtung!« rief Carmaux in diesem Augenblick. »Das verdammte Vieh holt wieder zum Sprunge aus!«

Kaum hatte er diese Worte ausgesprochen, als das Tier sich wieder auf sie stürzte und eine Parabel von sechs bis sieben

Meter beschrieb. Es fiel beinahe dem Korsaren zu Füßen, konnte aber keinen zweiten Angriff mehr versuchen. Der Degen des Flibustiers war ihm in die Brust gedrungen und hatte es niedergestreckt, worauf der Neger ihm den Schädel mit seinem schweren Gewehrkolben zerschmetterte.

»Geh zum Teufel!« rief Carmaux und gab ihm noch einen kräftigen Fußtritt, um sich zu überzeugen, ob es diesmal auch wirklich tot sei. »Was für ein Tier war das eigentlich?«

»Das werden wir gleich erfahren!« sagte der Spanier, ergriff die Bestie bei dem langen Schwanze und zog sie zu einer freien, vom Monde beleuchteten Stelle. »Schwer ist sie nicht! Aber was für Pranken hat sie! Wenn wir in Gibraltar sind, werde ich der Madonna von Guadeloupe für meine Rettung eine Wachskerze anzünden!«

Das schwankende Moor

Das Tier, das mit solcher Kühnheit angegriffen hatte, erinnerte in den Formen an die Löwinnen Afrikas. Es war aber viel kleiner, hatte die Länge von 1,15-1,20 Meter und eine Höhe von siebzig cm, von der Schulter an gemessen. Es besaß einen runden Kopf, einen länglichen, aber kräftigen Körper mit über einen halben Meter langem Schwanz und lange scharfe Krallen. Sein Fell war dicht, aber kurz, von gelblich rötlicher Farbe, auf dem Rücken etwas dunkler, unter dem Bauche heller, fast weiß und auf dem Schädel grau.

Der Katalonier und der Korsar hatten auf den ersten Blick erkannt, daß es sich um eins jener in Spanisch-Amerika Mizgli genannten Tiere handelte. Sie heißen auch Kuguare, Puma oder amerikanische Löwen und sind noch heutzutage in Süd- und Nordamerika zahlreich. Verhältnismäßig klein, sind sie doch mutig und wild. Gewöhnlich halten sie sich in den Wäldern auf, wo sie eine Menge Affen vertilgen, da auch sie mit Leichtigkeit auf die höchsten Bäume klettern können. Zuweilen wagen sie sich an bewohnte Ortschaften heran, wo sie unter Schafen, Kälbern, Ochsen und sogar Pferden großen Schaden anrichten. In einer einzigen Nacht können sie fünfzig Stück Vieh töten, indem sie die Halsschlagader der Opfer durchbeißen und das warme Blut trinken. Wenn sie nicht Hunger haben, fliehen sie den Menschen, wohl wissend, daß sie ihm gegenüber nicht immer siegreich sind. Nur wenn die Not sie zwingt, greifen sie ihn mit verzweifeltem Mut an. Sogar verwundet werfen sie sich auf ihre Gegner, auch wenn diese in der Überzahl sind.

Manchmal leben sie in Herden, um den Tieren des Waldes

besser nachstellen zu können. Doch meist trifft man sie allein; denn auch die Weibchen haben zu ihren Gefährten kein Zutrauen, da diese oft ihre Kleinen auffressen. Übrigens kommt es vor, daß auch sie ihre Erstgeborenen verschlingen; erst mit der Zeit werden sie dann liebevolle Mütter, die ihre Nachkommenschaft heftig verteidigen.

»Potzblitz! Diese kleinen Tiere besitzen ja mehr Mut als manche Löwen«, meinte Carmaux.

»Ein Glück, daß er mir nicht die Kehle aufgeschlitzt hat«, sagte der Spanier, »um mein Blut zu saugen!«

»Wir müssen weiter!« mahnte der Korsar. »Durch diesen Kuguar haben wir kostbare Zeit verloren.«

»Unsere Beine sind schnell, Kommandant!«

»Vergeßt nicht, daß van Gould mehrere Stunden Vorsprung vor uns hat! Vorwärts, Freunde!«

Sie ließen den Leichnam des Pumas liegen und machten sich wieder auf den Weg durch den endlosen Wald. Wieder unterwarfen sie sich der mühsamen Arbeit und hieben die sie am Marsch hindernden Lianen und Wurzeln ab.

Sie gingen nun über ein ganz mit Wasser durchtränktes Erdreich. Hier nahmen auch die kleinsten Pflanzen riesige Dimensionen an. Man schien wie auf einem großen Schwamm zu gehen; denn bei dem leichtesten Auftreten spritzten aus hunderttausend unsichtbaren Poren Wasserstrahlen empor. Vielleicht lag ein Moor mitten im Walde, eines jener verräterischen Wasserbecken mit einem Untergrund von nachgebendem Sand, das jeden verschlingt, der sich dorthin wagt.

Der Spanier, dem ein solches Moor nicht unbekannt war, schritt behutsam vorwärts. Er untersuchte oft den Boden mit einem abgeschnittenen Zweige und teilte von Zeit zu Zeit rechts und links Schläge aus. Nicht nur der Boden, auch die Reptilien waren gefährlich, die sich zahlreich an den feuchten Stellen der Urwälder aufhalten.

Man war in dieser Dunkelheit nicht davor sicher, auf eine Schlange zu treten. Da gab es die Urutu, eine Schlange mit weißen Streifen und einem Kreuz auf dem Kopf, deren Biß das getroffene Glied lähmt. Ferner die Cobra cipo oder Lianenschlange, so genannt, weil sie grün und biegsam wie eine Liane ist und darum mit solcher verwechselt werden kann. Oder die lebensgefährlichste, die Korallenschlange, deren Biß unheilbar ist.

Plötzlich blieb der Katalonier stehen.

»Siehst du wieder einen Kuguar?« fragte der hinter ihm gehende Carmaux.

»Ehe die Sonne nicht aufgeht, wage ich nicht, weiterzugehen!« antwortete dieser.

»Was fürchtest du denn?«

»Der Boden weicht mir unter den Füßen! Das zeigt an, daß wir uns bei einem Moor befinden.«

»Da werden wir kostbare Zeit verlieren!« seufzte der Korsar.

»In einer halben Stunde graut schon der Morgen! Glaubt Ihr, daß die Flüchtlinge keine Hindernisse antreffen, Kapitän?«

»Also warten wir den Sonnenaufgang ab!«

Sie lagerten sich nun zu Füßen eines Baumes und harrten mit Ungeduld auf das Schwinden der Finsternis.

Der große, zuerst so stille Wald hallte von tausend seltsamen Geräuschen wider. Tausende und Abertausende von froschartigen Tieren, Kröten, Ochsenfröschen und »Parraneca« erhoben ihre Stimmen und verursachten einen Höllenlärm. Man hörte Gebell, endloses Gebrüll, langes Kreischen, Knarren, ein Gurgeln wie von hundert Kehlen, dann ein wütendes Hämmern, als ob ein Heer von Tischlern im Walde zimmerte, und ein Knirschen, das von Hunderten von Dampfsägen herzurühren schien.

Von Zeit zu Zeit erregten scharfe Pfiffe unter den Bäumen die Aufmerksamkeit der Flibustier. Sie rührten von gewissen Eidechsen her, die zwar klein waren, aber so mächtige Lungen hatten, daß ihre lauten Stimmen mit Lokomotiven hätten wetteifern können.

Endlich fingen die Sterne an zu verblassen, und eine kurze Dämmerung begann, die Nacht zu verscheuchen, als plötzlich in der Ferne eine schwache Detonation erfolgte, die sich nicht mit dem Gequak der Frösche verwechseln ließ.

Der Korsar sprang auf und fragte den Spanier, der sich ebenfalls erhoben hatte: »War das nicht ein Schuß?«

»Es scheint so«, erwiderte dieser.

»Könnte er von den Flüchtigen herrühren?«

»Ich vermute es.«

»Also dürften sie nicht allzu weit von uns ein!«

»Da kann man sich leicht irren, Herr. Unter diesen grünen Gewölben hallt das Echo in unglaublicher Entfernung wider!«

»Der Tag beginnt; wir können also weitergehn, wenn ihr nicht übermüdet seid!«

»Wir ruhen uns später aus«, sagte Carmaux.

Jetzt drang der erste Tagesschimmer durch die gigantischen Blätter der Bäume und weckte die Bewohner des Waldes.

Die Tucanen (Pfefferfresser) schwangen sich bereits auf die höchsten Gipfel der Bäume und ließen ihre unangenehmen, an das Knarren eines schlecht geölten Rades erinnernden Stimmen ertönten. Sie haben einen Schnabel, der so groß ist wie ihr ganzer Körper, aber so schwach, daß die armen Vögel ihre

Nahrung in die Höhe werfen müssen, um sie beim Niederfallen aufzufangen. Andere unter den dichtesten Pflanzen versteckte Vögel schmetterten aus vollem Halse ihre Baritontöne do-mi-so-do. Die Kassicken zwitscherten und schaukelten sich auf ihren seltsamen börsenförmigen Nestern, welche an den biegsamen Zweigen der Wurzelbäume oder an den äußersten Spitzen der Riesenblätter der Maot hingen, während die zierlichen Fliegenschnäpper wie geflügelte Juwelen von Blume zu Blume flogen. Ihr grünes, blaues und schwarzes Gefieder mit goldenen und kupferfarbenen Reflexen schillerte in den ersten Strahlen der Sonne.

Einige Affenpärchen verließen ihr nächtliches Versteck, reckten die Glieder und gähnten, das offene Maul zur Sonne gewandt.

Zumeist waren es Barrigudos, sechzig bis achtzig Zentimeter große Wollaffen, mit einem Schwanz, der länger als ihr ganzer Körper ist, mit weichem, auf dem Rücken tiefschwarzem und am Bauche grauem Fell und einer Mähne auf den Schultern. Etliche hatten sich an den Schwänzen aufgehängt und schaukelten an den Zweigen, indem sie Schreie ausstießen, die wie »eske-eske« klangen. Andere, die boshaft und unverschämt waren, begrüßten mit Grimassen die Flibustier und bewarfen sie mit Früchten und Blättern.

Mitten in den Palmblättern bemerkte man auch Scharen zierlicher Micos (Silberäffchen), die so klein sind, daß man sie in die Tasche stecken kann. Sie kletterten behend die Zweige auf und nieder und suchten Insekten zu ihrer Nahrung. Doch als sie die Menschen entdeckten, brachten sie sich schleunigst auf den höchsten Ästen in Sicherheit und schauten sie von oben mit ihren klugen, ausdrucksvollen Augen an.

Bäume und Dickicht wurden jetzt spärlicher auf diesem wassergetränkten und wahrscheinlich tonhaltigen Boden. Die herrlichen Palmen waren verschwunden und machten Gruppen kleiner Weiden Platz. Letztere sterben in der Regenzeit ab und erscheinen in der trockenen Jahreszeit wieder. Auch seltsame Bäume mit sehr dickem Stamm im untern Teil standen dort. Dieser ruhte in einer Höhe von zwei bis drei Zentimeter auf sechs bis acht kräftigen Wurzeln. In einer Höhe von fünfundzwanzig Meter entfalteten sie ihre großen, gezähnten Blätter ringsum wie einen Sonnenschirm.

Aber bald verschwanden auch diese letzten Bäume. Man sah nur noch Massen von Calupo, einer Pflanze, deren Früchte, in Stücke geschnitten und ein wenig gegoren, ein erfrischendes Getränk liefern, und dicke fünfzehn, sogar zwanzig m hohe Bambusstauden, deren Umfang nicht zu umspannen war.

»Ehe wir diesen Wald verlassen, werdet ihr hoffentlich noch eine gute Tasse Milch genehmigen«, sagte der Spanier.

»Oh!« rief Carmaux vergnügt. »Hast du eine Kuhherde entdeckt?«

»Das nicht, aber den Milchbaum.«

»Gut! Melken wir den Milchbaum!«

Er ließ sich von Carmaux ein Fläschchen reichen und näherte sich einem etwa zwanzig m hohen Baume mit breiten Blättern und dickem, glattem Stamm, der auf kräftigen Wurzeln ruhte, die über der Erde lagen, als ob sie unter derselben nicht genügend Platz gefunden hätten. Mit einem Schwertstoß drang er tief ins Mark ein. Gleich darauf floß aus der Wunde eine weiße, dickliche Flüssigkeit, die in Farbe und Geschmack der Milch ähnelte.

Alle löschten erfreut ihren Durst, schritten aber dann sofort weiter, zwischen Bambusstauden hindurch, unter ohrenbetäubendem Lärm, den das schrille Pfeifen der Eidechsen verursachte.

Der Boden wurde immer weicher. Bei jedem Schritt drang Wasser hervor und bildete Pfützen, die sich rasch vergrößerten.

Scharen von Wasservögeln zeigten die Nähe eines großen Sumpfes an. Man sah Schwärme von Schnepfen und Anhingas, Vögel mit einem so langen und dünnen Hals, daß sie auch Schlangenvögel genannt werden. Sie hatten ein sehr kleines Köpfchen, einen geraden, scharfen Schnabel und seidige, silberschimmernde Federn. Auch Scharen kleinster Sumpfvögel erblickte man, kaum so groß wie Elstern, mit dunkelgrünem, am Rande dunkelviolettem Gefieder.

Der Spanier verlangsamte seinen Schritt aus Furcht, den Boden unter den Füßen zu verlieren. Ein Fallen und Gurgeln wurde hörbar.

»Aha! Wasser!« rief er aus.

Plötzlich ertönte ein rauher, langer Schrei, doch nicht aus unmittelbarer Nähe.

»Hast du das gehört?« fragte Carmaux erschrocken.

»Ja, den Schrei eines Jaguars!«

Sie blieben stehen, mit den Füßen auf Bambusrohr, das sie hingelegt hatten, um nicht im Schlamm zu versinken.

Das Gebrüll des Raubtiers ließ sich nicht mehr hören, wohl aber ein heiseres Murren, das seine Wut anzeigte.

»Vielleicht fischt das Tier gerade!« meinte der Spanier.

»Fischen? Soviel ich weiß, haben die Jaguare doch keine Angelhaken«, sagte Carmaux trocken.

»Aber Krallen und einen Schwanz!«

»Wozu soll denn der Schwanz dienen?«

»Nun, um die Fische anzuziehen!«

»Hängen sie sich vielleicht Würmer an die Schwanzspitze?«

»Nein. Sie bewegen mit den langen Haaren nur ganz sanft die Wasserfläche!«

»Und dann?«

»Nun, dann kommen die beutegierigen und auch die neugierigen Fische an die Oberfläche, wo sie der Jaguar mit einem Tatzenschlag geschickt fängt!«

Der Neger, der höher stand als die andern, hatte den Jaguar erblickt.

»Er steht am Ufer des Moors und scheint nach etwas auszuspähen!«

Der Korsar ging dem Neger nach, um das Raubtier zu beobachten.

»Seid vorsichtig, Herr!« riet der Spanier.

»Wenn er uns den Weg nicht verstellt, brauchen wir ihn ja nicht anzugreifen.«

Auch die andern schlichen, hinter hohem Röhricht versteckt, ganz leise vorwärts mit gezückten Schwertern.

Nach zwanzig Schritten gelangten sie an das Ufer des großen Moors, das sich inmitten des Urwaldes auszudehnen schien. Es war ein schlammiges, von den Abgängen des ganzen Waldes gebildetes Becken. Das Wasser war von den tausend und abertausend verfaulenden Pflanzen fast schwarz geworden und hauchte giftige Miasmen aus, die bei den Menschen tödliches Fieber hervorrufen. Überall wuchsen Wasserpflanzen jeder Art. Mucumucusträucher mit breiten, schwimmenden Blättern; Gruppen von Arum, dessen herzförmige Blätter aus einem Blütenstengel hervorsprießen; ferner Muricien, die an der Oberfläche des Wassers bleiben. Endlich entfaltete die größte unter den Wasserpflanzen, die herrliche Victoria regia, ihre oft eineinhalb Meter umfassenden Blätter, die wie ungeheure Teller aussahen. Ihre umgebogenen Ränder waren mit langen, spitzen Dornen bewaffnet. Inmitten der riesigen Blätter erhoben sich die prächtigen Blüten wie weißer Atlas mit rosa abgetönten Strichen von einzigartiger Schönheit.

Kaum hatten die Flibustier einen Blick auf das Moor geworfen, als sie ganz nahe ein dumpfes Knurren vernahmen.

»Der Jaguar!« rief der Spanier erschrocken. »Da steht er am Ufer – auf der Lauer!«

Jaguar und Krokodil

Fünfzig Schritte von ihnen entfernt stand am Rand eines Gehölzes ein prachtvolles, tigerähnliches Tier, in einer Haltung gleich den Katzen, wenn sie auf Mäusefang ausziehen. Es war fast zwei Meter lang, also wohl eines der größten seiner Art, mit einem über achtzig Zentimeter langen Schweif und einem kurzen, dicken Hals wie dem eines jungen Stiers. Seine kräftigen muskulösen Tatzen waren mit mächtigen Krallen versehen.

Sein dichtes, weiches Fell war von außerordentlicher Schönheit, gelblich-rötlich gefärbt, mit schwarzen, rot umränderten Flecken, die an den Seiten kleiner und auf dem Rücken größer und häufiger waren und dort einen breiten Streifen bildeten.

Die Flibustier erkannten in diesem Tier sofort einen Jaguar, das mächtigste Raubtier Amerikas, weit gefährlicher als der Kuguar oder die großen, grauen Bären der Rocky Mountains.

Diese Tiere, die man von Patagonien bis zu den Vereinigten Staaten findet, sind der Schrecken Amerikas, so furchtbar wie der Tiger, aber auch so behend, kräftig und wild wie diese.

Meist wohnen sie in den feuchten Wäldern und an den Ufern der Moore und riesigen Flüsse, vor allem des Rio de la Plata, des Amazonenstroms und des Orinocos, da sie, was bei den Katzen seltsam ist, das Wasser lieben.

Die Verwüstungen, die diese Tiere anrichten, sind schrecklich. Da sie einen phänomenalen Appetit besitzen, greifen sie jedes Wesen an, das ihnen begegnet. Die Affen können sich nicht retten; denn die Jaguare klettern so behend auf die Bäume wie die Katzen. Die Büffel und Pferde auf den Faktoreien können sich wohl mit Hörnern und Hufen verteidigen, fallen ihnen aber doch zum Opfer; denn die blutdürstigen Räuber springen mit einem blitzartigen Satz auf ihre Rücken und zerschmettern ihnen mit einem einzigen Tatzenschlag die Wirbelsäule. Nicht einmal die Schildkröten können entkommen, obwohl sie einen sehr widerstandsfähigen Körper besitzen. Die mächtigen Krallen der Raubtiere dringen durch den doppelten Panzer der Aruaschildkröte hindurch und ziehen das schmackhafte Fleisch heraus.

Gegen die Hunde hegen sie eine tiefe Abneigung. Wenn sie auch ihr Fleisch nicht schätzen, so holen sie sie doch am hellichten Tage aus den Indianerdörfern heraus.

Auch die Menschen werden nicht verschont. Viele arme Indianer zahlen jährlich ihren Tribut an den blutgierigen Räuber. Auch wenn sie anfangs nur verwundet sind, sterben sie an den tiefen Rissen, die ihnen die Krallen dieser Tiere beibringen.

Der Jaguar, der am Rande des Moors lauerte, schien die Nähe der Flibustier gar nicht bemerkt zu haben; denn er zeigte keine Spur von Unruhe. Unentwegt starrte er auf das schwärzliche Gewässer des großen Sumpfs, als ob er eine Beute unter den breiten Blättern der Victoria regia erspähen wolle.

Er kauerte im Röhricht nieder, doch so, daß er jeden Augenblick losspringen konnte.

Seine Schnurrhaare bewegten sich leise vor Ungeduld und Zorn, und sein langer Schweif strich lautlos über die Spitzen des Rohrs.

»Worauf wartet das Tier?« fragte der Korsar, der van Gould und dessen Eskorte ganz vergessen zu haben schien.

»Es späht nach einer Beute«, antwortete der Spanier.

»Vielleicht nach einer Schildkröte?«

»Nein!« rief der Neger. »Es wartet auf einen ebenbürtigen

Gegner. Schaut dorthin, nach den Blättern der Victoria regia! Seht Ihr da nicht ein Maul auftauchen?«

»Unser ›Kohlensack‹ hat recht«, sagte Carmaux. »Ich sehe etwas unter den Blättern, das sich bewegt!«

»Es ist das Maul eines Kaimans, Freundchen!« belehrte ihn Mokko.

»Eines Krokodils?« fragte der Korsar.

»Ja, Herr!«

»Also die Jaguare greifen sogar diese riesenhaften Reptilien an?«

»Gewiß!« entgegnete der Katalonier. »Wenn wir still sind, werden wir einem furchtbaren Kampfe beiwohnen.«

»Hoffentlich dauert er nicht lange!«

»Es sind beide ungeduldige Gegner und werden mit den gegenseitigen Bissen nicht knausern. Ah ... da zeigt sich schon der Jacarè!«

Die Blätter der Victoria regia teilten sich plötzlich und ließen zwei riesenhafte Kiefer mit langen, dreieckigen Zähnen sehen, die sich nach dem Ufer zu ausdehnten.

Als der Jaguar das Krokodil näherkommen sah, erhob er sich und trat einen Schritt zurück. Er mußte diese Bewegung aber nicht aus Furcht vor den beiden Kiefern ausgeführt haben, sondern augenscheinlich in der Absicht, den Gegner auf das Land zu locken, um ihn seines Hauptverteidigungsmittels, nämlich der Beweglichkeit, zu berauben. Sind diese Tiere einmal aus dem Wasser heraus, so fühlen sie sich sehr behindert.

Durch diese Bewegung wohl enttäuscht, stürzte der Kaiman vor, indem er mit seinem mächtigen Schwanz die Blätter der Victoria regia glatt abmähte und großen Wellenschlag verursachte. Als er am Ufer Fuß gefaßt hatte, blieb er stehen und zeigte seinen gräßlichen, weit geöffneten Rachen.

Es war ein großer, fast fünf Meter langer Alligator, dessen Rücken Wasserpflanzen bedeckten, die ihm im Schlamm gewachsen waren und die er sich zwischen seinen knöchernen Schuppen einverleibt hatte.

Er schüttelte sich, so daß das Wasser rings um ihn aufspritzte; dann stürzte er sich auf seine kurzen Hinterpfoten und stieß einen Schrei aus, der wie das Weinen eines Kindes klang.

Statt ihn anzugreifen, war der Jaguar zurückgesprungen. Nun aber war seine Haltung erst recht sprungbereit.

Minutenlang sahen sich schweigend der König der Wälder und der König der Moore mit gelblichen, wild blitzenden Augen an, dann ließ ersterer ein ungeduldiges Knurren ertönen und krümmte sich fauchend wie eine wütende Katze.

Der furchtlose Kaiman, der sich seiner Stärke und der Kraft seiner Zähne voll bewußt war, bewegte sich weiter vor und schlug rechts und links mit seinem schweren Schwanze.

Das war der Augenblick, auf den der listige Jaguar gewartet hatte. Er machte einen hohen Sprung in die Luft und fiel auf den Gegner nieder. Aber seine stahlharten Krallen durchdrangen nicht die knöchernen Schuppen des Reptils, die es wie ein fester Panzer schützen, durch den keine Kugel dringt.

Wütend, daß der erste Angriff mißlang, drehte er sich mit erstaunlicher Schnelligkeit um, schlug mit einem kräftigen Tatzenhieb auf den Kopf des Gegners und riß ihm ein Auge aus. Dann war er mit einem Sprung wieder am Boden, etwa zehn Schritte weiter.

Das Reptil stieß ein langes Wut- und Schmerzensgeheul aus. Des Auges beraubt, war es dem gefährlichen Feinde gegenüber im Nachteil und versuchte jetzt, ans Moor zurückzugelangen. Wütend schlug es mit dem Schwanze und spritzte den Schlamm hoch auf.

Der Jaguar, der es immer beobachtete, stürzte zum zweitenmal vor, und zwar auf den Rücken des Tieres; doch diesmal versuchten sich seine Krallen nicht an dem undurchdringlichen Panzer.

Er beugte sich vor und riß ihm seine Eingeweide heraus.

Die Wunde mußte tödlich sein, doch besaß der Alligator noch zuviel Lebenskraft, um sofort zu unterliegen. Er befreite sich mit instinktivem Schütteln vor dem Feinde, indem er ihn auf das Röhricht warf. Dann stürzte er auf ihn zu, um ihn mit einem kräftigen Biß seiner zahllosen Zähne zu zerreißen. Doch unglücklicherweise konnte er mit seinem einen Auge nicht richtig zielen, und anstatt den Gegner gänzlich zu zermalmen, was leicht für ihn gewesen wäre, biß er ihm nur den Schwanz ab.

Der Jaguar stieß einen wilden Schrei aus, der ankündigte, daß der Schwanz abgetrennt war.

»Armes Tier!« rief Carmaux. »Ohne Schwanz wird es eine häßliche Figur machen!«

»Er wird sich schon rächen!« sagte der Spanier.

In der Tat hatte sich der blutdürstige Jaguar mit verzweifelter Wut wieder auf das Reptil geworfen. Er bearbeitete das Maul desselben unglaublich rasch mit seinen Krallen, um es zu zerreißen. Der blinde, schrecklich zugerichtete, bluttriefende Alligator kroch immer mehr ins Moor zurück. Sein Schwanz bewegte sich in mächtigen Schlägen, und seine Kiefer schlugen krachend aufeinander, ohne daß es ihm gelang, sich von der Bestie, die ihn immer mehr zerriß, zu befreien.

Plötzlich stürzten beide in den Sumpf und kämpften dort

miteinander. Das aufgewühlte Wasser schäumte und färbte sich mit Blut. Dann erschien eins der Tiere wieder am Ufer.

Es war der Jaguar, aber in bedauernswertem Zustand. Blut und Wasser tropfen gleichzeitig von seinem Fell. Den Schwanz hatte er zwischen den Zähnen des Reptils gelassen. Der Rücken schien zerfleischt, eine Tatze gebrochen zu sein.

Mühsam kroch er ans Ufer, blieb von Zeit zu Zeit stehen und sah mit blitzenden Augen nach dem Moore hin. Endlich erreichte er das Röhricht, stieß ein letztes, drohendes Geheul aus und verschwand vor den Augen der Flibustier.

»Der hat seinen Teil bekommen!« sagte Carmaux.

»Ja, aber der Kaiman ist tot, und wenn er morgen wieder an die Oberfläche kommt, verzehrt ihn der Jaguar zum Frühstück«, meinte der Katalonier.

»Der Preis für das Frühstück war aber hoch!«

»Bah, diese Raubtiere haben ein dickes Fell! Er wird bald wieder heil sein!«

»Aber der Schwanz wächst ihm doch nicht wieder?«

»Nein, doch Zähne und Krallen genügen.«

Der Schwarze Korsar machte sich nun von neuem auf den Weg und ging am Ufer des Moors entlang. Als sie an der Stelle vorüberkamen, wo der Kampf stattgefunden, gewahrte Carmaux das verlorene Auge des Reptils am Boden.

»Puh!« rief er aus. »Wie häßlich! Noch nach dem Tode hat es einen Blick voll Haß und Wildheit beibehalten!«

Da nur Röhricht und Mucumucu am Ufer wuchsen, die sich leicht niederschlagen ließen, so konnten die Flibustier ihren Marsch beschleunigen. Doch mußte sie sich vor den in der Umgebung des Moors sehr zahlreichen Schlangen hüten. Glücklicherweise trafen sie wenig Jaracares an, Schlangen giftigster Art, die wie trockenes Laub aussehen und daher schwer zu erkennen sind. Aber Vögel gab es über den Wasserpflanzen und im Röhricht in Menge. Außer den Sumpfvögeln sah man schöne, Cigañas genannte Wasserhühner mit bunten Federn und langen Schwänzen, Massen von lärmenden Papageien, bald grün, bald gelb und rot; wunderschöne Cañindes, große, den Kakadus ähnelnde Papageien mit blauen Flügeln und gelber Brust, Scharen von Ticstics, unsern Sperlingen ähnliche Vögelchen.

Auch Affen kamen aus dem Walde, Weißkopfaffen mit langem, seidenweichem, schwarzgrauem Fell und einem langen, weißen Bart, der ihnen das Aussehen von Greisen gab.

Die Mütter, die ihre Kleinen auf den Schultern trugen, folgten den Männchen; aber als sie die Menschen sahen, flüchteten sie und überließen den Männchen die Sorge um den Rückzug.

Um Mittag gab der Schwarze Korsar das Zeichen zur wohlverdienten Ruhe; denn seine Leute waren fast zehn Stunden ununterbrochen unterwegs gewesen und nun todmüde.

Da sie die wenigen mitgenommenen Lebensmittel sparen wollten, machten sie sich sofort auf die Suche nach Wild und Früchten. Der Hamburger und der Neger hatten das Glück, unweit vom Moor eine herrliche, Bacaba genannte Palme zu entdecken. Dieselbe hatte karmesinrote Blüten und gibt eine Art Wein, wenn man sie anschneidet. Ferner eine Jabuticabeira, einen sechs bis sieben Meter hohen Baum mit dunkelgrünem Laub, der dicke, hellgelbe, apfelsinenähnliche Früchte trägt, deren zartes, saftiges Fleisch aber von einer festen, dicken Schale umgeben ist.

Carmaux und der Spanier dagegen bemühten sich um das Wild für die Abendmahlzeit.

Da sie am Ufer des Moors nur schwer zu erlegende Vögel sahen und auch kein kleines Schrot dafür besaßen, gingen sie in den Wald, in der Hoffnung, dort einen Kariaku, ein ziegenähnliches Tier, oder eine Pecari, eine Art Wildschwein, zu erjagen.

Währenddessen überließen sie den Gefährten das Anzünden des Feuers, da sie wohl wußten, daß der Korsar nicht lange rasten würde.

In fünfzehn Minuten hatten sie das dicke Röhricht passiert und befanden sich nun am Saum des Urwalds, der mit großen Zedern, Palmen aller Art, dornigen Kakteen, großen Helianthus und herrlichen Salvie fulgens, letztere mit wundervollen, karmesinroten Blüten, bestanden war.

Der Spanier blieb lauschend stehen, um irgendeinen Laut zu erhaschen, der auf die Anwesenheit eines Wildes hinwies; aber es herrschte tiefe Stille unter dem grünen Gewölbe.

»Ich fürchte, wir werden unsere Reserven angreifen müssen«, sagte er, bedenklich den Kopf schüttelnd.

»Vielleicht befinden wir uns im Bereich des Jaguars, vor dem das Wild schon längst geflohen ist!«

»Man scheint selbst keine Katze mehr zu finden!« seufzte der Katalonier.

»Du hast ja gesehen, daß sie nicht fehlen, aber was für welche! Treffen wir den Jaguar, so töten wir ihn!«

»Das Fleisch wäre gar nicht so schlecht, Carmaux, vor allem mit Rotkohl gekocht!«

»Also los, töten wir ihn!«

»Horcht!« rief der Spanier und hob den Kopf. »Ich glaube, wir können bald etwas Besseres töten!«

»Hast du ein Reh entdeckt, Herzensfreund?«

»Seht Ihr den großen Vogel?«

Carmaux folgte seinem Blick und sah wirklich einen großen, schwarzen, häßlichen Vogel zwischen den Zweigen der Bäume fliegen.

»Ist das etwa das versprochene Reh?«

»Nein, das ist ein Gule-gule. Da seht, noch ein zweiter und dort unten noch mehr!«

»Töte sie mit einer Kugel, wenn du kannst!« meinte Carmaux ironisch. »Ich habe zu deinem Gule-gule kein Vertrauen.«

»Ich will ihn ja gar nicht haben! Im Gegenteil, er zeigt uns nur, daß es hier ausgezeichnetes Wild gibt!«

»Und welches?«

»Wildschweine!«

»Donnerwetter! Wie gern möchte ich jetzt ein Wildschweinkotelett verspeisen! Erkläre mir aber, was deine Gule-gule mit diesen Tieren zu tun haben.«

»Diese Vögel besitzen ein scharfes Auge. Entdecken sie Wildschweine von weitem, so fliegen sie hin, um sich den Bauch mit . . .«

»Wildschweinbraten zu füllen!«

»Das nicht, aber mit Würmern, Skorpionen und Zungenasseln, welche die Wildschweine mit ihrer Schnauze beim Aufwühlen der Erde hinauswerfen, wenn sie sich Wurzeln und Knollen zur Nahrung suchen.«

»Sie fressen auch Zungenasseln?«

»Natürlich!«

»Und sterben nicht daran?«

»Nein, dem Gule-gule soll das Gift dieser Insekten nicht schaden.«

»Ich verstehe. Wir wollen die Vögel schnell verfolgen, ehe

sie wegfliegen! Halte das Gewehr in Bereitschaft! . . . Aber werden uns die Spanier nicht hören?«

»Dann muß der Korsar fasten!«

»Du sprichst wie ein Buch, Freundchen! Besser sie hören uns, und wir füllen uns den Magen, als daß unsere Kräfte abnehmen, daß wir sie nicht mehr verfolgen können!«

»Still!«

»Sind Wildschweine da?«

»Das weiß ich nicht; aber irgendein Tier muß nahe sein. Merkt ihr nicht, wie das Laubwerk sich dort bewegt?«

Carmaux' Mißgeschick

Die beiden Jäger hatten sich hinter dem Stamm einer großen Samaruba verborgen. Die Zweige knackten hier und da, als ob die Bestie sich noch nicht über den Weg schlüssig wäre. Plötzlich tat sich das Gestrüpp auseinander, und Carmaux sah ein etwa fünfzig Zentimeter langes Tier mit rötlich-schwarzem Fell, kurzen Beinen und reichbehaartem Schwanz hervorspringen.

Er kannte es nicht und wußte auch nicht, ob es eßbar wäre. Als er es aber dreißig Schritt vor sich stehen sah, legte er doch das Gewehr an und feuerte. Es fiel, erhob sich jedoch wieder mit einer Behendigkeit, die anzeigte, daß es nicht schwer verletzt war, und kroch ins Gehölz.

»Verflucht! Aber es soll mir nicht weit kommen!«

Er stürmte vorwärts, ohne die Waffe wieder zu laden, verfolgte die Spuren des Tiers und hörte nicht auf den warnenden Zuruf des Spaniers.

»Nimm deine Nase in acht!«

Das Tier floh weiter, wahrscheinlich seinem Unterschlupf zu. Doch der gewandte Carmaux war ihm auf den Fersen. Mit dem Entersäbel in der Hand, wollte er es in Stücke schneiden.

»Ah, Brigant, du!« schrie er.

Das arme Tier hielt im Fliehen inne, verlor aber allmählich die Kräfte. Blutspuren auf Gras und Blättern zeigten, daß die Kugel getroffen hatte. Schließlich blieb es, erschöpft vom Lauf und Blutverlust, an einem Baumstamm stehen. Carmaux, der nun seiner sicher war, stürzte sich darauf, prallte aber sofort zurück; denn ein unerträglicher Gestank erstickte ihn fast.

»Zum Teufel!« brüllte er.

Ein heftiges Niesen bemächtigte sich seiner und hinderte ihn am weiteren Fluchen.

Der Spanier wollte ihm zu Hilfe eilen, blieb aber zehn Schritt vor ihm stehen, sich die Nase mit beiden Händen zuhaltend.

»Caramba!« sagte er. »Ich habe Euch doch geraten, nicht weiterzugehen, Caballero! Jetzt seid Ihr für eine Woche parfümiert. Ich habe keinen Mut, an Euch heranzukommen.«

»Bin ich denn verpestet? Ich fühle mich so elend, als ob ich seekrank wäre.«

»Flieht, damit ihr andere Luft atmen könnt!«

»Ich glaube, ich krepiere! Was ist denn nur geschehen?«

»Lauft doch davon, sage ich Euch! Flieht aus diesem unerträglichen Geruch, der schon die ganze Umgebung erfüllt!«

Mühsam erhob sich Carmaux und machte einige Schritte auf den Spanier zu, der sich schleunigst entfernte.

»Hast du Angst vor mir? Dann habe ich wohl die Cholera?«

»Das nicht, Caballero, aber ich fürchte, Ihr parfümiert mich auch.«

»Aber wo soll ich denn nur bleiben? Ich jage alle in die Flucht, selbst den Kommandanten!«

»Erst müßt ihr ausgeräuchert werden«, sagte der Spanier, der sich das Lachen verbiß.

»Etwa wie ein Hering?«

»Ja, nicht mehr und nicht weniger, Caballero!«

»Stinkt das nicht nach verfaultem Knoblauch? Ich habe das Gefühl, als ob mir der Schädel zerspringt!«

»Das glaube ich Euch. Es war der Surriljo, ein Stinkmarder, wohl der schlimmste der Sorte! Nicht einmal die Hunde können den Geruch vertragen.«

»Und woher hat das Tier diesen verdammten Geruch?«

»Aus einigen Drüsen unter dem Schwanz. Habt Ihr auch Flüssigkeit abbekommen?«

»Nein, dazu war ich zu weit ab!«

»Dann hattet Ihr Glück! Denn hätten Eure Kleider auch nur einen einzigen Tropfen dieses öligen Saftes abbekommen, so würdet Ihr die Reise unweigerlich nackt wie Vater Adam fortsetzen müssen!«

»Ich rieche schlimmer als ein Dunghaufen.«

»Laßt nur gut sein, wir räuchern Euch schon aus!«

»Zum Teufel mit allen Surriljos der Erde! Konnte mir etwas Schlimmeres passieren? Wir werden schön angesehen werden bei unserer Rückkehr! Man erwartet uns mit Wild, und statt dessen bringe ich eine Wolke von Gestank mit!«

Der Spanier lachte jetzt bei dem Jammer des Flibustiers aus vollem Halse. Er hielt sich immer von ihm entfernt und wartete, bis die Luft den armen Jäger etwas reinigte.

Stiller kam ihnen entgegen, in der Hoffnung, beim Schleppen des Wildbrets helfen zu können.

Als er aber in Carmaux' Nähe kam, ergriff er schleunigst die Flucht.

»Alle fliehen mich wie die Pest«, sagte Carmaux melancholisch. »Es wird mir nichts anderes übrigbleiben, als mir im Sumpf das Leben zu nehmen!«

»Ihr werdet nichts tun«, sagte der Katalonier energisch, »als eine Weile hierbleiben, bis ich zurückkehre!«

Carmaux nahm resigniert zu Füßen eines Baumes Platz und seufzte tief.

Nachdem der Spanier dem Kapitän das komische Abenteuer erzählt hatte, begab er sich mit dem Neger in den Wald und sammelte gewisse pfefferähnliche Kräuter. Diese legten sie dann zwanzig Schritt vor Carmaux entfernt nieder und zündeten sie an.

»Laßt Euch nur ordentlich ausräuchern!« sagte er lachend und entfloh wieder. »Wir erwarten Euch zum Frühstück!«

Ergeben setzte sich Carmaux dem dichten Rauch der Pflanzen aus.

Der Reisig strömte brennend einen so beißenden Geruch aus, als ob der Katalonier richtige Pfefferbeeren hineingestreut hätte. Obgleich die Augen des armen Flibustiers reichlich tränten, ergab er sich in sein Schicksal. Eine halbe Stunde später spürte er den Geruch nur noch wenig und entschloß sich, ins Lager zurückzukehren, wo die Gefährten soeben eine große Schildkröte zurechtmachten.

»Ist es erlaubt?« fragte er. »Ich hoffe doch, daß ich jetzt gereinigt bin!«

»Komm nur her!« rief der Korsar gutmütig. »Wir Seeleute sind ja an den scharfen Teergeruch gewöhnt, da werden wir auch dich ertragen können! Habt ihr im Walde geschossen?«

»Ich denke, daß man den Knall nicht weit gehört hat«, erwiderte der Spanier.

»Es wäre durchaus nicht von Vorteil, wenn die Flüchtlinge ahnten, daß sie verfolgt würden!«

»Ich glaube eher, daß sie davon überzeugt sind, Kapitän!«

»Woraus willst du das schließen?«

»Aus ihrem überstürzten Marsch!«

»Vielleicht drängt den Gouverneur noch ein anderer Grund zur Eile. Die Furcht, daß der Olonese Gibraltar überfällt!«

»Wollt Ihr denn Gibraltar angreifen?« fragte der Spanier unruhig.

»Vielleicht . . . Wir wollen sehen!« erwiderte der Korsar ausweichend.

»Wenn das geschieht, kann ich nicht gegen meine Landsleute kämpfen«, sagte der Katalonier. »Ein Soldat darf die Waffen nicht gegen eine Stadt erheben, über deren Mauern die Fahne des Heimatlandes weht! Solange es sich um den Flamen handelt, helfe ich Euch. Aber mehr tue ich nicht. Ich lasse mich eher hängen!«

»Ich schätze deine Anhänglichkeit an das Vaterland«, erwiderte der Schwarze Korsar. »Sobald wir van Gould haben, bist du frei und kannst Gibraltar verteidigen, wenn du willst.«

»Ich danke Euch, Caballero, bis dahin stehe ich zu Eurer Verfügung.«

Sie setzten ihren Marsch am Ufer des Sumpfes fort. Die Hitze war entsetzlich, doch die Flibustier litten nicht sehr darunter, obgleich der Schweiß ihnen aus allen Poren drang. Außerdem blendete der Sumpf die Augen, so daß sie schmerzten, und gefährliche, das Sumpffieber erzeugende Miasmen stiegen auf.

Gegen vier Uhr nachmittags erreichten sie einen großen Wald. Da machte sie der Neger auf einen roten Fleck aufmerksam, der auf dem grünlichen Sumpfwasser schwamm.

»Ist das ein Vogel?« fragte Carmaux.

»Es scheint eher eine spanische Mütze zu sein!« rief der Katalonier.

»Vielleicht ein Mensch, der im Sumpf lebendig versunken ist!«

Bei näherer Untersuchung fanden sie in der Tat ein federgeschmücktes spanisches Seidenbarett und daneben eine bleiche Totenhand aus dem Schlamm ragen.

»Es ist ein Soldat von der Eskorte des Gouverneurs! Eine

solche Mütze trug Juan Barrero! Also muß van Gould hier vorbeigekommen sein!«

»Wir sind nunmehr sicher auf den Spuren der Flüchtlinge!« sagte der Korsar und ging weiter.

Plötzlich hielten ihn seltsame Töne zurück, die aus dem Walde kamen.

»Sollten das Signale sein? Es klang jedesmal wie ein langer Pfiff!«

»Ich fürchte, daß es Indianer sind, die der Gouverneur auf uns gehetzt hat.«

»Also sehen wir uns die Leute dieses Landes einmal an«, meinte Carmaux ganz gemütlich. »Sie werden nicht besser und nicht schlechter als andere Indianer sein.«

»Hütet Euch, Caballero!« warnte der Spanier. »Die Rothäute Venezuelas sind Menschenfresser und werden sich freuen, Rostbraten aus Euch zu machen!«

»Na also, Freund Stiller, verteidigen wir unsere Rippen!«

Menschenfresser im Urwald

Sie waren immer tiefer in den Wald hineingedrungen, an Tausenden von Palmen vorbei, mit stacheligen Stengeln, die den Durchgang fast unmöglich machten, und mächtigen Lianen, welche die Indianer zum Bau ihrer Hütten verwenden.

Zur Vermeidung eines Überfalls schritten sie behutsam vorwärts, nach allen Seiten hin lauschend und nach jedem Gebüsch spähend, hinter dem Indianer versteckt sein konnten.

Das Signal hatte man nicht mehr gehört, doch wies alles darauf hin, daß Menschen hier vorbeigegangen waren. Die Vögel waren verschwunden, ebenso die Affen wegen der Gegenwart ihrer Todfeinde, der Indianer: denn diese lieben das Fleisch von beiden Tieren und machen eifrigst Jagd auf sie.

Nach einem angestrengten Marsch hörten sie plötzlich Töne, wie sie die Indianer ihren Bambusflöten entlocken.

»Stiller!« wandte sich der Korsar an den Hamburger. »Bring den geheimnisvollen Spieler zum Schweigen!«

Der Seemann, ein tüchtiger Schütze, der mehrere Jahre Bukanier gewesen, richtete das Gewehr auf das Gehölz und versuchte, den Indianer zu entdecken oder eine Stelle zu erspähen, wo die Blätter sich bewegten, dann schoß er blindlings drauflos.

Dem übereilten Schuß folgte ein Schrei, der sich bald in ein Gelächter verwandelte.

»Teufel!« schrie Carmaux. »Du hast dein Ziel verfehlt!«

»Donnerwetter!« brüllte Stiller wütend. »Hätte ich nur ein Stückchen seines Schädels sehen können, würde der Hund nicht mehr lachen!«

»Das macht nichts«, sagte der Korsar. »Jetzt wissen sie, daß wir bewaffnet sind, und werden vorsichtiger sein.«

Der Wald wurde düsterer und wilder: ein Chaos von Bäumen, gigantischen Blättern und mächtigen Wurzeln, die kaum zu unterscheiden waren, da die Sonnenstrahlen in die dichten Laubwölbungen nicht dringen konnten. Es herrschte eine drückende, feuchte Wärme unter den Kolossen der Äquatorflora, die den tapferen Wanderern den Schweiß aus allen Poren trieb. Mit dem Finger auf dem Schnapper, mit offenem Auge und gespanntem Ohr, so schritten sie weiter. Instinktiv fühlten sie, daß der Feind nicht fern sein konnte. Kein Geräusch störte die tiefe Stille im Walde.

Sie befanden sich auf einem schmalen Pfad, als der Spanier sich plötzlich bückte und hinter einem Baumstamm Schutz suchte. Ein leichtes Schwirren durchdrang die Luft, dann flog ein dünner Stab durch das Laubwerk und blieb in einem Zweig in Manneshöhe stecken.

Carmaux ließ seine Muskete knallen.

Die Detonation war noch nicht verhallt, als ein langes Schmerzensgeheul im Gebüsch erscholl.

»Dich habe ich getroffen!« brüllte Carmaux triumphierend.

»Gebt acht!« warnte der Katalonier.

Vier bis fünf Pfeile, jeder wohl einen Meter lang, pfiffen über die Flibustier hin, die sich schnell zu Boden geworfen hatten.

»Dort im Dickicht sind sie!«

Alle schossen gleichzeitig ihre Flinten ab, aber nichts erfolgte darauf.

»Sie scheinen genug zu haben«, meinte Stiller.

»Bleiben wir hinter den Bäumen versteckt«, rief der Katalonier, »denn jetzt raschelt es auf der andern Seite!«

»Wenn van Gould glaubt, er könne uns durch die Indianer aufhalten, so irrt er. Wir kommen trotz aller Hindernisse vorwärts.«

Wieder hörte man melancholische Flötentöne.

Der Korsar wurde ungeduldig: »Wir marschieren einfach weiter!« rief er entschlossen.

So schritten sie in einer Reihe hintereinander vor und feuerten, ohne Rücksicht auf die Munition, bald nach rechts, bald nach links.

Dieses mächtige Getöse schien Eindruck auf die geheimnisvollen Feinde zu machen, denn keiner wagte, sich zu zeigen. Ab und zu pfiff wohl ein Pfeil über die Schar hin, doch ohne zu treffen.

Schon glaubten die Flibustier, der Falle entronnen zu sein, als ein riesiger Baumstamm umfiel und den Weg mit dumpfem Krachen versperrte.

»Donnerwetter«, schrie Stiller, »der hätte uns beinahe zu Brei zermalmt!«

Kaum hatte er ausgesprochen, als sich ein wütendes Geschrei erhob und viele Pfeile durch die Luft schwirrten.

Der Kapitän und seine Leute hatten sich sofort hinter dem gefallenen Baum, der zur Verschanzung dienen konnte, zu Boden geworfen.

Da hörten sie in kurzer Entfernung abermals Flötentöne.

»Sie kommen!« rief Stiller.

»Empfangt sie mit einer tüchtigen Ladung!« befahl der Korsar.

»Nein, wartet, Herr!« sagte jetzt der Spanier, der den traurigen Tönen aufmerksam gelauscht hatte. »Das ist kein Kriegsmarsch! . . . Seht ihr nicht jenen Mann? Es ist der ›Piaye‹ des

240

Stammes, der Zauberer. Er wird als Parlamentär abgeschickt worden sein.«

Jetzt trat ein älterer Indianer, gefolgt von zwei Flötenspielern, aus dem Gebüsch.

Wie fast alle Indianer Venezuelas war er von mittlerer Statur, hatte breite Schultern und eine rötlich-gelbe Haut, etwas dunkler als gewöhnlich, anscheinend durch die Gewohnheit dieser Wilden, zum Schutz gegen Mückenstiche ihren Körper mit einer Salbe aus Fischtran oder Kokosnuß und Orleanbaum einzureiben.

Sein rundes, offenes, eher schwermütiges als wildes Gesicht war ohne Bart, den sich die Leute seiner Rasse meist ausreißen, aber der Kopf war mit langen blauschwarzen Haaren bedeckt.

Als Zauberer seines Stammes trug er ein Röckchen aus blauer Baumwolle. Sein reicher Schmuck bestand aus Muschelketten, Ringen, Armbändern aus Jaguarkrallen und Oberarmringen aus massivem Gold. Auf dem Kopfe trug er ein Diadem aus langen Papageifedern und Fasanenfedern, und die Nase war von einer drei bis vier daumenlangen Fischgräte durchzogen. Die beiden andern waren ebenfalls mit Schmuck überladen. Sie trugen lange hölzerne Bogen, ein Bündel Pfeile mit Knochen- oder Feuersteinspitzen und den »Batu«, eine mächtige, meterlange flache Keule, die schachbrettartig und bunt bemalt war und einen umgebogenen Rand hatte.

Der »Piaye« näherte sich auf fünfzig Schritt dem Baum und schrie mit Stentorstimme in schlechtem Spanisch: »Weiße Männer, hört mich an!«

»Die Weißen hören dich!« erwiderte der Spanier.

»Dies ist das Reich der Arawaken! Wer hat euch erlaubt, unsere Wälder zu betreten?«

»Wir haben durchaus nicht die Absicht, die Wälder der Arawaken zu entweihen«, entgegnete der Katalonier, »wir durchschreiten sie nur, um in ein anderes Gebiet zu kommen, wo Weiße leben. Wir wollen keinen Krieg mit roten Männern, im Gegenteil, wir möchten ihre Freunde sein.«

»Die Freundschaft der Weißen ist nichts für die Arawaken! Diese Wälder gehören uns! Kehrt zurück in euer Land, oder wir fressen euch allesamt auf!«

»Piaye!« rief der Korsar vortretend. »Sagt uns, sind andere weiße Männer hier vorübergekommen?«

»Ja! Wir folgen selbst ihren Spuren. Da sie nicht hörten, werden wir sie verzehren.«

»Und ich helfe dir, sie umzubringen! Es sind meine Feinde!«

»Warum wollt ihr sie auf unserem Gebiet töten? Weiße Männer, kehrt zurück, ich warne euch!«

»Ich habe dir doch gesagt, daß wir keine Gegner sind! Wir achten deinen Stamm, deine Hütten und deine Ernte!«

»Weiße Männer, kehrt zurück!« erwiderte der Zauberer mit noch größerem Nachdruck.

»Genug! Wir werden unsern Weg fortsetzen, trotz eurer Drohung!«

»Und wir werden es verhindern!«

»Wir haben Waffen, die Donner und Blitze senden!«

»Und wir unsere Pfeile!«

»Wir haben Säbel, die schneiden, und Degen, die durchbohren!«

»Und wir unsere Batus, die den festesten Schädel zerschmettern!«

»Bist du vielleicht der Verbündete der weißen Männer, die wir verfolgen?« fragte der Korsar.

»Nein, denn wir wollen sie ja verspeisen!«

»Vorwärts, Gefährten!« rief der Korsar. »Zeigen wir den Indianern, daß wir sie nicht fürchten!«

Als der Piaye sie so mutig mit gezogenen Schwertern vorbeischreiten sah, verschwand er mit den beiden Flötenspielern im Dickicht.

Der Kapitän hatte seinen Leuten verboten, auf ihn zu feuern, da er den Kampf nicht als erster beginnen wollte.

Er war wieder der große Flibustier der Tortuga, der schon so viele Beweise außerordentlicher Kühnheit gegeben hatte. Unerschrocken führte er seine kleine Schar mitten durch den Wald.

Bald schwirrten Pfeile durch die Zweige, was Carmaux und Stiller mit Flintenschüssen erwiderten. Sie feuerten aber blindlings drauflos, denn es zeigte sich kein Indianer.

So gelangten sie glücklich durch den dichtesten Teil des Waldes bis zu einer Lichtung, wo sich ein stehendes Gewässer befand.

Die Sonne war schon dem Untergehen nahe. Da keine Pfeile mehr flogen, befahl der Korsar, hier auszuruhen. Alle waren zum Umsinken müde.

»Wenn sie uns angreifen wollen, können wir sie hier erwarten«, sagte er zu seinen Gefährten. »Die Lichtung ist so groß, daß wir ihr Kommen bemerken würden.«

»Ein guter Platz«, meinte der Spanier. »Die Indianer sind nur im Dickicht gefährlich, an offenen Stellen wagen sie nicht, anzugreifen. Ich werde das Lager herrichten.«

»Willst du denn eine Verteidigungsschanze bauen?« fragte Carmaux. »Das würde zu lange dauern, Freundchen!«

»Es genügt ein Feuerwall.«

»Da springen sie hinüber! Sie sind doch keine Jaguare, die sich vor Feuer ängstigen!«

»Aber vor diesem Kraut! Das ist starker Pfeffer, den ich während des Marsches gesammelt habe.«

Er hielt einige Büschel hoch.

»Ich werfe das Kraut ins Feuer, und vor dem aufsteigenden Rauch haben sie Angst. Wenn sie den Feuerwall überschreiten, brennen ihnen die Augen derart, daß sie für mehrere Stunden blind sind.«

»Donnerwetter! Wo hast du das her?«

»Das habe ich von den Kariben gelernt. Auf! Sammelt Holz! Dann können wir sie seelenruhig erwarten.«

Zwischen Arawaken und Blutsaugern

Nachdem die Flibustier in Eile ihre übriggebliebene Schildkröte verzehrt hatten, durchsuchten sie die Umgebung, um sich zu
vergewissern, ob sich auch kein Indianer dort verborgen hätte.
Sie schlugen auf das Gras, um die Schlangen zu verjagen, und
zündeten rings um das Lager Feuer an, auf das sie einige Hände
voll Pfeffer warfen – übrigens auch ein glänzendes Mittel gegen
Stechmücken und andere Tiere!

Da sie fürchteten, daß die Nacht nicht ruhig verlaufen würde,
hielten sie abwechselnd Wache.

Der große Wald war still geworden, doch die Ruhe schien
den Wächtern wenig vertrauenerweckend. Sie wußten, daß die
Indianer lieber des Nachts als am Tag angreifen.

Carmaux hätte lieber das Maunzen der Jaguare oder das
Gebrüll der Kuguare vernommen: denn die Anwesenheit dieser
Raubtiere wäre wenigstens ein sicheres Zeichen gewesen, daß
die Rothäute fern waren.

So wachten sie nun schon mehrere Stunden, als der Neger,
der ein sehr scharfes Gehör hatte, sich zu Carmaux umwandte:
»Hast du das Blätterrascheln gehört?«

»Nichts habe ich gehört«, erwiderte der Flibustier, der glück-
selig an einem Zigarrenstummel zog, den er in einer seiner
Taschen gefunden hatte. »Heute nacht quaken weder Frösche,
noch kalfatern Kröten.«

»Aber Zweige knacken.«

»So ist also dein weißer Gevatter taub.«

»Horch! Ich fühle, daß sich jemand nähert. Wirf dich zur
Erde, damit dich die Pfeile nicht treffen!«

Sie warfen sich beide ins Gras und gaben Stiller ein Zeichen, dasselbe zu tun. Und so lagen sie im Anschlag mit der Waffe.

Mehrere Männer schienen sich heranzuschleichen.

Da kam Carmaux ein Gedanke. Er sprang auf.

»Stiller«, rief er leise, »wirf mir deine Jacke und deine Mütze zu!«

Der Hamburger tat es.

Auch Carmaux hatte sich seines Kasacks und seiner Kopfbedeckung entledigt und beide Jacken an Baumzweige gehängt, die Mützen darüber.

Dann legten sie sich wieder ins Gras.

»Schlaukopf!« lachte der Neger.

»Wenn wir diese Hampelmänner dort nicht aufhängen, könnten der Korsar und der Spanier von den Pfeilen getroffen werden. So aber laufen sie wenigstens keine Gefahr.«

Ein Zischen ging durch die Luft, und drei bis vier Pfeile durchbohrten die Vogelscheuchen.

»Euer Gift ist diesmal unschädlich, meine Lieben«, murmelte Carmaux. »Ich warte nur, daß ihr euch zeigt, damit ihr meine Bleibonbons kostet.«

Als die Indianer sahen, daß keiner ein Lebenszeichen gab, schnellten sie wieder acht bis zehn Pfeile nach den Hampelmännern. Diesmal sprang der kühnste von ihnen aus dem Dickicht hervor und schwang seine furchtbare Keule.

Carmaux hatte das Gewehr erhoben und wollte gerade losdrücken, als plötzlich vier Schüsse, von schrecklichem Geheul gefolgt, mitten im Urwald knallten.

Der Indianer sprang blitzartig zurück und verschwand.

Der Korsar und der Spanier wachten von den Schüssen jäh auf. Sie glaubten, daß die Indianer das Lager angegriffen hätten.

»Was war das?«

»Inmitten des Gehölzes wird gekämpft, Kapitän!« erklärte Stiller.

»Die Indianer müssen andere weiße Männer angegriffen haben.«

»Vielleicht den Gouverneur mit seinem Gefolge?«

»Wahrscheinlich!«

»Es ist durchaus nicht nach meinem Sinne, daß er von Indianern getötet wird!«

Wieder ertönte in der Ferne wütendes Geschrei, wie von einem ganzen Rothäutestamm. Dann schwieg alles.

»Der Kampf scheint beendet«, sagte der Spanier lauschend. »Für den Gouverneur würde ich nichts unternehmen, aber für meine Landsleute, die mir leid tun.«

»Ich möchte doch wissen, ob mein Todfeind noch lebt!« rief der Flibustier. »Du kennst ja den Weg, Katalone!«

»Die Nacht ist sehr dunkel, Herr, jedoch . . .«

»Können wir nicht Gummibaumzweige anzünden?«

»Dann würden wir ja die Aufmerksamkeit der Indianer erregen.«

»Unser Kompaß kann uns doch führen!«

»Der zeigt nicht! Wie können wir die hunderttausend Hindernisse überwinden, die dieser dichte Wald bietet! . . . Ich weiß einen Rat: Dort sehe ich Cucuyus! Komm mit, Mokko!«

Er begab sich zu einer Baumgruppe, in der große grüne Punkte leuchteten, die wie Phantome durch die Finsternis flogen. Dann machte er Sprünge, bald rechts, bald links, als ob er dieselben erjagen wollte.

Nach zwei Minuten kehrte der Spanier schon ins Lager zurück, die Mütze mit der Hand bedeckend. Er holte einige

Insekten hervor, die ein schönes blaßgrünes Licht ausstrahlten und die Dunkelheit wirklich ein wenig erhellten.

»Binden wir immer zwei dieser Leuchtkäfer an den Beinen zusammen, wie es die Indianer machen! Wer hat einen Faden?«

»Ein Seemann hat immer Bindfaden«, sagte Carmaux. »Gib her!«

»Aber nicht zu fest!«

»Du hast ja noch Reserven, deine Mütze ist voll!«

Die Flibustier banden nun behutsam die Cucuyus an die Fußknöchel ihrer Gefährten. Diese nicht leichte Aufgabe erforderte eine gute halbe Stunde. Endlich waren alle mit den kleinen lebenden Kerzen versehen und schritten durch dichtes Gestrüpp und Lianengirlanden weiter. Sie glitten über riesige netzbildende Wurzeln hinweg und turnten über Baumstämme, die vom Alter oder Blitz gefällt worden waren.

Die Gewehrschüsse hatten aufgehört. In der Ferne jedoch vernahm man ab und zu Indianergeschrei. Zwischendurch Flötentöne und dumpfe Trommellaute.

Die Schlacht schien beendet.

Den Spanier drängte es, das Schicksal seiner Landsleute zu erfahren; er fürchtete, daß einige von ihnen lebend in die Hände der Menschenfresser gefallen wären.

Jetzt war das Geschrei nicht mehr weit. Da stolperte Carmaux über eine Masse und fiel zu Boden, wobei er die an seinen Füßen befindlichen Cucuyus zerdrückte.

»Donnerwetter!« schrie er, sich langsam wieder erhebend. »Was ist denn das? Ein Toter?«

Ein langer Indianer, die Hüften mit einem dunkelblauen Röckchen bekleidet, den Kopf mit Arafedern geschmückt, lag zwischen getrockneten Blättern und Wurzeln. Ein Schwertstoß schien ihm den Schädel gespalten und eine Kugel die Brust durchbohrt zu haben. Er mußte erst vor kurzem getötet worden sein, denn aus der Wunde strömte noch Blut.

»Hier hat ein Zusammenstoß stattgefunden!« sagte Stiller. »Da liegen ja auch Keulen und Pfeile.«

Statt der Landsleute fand der Spanier noch einen anderen Indianer im Dickicht. Zwei Kugeln hatten ihn durchbohrt.

Die Verfolger setzten ihren Weg fort. Immer näher kamen die Indianerstimmen, und die Flibustier berechneten, daß es nur noch eine Viertelstunde bis zum Lager der Menschenfresser sein konnte.

Die Arawaken schienen wirklich einen Sieg zu feiern, denn heitere Flötentöne mischten sich in das Geschrei.

Da sah man ein helles Licht durch das Laubwerk. Es loderte eine Flamme auf.

»Sollten das die Indianer sein?« fragte der Korsar und blieb stehen.

»Ja!« sagte der Spanier. »Aber wen mag man da auf dem Feuer braten?«

»Vielleicht einen Gefangenen?«

»Ich fürchte!«

»Kanaillen!« murmelte der Korsar, den unwillkürlich schauderte. »Kommt, Freunde, wir wollen sehen, ob van Gould dem Tode entronnen ist oder ob ihn die Strafe für seine Missetaten ereilt hat!«

Ein entsetzliches Bild bot sich den Flibustiern, als sie sich den Bäumen näherten, die das Lager der Indianer umgaben.

Eine Schar Arawaken saß um ein Kohlebecken und röstete an einem langen Spieß ihre Speise. Wenn es sich um ein Stück Wild, einen Jaguar oder einen Tapir gehandelt hätte, würden die Flibustier sich nicht beunruhigt haben, aber der Braten bestand aus menschlichen Kadavern, aus zwei weißen Männern, wahrscheinlich von van Goulds Eskorte.

Den beiden Unglücklichen waren soeben die Eingeweide herausgenommen worden, was einen ekelhaften Geruch verbreitete.

»Hölle und Teufel!« rief Carmaux schaudernd. »Ist es möglich, daß es Menschen gibt, die sich von ihresgleichen nähren! Puh! – Diese Bestien!«

»Es sind zwei unserer Soldaten, ich täusche mich nicht, obwohl die Bärte schon verbrannt sind!«

Er sah den Kapitän flehend an.

»Du möchtest sie gern diesen Ungeheuern entreißen und ihnen ein ehrliches Grab geben? – He, Carmaux, Stiller, ihr seid gute Schützen, verfehlt euer Ziel nicht! Feuer!« befahl der Korsar.

Zwei Schüsse knallten. Der eine Indianer fiel über den Braten, und der zweite, der die große Gabel hielt, sank mit zerschmettertem Schädel hintenüber.

Die andern waren hastig aufgesprungen. Aber sie mußten wohl von dem plötzlichen Überfall so erschreckt worden sein, daß sie nicht gleich an eine Verteidigung dachten. Der Spanier und Mokko machten sich diese Verwirrung zunutze und feuerten mitten in die Schar hinein.

Als die Arawaken ihre Leute fallen sahen, wandten sie sich zur Flucht, ohne sich weiter um ihre Speise zu kümmern.

Der Spanier hatte mit wuchtigem Schlag den Bratspieß umgestoßen, während Stiller das Feuer löschte. Mokko und Carmaux hatten sich zweier Schaufeln bemächtigt und gruben hastig in dem weichen, feuchten Erdboden ein Loch, in das sie die Kadaver legten. Indessen hielt der Korsar am Rande des Gehölzes Wache.

Da sich kein Indianer mehr hören noch sehen ließ, befahl der Korsar, den Marsch fortzusetzen. Der dichte Wald bestand hauptsächlich aus Miritenpalmen mit riesigen Stämmen, an denen scharfe Dornen saßen, welche die Kleider der Flibustier zerrissen, und aus Kandelaberbäumen. Die Vögel wurden seltener, und Affen fehlten ganz.

Nach mehreren Wegstunden erhielt der Wald ein anderes Aussehen. Statt der Palmen Rohrgebüsch, Bombax, Käsebäume – nach ihrem weißen, käsigen Holz benannt –, dazu Orchideen, Farn und Passifloren. Der bisher trockene Boden war jetzt mit Wasser vollgesogen und die Luft voller Feuchtigkeit.

Tiefe Stille herrschte unter diesen Pflanzen. Kein Vogelsang oder Affenschrei, noch das Maunzen des Jaguars war zu hören.

»Hölle und Teufel!« rief Carmaux. »Wir scheinen über einen Kirchhof zu gehen!«

»Diese Feuchtigkeit dringt mir in die Knochen«, sagte Stiller. »Sollte das der Anfang eines Sumpffiebers sein?«

»Bah, wir haben ein dickes Fell!« tröstete Carmaux.

»Wenn wir nur etwas zu essen hätten!« bemerkte Mokko. »Hier gibt es aber weder Wild noch Früchte, nur Schlangen!«

»Aber Gavatter!«

»Donnerwetter! Wenn wir nichts anderes haben, kochen wir sie und denken, es seien Aale.«

»Puh!«

Auch unter diesen Gewächsen war die Hitze groß und entkräftend, so daß die Flibustier aus allen Poren schwitzten.

Der Weg wurde von Zeit zu Zeit durch breite Pfuhle unterbrochen, die voller Wasserpflanzen und schwärzlichen, übelriechenden Wassers waren. Oft mußten sie nach einem Übergang suchen. Es wimmelte hier von Reptilien, welche die Nacht erwarteten, um Frösche und Kröten zu jagen.

Nachdem sich die fürchterliche Hitze um drei Uhr etwas gelegt hatte, nahmen die Flibustier nach einer kurzen Rast ihren Marsch durch die von Myriaden Mücken umschwirrten Sümpfe wieder auf.

Zuweilen sanken sie tief in den Boden ein.

Manchmal hob sich der Kopf einer Wasserschlange aus den stehenden Gewässern heraus, oder es erschien eine Schildkröte mit dunkelbraunem, rötlich gesprenkeltem Panzer, um sofort wieder unterzutauchen.

Immer noch fehlten die Wasservögel, welche die gefährlichen Nebel nicht vertragen konnten.

Gegen Abend machten die Wanderer eine Entdeckung, die ihnen den Beweis lieferte, daß sie sich wirklich auf der Spur der Flüchtlinge befanden.

Sie entdeckten am Fuße einer Simarube, die sich einsam mit ihrer Blütenlast erhob, die Leiche eines spanisches Soldaten. Die Füße waren bereits von Schlangen oder Termiten angefressen. Das Gesicht war aschfahl, mit Blut bespritzt, das aus einer kleinen Wunde der rechten Schläfe floß.

Der Katalonier hatte sich über den Unglücklichen gebeugt.

»Pedro Herrera!« rief er bewegt. »O Herr! Es war ein tapferer Soldat und ein guter Kamerad!«

»Die Indianer werden ihn getötet haben!«

»Vielleicht nur verwundet, aber sein Mörder war eine Fledermaus. Seht Ihr nicht das kleine Loch an der Schläfe, aus der noch Blut fließt? Das ist von einem Vampir ausgesogen.«

»Wann ist der Soldat denn gestorben?«

»Vielleicht heute früh. Wäre er schon seit gestern tot, hätten ihn die Termiten bereits aufgefressen!«

»Also ist unser Feind in der Nähe!« rief der Korsar. »Morgen wirst du hoffentlich dem Gouverneur die fünfundzwanzig Stockhiebe heimzahlen können! Jetzt ruht euch aus; wir werden nicht eher wieder rasten, bis wir van Gould erreicht haben!«

Carmaux, Stiller und der Spanier streckten sich unter einer Simarube aus und schwatzten noch eine Weile.

Der Kapitän lag abseits von ihnen und hörte sie nicht.

»Der Kommandant läßt uns ja wie die Pferde laufen«, sagte Carmaux.

»Er will doch so bald als möglich seine Rache vollziehen«, meinte der andere.

»Und seine ›Fólgore‹ wiedersehen!«

»Und die junge Herzogin!«

»Wahrscheinlich auch.«

»Schlafen wir, Carmaux!«

»Schlafen! . . . Hast du nicht gehört, was der Katalonier von den Vögeln erzählte, die das Blut aussaugen? . . . Donnerwetter! . . . Wenn wir um Mitternacht ganz ausgesaugt würden! Mit dieser Vorstellung werde ich nicht ruhig schlafen können.«

»Der Katalonier hat sich doch über uns lustig machen wollen, Carmaux!«

»Nein, Stiller! Auch ich habe von Vampiren sprechen hören.«

»Und was sind das für Wesen?«

»Es scheinen ganz häßliche Vögel zu sein. Hallo, Katalonier, siehst du nichts in der Luft? . . .«

»Ja, die Sterne«, antwortete der Spanier.

»Ich meine, ob du Vampire siehst!«

»Es ist noch zu früh. Sie verlassen ihre Verstecke erst dann, wenn die Menschen und Tiere behaglich schnarchen.«

»Was sind denn das für Wesen?« fragte Stiller.

»Das sind Fledermäuse mit langer, vorstehender Schnauze, großen Ohren und weichem Fell; auf dem Rücken sind sie rotbraun und auf dem Bauche gelbbraun. Ihre Flügel haben eine Länge von vierzig Zentimetern und mehr.«

»Und du sagst, daß sie das Blut aussaugen?«

»Ja, und das machen sie so zart und vorsichtig, daß man es nicht gewahr wird, da sie einen solch feinen, dünnen Rüssel besitzen, daß sie die Haut durchstechen, ohne einen Schmerz zu verursachen.«

»Ob welche hier sein werden?«

»Wahrscheinlich.«

»Und wenn sie auf uns herabkämen?«

»Ach, eine Nacht genügt nicht, um mir mein Blut auszusaugen. Das würde nur ein Aderlaß sein, der in diesem Klima mehr nützlich als schädlich wäre. Es ist aber wahr, daß die Wunden erst lang danach heilen.«

»Ist dein Freund nach einem Aderlaß in die andere Welt eingegangen?« fragte Carmaux.

»Na, wer weiß, wieviel Blut er schon vor der Verletzung verloren hatte! Gute Nacht, Caballero, um Mitternacht gehen wir weiter!«

Carmaux ließ sich ins Gras nieder; doch bevor er die Augen schloß, sah er lange nach den Zweigen der Simarube hinauf, um sich zu überzeugen, daß da nicht ein gieriger Blutsauger versteckt wäre.

Die Flucht des Verräters

Der Mond war gerade hinter dem hohen Wald verschwunden, als der Schwarze Korsar sich wieder erhoben hatte, um die hartnäckige Jagd auf van Gould und sein Gefolge von neuem aufzunehmen. Er schien nicht eher ruhen zu wollen, bis er seinen Todfeind eingeholt hatte. Doch bald zwangen neue Hindernisse, den Gewaltmarsch nicht nur zu verlangsamen, sondern sogar aufzuhalten.

Sehr häufig stieß man auf Tümpel, in welchen sich alle Waldabfälle gesammelt hatten, dann wieder auf sumpfigen Boden mit Wasserlöchern. So mußte man Durchgänge suchen, große Umwege machen oder Pflanzen abschlagen, um Brücken herzustellen.

Seine Leute gaben sich die erdenklichste Mühe, doch waren sie schon von den langen, fast zehn Tage dauernden Märschen, den schlaflosen Nächten und der kärglichen Nahrung sehr erschöpft.

Bei Tagesanbruch mußten sie ihn um eine Ruhepause bitten, da sie sich kaum noch auf den Füßen halten konnten. Sie waren halb verhungert; Zwieback gab es nicht mehr, und Carmaux' Katze war schon seit fünfzehn Stunden verdaut.

Nun gingen sie auf die Suche nach Wild und Obstbäumen. Dieser sumpfige Wald jedoch schien nichts zu bieten. Man hörte weder Papageiengeschwätz noch Affengeheul, noch sah man irgendeine Pflanze, die eßbare Früchte bot.

Endlich war der Katalonier so glücklich, im Sumpfwasser eine Praira mit der Hand zu fangen, jedoch nicht ohne einen schweren Biß davonzutragen. Das sind in toten Gewässern in

Überzahl vorkommende Fische mit scharfen Zähnen und schwarzem Rücken. Währenddessen versuchte Mokko einen anderen Fisch zu fangen, den Cascudo. Derselbe war ein Fuß lang und hatte ganz harte, oben schwarze und unten rötliche Schuppen.

Dieses magere Mahl, völlig unzureichend, um alle zu sättigen, war bald verschlungen. Nach einigen Ruhestunden machte man sich wieder auf den Weg durch den düsteren Wald, der kein Ende zu nehmen schien.

Die Flibustier versuchten, sich in südöstlicher Richtung zu halten, da sich an der äußersten Spitze des Maracaibosees die Festung von Gibraltar befand. Sie wurden jedoch durch die fortwährenden Sümpfe und schlammigen Strecken immer gezwungen, vom Wege abzuweichen.

So gingen sie bis Mittag, ohne eine Spur von den Flüchtlingen entdeckt oder einen Schrei oder Knall gehört zu haben. Gegen vier Uhr nachmittags fanden sie an den Ufern eines Baches die Reste eines Feuers, dessen Asche noch warm war.

War es von einem indianischen Jäger oder von den Flüchtlingen angezündet worden? Man sah keinerlei Fußspuren, da der Boden trocken und mit Blättern bedeckt war. Dennoch ermutigte diese Entdeckung die Verfolger.

Bei Beginn der Nacht mußten sie sich wieder ohne Abendessen hinlegen, da sie überhaupt nichts Eßbares gefunden hatten.

»Schockschwerenot-Himmeldonnerwetter!« rief Carmaux, der den Hunger zu stillen suchte, indem er einige Blätter mit süßlichem Geschmack kaute. »Wenn das so weitergeht, werden wir in einem Zustand in Gibraltar ankommen, daß man uns gleich ins Hospital bringen muß!«

Diese Nacht war die schlimmste von allen, die sie in den

Wäldern des Maracaibosees zugebracht hatten. Außer vom Hunger wurden sie dazu noch von unzähligen Mückenschwärmen gepeinigt, so daß sie kaum für einige Minuten die Augen schließen konnten.

Als sie sich gegen Mittag des folgenden Tages wieder auf den Weg machten, waren sie müder als am Abend zuvor. Carmaux erklärte, daß er keine zwei Stunden mehr aushalten könnte, wenn er nicht zum mindesten eine Wildkatze zum Braten oder ein halbes Dutzend Kröten finden würde. Stiller würde einen am Spieß gebratenen Affen oder Papageien vorgezogen haben, aber sie fanden weder das eine noch das andere in dem verwünschten Walde.

So schleppten sie sich wieder vier Stunden weiter, immer dem Kapitän folgend, der übermenschliche Kräfte zu haben schien, als sie in geringer Entfernung einen Schuß hörten.

Der Schwarze Korsar blieb stehen.

»Endlich!« rief er erfreut aus und nahm seine Pistole zur Hand.

»Potztausend!« schrie Stiller. »Sie scheinen uns nahe zu sein.«

»Hoffen wir, daß sie uns nun nicht mehr entkommen!« setzte Carmaux hinzu. »Wir binden sie wie eine Salami, damit wir ihnen nicht noch eine zweite Woche nachlaufen müssen!«

»Der Schuß ist keine halbe Meile von hier gefallen«, sagte der Kalalonier.

»Wir wollen den Flüchtenden auflauern, so daß sie sich ergeben müssen, ohne daß ein blutiger Kampf entsteht. Es müssen sieben oder acht sein, während wir nur fünf sind und dazu matt und erschöpft!«

»Sie werden sicher nicht kräftiger sein als wir, aber dennoch nehme ich deinen Rat an. Wir überfallen sie plötzlich von hinten, und zwar so überraschend, daß sie zur Verteidigung keine Zeit mehr haben!«

Die Flibustier luden ihre Gewehre und Pistolen für den Fall, daß es doch zu einem Kampf kommen sollte; dann krochen sie durch die Sträucher, Wurzeln und tropischen Schlingpflanzen, indem sie sorgfältig Blätterrascheln und Zweigeknistern vermieden.

Da der sumpfige Wald jetzt ein Ende nahm, stießen sie wieder auf Bambus, Palmen jeder Art, Buchsbaum und Pflanzen mit riesengroßen Blättern, beladen mit Blüten und Früchten. Auch Papageien erblickten sie wieder und hörten in der Ferne das ohrenbetäubende Geschrei von Affen, was Carmaux wütend machte, weil er sie nicht schießen durfte.

»Ich werde später wieder zu Kräften kommen«, brummte er, »und dann esse ich zwölf Stunden hintereinander Wild.«

Der Schwarze Korsar hatte all die Strapazen und Entbehrungen, wie es schien, mit Leichtigkeit überwunden.

Plötzlich hielt er lauschend inne. Hinter einem kleinen Gebüsch hörte er deutlich zwei Männer sprechen.

»Diego«, sagte eine schwache Stimme, als ob sie am Erlöschen wäre, »nur einen Schluck Wasser, einen einzigen Schluck . . . bevor ich die Augen für immer schließe!«

»Ich kann doch nicht, Pedro«, antwortete eine andere, röchelnde Stimme. »Ich kann nicht!«

»Mit uns ist's aus . . . Diese verdammten Indianer . . . sie haben mich zu Tode verwundet!«

»Und ich habe Fieber . . . das mich töten wird.«

»Wenn sie zurückkommen . . . werden sie uns nicht mehr finden.«

»Der See ist nah . . . und der Indianer weiß . . . wo ein Kahn ist . . . Ah! Kommt da nicht jemand?«

Der Korsar drang in das Dickicht mit hochgehobener Pistole.

Dahinter lagen unter einem großen Baum zwei blasse, nur mit Lumpen bedeckte Soldaten. Als sie den bewaffneten Mann erblickten, rafften sie sich mit aller Kraft auf und wollten kniend nach ihren Gewehren greifen. Sie fielen aber sofort wieder um, da ihre Kräfte versagten.

»Wer sich rührt, ist des Todes!« rief der Kapitän drohend.

Einer der beiden Soldaten sagte traurig: »Ach, Caballero! . . . Ihr würdet nur Sterbende töten.«

In diesem Moment traten auch die andern in die Hecke. Als der Spanier die Soldaten erblickte, schrie er auf: »Pedro! . . . Diego! . . .«

»Der Katalonier!« kam es von den Lippen der beiden.

»Ich bin's, Kameraden!«

»Still, still! Regt euch nicht auf!« sagte Ventimiglia. »Könnt ihr mir angeben, wo sich der Gouverneur befindet?«

»Er ist seit drei Stunden fort von hier!« antwortete Pedro.

»Ist er allein?«

»Mit einem bestochenen Indianer, der uns als Führer diente, und seinen zwei Offizieren. Der Indianer wollte ihm zu einem Kahn verhelfen.«

»Freunde«, rief der Schwarze Korsar. »Wir müssen weiter, wenn uns van Gould nicht entwischen soll!«

»Herr«, bat jetzt der Spanier, »wäre es nicht schlecht von mir, wenn ich meine armen Kameraden hier verließe? Der See ist nah, ich habe meine Aufgabe erfüllt. Ich würde meiner Rache entsagen, um diesen Unglücklichen zu helfen!«

»Gut, du bist frei! Aber ich glaube, daß deine Hilfe hier unnütz sein wird«, fügte der Korsar leise hinzu.

»Vielleicht kann ich sie noch retten!«

»Ich lasse Mokko bei dir. Meine beiden Flibustier genügen!«

»In Gibraltar sehen wir uns wieder, Kapitän, ich verspreche es Euch!«

»Haben deine Kameraden noch Lebensmittel?«

»Ja, Zwieback, Herr!« antworteten die Soldaten.

»Und Milch!« Der Katalonier warf bei diesen Worten einen Blick auf den Baum, unter dem die beiden Verwundeten lagen.

Und sofort hatte er mit der Navaja einen tiefen Schnitt in den Stamm gemacht, der allerdings kein echter Milchbaum, sondern nur eine Massuranduba war. Man schätzte dieselbe ihres weißen, sehr nahrhaften Saftes wegen, der auch einen milchähnlichen Geschmack hat. Freilich darf man nicht allzu großen Gebrauch davon machen, da er schlimme Störungen verursachen kann. Der Katalonier füllte die leeren Flaschen der Flibustier, gab ihnen noch Gebäck aus dem Vorrat der Spanier mit und sagte: »Geht, Caballeros, sonst wird euch van Gould noch entschlüpfen!«

Der Schwarze Korsar wollte die drei Stunden Vorsprung, welche die Flüchtlinge hatten, durch schnellen Lauf einholen und das Ufer des Sees erreichen, bevor die Dunkelheit anbrach. Es war schon fünf Uhr nachmittags. Glücklicherweise lichtete der Wald sich immer mehr. Die Bäume waren nicht mehr mit Lianen verbunden, sondern standen in einzelnen Gruppen, so daß die Piraten geschwind einherschreiten konnten, ohne sich erst durch Abschneiden der Pflanzen Bahn brechen zu müssen.

Sie spürten bereits die Nähe des Sees. Die Luft wurde frischer und salzhaltiger. Auch sahen sie schon Wasservögel, zumeist

Bernacles, die man in großer Anzahl an den Ufern des Maracaibogolfs findet.

Der Kapitän beschleunigte seinen Schritt.

So stellte er Carmaux und Stiller, die kaum noch weiterkonnten, auf eine harte Probe.

Um sieben Uhr, gerade als die Sonne hinter den Bergen verschwand, bemerkte er, daß seine Begleiter zurückblieben. Er bewilligte ihnen eine Ruhepause von einer Viertelstunde, in der sie ihre Flaschen leerten.

Der Kommandant jedoch gönnte sich keine Rast. Während Stiller und Carmaux ruhten, untersuchte er die Umgegend nach den Spuren der Flüchtlinge, aber vergebens.

»Weiter, Freunde, nehmt noch einmal eure Kraft zusammen!« sagte er, seine Gefährten aufmunternd. »Morgen könnt ihr nach Belieben ausruhen. Das Seeufer muß nahe sein!«

Sie nahmen den Marsch durch das Dickicht von neuem auf. Die Dunkelheit brach herein, und das Geheul von wilden Tieren ließ sich aus dem Innern des Waldes vernehmen. Da hörten sie plötzlich Wellen rauschen und sahen zwischen den Bäumen einen Feuerschein.

»Der Golf! Und jene Flamme drüben am Waldesrand zeigt das Lager der Flüchtlinge an!« schrie freudig der Korsar. »Auf! Nehmt die Waffen!«

Sie eilten auf das Feuer zu, waren aber bitter enttäuscht, als sie nicht den Feind selbst, sondern nur Spuren seines Aufenthalts fanden, Reste eines gebratenen Affen und eine zerbrochene Flasche.

»Zu spät!« rief Ventimiglia zähneknirschend. »Eilen wir ihnen nach! Sie können kaum an der Küste sein. Vielleicht in Kugelweite!«

Die Waldung hörte plötzlich auf, und ein niedriger Strand wurde sichtbar, gegen dessen Sand die Wellen plätscherten.

Beim letzten Abendschimmer bemerkte Carmaux, wie ein Indianerkanu gen Süden, also in Richtung Gibraltar, in Eile das Weite suchte.

»Van Gould!« schrie der Schwarze Korsar. »Halt, oder du bist ein Feigling!«

Einer der vier Männer im Kanu erhob sich, und ein blitzartiger Schein ging von ihm aus. Die Flibustier hörten das Sausen einer Kugel, welche in einen nahestehenden Baum schlug.

»Ah! Verräter!« rief der Kapitän in höchster Wut. »Schießt auf ihn!«

Stiller und Carmaux befanden sich schon in kniender Stellung und legten ihre Gewehre an. Einen Augenblick danach widerhallten zwei Schüsse.

Ein Schrei ertönte, und man sah, wie jemand im Kanu zu Boden sank; das Boot entfernte sich schneller nach der Südküste zu und verschwand in der Dunkelheit, die, wie immer in diesen Gegenden, mit blitzartiger Geschwindigkeit eintrat.

Außer sich vor Zorn, lief der Korsar das Ufer entlang, in der Hoffnung, irgendeinen Kahn zu finden.

Plötzlich rief Carmaux: »Seht, Kapitän!«

Zwanzig Schritte entfernt, lag eine kleine Bucht, welche die Ebbe trocken gelassen hatte. Dort fanden sie ein Indianerkanu, das heißt einen ausgehöhlten Baumstamm.

Der Kommandant und seine beiden Begleiter hatten mit einem starken Stoß das Boot ins Wasser gestoßen.

»Sind Ruder dabei?« fragte er.

»Ja, Kapitän!«

»Also ihm nach!«

»Muskeln anstrengen, Stiller!« schrie der Biskayer. »Im Rudern haben die Seeräuber keine Rivalen!«

»So! Eins . . . zwei! . . .« zählte der Hamburger, indem er sich über das Ruder beugte.

Der Kahn verließ die Bucht und schoß pfeilschnell über den Golf, den Spuren des Gouverneurs von Maracaibo nach.

Die spanische Karavelle

Das Kanu mit van Gould war jetzt mindestens schon eintausend Schritt voraus. Trotzdem hatten die Korsaren den Mut, es zu verfolgen. Seine Insassen, der Gouverneur und die beiden Offiziere, konnten nur ihre Waffen gebrauchen; vom Rudern verstanden sie nichts. Desto mehr galt aber die Geschicklichkeit des Indianerruderers, der sie bediente.

Obgleich von den langen Märschen und dem Hunger sehr müde, bewegten Stiller und Carmaux doch den Baumkahn mit staunenswerter Schnelligkeit. Sie waren sicher, das feindliche Kanu einzuholen, fürchteten aber, daß irgendein unvorhergesehenes Ereignis die Verfolgung hemmen könnte.

Der Schwarze Korsar, der vorn saß, mit der Büchse zwischen den Händen, ermunterte sie ohne Unterlaß.

Als sie etwa fünf Minuten in voller Fahrt waren, bekam ihr Kanu einen Stoß.

»Himmel! Donnerwetter!« schrie Carmaux. »Eine Sandbank?«

Der Korsar beugte sich über Bord und bemerkte vor dem Boot eine dunkle Masse. Schnell griff er mit beiden Händen danach, bevor sie unter dem Schiffskiel verschwand.

»Eine Leiche!« rief er.

Mit einem Ruck hob er den Körper empor. Es war die Leiche eines spanischen Hauptmanns, dem der Kopf durch einen Gewehrschuß gespalten war.

»Es ist einer der Begleiter van Goulds«, sagte er und ließ die Leiche wieder ins Wasser fallen.

»Sie haben ihn in den See geworfen, damit ihr Boot leichter

wird!« bemerkte Carmaux, indem er weiterruderte. »Munter, munter, Stiller! Die Schurken können nicht mehr weit sein.«

In demselben Augenblick schrie der Schwarze Korsar: »Da sind sie!«

Er bemerkte in einer Entfernung von sechs-, siebenhundert Metern eine glänzende Furche, welche von Minute zu Minute leuchtender wurde. Der Schein mußte von dem Boot ausgehen, das eine mit Fischeiern gesättigte Wasserstraße durchfuhr.

»Ob wir sie noch erreichen werden, Stiller?«

»Sicher!«

»Mach größere Ruderschläge! Wir strengen uns dabei weniger an, und es geht schneller.«

»Ruhe!« sagte der Kapitän. »Vergeudet eure Kräfte nicht durch das viele Reden!« Er stand mit dem Gewehr in der Hand aufrecht und suchte seinen Feind.

Mit einem Male legte er an, beugte sich über Bord und schoß. Der Knall verbreitete sich über den ganzen See, aber es folgte kein Laut, der angekündigt hätte, daß jemand getroffen war.

»Fehlgegangen!« sagte Carmaux. »Ihr wißt, in einem Boot läßt sich schwer zielen!«

Da der Kapitän nicht antwortete, fuhr er fort: »Jetzt sind wir nur noch fünfhundert Schritt von ihnen entfernt! Gut ausholen, Stiller!«

»Meine Muskeln zerspringen schon!« erwiderte der Hamburger, der wie eine Robbe schnaufte.

Der Abstand zwischen beiden Fahrzeugen wurde immer kleiner, trotzdem sich der Indianer drüben ungeheuer anstrengte. Hätte er einen zweiten Ruderer seiner Rasse gehabt, würde er die Distanz leicht überwunden haben; denn die südamerikanischen Rothäute sind unübertreffliche Bootsleute. Jetzt konnte man das Boot genau ausmachen, weil es die phosphoreszierende Wasserstrecke durchquerte. Der Indianer war am Schiffsheck und ruderte mit aller Kraft, während der Gouverneur und seine Begleiter ihm so gut wie möglich halfen. Einer saß an Backbord, der andere an Steuerbord.

Der Korsar erhob zum zweiten Male sein Gewehr.

»Ergebt euch, oder ich schieße!«

Niemand antwortete. Im Gegenteil, das Schiff wendete plötzlich und schlug die Richtung nach der sumpfigen Küste ein, vielleicht um ein Versteck im nahen Flusse Rio Catatumbo zu finden.

Auch auf einen dritten Anruf wurde keine Antwort erteilt.

»Dann stirb, Verräter!« schrie Ventimiglia.

Er legte sein Gewehr nochmals auf van Gould an, der nur noch dreihundertundfünfzig Schritt von ihm entfernt war. Das Boot schwankte aber durch die schnellen Ruderschläge gewaltig, was ihm das Zielen sehr erschwerte.

Dreimal mußte er zielen. Beim viertenmal feuerte er los.

Dem Schuß folgte Geschrei. Man sah eine Gestalt ins Wasser fallen.

»Getroffen!« riefen Carmaux und Stiller zugleich.

Der Mann, der ins Wasser fiel, war aber nicht der Gouverneur. Es war der Indianer.

Der Kapitän stieß einen Fluch aus.

»Beschützt ihn denn die Hölle? Gut, fangen wir ihn lebend!«

Das feindliche Boot war davongeeilt, ohne den Indianer konnte es aber nicht weit kommen.

Es handelte sich nur noch um wenige Minuten. Carmaux und Stiller hofften, es gleich zu erreichen. Noch hatten sie Kraft!

Als der Gouverneur und seine Begleiter einsahen, daß sie

gegen die Flibustier nicht ankämpfen konnten, nahmen sie die Richtung nach einer kleinen, etwa fünf-, sechshundert Meter entfernt liegenden Insel.

»Wenn sie dort landen, entwischen sie uns nicht mehr!« rief Carmaux.

»Um Gottes willen!« rief Stiller erschrocken aus. »Wir sind verloren!«

In diesem Moment hörte man eine Stimme: »Wer da?«

»Spanier!« antworteten der Gouverneur und seine Begleiter.

Hinter einem Vorgebirge der Insel erschien plötzlich ein Schiff, das mit vollen Segeln auf beide Boote zusteuerte.

»Nanu, sollte das schon einer unserer Segler sein?« fragte Carmaux.

Der Kapitän neigte sich wütend über den Rand des Kanus. Seine Augen blitzten wie die eines Tigers.

»Es ist eine spanische Karavelle!« rief er plötzlich. »Verdammt, daß er uns wieder entwischt! . . . Rudert nach der Insel, noch ehe das Fahrzeug uns fangen kann!«

Das Kanu bewegte sich unter dem Schutz der Felsen weiter.

Inzwischen hatte die Karavelle das Boot, in dem der Gouverneur saß, an Bord genommen.

Mit einem Male sah man die Matrosen eiligst die Segel brassen.

»Schnell!« rief der Korsar, dem nichts entgangen war. »Die Spanier wollen Jagd auf uns machen. Wir sind ja nur einhundert Schritt vom Ufer entfernt!«

In diesem Augenblick blitzte es an Bord des Schiffes hell auf, man hörte Kanonen donnern, deren Kugeln krachend in einen Baumgipfel schlugen.

Die Karavelle hatte die Landzunge passiert und wendete

jetzt. Sie ließ mehrere Boote ins Wasser, um das Kanu zu verfolgen.

Carmaux und Stiller verdoppelten ihre Kräfte. Kurz vor dem Ufer fuhren sie auf eine Sandbank. Der Korsar stürzte sofort ins Wasser, lief zu den ersten Bäumen am Strand und versteckte sich dahinter. Die beiden Bootsleute ließen sich über Bord gleiten und duckten sich unter Wasser, da sie wieder eine Lunte auf dem feindlichen Schiff bemerkt hatten. Dies Manöver rettete sie. Gleich darauf prasselte ein zweiter Kugelregen auf die Sträucher und Palmenblätter des Gestades, während einige schwere Geschosse ins Boot schlugen. Die beiden auf so wunderbare Weise geretteten Flibustier kletterten eiligst ans Ufer und verbargen sich im Gesträuch.

»Seid ihr verwundet?« fragte der Kapitän besorgt.

»Flibustier werden nicht getroffen«, entgegnete Carmaux.

Die drei Seeleute suchten nun zwischen den dichtstehenden Pflanzen eine sichere Zuflucht und kümmerten sich nicht um die aus verschiedenen Schaluppen gezielten Gewehrschüsse.

Die Insel mochte einen Kilometer Umfang haben und mußte sich vor der Mündung des Rio Catatumbo befinden, eines sich in den See unterhalb Suañas ergießenden Stroms. Sie erhob sich in Kegelform in eine Höhe von drei- bis vierhundert Metern und war mit reicher Vegetation bedeckt, zumeist Zedern, Baumwollbäumen, stacheligen Euphorbien und Palmen verschiedene Art.

Als die Korsaren zu den Abhängen des Gipfels gelangt waren, ohne einem lebenden Wesen begegnet zu sein, machten sie eine kleine Ruhepause, da sie völlig erschöpft waren.

Beim Weitergehen mußten sie sich durch Säbelhiebe durch die dichte Vegetation Bahn schaffen. Nach zwei Stunden erreichten sie endlich den fast nackten, nur von wenigem Gesträuch und Felsen umgebenen Gipfel. Da der Mond schien, konnten sie die Karavelle gut unterscheiden. Sie war dreihundert Schritt vom Ufer entfernt verankert, während drei Schaluppen sich an der Stelle befanden, wo die Indianerpiroge zertrümmert lag.

Die Matrosen waren schon ausgeschifft, hatten jedoch nicht vorzudringen gewagt, da sie wohl fürchteten, in dem dichten Pflanzenwuchs leicht in eine Falle zu geraten. So hatten sie sich an der Küste um ein Feuer gelagert, wahrscheinlich um die zahllosen Schwärme wilder Mücken zu verscheuchen.

»Sie werden den Sonnenaufgang abwarten und uns dann verfolgen«, meinte Carmaux. »Ein Dämon muß den Gouverneur schützen. Jetzt ist er uns schon zum zweiten Male entschlüpft!«

»Was sollen wir tun, wenn die Karavellenbesatzung zum Angriff auf diesen Kegel vorgeht?« fragte Stiller.

»Ach, mach dir keine Sorge, in Maracaibo haben die Spanier das Haus des Notars angegriffen, und doch sind wir glücklich entkommen!«

»Ja«, warf der Korsar ein, »dies ist aber nicht das Haus des Notars! Auch haben wir keinen Grafen Lerma hier, der uns helfen könnte!«

»Also glaubt Ihr wirklich, Kapitän, daß wir unsere Tage am Galgen beschließen müssen? Ach, wenn der Olonese doch käme!«

»Der wird noch in Maracaibo plündern. Sonst müßte er schon hier sein!«

»Wo wolltet Ihr ihn treffen, Herr?«

»An der Mündung des Catatumbo.«

»Dann haben wir ja die Hoffnung, ihn eines Tages hier zu sehen. Er wird sich ja nicht ewig in Maracaibo aufhalten!«

»Werden wir aber dann noch leben? Glaubst du, daß van Gould uns ruhig hier auf dem Kegel sitzen läßt? Nein, mein Lieber! Er wird das möglichste versuchen, uns in seine Hand zu bekommen noch vor Ankunft der Flibustier! Vielleicht hängt er den Strick schon an die Rahe für uns!«

Über den Gipfel des Hügels waren große Steine verstreut. Die beiden Seeleute wälzten sie heran und errichteten damit eine Art Schanze. Sie war kreisrund, zwar niedrig, aber doch genügend, um die Flüchtlinge in liegender oder kniender Stellung zu schützen. Diese anstrengende Arbeit dauerte zwei Stunden. Dann schleppten sie noch Massen stacheliger Pflanzen herbei und bauten damit einen Heckenzaun, der den Händen und Beinen der Gegner gefährlich werden konnte.

»Nun haben wir eine kleine Festung!« sagte Carmaux, sich vergnügt die Hände reibend.

»Eins aber fehlt noch«, bemerkte der Hamburger. »Die Speisekammer der Garnison!«

»Donnerwetter, ja! Wir haben auch nicht ein einziges Biskuit mehr zum Knabbern!«

»Und können diese Steine nicht in Brot verwandeln. Also plündern wir den Wald, Freund Stiller!«

Carmaux sah nach oben, wo der Kommandant einen Beobachtungsposten eingenommen hatte.

»Ist schon Bewegung da unten in die Truppe gekommen?«

»Noch nicht!«

»Dann können wir noch auf die Jagd gehen! Bei Gefahr ruft uns durch einen Flintenschuß, Kapitän!«

Die beiden Flibustier fanden zu ihrer Freude auf dem Abhang ein Stück urbar gemachter Erde. Wahrscheinlich hatte ein Indianer die Fruchtbäume einst dort gepflanzt. Sie ernteten Kokosnüsse, Orangen und Palmkraut, was ihnen das Brot ersetzen sollte. Außerdem fanden sie eine große Sumpfschildkröte. Wenn sie sich einrichteten, konnten sie wenigstens vier Tage von den Vorräten leben.

Außer den Früchten und dem Reptil hatten sie noch etwas Wichtiges entdeckt, das ihnen dazu nützen konnte, die Feinde eine Zeitlang vom Leibe zu halten. Es war eine von den Eingeborenen »Niku« genannte Pflanze.

Carmaux überließ sich einer unbändigen Heiterkeit.

»Mein lieber Stiller, wir werden den Matrosen etwas zu kosten geben, sollten sie Angriffslust zeigen! In diesem Klima gibt es Durst, und auf der Karavelle werden sie nichts zu trinken kriegen! Paß auf, der Niku wird Wunder wirken!«

»Ich habe nicht viel Vertrauen in die Sache.«

»Donnerwetter! Ich habe es doch früher einmal probiert und wäre beinahe krepiert vor Schmerzen.«

»Kommen die Spanier denn hierher, um zu trinken?«

»Na, hast du noch andere Seen in der Umgebung gesehen?«
»Nein!«

»Dann sind sie doch gezwungen, ihren Durst in dem Teich zu stillen, den wir entdeckt haben!«

»Ich bin doch neugierig auf die Wirkungen deiner Pflanze!«

»Ich werde sie dir zeigen, wenn die Bande von fürchterlichem Leibkneifen gequält wird!«

»Und wann vergiften wir das Wasser mit dem Niku?«

»Sobald wir sicher sind, daß unsere Feinde den Hügel angreifen!«

»Wißt Ihr, daß die ganze Insel schon von Schaluppen umgeben ist?«

»Hinter diesen Felsstücken und Dornenhecken können wir die Blockade bis zur Ankunft des Olonesen aushalten!« rief Carmaux.

»Aber vierzig Mann sind schon ausgeschifft!«

»Das sind schon eine ganze Menge, aber ich rechne auf meinen Niku. Wollt Ihr mit mir kommen, Kapitän? Die Spanier brauchen mindestens drei Stunden, ehe sie oben sind. Stiller hält inzwischen hier Wache.«

Sie stiegen inzwischen den bewaldeten Hügel bis zu einhundertundfünfzig Metern hinab, wobei sie Scharen von schwatzenden Papageien aufscheuchten, bis zu einem kleinen Teich mit unzähligen, lianenähnlichen Schlingpflanzen. Carmaux schnitt mit seinem Entersäbel Massen von diesen bräunlichen, von den Indianern Venezuelas und Guanayas »Niku« (botanisch: Robinien) genannten Halmen ab und band sie zu Bündeln zusammen. Dann legte er sie auf einen Stein am Ufer und schlug mit einem langen Baumzweig kräftig auf dieselben ein, so daß der Saft in den Teich tropfte. Erst färbte sich das Wasser weiß wie Milch, worauf es eine schöne Perlmutterfarbe annahm, die sich aber auch bald verflüchtigte. Zuletzt war das Becken wieder klar, und niemand konnte ahnen, daß es einen wenn auch nicht gefährlichen, so doch wenig angenehmen, berauschenden Stoff barg.

Plötzlich schlugen die Fische wild um sich, wanden sich vor Schmerzen und wollten aus dem Wasser heraus. Carmaux benutzte gleich die Gelegenheit, seine Vorräte für die Belagerung zu ergänzen. Er erklärte dem Kapitän, daß die Kariben auf diese Weise ihre Fische fangen.

Es gelang ihm mit wenigen Schlägen, große Stachelrochen zu erwischen. Der Korsar war inzwischen schon vorausgegangen.

Mit einem Male krachte ein Schuß. Carmaux fiel um und blieb unbeweglich liegen.

Die Erstürmung des Kegels

Als der Kapitän den Schuß hörte, glaubte er, daß sein Flibustier auf ein Tier gefeuert hätte.

Er rief nochmals seinen Namen. Ein leises Zischen wie von einer Schlange antwortete ihm. Das machte ihn stutzig. Hinter einem großen Simarubebaum verborgen, spähte er nach allen Seiten.

Da sah er, wie sich die Gräser drüben leicht bewegten. Das Ohr auf die Erde geduckt, hörte er ein Rascheln, das der Boden deutlich übertrug.

Carmaux kroch vorsichtig näher. Er hatte weder seine Büchse noch seine Fische losgelassen.

»Bist du getroffen worden?« fragte ihn der Korsar besorgt.

»Ich bin lebendiger denn je. Aber wo mag der Kerl geblieben sein, der auf mich geschossen hat?«

Da sich niemand zeigte, kletterten sie eiligst den steilen Abhang wieder hinauf. Einer von ihnen ging immer rückwärts, den Gewehrlauf auf den Wald gerichtet.

»Sie werden uns erst die Nacht angreifen. Inzwischen bereiten wir unser Essen! Für uns den Fisch – für sie das Blei! Wir wollen sehen, wer besser verdaut!«

Kaum hatten die Flibustier den ersten Bissen im Munde, als ein mächtiger Kanonenschuß vom Meer her dröhnte. Eine zweite Kugel großen Kalibers traf den Felsgipfel über ihnen und zersprang mit großem Getöse.

»Sie wollen uns pulverisieren und wie die Rochen zerquetschen!« rief Carmaux. »Aber wenn die Karavelle uns beschießt, so beschießen wir die Spanier!«

»Hat dir ein Sonnenstich dein Gehirn verbrannt?« fragte Stiller. »Wo hast du denn die Kanonen her?«

»Wir rollen einfach die Steinblöcke den Abhang hinunter! Der ist so steil, daß diese großen Geschosse kaum unterwegs haltmachen!«

»Die Idee ist gut! Verteilen wir uns!« rief jetzt der Kapitän. »Jeder auf seinen Posten! Nehmt euch in acht, daß ihr keine Kugelsplitter bekommt!«

Inzwischen versuchten die Matrosen der Karavelle von zwei Seiten aus, die steilen Abhänge des Kegels zu erklimmen.

Man hörte, wie sie sich durch Zerschneiden der Lianen und Wurzeln nur schwer im Dickicht Bahn brachen. Die einen gingen durch eine Art Cañon, die andern nahmen den Weg um den Teich.

»Halten wir den Trupp zuerst auf, der uns im Rücken bedroht!« befahl der Korsar.

Und auf seinen Wink rollten die Flibustier nun eine Anzahl Blöcke den Abhang hinunter. Diese stürzten lawinenartig in die Tiefe, Bäume und Sträucher mit sich reißend. Bald hörte man unten Schreckensrufe und Gewehrschüsse.

»Ich glaube, sie haben genug!« rief Stiller, der von seinem Standpunkt aus beobachten konnte. »Ich sehe schon wieder viele absteigen und unter den Bäumen verschwinden. Andere aber klettern die Cañonwände hoch!«

»Noch eine Ladung!«

Und wieder wälzten sie Felsstücke den Hang hinab.

»Nun zu den andern!«

»Wenn die nicht schon inzwischen bei der Hitze ihren Durst im Teich gelöscht haben, Kapitän! Dann sind sie von der Kolik erfaßt worden und belästigen uns nicht mehr!«

Alle drei horchten angestrengt nach jener Seite. Sie hörten keinen Laut mehr.

»Entweder sind sie stehengeblieben aus Furcht vor den verheerenden Wirkungen unserer Artillerie, oder sie schleichen leise wie die Schlangen an uns heran«, meinte der Kommandant.

Stiller, der am Rand des Felsens stand, duckte sich und schoß in den Wald hinein. Der Schall hallt lange unter den Bäumen wider. Aber nichts erfolgte darauf. Nun feuerte man nach allen Richtungen, auch diesmal ohne Antwort zu erhalten.

»Diese Stille beunruhigt mich«, sagte Carmaux.

Auch der Korsar war unruhig geworden. Er befürchtete einen Hinterhalt der Spanier.

»Hoffentlich gibt es keine unangenehme Überraschung!«

»Mir wäre auch ein ordentliches Gewehrfeuer lieber!«

Plötzlich schrie Stiller von oben belustigt herab: »Dort unten am Ufer benehmen sich die Soldaten wie Verrückte! Sie halten sich alle den Bauch.«

»Ah, der Niku hat seine Schuldigkeit getan!« lachte Carmaux. »Könnten wir ihnen nicht ein Beruhigungsmittel durch Flintenpillen schicken?«

»Nein, laßt sie in Ruhe! Wir müssen unsere Munition für den entscheidenden Augenblick aufsparen. Außerdem tötet man nicht Menschen, die sich nicht verteidigen können.«

»Kapitän, da der erste Angriff der Feinde mißlang, wollen wir den Waffenstillstand mit der Fortsetzung unseres Mahles ausfüllen! Wir haben noch Schildkröte und Fisch.«

Während sich die beiden Seeleute wieder am Herdfeuer beschäftigten, um den Rochen fertigzubraten, begab sich der Korsar auf seinen Beobachtungsposten.

Die Karavelle hatte ihren Ankerplatz noch nicht verlassen, doch herrschte auf der Brücke eine ungewöhnliche Bewegung. Es schien, als ob man sich dort um eine große Kanone zu schaffen machte, die auf der Schiffsschanze mit dem Lauf nach oben stand, als ob das Feuer gegen die Kegelspitze wieder eröffnet werden sollte. Die vier Schaluppen segelten längs des Strandes hin. Man befürchtete wohl einen Fluchtversuch der Belagerten. Diese hatten aber doch weder Boote zur Verfügung, noch konnten sie die große Entfernung schwimmend durchmessen!

Nach einiger Überlegung schlug der Kapitän seinen Leuten vor, den Durchbruch der Blockade zu wagen und sich einer der Schaluppen zu bemächtigen.

»Wie lange braucht ihr bis zur Catatumbomündung?«

»Vielleicht eine Stunde kräftigen Ruderns. Es sind jedoch viele Sandbänke davor, so daß man Gefahr läuft, bei zu schneller Fahrt zu stranden.«

»Wird uns aber nicht die Karavelle verfolgen?« fragte Stiller.

»Wenn auch! Wir wollen es, sobald der Mond aufgegangen ist, unternehmen!«

Während des ganzen Tages gaben weder van Gould noch die Matrosen der Karavelle ein Lebenszeichen von sich. Sie waren so sicher, die drei auf der Spitze des Kegels nistenden Flibustier früher oder später zu fangen, daß sie einen Angriff für überflüssig hielten.

Sicherlich dachte man, sie durch Hunger und Durst zur Übergabe zu zwingen, um so mehr, als der Gouverneur den berühmten Korsaren lebend haben wollte, um ihn, wie dessen Brüder, auf der Plaza von Maracaibo zu hängen.

Als der Abend kam, trafen die Flibustier ihre Vorbereitungen zum Abmarsch. Sie verteilten die Munition, so daß auf jeden ungefähr dreißig Schüsse kamen, und verließen in völliger Stille ihr kleines befestigtes Lager.

Wie Reptilien krochen sie den Abhang hinunter. Sie tasteten den Erdboden mit den Händen ab, damit die trockenen Blätter nicht raschelten. Auch mußten sie acht geben, daß sie nicht in eine Spalte oder Schlucht fielen.

»Ich habe in der Nähe einen Zweig knacken hören!« flüsterte Carmaux plötzlich.

Alle drei lauschten, im Grase ausgestreckt, mit verhaltenem Atem.

»Glaubst du, daß wir sie fangen werden, Diego?« fragte eine Stimme.

»Ja, aber sie werden sich tüchtig verteidigen! Der Schwarze Korsar soll für zwanzig kämpfen!«

»Warum brennen die Lagerfeuer noch unten?«

»Um die Flibustier zu täuschen. Der Gouverneur wollte es so. Er ist listig.«

»Er ist ein Kriegsmann!«

»Eine schöne Summe hat er uns ausgesetzt: zehntausend Piaster zum Essen und Trinken! Carrai!«

Der Schwarze Korsar und seine beiden Leute hatten sich nicht gerührt. Sie lagen unbeweglich zwischen den Gräsern, hielten aber die Gewehre im Anschlag, um im Notfall zu feuern.

Mit ihren scharfen Augen sahen sie die beiden Matrosen behutsam durch Laub und Lianen streichen. Sie waren schon an ihnen vorüber, als der eine stehenblieb: »Hast du nichts gehört, Diego?«

»Nein, Kamerad!«

»Mir war, als ob ich einen Atemzug vernahm!«

»Es wird ein Insekt oder eine Schlange gewesen sein!«

Nach diesem kurzen Gespräch verschwanden die beiden im Schatten der Pflanzen.

Die drei Flibustier warteten noch einen Augenblick, dann schlichen sie weiter.

»Ich hätte keinen Heller mehr für unsere Haut gegeben«, bemerkte Stiller. »Einer von ihnen ist so nahe an mir vorübergegangen, daß er mich beinahe getreten hätte!«

»Das wird eine böse Überraschung, Carmaux, wenn sie nur Dornen und Steine finden!«

»So werden sie diese statt uns dem Gouverneur bringen!«

»Vorwärts!« mahnte der Korsar.

Der Abstieg erfolgte ohne Hindernis. Sie nahmen den Weg durch den Cañon, möglichst weit von der Karavelle entfernt. Noch vor Mitternacht gelangten sie an den Strand.

Vor ihnen lag eine der vier Schaluppen. Ihre aus zwei Matrosen bestehende Mannschaft war an Land gegangen und schlief, in Sicherheit gewiegt, an einem halberloschenen Feuer.

»Sollen wir die beiden Matrosen nicht töten?« fragte Carmaux.

»Nicht nötig«, antwortete der Korsar. »Schnell! Schiffen wir uns ein! In wenigen Minuten werden die Spanier unsere Flucht bemerkt haben.«

Mit einem leichten Stoß stießen sie die Schaluppe ins Wasser, sprangen hinein und ergriffen die Ruder.

Sie waren schon eine Strecke weit und hofften bereits, ohne Störung entfliehen zu können, als plötzlich Gewehrschüsse oben von der Kegelspitze ertönten. Die Spanier hatten das Lager erreicht.

Die beiden Matrosen erwachten jedoch von den Schüssen.

Als sie sahen, daß ihre Schaluppe fort war, stürmten sie an den Strand und brüllten wie besessen: »Halt! Halt! Wer da! . . . Zu den Waffen!«

Dann knallten Gewehrschüsse.

»Der Teufel hole euch!« brach Carmaux los, als ihm eine Kugel das Ruder dicht am Bootsrand zerschmetterte.

»Nimm ein anderes Ruder!« rief der Korsar. »Siehst du denn nicht, es verfolgt uns schon ein Boot!«

Inzwischen wurde immer noch auf der Bergkuppe geschossen.

Die Schaluppe mit den Flibustiern durcheilte pfeilschnell das Wasser und hatte nur fünf bis sechs Meilen noch bis zur Mündung des Catatumbo. Die Entfernung war immer noch erheblich, doch bestand die Möglichkeit, den Verfolgern zu entfliehen, wenn die wachthabenden Mannschaften der Karavelle nichts von dem bemerkten, was am Südstrand der Insel vor sich ging.

Das Boot der Spanier hielt am Ufer, um die beiden Matrosen aufzunehmen, was für die Flibustier einen Gewinn von weiteren hundert Metern bedeutete.

Der Alarm am Ufer war auch auf der Nordseite der Insel gehört worden.

Zwei andere Schaluppen eilten herbei. Die eine war sogar mit einer kleinen Feldschlange bewaffnet.

»Wir sind verloren«, rief der Korsar, »aber wir wollen unser Leben teuer verkaufen!«

Drei mit vielen Matrosen bemannte Schaluppen kamen in immer bedrohlichere Nähe.

»Ergebt euch, oder wir bohren euch in den Grund!« rief eine Stimme.

»Niemals!« erwiderte der Korsar.

»Der Gouverneur verspricht, euch das Leben zu schenken.«

»Hier meine Antwort darauf!« rief der Korsar.

Er hatte die Büchse erhoben und einen der Ruderer niedergeschossen.

Ein Wutgeschrei erhob sich aus den Booten.

»Feuer!« befahl eine Stimme.

Die Feldschlange entzündete sich mit großem Getöse. Einen Augenblick später neigte sich der Bug der verfolgten Schaluppe, und das Wasser drang in Strömen ein.

»Ins Meer hinein!« schrie der Korsar und warf die Flinte fort.

Die beiden Flibustier entluden noch ihre Gewehre gegen die Verfolger, dann stürzten sie sich ins Wasser. Die Schaluppe, deren Bug von der Geschützkugel zerschmettert worden war, hatte sich umgelegt.

»Nehmt die Säbel zwischen die Zähne!« rief der Kapitän. »Wir wollen auf dem Wrack sterben!«

Das Wasser drang in die Stiefelschächte und Kleider der drei Piraten, so daß sie sich nur mühsam an der Oberfläche halten konnten. Dennoch versuchten sie zu dem umgelegten Boot zu schwimmen.

Die Spanier wollten sie lebend fangen, denn sonst wäre es ihnen ein leichtes gewesen, sie im Schwimmen zu erschießen. So aber erreichten sie sie mit wenigen Ruderschlägen, trafen sie aber so ungeschickt mit dem Schiffsbug, daß die Flibustier untersanken.

Sofort wurden die Fliehenden aber mit einem eisernen Griffe erfaßt und an Bord der Schaluppe gezogen. Man band sie fest, noch ehe sie sich von dem Schlag erholen konnten, der sie unter Wasser gebracht hatte.

Als der Korsar inne wurde, was geschehen war, befand er sich liegend am Hinterdeck der Schaluppe, die Hände rückwärts gebunden, während man seine Gefährten unter die Bänke des Bugs geworfen hatte.

Ein vornehmer Mann in kastilianischer Kleidung saß neben ihm, das Steuer in der Hand.

Der Korsar fragt erstaunt: »Ihr seid es, der mich verhaftet?«

»Ich, Herr von Ventimiglia!« antwortete lächelnd der Kastilianer.

»Hat Graf Lerma vergessen, daß ich ihn im Hause des Notars in Maracaibo hätte töten können, aber es nicht tat?«

»Ich habe es nicht vergessen«, erwiderte der Graf leise.

»Und doch habt Ihr mich zum Gefangenen gemacht und werdet mich zum flämischen Herzog führen. Erzählte ich Euch, daß van Gould meine beiden Brüder erhängt hat?«

»Ja, Cavaliere.«

»Wißt Ihr nichts von dem schrecklichen Haß, der zwischen ihm und mir herrscht?«

»Auch das weiß ich.«

»Und daß er mich erhängen wird?«

»O nein!«

»Ihr glaubt es nicht?«

»Möglich, daß der Herzog so bestimmt, aber es hängt noch von einem andern Willen ab, dem meinigen, den ich durchsetze. Wisset, die Karavelle gehört mir, und die Matrosen folgen mir!«

»Van Gould ist Gouverneur von Maracaibo, und alle Spanier müssen ihm gehorchen!«

»Er wird sehen, daß ich ihn befriedigt habe. Die späteren Ereignisse gehören mir. Wartet also . . .!« sagte der Graf mit einem geheimnisvollen Lächeln. Dann beugte er sich zum Korsaren hinüber und flüsterte ihm ins Ohr: »Gibraltar und Maracaibo liegen weit voneinander entfernt. Ich werde Euch bald zeigen, Cavaliere, wie Graf Lerma mit dem Flamländer spielt. Ihr schweigt vorläufig!«

In diesem Augenblick hatte die von den beiden andern Fahrzeugen begleitete Schaluppe die Karavelle erreicht. Auf einen Wink des Grafen packten die Matrosen die Flibustier und brachten sie an Bord des Seglers. Da rief eine Stimme triumphierend: »Endlich habe ich auch den letzten Ventimiglia in meiner Hand!«

Das Versprechen eines kastilianischen Edelmannes

Ein Mann stieg eiligst vom Achterdeck und verweilte vor der Gestalt des Schwarzen Korsaren, der von seinen Fesseln befreit war.

Es war ein Greis von imposantem Aussehen mit langem weißem Bart und kräftigen Schultern, trotz seiner fünfundfünfzig Jahre doch noch ein kräftiger Mann. Er sah wie einer jener alten Dogen der venezianischen Republik aus, welche die Galeeren der Meereskönigin gegen die Korsaren des Orients zum Siege führten.

Wie jene auch war er von einem glänzenden Stahlpanzer umschlossen. An seiner Seite hing ein langes Schwert, das er noch mit großer Geschicklichkeit zu handhaben wußte, und am Gürtel sah man einen Dolch mit silbernem Griff.

Sein Anzug mit den weiten Puffärmeln aus schwarzer Seide und den hohen Reitstiefeln aus gelbem Leder mit silbernen Sporen war spanisch.

Schweigend betrachtete er den Schwarzen Korsaren, mit Augen, die noch feurig loderten; dann sprach er langsam und gemessen:

»Ihr habt gesehen, Cavaliere, daß das Glück auf meiner Seite war. Ich habe geschworen, euch alle zu erhängen. Diesen Schwur werde ich halten!«

Als der Korsar diese Worte vernahm, hob er stolz das Haupt, warf einen Blick höchster Verachtung auf seinen Gegner und sagte: »Verräter haben immer Glück in diesem Leben. Doch wir werden sehen, wie es in jenem um sie steht. Mörder meiner

Brüder, vollende dein Werk! Die Ventimiglias fürchten den Tod nicht!«

»Ihr habt Euch mit mir messen wollen«, antwortete der andere spöttisch. »Jetzt habt Ihr das Spiel verloren und werdet bezahlen.«

»Nun, so hängt mich doch auf.«

»Doch nicht so eilig!«

»Auf was wartet Ihr denn?«

»Ich hätte Euch lieber in Maracaibo aufknüpfen lassen, doch nun werde ich es in Gibraltar tun!«

»Elender! Genügt Euch der Tod meiner Brüder nicht?«

Ein wilder Blitz zuckte aus den Augen des Herzogs, in dem die Furcht lag vor dem gefährlichen Zeugen seines damaligen Verrats in Flandern.

»Wenn ich Euch nicht töte, würdet Ihr mich morgen doch wieder verfolgen. Vielleicht hasse ich Euch nicht so sehr, wie Ihr glaubt. Ich wehre mich aber. Besser ist's daher, ich entledige mich eines Gegners, der mich nie in Ruhe lassen würde.«

»Da habt Ihr recht! Schon morgen würde ich den Kampf wieder aufnehmen!«

»Aber Ihr könntet dem schimpflichen Tode entgehen, der Euch als Flibustier erwartet, wenn . . .«

»Ich sagte Euch bereits, daß ich den Tod nicht fürchte!« entgegnete der Korsar stolz.

»Ja, ja, ich kenne den Mut der Ventimiglias«, murmelte der Gouverneur mit düsterer Miene.

Gesenkten Hauptes ging er einige Schritte auf und nieder. Dann wandte er sich wieder an den Korsaren: »Ich bin müde des grausamen Kampfes, den Ihr mir aufgezwungen habt, und ich möchte ihn endlich beigelegt sehen.«

»Und um ihn zu beendigen, hängt Ihr mich auf . . .« spottete der Kapitän.

Der Herzog hob blitzschnell den Kopf und blickte dem Korsaren fest in die Augen.

»Und wenn ich Euch nun freiließe, was würdet Ihr tun?«

»Mit noch größerer Erbitterung den Kampf fortsetzen, um meine Brüder zu rächen!«

»Also so zwingt Ihr mich, Euch zu töten! Ich hätte Euch gern das Leben geschenkt, wenn Ihr auf Eure Rache verzichten und nach Europa zurückkehren würdet. Aber ich weiß, daß Ihr diese Bedingungen nicht annehmen werdet, und so muß ich dieselbe Strafe vollstrecken wie bei dem Roten und dem Grünen Korsaren.«

»Und wie habt Ihr in Flandern meinen ältesten Bruder ermordet?«

»Schweigt!« rief van Gould. »Weshalb an die Vergangenheit rühren? Laßt ihn schlafen!«

»Vollendet Euer trauriges Werk als Verräter und Mörder!« fuhr der Korsar fort. »Bringt nun auch mich, den letzten Ventimiglia, um! Doch ich sage Euch, daß damit der Kampf noch nicht beendet ist; denn ein anderer wird den Schwur des Schwarzen Korsaren erfüllen! Wehe Euch, wenn Ihr in seine Hände fallt!«

»Und wer wäre das?« fragte der Herzog.

»Der Olonese!«

»Gut, so werde ich auch den erhängen!«

»Paßt gut auf, daß er euch nicht zuvorkommt! Er ist auf dem Wege nach Gibraltar, und in wenigen Tagen werdet Ihr sein Gefangener sein.«

»Glaubt Ihr?« fragte der Gouverneur ironisch. »Gibraltar ist nicht wie Maracaibo, und der Flibustier wird an der Stärke Spaniens zugrunde gehen. Mag der Olonese nur kommen, wir werden schon Abrechnung halten!«

Sich an den Matrosen wendend, sagte er dann: »Führt die Gefangenen in den Laderaum, und bewacht sie scharf! Ihr habt den Preis verdient, den ich Euch versprach. Ihr werdet ihn in Gibraltar ausgezahlt erhalten!«

Nach diesen Worten kehrte er Ventimiglia den Rücken und wandte sich wieder dem Achterdeck zu. An der Treppe der Kajüte hielt ihn Graf Lerma an.

»Herr Herzog, seid Ihr wirklich entschlossen, den Schwarzen Korsaren zu hängen?«

»Ja«, antwortete der Alte festen Tons. »Er ist ein Flibustier, ein Feind Spaniens! Er hat in Gemeinschaft des Olonesen den Angriff auf Maracaibo geleitet und muß darum sterben.«

»Er ist ein tapferer Edelmann, Herr Herzog!«

»Was tut das zur Sache?«

»Mir tut es immer um tapfere Kämpfer leid.«

»Er ist unser Feind, Herr Graf!«

»Und dennoch würde ich ihn nicht töten lassen.«

»Aus welchem Grunde?«

»Wir Ihr wißt, gehen Gerüchte, daß Eure Tochter bei den Piraten der Tortuga gefangengehalten wird.«

»Es ist wahr«, seufzte der Greis, »aber wir haben doch keine Bestätigung, daß das Schiff wirklich geraubt worden ist.«

»Wenn aber das Gerücht auf Wahrheit beruht?«

Der Alte schaute den Grafen mit angsterfüllten Blicken an.

»Wißt Ihr Näheres darüber?« fragte er in unsagbarer Aufregung.

»Nein, Herr Herzog. Ich meine aber, falls Eure Tochter

wirklich in den Händen der Flibustier wäre, könnten wir sie doch gegen den Korsaren austauschen!«

»Nein, nein!« warf kurz der Alte ein. »Meine Tochter kann ich mit einer großen Summe loskaufen, falls sie erkannt worden ist, was ich jedoch bezweifle, da ich das Schiff aus Vorsicht nicht unter Spaniens Flagge habe segeln lassen. Ließe ich indessen den Korsaren auf freiem Fuß, so wäre ich meines Lebens nicht mehr sicher. Der lange Kampf, den ich gegen ihn und seine Brüder haben führen müssen, hat mich erschöpft, jetzt muß er endlich ein Ende haben! Schifft Eure Besatzung ein, und segelt dann nach Gibraltar, Herr Graf!«

Graf Lerma verbeugte sich stumm und wandte sich dem Bug zu, wobei er vor sich hin murmelte: »Ein spanischer Edelmann hält sein Versprechen!«

Die Schaluppe nahm nunmehr die Männer an Bord, die an dem Angriff auf den Kegel teilgenommen hatten.

Als der letzte Matrose eingeschifft war, befahl der Graf, die Segel zu hissen; doch verzögerte er stundenlang das Lichten des Ankers. Dem Herzog gegenüber gab er an, daß die Karavelle auf eine Sandbank gelaufen wäre und mithin die Flut abwarten müsse, um die Fahrt fortsetzen zu können. Er selbst zeigte sich wegen der langen, nicht gewollten Verzögerung ungeduldig.

Erst in der vierten Nachmittagsstunde wurde der schwere Anker gelichtet.

Die Karavelle lavierte längs der Inselküste und steuerte dann der Mündung des Catatumbo zu, vor welchem sie beinahe back legte, etwa drei Meilen von der Küste entfernt.

Eine fast völlige Windstille herrschte an dieser Stelle des weiten Sees, wo das Ufer einen großen Bogen beschrieb.

Der Gouverneur war ungeduldig mehrmals auf Deck gestiegen. Er hatte befohlen, das Schiff vorwärts zu bringen, oder es doch wenigstens von einer Schaluppe ins Schlepptau nehmen zu lassen; jedoch konnte er nichts erreichen. Der Graf wandte ein, daß die Schiffsmannschaft zu sehr ermüdet sei und überdies der Untergrund und die Felsenriffe ein freies Manövrieren nicht zuließen.

Nachdem Graf Lerma in Gesellschaft des Herzogs das Abendessen eingenommen hatte, begab er sich an das Steuer, wo er mit dem Steuermann sprach.

Er schien ihm Instruktionen für die nächtliche Fahrt zu geben, die nicht ganz leicht war inmitten der zahlreichen Sandbänke, welche sich von der Catatumbomündung bis hin nach Santa Rosa, einem kleinen Ort vor Gibraltar, erstreckten.

Diese geheimnisvolle Unterhaltung dauerte bis in die zehnte Stunde hinein, bis zur Zeit, in der sich der Herzog in seine Kabine zur Ruhe begab. Dann verließ Lerma das Steuer. Er stieg, ohne in der Dunkelheit von der Besatzung bemerkt zu werden, in den Laderaum des Schiffs hinunter.

Hierauf zündete er eine Blendlaterne an, die er in seinem Stiefelschaft verborgen hatte, und richtete den Lichtschein auf die Schläfer selbst.

»Cavaliere!« weckte er leise den einen.

Der Schwarze Korsar erhob sich. Seine Hände waren schwer gefesselt.

»Warum stört Ihr mich? . . . Ah, Ihr seid es, Graf! Was wollt Ihr von mir?«

»Meine Schulden bezahlen!«

»Ich verstehe Euch nicht.«

»Habt Ihr das Abenteuer im Hause des Notars vergessen?«

»Nein, Graf!«

»Nun denn, Ihr schenktet mir an jenem Tage das Leben, heut will ich das Eurige retten, was auch kommen mag!«

»Und der Herzog?« fragte der Korsar verwundert.

»Er schläft.«

»Wird aber wieder erwachen, euch gefangennehmen lassen und statt meiner erhängen. Habt Ihr das wohl bedacht, Graf? Ihr wißt, van Gould scherzt nicht.«

»Er ist zwar schlau, wird aber nicht wagen, mich zu beschuldigen. Die Karavelle ist mein, und die Bemannung ist mir ergeben. – Sollte er etwas gegen mich unternehmen, wird er es büßen! Glaubt mir, der Herzog ist wegen seiner Hoffart und Grausamkeit bei meinen Landsleuten nicht allzu beliebt! Vielleicht tue ich unrecht, Euch zu befreien, besonders jetzt, wo der Olonese über Gibraltar herfällt; aber zuallererst bin ich Edelmann und habe als solcher mein Wort zu halten. Nun sind wir quitt. Wenn uns das Schicksal in Gibraltar zusammenführt, so tut Eure Pflicht als Korsar, ich tue meine als Spanier: schlagen wir uns als zwei erbitterte Feinde!«

»Nicht so, Graf!«

»Gut, als Ritter, die unter verschiedenen Fahnen dienen«, sagte der Kastilianer.

»Es sei!«

»Brecht auf, Cavaliere! Hier ist ein Beil zum Zerhauen der Querbalken an den Schießscharten, und hier sind ein paar Dolche zur Verteidigung gegen die Raubtiere, wenn Ihr an Land kommt. Eine Schaluppe liegt im Schlepptau der Karavelle. Benutzt sie mit Euren Gefährten, und rudert eiligst der Küste zu! Ich und der Steuermann sehen nichts.«

Hierauf befreite er den Korsaren von den Fesseln, drückte ihm die Hand und entfernte sich eiligst.

Ventimiglia verblieb einige Augenblicke stumm und schwer atmend. Diese hochherzige Tat des Kastilianers hatte er nicht erwartet.

Dann weckte er leise Stiller und Carmaux.

»Wir brechen auf, Freunde!«

Carmaux rieb sich die Augen. »Wohin könnte die Reise gehen, Kapitän? . . . Wir liegen mit Stricken umbunden!«

Der Korsar durchschnitt mit dem Dolch die Fesseln seiner Leute.

»Potzblitz!« rief Carmaux, noch immer ungläubig.

»Und Donnerkiel!« fügte der Hamburger hinzu. »Wir sind frei? Was ist geschehen, Herr? Sollte der Schurke von Gouverneur so großmütig gewesen sein?«

»Schweigt und folgt mir!«

Der Kapitän hatte das Beil ergriffen und schritt einer der längsten und breitesten Kanonenpforten zu, die mit starken Querhölzern vernagelt war. Den günstigsten Augenblick abwartend, wo die wachthabenden Matrosen beim Wenden lärmten, entfernte er durch vier wuchtige Schläge zwei dieser Hölzer, so daß eine Lücke entstand, durch die ein Mann ins Freie gelangen konnte.

»Gebt acht, daß man euch nicht entdeckt!« sagte er zu den beiden Flibustiern. »Wenn euch das Leben lieb ist, seid vorsichtig!«

Er zwängte sich durch, hielt sich am untersten Balken fest und ließ sich dann hinunter. Durch den Tiefgang der Karavelle kam er dabei bis in die Hüften ins Wasser. So verharrte er, bis eine Welle sich an der Flanke des Schiffes brach. Sich loslassend, schwamm er längst des Bordes, um sich nicht von den Matrosen sehen zu lassen. Darauf kamen ihm Carmaux und der

Hamburger nach. Sie hielten zwischen den Zähnen die Dolche des Kastilianers.

Sich schwimmend über Wasser haltend, ließen sie den Segler vorüberziehen. Dann bemerkten sie die an einem sehr langen Schlepptau liegende Schaluppe. Mit vier kräftigen Armschlägen erreichten sie dieselbe und stiegen, einer dem andern helfend, ein.

Sie waren gerade im Begriff, die Ruder zu ergreifen, als das Seil, das die Schaluppe mit der Karavelle verband, von einer freundlichen Hand durchschnitten ins Wasser fiel.

Der Korsar schaute hinauf und glaubte, eine Gestalt am Heck zu erblicken, die ihm mit der Hand Lebewohl zuwinkte.

»Welch edler Mann!« murmelte er. »Gott schütze ihn vor dem Zorn van Goulds!«

Die Karavelle hatte mit vollen Segeln ihre Fahrt nach Gibraltar fortgesetzt. Kein Ruf der Wächter ertönte. Einige Augenblicke lang sah man sie noch durch die Wellen streichen; dann verschwand sie hinter einer Gruppe kleiner, bewaldeter Inseln.

Die drei in der Schaluppe schwiegen. Man hörte nur das Plätschern der Ruder. Endlich machte Carmaux seinen Gefühlen Luft.

»Potztausend, ich weiß noch immer nicht, ob ich wache oder träume! Erst liege ich schwer gefesselt am Boden mit der sicheren Aussicht, beim Sonnenaufgang erhängt zu werden, und jetzt bin ich frei! Das kann man nicht so leicht fassen! Was ist denn eigentlich geschehen, Kapitän? Wer hat uns die Möglichkeit gegeben, diesem alten Menschenfresser zu entfliehen?«

»Graf Lerma!« antwortete der Korsar.

»Ah, ein Ehrenmann! Das muß man sagen! Wenn wir ihm in Gibraltar begegnen, so wird er geschont, was, Stiller?«

»Wir werden ihn wie einen Küstenbruder behandeln«, erwiderte der Hamburger mit seinem langsamen Tonfall.

»Wohin geht unsere Fahrt, Kapitän?«

Letzterer gab keine Antwort. Er hatte sich plötzlich aufgerichtet und schaute aufmerksam am nördlichen Horizont entlang.

»Freunde!« rief er erregt. »Seht ihr dort nichts?«

Dort, wo der Himmel sich scheinbar mit dem Wasser des weiten Sees vereinigte, blinkten helle Punkte. Man hätte sie für Sternchen halten können, aber ein Seemann konnte sich nicht täuschen.

»Feuer lodern dort!« sagte Carmaux.

»Es sind brennende Holzstöße am See!« fügte der Hamburger hinzu.

»Könnte es nicht der Olonese sein auf dem Wege nach Gibraltar?«

Die Augen des Korsaren blitzten wild auf.

»Ja, Kapitän. Es sind ganz sicher Boots- und Schiffslaternen.«

»Schnell ans Land! Und ein Feuer anzünden, damit sie auf uns aufmerksam werden und uns holen!«

Carmaux und Stiller ruderten nun mit äußerster Kraftanstrengung der Küste zu, die nur noch drei bis vier Meilen entfernt lag.

Nach einer halben Stunde landeten die drei Flibustier.

Das Meer bildete hier eine Bucht, groß genug, um ein halbes Dutzend kleinerer Segler aufzunehmen. Diese Stelle befand sich etwa dreißig Meilen von Gibraltar.

Nun wurde viel trockenes Holz und Laub zusammengetragen und ein mächtiges Feuer angezündet, das seinen Lichtschein weithin warf.

Die leuchtenden Punkte waren inzwischen näher und näher gekommen.

»Freunde«, schrie der Korsar, der einen Felsen erklommen hatte, »es ist wirklich die Flottille des Olonesen!«

Der Olonese

Gegen zwei Uhr morgens gingen vier große Boote in der Bucht vor Anker. Ihre Mannschaft war durch jenes am Ufer anhaltend lodernde Feuer der Flibustier angezogen worden.

Die Barken waren mit einhundertundzwanzig Korsaren bemannt, die, vom Olonesen geführt, die Vorhut der Flottille bildeten, welche Gibraltar einnehmen sollte.

Der berühmte Pirat war höchst überrascht von dem plötzlichen Auftauchen des Korsaren, den er nicht so bald wiederzusehen glaubte. Er wußte, daß er in den großen Waldungen und Sümpfen im Innern des Landes den Gouverneur verfolgte, und hatte somit die Hoffnung aufgegeben, daß er ihn bei der Eroberung der Zitadelle unterstützen könnte.

Als er das Abenteuer des Kapitäns und seiner Gefährten erfuhr, sagte er: »Freund, du hast kein Glück bei dem Alten! Du wirst aber sehen, ich werde ihn diesmal zur Strecke bringen! Wir werden Gibraltar so umzingeln, daß er an keiner Stelle das Weite suchen kann! Wir werden ihn am Mastbaum deiner ›Fólgore‹ aufknüpfen, so wie ich es dir versprochen habe!«

»Ich bezweifle, Pierre, daß wir ihn in Gibraltar treffen«, antwortete der Korsar. »Er weiß, daß wir auf die Eroberung dieser Stadt ausziehen. Weiß auch, daß ich ihn dort von Haus zu Haus verfolgen würde, um meine armen Brüder zu rächen, und so glaube ich, daß er Gibraltar meiden wird.«

»Aber er ist doch auf der Karavelle des Grafen dorthin gesegelt!«

»Ja, aber du kennst doch seine Schlauheit! Er kann ja später den Kurs geändert haben, um sich ja nicht in den Mauern der Stadt greifen zu lassen.«

»Das könnte stimmen«, sagte der Olonese, der nachdenklich geworden war. »Der verfluchte Herzog ist viel listiger als wir. Er kann sich an der Ostseite des Sees in Sicherheit gebracht haben. Ich hörte einmal, daß er in Honduras bei Porto Cavallo Verwandte und auch reiche Besitztümer hätte; dort dürfte er an Land gegangen sein!«

»Wie das Glück diesen Alten doch immer begünstigt!« brummte Carmaux.

»Es wird ihn auch einmal verlassen! Wenn ich eines Tages die Gewißheit hätte, ihn in Porto Cavallo zu finden, würde ich ihn auch dort aufsuchen. Diese Stadt verdient einen Besuch, und glaube mir, alle Flibustier der Tortuga würden mir folgen, um die kolossalen Reichtümer zu beschlagnahmen, die sich dort befinden sollen.«

»Treffen wir van Gould nicht mehr in Gibraltar, so werden wir das Weitere überlegen! Ich habe dir Hilfe zugesagt, und du weißt, daß der Olonese nie sein Wort bricht.«

»Hab Dank! Ich rechne darauf. Wo ist meine ›Fólgore‹?«

»Ich habe sie, zusammen mit den Schiffen von Harris, nach dem Golf vorgeschickt, um zu verhindern, daß uns die spanischen Kriegsschiffe behelligen.«

»Wieviel Leute führst du mit dir?«

»Einhundertundzwanzig Mann, doch heut abend wird der Baske mit weiteren vierhundert Mann eintreffen. So wollen wir morgen früh den Angriff auf Gibraltar wagen!«

»Glaubst du, daß er gelingen wird?«

»Ich bin überzeugt, obwohl ich gehört habe, daß achthundert Spanier die zur Stadt führenden Wege unzugänglich gemacht und zahlreiche Geschütze aufgefahren haben. Wir werden eine harte Nuß knacken müssen und voraussichtlich viele Leute verlieren; aber der Sieg wird unser sein, Freund!«

»Ich bin bereit, Pierre!«

»Auf dein Mitwirken habe ich gerechnet. Komm jetzt an Bord meiner Barke zum Abendessen! Dann wirst du dich ausruhen. Ich glaube, das hast du nötig.«

Der Korsar, der sich bisher mit bewundernswerter Energie auf den Füßen gehalten hatte, folgte ihm, während die Flibustier, in Erwartung des Basken und seiner Gefährten, sich am Waldesrand niederließen.

Da dieser Tag doch nicht nutzlos verbracht werden durfte, machten sich viele Korsaren auf den Weg, um die Gegend auszuspionieren und die beste Angriffsstelle zu finden.

Einige verwegene Patrouillen drangen sogar bis in Sicht der Festung vor, um sich ein klares Bild von den vom Feinde ergriffenen Maßnahmen zu machen, wobei sie sich als schiffbrüchige Fischer ausgaben.

Überall fanden sie Straßen mit Laufgräben durchzogen, mit Kanonen bestückt, überall das Feld überschwemmt und mit hohen, stacheligen Pfahlwerken versehen. Ferner hatten sie erfahren, daß der Kommandant der Feste, einer der tapfersten und mutigsten Soldaten, die Spanien zu jener Zeit besaß, seine Leute hatte schwören lassen, lieber mit dem letzten Mann unterzugehen, als das Banner des Vaterlandes preiszugeben.

Es hatte zur Folge, daß selbst die kühnsten Piraten nicht ganz ohne Besorgnis dem Kampf entgegensahen. Von einigen wurde schon befürchtet, daß diese Expedition mit einer Niederlage enden würde.

Der Olonese, der sofort von den Berichten der Kundschafter

Kenntnis erhielt, verlor jedoch den Mut nicht. Am Abend, als er seine Offiziere um sich versammelt hatte, sprach er jene Worte, die von der Geschichte überliefert wurden und die das feste Vertrauen auf sich und seine Leute bezeugten:

»Seeleute, wir müssen morgen stark sein und kämpfen!

Verlieren wir die Schlacht, so verlieren wir auch unser Leben und alle unser Schätze, die uns so viel Mühe und Blut kosteten. Wir haben schon viel zahlreichere Feinde besiegt als hier in Gibraltar. Große Reichtümer erwarten uns hier! Schaut auf eure Führer und folgt ihrem Beispiel!«

Um Mitternacht langten die Schiffe des Basken Michele mit ungefähr vierhundert Mann an.

Alle Flibustier des Olonesen standen schon zum Abmarsch nach Gibraltar bereit, dessen Forts sie aber erst am folgenden Morgen anzugreifen gedachten, da man sich nicht auf einen nächtlichen Kampf einlassen wollte.

Sobald die vierhundert Mann des Basken ausgeschifft waren, reihten sie ihre Kolonnen ein. Nachdem man etwa zwanzig Mann zur Bewachung der Schiffe zurückgelassen hatte, setzte sich das kleine Heer, mit seinen drei Führern an der Spitze, in Bewegung.

Carmaux und Stiller, die sich beide ausgeruht und gut gegessen hatten, gingen hinter dem Schwarzen Korsaren her.

»Freund Stiller«, sagte der immer gutgelaunte Freibeuter, »hoffentlich setzen wir diesmal die Tatzen auf den Spitzbuben van Gould! Wie schön, wenn wir ihn beide unserem Kommandanten ausliefern könnten!«

»Ja, sobald die Forts erobert sind, wollen wir in die Stadt gehen, um ihn an der etwaigen Flucht zu hindern! Ich weiß, daß unser Kommandant fünfzig Leuten den Befehl gegeben hat, sofort den Wald zu besetzen, um dem Flüchtigen den Weg abzuschneiden.«

»Und dann ist ja auch der Katalonier da, der ihn nicht aus den Augen verlieren wird!«

»Ob er schon in Gibraltar sein wird?«

»Sicher sehen wir diesen Mordskerl tot oder lebendig wieder!«

In diesem Augenblick fühlte sich Carmaux an der Schulter berührt, und eine wohlbekannte Stimme rief:

»So ist's, Gevatter!«

Carmaux und Stiller drehten sich um und erblickten den Afrikaner.

»Du bist's, Freund Kohlensack?« rief Carmaux. »Wo kommst du her?«

»Seid zehn Stunden suche ich euch und laufe wie ein Pferd auf und ab. Stimmt es, daß euch der alte Gouverneur eingefangen hatte?«

»Wer hat das erzählt?«

»Ein Flibustier!«

»Es war so, Gevatter, doch wie du siehst, sind wir ihm wieder entschlüpft, und zwar durch die Hilfe des braven Grafen Lerma.«

»Den wir im Haus des Notars zu Maracaibo gefangenhielten?«

»Desselben. Und wie steht's mit den beiden Verwundeten, die wir dir überließen?«

»Sie sind schon gestern morgen gestorben«, antwortete der Neger.

»Arme Teufel! . . . Und der Katalonier?«

»Der muß jetzt schon in Gibraltar sein!«

»Dort werden wir harten Widerstand finden, meine Freunde!«

»Ich fürchte auch, daß die meisten von unsern Leuten heut nicht mehr zu Abend essen werden!«

»Hoffen wir, nicht unter den Toten zu sein!«

Inzwischen drangen die langen Kolonnen schweigsam durch das Dickicht des Waldes, der zu dieser Zeit noch Gibraltar umgab. Kleinere Trupps, zumeist Bukanier, gingen ihnen als Kundschafter voraus.

Einige bei der Vorhut gefallene Schüsse zeigten den Angriffstruppen, daß die Stadt nicht mehr fern war. Da der Olonese, der Schwarze Korsar und der Baske durch die Schüsse eine Falle vermuteten, beeilten sie sich, mit etwa zehn Mann die Spitzenabteilung zu erreichen.

Doch wurde ihnen bald kund, daß es sich nicht um ein Gefecht, sondern lediglich um einen Kugelwechsel zwischen den Vorposten gehandelt hatte.

Pierre, der nun wußte, daß die Spanier von seinem unmittelbaren Herannahen unterrichtet waren, gab jetzt den Befehl, bis zum Morgengrauen haltzumachen. Er wollte sich vorher selber von den Verteidigungsmaßnahmen des Gegners und von der Beschaffenheit des Geländes ein Bild verschaffen. Schon hatte er bemerkt, daß der Weg anfing, sumpfig zu werden.

Rechts erhob sich eine bewaldete Anhöhe. Eiligst bestieg er sie in Begleitung des Schwarzen Korsaren, in der Hoffnung, von dort aus einen guten Teil der Umgebung überschauen zu können.

Als sie auf dem Gipfel anlangten, begann die Morgendämmerung. Der Lichtschein am Himmel warf nach der Ostküste hin mit Blitzesschnelle einen rötlichen Strahl und färbte das

Wasser mit einem rosa Widerschein. Das verkündete einen herrlichen Tag.

Der Olonese und Ventimiglia richteten ihren Blick sogleich auf einen ihnen gegenüberliegenden Felsen, auf dem sich zwei mächtige, zinnengekrönte Forts erhoben, über welchen das Banner Spaniens wehte. Ein Meer von Häusern mit weißem Gemäuer dehnte sich dahinter aus.

Pierre runzelte die Stirn. »Wahrhaftig! Das wird keine leichte Aufgabe sein, diese beiden Forts ohne Geschütz und Leitern zu erobern!« rief er. »Entweder vollbringen wir Wunder an Tapferkeit, oder wir werden so geschlagen, daß wir für lange Zeit genug haben!«

»Auch der Weg zum Berg ist ja ganz unzugänglich gemacht worden«, sagte der Korsar. »Sieh nur die Palisaden und Batterien, die wir nehmen müssen, und zwar unterm Feuer der Forts!«

»Und der Sumpf vor uns!«

»Ja, unsere Leute werden gezwungen sein, fliegende Brücken zu bauen!«

»Wenn sich der Sumpf nur umgehen ließe, und wir von der Ebene aus angreifen könnten! Aber was sehe ich? Die Ebene ist ja überschwemmt . . . Und sieh nur, wie schnell das Wasser steigt!«

»Wir haben einen Kommandanten vor uns, der alle Kriegslisten kennt, Pierre. Was gedenkst du zu tun?«

»Unser Heil zu versuchen. Gibraltar bietet reiche Ernte. Und was würde man von uns denken, wenn wir zurückwichen! Man würde kein Vertrauen mehr zu unserer Führung haben.«

»Das ist wahr. Unser Korsarenruhm hätte ein Ende.«

»Außerdem soll doch dein Todfeind mein Gefangener werden! Ich will dir und dem Basken die Führung unserer Haupttruppen übergeben! Bringt sie über den Sumpf, und erzwingt so den Weg zum Berge! Ich werde indessen, hinter dem Buschwerk versteckt, um den Sumpf herumgehen. So hoffe ich ungesehen über die Mauern des ersten Forts zu gelangen.«

»Aber wo nimmst du die Leitern her?«

»Ich habe meinen Plan. Lenkt nur die Aufmerksamkeit der Spanier auf euch! Das übrige überlaßt mir! Wenn in drei Stunden Gibraltar nicht in unsern Händen ist, bin ich nicht mehr der Olonese. Nehmen wir Abschied voneinander, denn wer weiß, ob wir uns lebend wiedersehen!«

Die beiden tapferen Korsaren umarmten sich. Dann verließen sie den Hügel.

Die Flibustier kampierten gerade am Rande des Waldes vor dem Sumpf, der sie am Vormarsch hinderte. Am äußersten Ende des Sumpfes hatten sie auf einem isolierten Hügel eine mit zwei Kanonen bewaffnete Schanze entdeckt.

Carmaux und Stiller machten sich mit den Kameraden daran, die Beschaffenheit des Schlammbodens genauer zu untersuchen. Sie überzeugten sich, daß er unter ihren Füßen sank und alle zu verschlingen drohte.

Dieses unvorhergesehene Hindernis hatte selbst bei denen, die noch Begeisterung empfanden, einigermaßen abkühlend gewirkt. Immerhin wagte niemand von einem Rückzug zu sprechen.

Die Ankunft der beiden Korsaren und ihre Befehle, unverzüglich den Kampf aufzunehmen, hatten sie jedoch wieder ermutigt, da sie blindes Vertrauen zu ihren Führern besaßen.

»Mut, Seeleute!« rief der Olonese ihnen zu. »Hinter diesen Forts sind größere Schätze zu erwarten als in Maracaibo! Zeigen wir unsern Feinden, daß wir stets unbesiegbar sind!«

Er gab das Kommando zur Bildung zweier Kolonnen, empfahl jedem, vor keinem Hemmnis zu schrecken, und der Vormarsch begann.

Der Schwarze Korsar hatte sich, in Begleitung des Basken, an die Spitze der größeren Abteilung gestellt, während der Olonese sich mit seinen Leuten am Waldesrande entlangbewegte, um unbemerkt die Mauern des Forts zu erreichen.

Die Einnahme von Gibraltar

Die Abteilung, die der Schwarze Korsar und der Baske durch den von der feindlichen Batterie verteidigten Sumpf zu führen hatte, bestand aus dreihundertundachtzig Leuten. Diese waren nur mit einem kurzen Säbel und einigen Pistolen bewaffnet, letztere mit geringer Munition. Gewehre mit sich zu führen hielten sie für unnötig, da sie ihnen im Kampf gegen die Forts nur von geringem Nutzen und im Handgemenge sogar hinderlich erschienen.

Diese dreihundertundachtzig Mann waren aber wie Dämonen, kampffreudig, zu allem entschlossen und bereit, mit starkem Siegeswillen allem zu begegnen.

Beim Kommando der Führer setzten sie sich sofort in Bewegung. Jeder von ihnen führte Holzbündel und Baumstämme mit sich, mit denen sie eine Brücke über den Sumpf zu schlagen gedachten.

Kaum hatte man den Saum des langgestreckten Stumpfes erreicht, als plötzlich die jenseits aufgestellten spanischen Geschütze aufflammten und ihren Kugelregen herüberschleuderten. Das war eine ernste Warnung. Sie schreckte jedoch die kühnen Seefahrer nicht.

Sie machten sich jetzt über den Morast her, rammten Pfähle ein und führten Stämme darüber hinweg, die sie mit Reisig belegten. Um die feindlichen Geschosse kümmerten sie sich nicht im geringsten. Diese folgten von Minute zu Minute schneller, wühlten Wasser, Schlamm und Äste auf, was auf die arbeitenden Seeleute spritzte und prasselte.

Je mehr sich die Flibustier vom Waldesrande entfernten,

desto schwieriger gestaltete sich der Vormarsch. Die von Hölzern und Reisigen gefertigte Brücke war zu schmal und nicht widerstandsfähig genug, um alle aufzunehmen. Die Leute sanken bald rechts, bald links bis an den Gürtel in den Morast und waren nicht in der Lage, sich selbst zu befreien. Erst mit Hilfe ihrer Kameraden konnten sie wieder aus dem Schlamm herauskommen.

Zu allem Unglück reichte auch das mühsam herbeigeschleppte Material nicht aus, um die Brücke ganz hinüberzuführen. So war man gezwungen, Strecke für Strecke am hinteren Ende wieder aufzureißen und vorn anzusetzen. Und dies immer unter dem Feuer der feindlichen Batterie. Das war nicht nur eine ermüdende, sondern wegen der Bodenbeschaffenheit auch sehr gefährliche Arbeit.

Das Feuer der Spanier wurde inzwischen heftiger. Die Kugeln pfiffen unheimlich, erzeugten nicht nur eine Unmenge schlammiger Wasserspritzer, sondern trafen auch in die Reihen der Flibustier, die auf das tödliche Blei nicht antworten konnten.

Der Schwarze Korsar und der Baske bewahrten in dieser furchtbaren Lage eine erstaunliche Geduld. Sie ermutigten mit Worten und Beispielen; sie nahmen Anteil an den Schmerzen der Verwundeten, die sie verbanden. Sie eilten hin und her, um den Holzträgern zu helfen und geschütztere Stellen für den Weiterbau der Brücke zu suchen, um ihre Leute nach Möglichkeit dem unaufhörlichen Feuer zu entziehen.

Obgleich die Flibustier schon an einem Gelingen des schweren Unternehmens zu zweifeln begannen, verloren sie doch den Mut nicht und arbeiteten weiter.

Die Kugeln wirkten immer verheerender. Schon war eine

Menge Korsaren getötet worden und im Moraste verschwunden. Doch keiner klagte. Im Gegenteil, sie riefen sich gegenseitig zu: »Vorwärts, Brüder! Rache für die, die für uns gestorben sind!«

Diese Zähigkeit, diese Kühnheit und dazu die Tapferkeit der Führer mußten schließlich über alle Hindernisse triumphieren. Als die letzte Strecke nach neuen Verlusten und unsäglichen Anstrengungen überwunden war, standen die Korsaren endlich auf festem Boden. Sich sofort formieren und wie ein Orkan auf die Batterie losstürmen, das war das Werk eines Augenblicks.

Niemand konnte diesen ungestümen, rachedürstenden Kämpfern Widerstand leisten. Keine Batterie, kein Geschütz konnte ihren Angriff hemmen.

Mit dem Säbel in der Rechten und der Pistole in der Linken stürzten sie auf die Schanze zu.

Eine Kartätschensalve schmetterte die ersten Reihen nieder. Da aber warfen sich die andern wie entfesselte Furien über die Soldaten her, metzelten die Kanoniere nieder und überfielen die Bedeckungsmannschaften, trotz des erbitterten Widerstandes, den diese leisteten.

Ein lautschallendes Hurra verkündete der Abteilung des seitlich marschierenden Olonesen die Überwindung des ersten, vielleicht schwierigsten Hindernisses.

Doch war ihre Freude nur von kurzer Dauer. Der Korsar und der Baske, die sich eiligst in die Ebene begeben hatten, um die Wege zu erkunden, entdeckten ein weiteres Hindernis, das ihnen den Anmarsch zum Berg versperrte.

Jenseits des Waldes hatten sie die Fahne Spaniens flattern sehen, und diese Standarte zeigte ihnen, daß dort Forts oder Feldschanzen angelegt waren.

»Donnerwetter!« schrie Michele, ganz außer sich. »Da gibt's noch eine harte Nuß zu knacken! Will uns denn der verdammte Kommandant von Gibraltar vernichten? Was meinst du, Cavaliere?«

»Ich glaube, daß wir jetzt nicht zurückweichen können.«

»Wir werden aber sofort grausame Verluste haben, und unsere Leute sind schon erschöpft!«

»Gönnen wir ihnen eine kleine Ruhepause, und dann stürmen wir auch diese Batterie!« sagte Ventimiglia.

»Glaubst du, daß es eine Batterie ist?«

»Ich vermute es.«

»Ob es dem Olonesen wohl gelungen ist, die Forts zu erreichen?«

»Wir haben doch nach dem Gebirge zu keine Schüsse gehört, da dürfte er ohne Hindernisse bis zu den Wäldern vorgedrungen sein.«

»Er hat doch immer Glück, dieser Mann!«

»Hoffentlich auch wir, Michele!«

»Was machen wir nun?«

»Wir schicken einige Patrouillen vor, die den Wald auskundschaften sollen!«

»Gehen wir, Cavaliere, damit die Begeisterung nicht abnimmt!«

Sie gingen auf die Anhöhe zurück, die sich hinter dem Walde befand, und beauftragten einige verwegene Männer, sich an die Batterie heranzuschleichen.

Der Patrouille, die zum Schutze der im Walde Versteckten eiligst abgesandt wurde, folgte dann in kurzem Abstand eine Schar Bukanier.

Währenddessen wurden auf Befehl des Anführers die Verwundeten wieder über den Sumpf zurückgetragen, damit sie für den Fall eines plötzlichen Rückzuges sicher waren. Mit Reisigbündeln und Baumstämmen versuchte man wieder, sich den Rückweg zu bahnen.

Kaum hatten sie die neue Brücke geschlagen, als sie die Patrouillen und die Bukanier zurückkommen sahen.

Die Nachrichten, die sie überbrachten, waren nicht gut: Der Wald sei zwar von den Spaniern geräumt worden, aber in der Ebene habe man eine mächtige Batterie mit zahlreichen Feuerschlünden wahrgenommen. Sie werde mit guten Kerntruppen geschützt, die man unbedingt angreifen müsse, wenn der Weg zum Berge erreicht werden solle.

Vom Olonesen und seiner Truppe waren jedoch keine Nachrichten eingelaufen; aus keiner Richtung hatte man Schüsse vernommen.

»Marsch, Seeleute!« rief der Korsar, indem er das Schwert zog. »Haben wir die erste Batterie genommen, so werden wir vor der zweiten nicht haltmachen!«

Die Flibustier, die danach strebten, an die Forts von Gibraltar heranzukommen, ließen sich dieses Kommando nicht zweimal geben.

Nachdem sie eine Schar zur Bewachung der Verwundeten zurückgelassen hatten, marschierten sie im Eiltempo durch die Waldung, in der Hoffnung, den Feind zu überraschen.

Das Durchschreiten des Dickichts vollzog sich ohne Schwierigkeiten. Nirgends zeigte sich ein Widerstand. In der Ebene hemmten sie jedoch plötzlich ihre Schritte, so überraschend war der Anblick der von den Feinden aufgestellten schweren Batterie. Es war kein gewöhnlicher Erdwall, sondern eine wirkliche Feldschanze, von Trockenmauern, Pfahlwerken und Wassergräben umgeben und mit acht Kanonen ausgerüstet, die für den Kartätschenhagel bereitstanden.

Auch der Schwarze Korsar und der Baske zögerten einen Augenblick.

»Da ist die harte Nuß!« sagte Michele. »Es wird nicht leicht sein, die Ebene unter Geschützfeuer zu durchqueren!«

»Ja, es gibt kein Zurück, besonders nicht, wo der Olonese vielleicht gerade bei der Festung angelangt ist! Man würde sagen, daß wir keinen Mut hätten!«

»Hätten wir nur Kanonen! Aber die Spanier haben ja die Geschütze der von uns eroberten ersten Batterie an den Boden festgenagelt!«

»Also auf zum Angriff!« rief Ventimiglia.

Ohne zu beachten, ob ihm die andern folgten, stürzte sich der mutige Korsar in die Ebene und stürmte, mit dem Schwert in der Hand, gegen die Feldschanze.

Die Flibustier zögerten zunächst. Als sie jedoch hinter dem Korsaren auch den Basken, Stiller, Carmaux und den Neger sahen, stürzten sie vorwärts, indem sie sich durch eigenes Geschrei ermutigten.

Die Spanier der Feste ließen sie bis auf tausend Schritt herankommen und eröffneten dann das Geschützfeuer.

Die Wirkung der ersten Salven war unheimlich. Die vordersten Reihen der Piraten wurden niedergemäht, während die übrigen, ohne auf die Rufe ihrer Führer zu achten, erschrocken und entmutigt zurückwichen.

Einige Truppen versuchten erneut, anzugreifen. Sie wurden aber durch eine zweite Salve gezwungen, den andern zu folgen, die in völliger Unordnung in den Wald und dann über den Sumpf zurückeilten.

Der Korsar war ihnen aber nicht gefolgt. Er sammelte zehn bis zwölf Mann um sich, unter denen sich Carmaux, Stiller und der Afrikaner befanden, und warf sich durch das den Rand der Ebene flankierende Buschwerk. So konnte er im Sturmschritt die Schußlinie überschreiten und glücklich den Fuß des Berges erreichen.

Kaum in Deckung angelangt, hörte er aus der Höhe das Donnern der schweren Festungsgeschütze von Gibraltar und das Schreien der Flibustier widerhallen.

»Freunde! . . .« rief er. »Der Olonese bereitet sich zum Sturm auf die Stadt vor! Vorwärts, meine Tapferen!«

»Gut, wohnen wir nun dem zweiten Feste bei!« sagte Carmaux. »Hoffentlich wird das lustiger sein!«

Obgleich sehr ermüdet, begannen sie allesamt mutig die Besteigung des Berges, indem sie sich zwischen Baum und Gestrüpp mühsam den Weg bahnten. Inzwischen dröhnte vom Gipfel der beiden Forts her die schwere Artillerie. Die Spanier hatten, so schien es, die Truppen des Olonesen entdeckt und bereiteten sich fieberhaft auf die Verteidigung vor.

Die Flibustier des berühmten Korsaren antworteten auf den Geschützdonner mit einem betäubenden Geschrei, um den Feinden eine größere als die wirkliche Kopfstärke vorzutäuschen. Da sie keine Gewehre hatten, mit welchen sie antworten konnten, so versuchten sie auf diese Weise, Eindruck auf den Gegner zu machen.

Überall schlugen die Kugeln der großen Kanonen ein. Mit sausendem Lärm zeigten sie ihre Flugbahn an. Die schweren Geschosse fällten selbst hundertjährige Baumriesen, die krachend zu Boden stürzten.

Ventimiglia und seine Gefährten beeilten sich, den Olonesen

zu erreichen, noch bevor dieser zum Angriff auf die beiden Festungen angetreten war. Sie fanden plötzlich einen richtigen Pfad, der durch den Wald führte, und in weniger als einer halben Stunde trafen sie am Gipfel mit der Nachhut des Olonesen zusammen.

»Wo ist euer Führer?« fragte der Schwarze Korsar.

»Am Rande des Waldes!« antworteten sie.

»Ist die Attacke schon eingeleitet?«

»Wir brechen los, sobald wir die Gelegenheit für günstig halten!«

»Führt mich zu ihm!«

Zwei Flibustier geleiteten ihn durch das Gestrüpp zu dem Vorposten, wo sich der Olonese mit einigen seiner Leutnants befand.

»Bei Gott!« rief der Flibustier freudig. »Das ist ja eine Verstärkung zur rechten Zeit!«

»Aber eine magere, Pierre!« antwortete der Korsar. »Ich führe dir nur zwölf Leute zu.«

»Nur zwölf? . . . Und wo sind die andern?«

»Nach schweren Verlusten sind sie in die Sümpfe zurückgetrieben worden.«

»Donnerwetter! . . . Und ich hatte auf sie gerechnet!«

»Vielleicht haben sie einen Angriff auf die zweite Batterie versucht. Vor kurzem hörte ich Kanonenschüsse.«

»Es macht nichts! Beginnen wir inzwischen die Attacke auf das stärkere Fort!«

»Aber wie soll die Erstürmung vor sich gehen? . . . Du hast keine Kletterwerkzeuge!«

»Das ist richtig, aber ich hoffe die Spanier aus ihrer Verschanzung zu locken.«

»In welcher Weise?«

»Indem ich einen überstürzten Rückzug vortäusche. Meine Korsaren sind unterrichtet.«

»Nun denn, so greifen wir an!«

»Flibustier der Tortuga!« schrie der Olonese. »Auf zur Attacke! . . .«

Die Korsarentruppen, die sich bis dahin, zum Schutze gegen das fürchterliche Kanonenfeuer der beiden Forts, unter Bäumen und Sträuchern verborgen gehalten hatten, stürzten jetzt, auf Kommando ihres Führers, in die Ebene.

Der Olonese und der Schwarze Korsar hatten sich an die Spitze gestellt und brachten, um die grausamen Verluste möglichst zu verringern, ihre Leute im Laufschritt vorwärts.

Als die Soldaten des nächstgelegenen Forts, welches das wichtigste und am besten bewaffnete war, die Piraten auftauchen sahen, eröffneten sie das Feuer und bestrichen das ganze Gelände.

Aber es war schon zu spät.

Obgleich so mancher am Wege liegenblieb, langten die Korsaren doch in wenigen Augenblicken unter den Mauern und Türmen der Festung an. Die Böschungen erklimmend, gaben sie aus ihren Pistolen Feuer, um die Feinde von den Schießscharten zu verdrängen.

Trotz der verzweifelten Verteidigung war es einigen bereits gelungen, emporzuklettern. Da ertönte die donnernde Stimme des Olonesen:

»Seeleute, zurück!«

Die Piraten, die zwar ohne Leitern und trotz hartnäckigen Widerstandes der Spanier bereits Türme und Bollwerke erklommen hatten, beeilten sich nun, ihr Unternehmen einzustellen. Sie schienen in wirrem Durcheinander nach dem nahen Wald zu fliehen, hielten aber ihre Waffen fest in der Hand.

Die Verteidiger des Forts, im Glauben, jetzt ein leichtes Spiel zu haben, ließen schnell die Fallbrücken herunter und stürzten sich unklugerweise ins Freie, um die Korsaren zu verfolgen. Genau so hatte es der Olonese erwartet.

Als die Piraten auf der angeblichen Flucht sich verfolgt sahen, machten sie sofort kehrt und griffen wütend die Feinde an.

Die Spanier, die von dem überaus raschen und ungestümen Gegenangriff überrascht waren, flohen zuerst in wilder Unordnung zurück.

Dann aber setzten sie sich zur Wehr, aus Furcht, die Korsaren könnten sich diesen Rückzug zunutze machen und in das Fort eindringen.

Eine blutige Schlacht fand auf dem Gelände und vor den Bollwerken statt. Korsaren und Spanier kämpften gleich erbittert mit Säbeln und Pistolen, während die hinter den Schießscharten Zurückgebliebenen mit einem Kugelhagel Freunde und Feinde durcheinander niedermähten.

Schon war es, als sollte es den an der Zahl zweimal stärkeren Spaniern gelingen, die Freibeuter in die Flucht zu schlagen und Gibraltar zu retten. Da griff die Schar des Basken Michele, dem es gelungen war, sich einen Weg durch das Gehölz zu bahnen, in den Kampf ein.

Diese dreihundert Männer, die gerade zur rechten Stunde kamen, entschieden das Schicksal des Handgemenges.

Die von allen Seiten bedrängten Spanier wurden in das Innere der Festung zurückgeworfen, und mit ihnen rückten gleichzeitig die Flibustier ein, unter denen sich der Olonese, der Schwarze Korsar und der Baske befanden, die wunderbarerweise unversehrt geblieben waren.

Obgleich zurückgeworfen, setzten die Spanier im Fort ihre hartnäckige Verteidigung fort, entschlossen, lieber zugrunde zu gehen, als das Banner Spaniens zu streichen.

Der Schwarze Korsar stürmte, als einer der ersten, in einen der weiten Höfe, in welchem über zweihundert Spanier mit verzweifelter Erbitterung kämpften. Er versuchte, die Feinde zurückzuwerfen und deren Reihen zu durchbrechen.

Schon mehrere Büchsenschützen waren unter seinen wuchtigen Streichen gefallen, als er einen Krieger in vornehmer Kleidung, den Hut mit Straußenfedern geschmückt, auf sich zukommen sah.

»Gebt acht, Cavaliere!« rief der Edelmann, indem er sein langes, blitzendes Schwert mit einer Bewegung erhob, als ob er den Korsaren töten wollte. Dieser, der sich soeben mit Mühe eines Hauptmanns erwehrt hatte, der nun sterbend zu seinen Füßen lag, wandte sich um und rief erstaunt: »Ihr seid es, Graf?«

»Ja, ich, Cavaliere!« antwortete der Kastilianer. »Verteidigt Euch, die Freundschaft zwischen uns ist jetzt zu Ende! Wir sind Gegner! Ihr kämpft für die Freibeuterei – ich für die Fahne Kastiliens!«

»Ich habe eine Dankespflicht gegen Euch, Graf! Wie kann ich meine Waffe gegen Euch richten?«

»Nein, wir sind quitt! Entweder falle ich unter Eurem Schwerte oder Ihr unter dem meinigen! Ehe das Banner hier fällt, stirbt Graf Lerma, zusammen mit seinen tapferen Offizieren!«

Nach diesen Worten stürzte er auf den Korsaren und reizte ihn mit dem Schwerte.

Der Kapitän, der sich der Überlegenheit seiner Waffen über den Kastilianer bewußt war, wich einen Schritt zurück.

»Ich bitte Euch: Zwingt mich nicht, euch zu töten!«

Der Graf lächelte. »Los, Herr von Ventimiglia!«

Während rings der Kampf mit wachsender Erbitterung tobte, während die Verwundeten stöhnten und klagten, die Gewehre knatterten und Pistolen knallten, gingen beide Kämpfer aufeinander los.

Der Graf attackierte mit Ungestüm und verdoppelte seine Stöße, die prompt zurückgegeben wurden. Einer wie der andere hatte, außer dem Schwert, auch den Dolch gezogen, um besser parieren zu können. Sie gingen vor, gingen zurück, fielen sich wieder mit erneuten Kräften an, indem sie achtgeben mußten, in den Blutlachen nicht auszugleiten.

Der Korsar, der es vermied, den edlen Kastilianer zu töten, führte jetzt einen geschickten Hieb, eine Terz, mit der er dem Grafen das Schwert zu Boden schlug. Ein Spiel, das ihm schon im Hause des Notars gelungen war.

Zu Füßen des Grafen röchelte noch der Hauptmann, der kurz zuvor von dem Korsaren verwundet worden war. Der Graf stürzte sich auf ihn, entriß ihm das Schwert, das er noch krampfhaft in der Hand hielt, und warf sich von neuem auf den Gegner. Gleichzeitig war ihm ein spanischer Soldat zu Hilfe gekommen.

Ventimiglia, der nun gezwungen war, Front gegen zwei Angreifer zu machen, zauderte nicht mehr. Mit einem blitzartigen Hieb schlug er den Soldaten nieder. Dann wandte er sich gegen den Grafen, den er von der Seite anfiel. Der Kastilianer, der die schnelle Wendung des Korsaren nicht erwartet hatte, bekam einen Stoß derart in die Brust, daß ihm die Schwertspitze auch den Rücken durchdrang.

»Graf!« schrie Ventimiglia, indem er ihn in seinen Armen auffing, »das ist ein trauriger Sieg für mich; aber Ihr habt es so gewollt!«

Der Sterbende schlug noch einmal die Augen auf und sagte schmerzlich: »So wollte es das Schicksal! ... Wenigstens ist es mir erspart ... das Banner Kastiliens ... fallen zu sehen!«

»Carmaux! Stiller! Zu Hilfe!« rief der Korsar.

»Laßt ... Cavaliere! ... Zu spät!«

Ein Blutstrom schnitt ihm die Rede ab.

Der Korsar war bewegt. Er warf noch einen letzten Abschiedsblick auf den tapfern Spanier, nahm dann sein blutiges Schwert wieder und stürzte sich mit dem Rufe: »Seeleute, mir nach!« von neuem in das Kampfgetöse.

Der Kampf innerhalb des Forts tobte noch immer mit äußerster Heftigkeit. Hinter den Verteidigungsständen, auf den Türmen, in den Kasematten kämpfen die Spanier mit der Wut der Verzweiflung. Der alte, tapfere Kommandant von Gibraltar lag mit allen seinen Offizieren erschlagen am Boden. Trotzdem ergaben sich seine letzten Truppen noch nicht.

Eine Stunde dauerte das Gemetzel. Fast alle Verteidiger fielen rings um die Fahne ihres fernen Vaterlandes.

Während die Flibustier des Olonesen das Fort besetzten, erstürmte der Baske mit seinen Leuten das nicht weit entfernte zweite Fort und zwang die Verteidiger, nachdem er ihnen Schonung des Lebens zugesagt hatte, zur Übergabe.

Gegen zwei Uhr war diese schon in der Frühe begonnene Schlacht zu Ende. Vierhundert Spanier und einhundertundzwanzig Freibeuter lagen erschlagen teils in den Wäldern, teils in- und außerhalb des Forts von Gibraltar.

Der Schwur des Schwarzen Korsaren

Während die Freibeuterschar sich jetzt wie ein reißender Strom über die nunmehr unverteidigte Stadt ergoß, um zu plündern, untersuchten ihre Führer die angehäuften Leichen im Fort, in der Hoffnung, den gehaßten van Gould unter ihnen zu finden.

Entsetzliche Bilder boten sich bei jedem Schritt dar. Überall Berge Toter, durch Säbelhiebe gräßlich zerstückelte Leichen mit verstümmelten Armen, gespaltenen Schädeln und Wunden, aus denen noch das Blut floß. In den Verteidigungsständen, in den Zugängen zu den Kasematten, überall Blutlachen.

Als Ventimiglia die Verwundeten jammern hörte, versuchte er, sowohl Korsaren als auch Spanier aus ihrer schlimmen Lage zu befreien. Mit Hilfe Mokkos und der beiden Flibustier schaffte er sie fort von den Leichenhaufen und ließ sie verbinden. Überall sprang er hilfreich ein.

Schon glaubten sie, beinahe allen Unglücklichen geholfen zu haben, als sie aus einer Ecke des Hofes, wo Spanier und Freibeuter übereinander lagen, eine Stimme vernahmen, die ihnen bekannt erschien.

»Wasser, Caballeros!« hörte man unter einem Haufen Toter rufen.

»Himmel!« rief Stiller. »Das ist ja der Katalonier.«

Sofort machten sie sich daran, den Ärmsten zu suchen. Zwei lange, magere Arme und ein mit Blut besudelter Kopf kamen zum Vorschein.

»Carrai!« rief der Mann, plötzlich seine Retter erblickend.

»Herzensfreund!« rief Carmaux freudig bewegt. »Wie freue

ich mich, dich noch lebend zu treffen! Hoffentlich haben sie deine hagere Gestalt nicht allzu schlimm zugerichtet!«

»Wo bist du verwundet?« fragt der Korsar, indem er ihn aufrichtete.

»Man hat mir einen Säbelhieb auf die Schulter und einen ins Gesicht versetzt!«

»Fühlst du, daß deine Verwundungen gefährlich sind?«

»Sie haben mir große Schmerzen verursacht. Gebt mir zu trinken!«

»Nimm, Gevatter!« sagte Carmaux und reichte ihm ein Fläschchen hin. »Nimm, es wird dich stärken!«

Der Katalonier, der Fieber hatte, leerte es gierig.

Dann wandte er sich zum Schwarzen Korsaren: »Ihr sucht den Gouverneur von Maracaibo, nicht wahr?«

»Hast du ihn gesehen?«

»O Herr, Ihr habt die Gelegenheit verpaßt, ihn mit einem Halsband zu beehren, und ich, ihm die fünfundzwanzig Hiebe zurückzugeben!«

»Was heißt das?«

»Daß der Halunke, Euren Sieg voraussehend, hier gar nicht erst gelandet ist! Er ließ sich mit der Karavelle des Grafen Lerma, um Eure Schiffe nicht zu kreuzen, nach der Ostküste des Sees bringen. In Coro wollte er sich ausschiffen, um einen spanischen Segler zu besteigen.«

»Wohin?«

»Nach Porto Cavallo! Dort hat er Besitztümer und auch Verwandte!«

»Sind seine Angaben zuverlässig?«

»Gewiß, Herr.«

»Tod und Verdammnis!« schrie Ventimiglia. »Mir wieder zu

entwischen! Sei es! Und wenn er in die Hölle führe, der Schwarze Korsar wird ihn selbst bis dorthin verfolgen! . . . Und müßte ich auch meine ganzen Reichtümer opfern – ich fahre ihm nach bis zur Küste von Honduras. Das schwöre ich zu Gott!«

»Und ich begleite Euch, Herr, wenn es Euch recht ist«, sagte der Katalonier.

»Hältst du eine Verfolgung für möglich?«

»In dieser Stunde dürfte er sich eingeschifft haben. Noch ehe ihr nach Maracaibo kommt, wird er an der Küste von Nicaragua sein.«

»Gut! Sobald wir auf der Tortuga sind, werde ich eine Expedition ausrüsten, wie man noch keine im Golf von Maracaibo gesehen hat!«

Nachdem er Carmaux und Stiller beauftragt hatte, sich des verwundeten Spaniers anzunehmen, ging er, nur von Mokko begleitet, in die Stadt hinunter, um den Olonesen aufzusuchen.

Die Straßen von Gibraltar, in welche die Korsaren, fast ohne auf Widerstand zu stoßen, eingedrungen waren, boten einen nicht minder trostlosen Anblick als das Innere des Forts. Alle Häuser waren geplündert. Überall hörte man noch das Weinen der Frauen, das Schreien der Kinder, Flüche und Gewehrschüsse.

Scharenweise liefen die Einwohner, von den Piraten verfolgt, durch die Gassen, um ihre kostbarste Habe in Sicherheit zu bringen. Blutige Gemetzel fanden zwischen den Plünderern und der unglücklichen Bevölkerung statt, die zur Herausgabe ihrer verborgenen Schätze gezwungen wurde.

Um Gold zu erlangen, scheuten die gefürchteten Seefahrer selbst vor dem Äußersten nicht zurück.

Einige leere Häuser brannten. Sie warfen Funkengarben in die Luft und gefährdeten die ganze Stadt.

Der Kapitän wandte sich angewidert ab, obwohl er an dieses Schauspiel gewöhnt war.

Auf dem Hauptplatz fand er, inmitten von Freibeutern und Bürgern, den Olonesen. Er war damit beschäftigt, das Gold zu wiegen, das seine Leute unausgesetzt von allen Seiten herbeibrachten.

»Beim Sande von Olone!« rief er, als er Ventimiglias ansichtig wurde. »Ich glaubte schon, du seist dabei, van Gould aufzuknüpfen. Aber ich sehe, du bist unzufrieden, Cavaliere! Warum?«

»Van Gould segelt zu dieser Stunde nach Nicaragua.«

»Also entflohen! Ist denn der Teufel mit ihm im Bunde?«

»So scheint es, er will sich nach Honduras flüchten.«

»Und was willst du tun?«

»Ich will nach der Tortuga zurückkehren, um ein neues Unternehmen ins Werk zu setzen.«

»Ohne mich?«

»Kommst du mit?«

»Ich habe es dir versprochen. In einigen Tagen ziehen wir hier ab, um dann mit einer neuen Flotte den alten Halunken zu suchen!«

Als drei Tage später die Plünderung beendet war, schifften sich die Flibustier in Schaluppen ein, die ihnen von dem am äußeren Ende des Sees befindlichen Geschwader zugesandt worden waren.

Außer zweihundert Gefangenen, für die sie früher oder später ein gutes Lösegeld zu erlangen hofften, führten sie eine große Menge Lebensmittel, Waren und Gold im Wert von zweihundertundsechzigtausend Piastern mit, eine Beute, die innerhalb weniger Wochen auf der Tortuga bei Banketten und Festen verjubelt werden sollte.

Die Fahrt über den See verlief ohne jeden Zwischenfall. Am folgenden Morgen bestiegen die Piraten ihre Schiffe und segelten auf Maracaibo zu. Es war ihre Absicht, dieser Stadt einen neuen Besuch abzustatten, um eine Kopfsteuer zu erheben.

Der Schwarze Korsar befand sich mit seinen Begleitern auf dem Schiffe des Olonesen, da die »Fólgore« nach dem Ausgang des Golfes vorgeschoben war. Sie sollte einen Überfall seitens des spanischen Geschwaders verhüten, das längs der Küste des Großen Golfs zum Schutze der zahlreichen Hafenplätze Mexikos segelte.

Die Einwohner von Maracaibo hatten sich, wie es die Flibustier vermuteten, in das Innere der Stadt zurückgezogen, in der Hoffnung, die Korsaren würden hier nicht zum zweiten Male ankern. Sie hatten eine vollständige Plünderung erlitten und vermochten nicht den geringsten Widerstand zu leisten. Aus Furcht vor einer neuen Beraubung und Feuersbrunst sahen sie sich gezwungen, einen Tribut von dreißigtausend Piastern zu zahlen.

Hiermit noch nicht zufrieden, benutzten die Freibeuter den Aufenthalt, um sich in den Kirchen zu bereichern. Sie entwendeten heilige Gefäße, Bilder, Kruzifixe, ja sogar Glocken. Das alles sollte später in einer auf der Tortuga zu errichtenden Kapelle Verwendung finden.

Am Nachmittag desselben Tages verließ das Korsarengeschwader endgültig diese Gegend und wandte sich mit vollen Segeln dem Ausgang des Golfs zu.

Das Wetter hatte sich verschlechtert, so daß alle sich beeilten, diese gefahrvolle Küste zu verlassen.

Seitwärts von Sierra di Santa Maria stiegen schwarze Wolken auf, welche die Sonne verdunkelten und sich über den ganzen Himmel verbreiteten, während die Brise sich in einen starken Wind verwandelte.

Die Wellen türmten sich hoch und schlugen gegen die Schiffsplanken.

Um acht Uhr abends, als es am Horizont zu blitzen begann und das Meeresleuchten eintrat, erblickte das Geschwader die »Fólgore«, welche vor der Punta Esapada lavierte.

Eine vom Olonesen abgeschossene Rakete gab der »Fólgore« das Zeichen, sich zu nähern, während die große Schaluppe mit dem Schwarzen Korsaren und seinen Begleitern, denen sich auch der Katalonier zugesellt hatte, hinabgelassen wurde.

Morgan, der das Signal und die Laternen des Geschwaders bemerkt hatte, steuerte dem Eingang des Golfs zu. Mit flotten Segeln und unter Kanonenschüssen erreichte das schnelle Schiff die Schaluppe und nahm seinen Kapitän auf.

Kaum hatte der Korsar das Deck betreten, da empfingen ihn schon begeisterte Rufe: »Es lebe unser Kommandant!«

Er schritt durch die Reihen der defilierenden Seeleute und wandte sich sofort einer weißen Gestalt zu, die an der Kajütentür stand.

Ein Freudenruf kam von seinen Lippen. »Ihr, Honorata?«

»Ich, Cavaliere!« antwortete die junge Flämin, indem sie ihm entgegenflog. »Wie bin ich glücklich, daß ich Euch lebend wiedersehe!«

In diesem Augenblick unterbrach ein greller Blitzstrahl die tiefe Finsternis der Nacht. Ein langer Donner folgte. Bei diesem plötzlichen Licht, das die Herzogin in ihrer ganzen anbetungswürdigen Schönheit zeigte, schrie der Katalonier auf:

»Was! . . . Die Tochter van Goulds hier? Großer Gott!«

Der Korsar, der eben auf die Herzogin zustürzen wollte, hielt inne und wandte sich, am ganzer Körper bebend, schreckensbleich zum Katalonier um. Seine Stimme hatte nichts Menschliches mehr.

»Wie sagtest du? . . . Sprich! . . .«

Der Katalonier antwortete nicht. Ihm bangte vor dem Manne, der so sprach. Die Flämin war taumelnd zurückgewichen, als habe ihr jemand einen Dolch ins Herz gestoßen.

Tiefe Stille herrschte auf Deck. Nur das Wogengebraus war vernehmbar.

Die Besatzung wagte nicht zu atmen.

Alle ahnten, was in der Seele ihres Kapitäns vorging. Letzterer hatte seinen Dolch gegen den Katalonier erhoben.

»Sprich!« wiederholte der Korsar mit erstickter Stimme. »Sprich!«

»Dies . . . ist die Tochter van Goulds«, sagte der Katalonier.

»Kennst du sie?«

»Ja.«

»Schwöre, daß sie es ist!«

»Ich schwöre.«

Bei dieser feierlichen Bestätigung stieß der Schwarze Korsar einen fast unmenschlichen Schrei aus. Er brach zusammen, als wäre ihm ein Keulenschlag versetzt worden. Plötzlich aber schoß er wie ein Tiger empor. Heiser schallte seine Stimme durch das Wellenrauschen.

»In jener Nacht, als ich den Leichnam des Roten Korsaren über das Meer brachte, habe ich einen Eid geleistet. Verflucht sei diese Nacht, die mir das Weib raubt, das ich liebe!« Morgan näherte sich dem Kommandanten, um ihn zu beruhigen.

»Schweigt!« rief der Kapitän in höchster Erregung. »Nur meine Brüder haben hier das Wort!«

Abergläubischer Schrecken und Schauer ergriff die Schiffsmannschaft. Aller Augen waren auf das Meer gerichtet, das wie in jener verhängnisvollen Nacht, als der Schwur geleistet wurde, mit einem Male hell erglänzte.

Man glaubte, in den stürmischen Fluten die Leichen der beiden Korsaren zu sehen, die auf dem Grunde des Meeres begraben lagen.

Die junge Flämin wich immer weiter zurück, indes der Wind ihr Haar zerzauste. Ventimiglia folgte ihr Schritt für Schritt mit blitzenden Augen. Beide stumm, als hätten sie plötzlich die Sprache verloren. Schweigend folgten ihnen die Flibustier mit den Blicken. Auch Morgan hatte nicht mehr gewagt, sich dem Kapitän zu nähern.

Plötzlich erreichte Honorata die zur Kajüte führende Treppe. Einen Augenblick hielt sie inne, indem sie verzweifelt die Hände vors Gesicht schlug. Dann stieg sie rückwärts hinab. Der Korsar folgte ihr.

Unten in der Kabine stand die junge Herzogin abermals still. Jetzt schien sie zusammenzubrechen. Schwer atmend sank sie auf einen Stuhl nieder.

Der Korsar schloß die Tür. In seinem tiefen Schmerz fand er keine Worte der Erklärung.

»Unglückliche!« stammelte er, kaum hörbar.

»Ja, Unglückliche!« wiederholte sie dumpf mit noch immer vor Entsetzen starren Augen. Dann brach sie in einen Tränenstrom aus.

Es folgte eine kurze Pause, nur vom heftigen Weinen der Flämin unterbrochen.

»Mein Schwur sei verflucht!« wiederholte der Korsar verzweifelt. »Ihr! . . . Die Tochter van Goulds! Tochter des Verräters, der meine Brüder ermordete? . . . Gott! . . . O Gott! . . . Ich kann es nicht fassen!«

Nach einer kurzen Pause, während der Schluchzen seine Stimme erstickte, fuhr er fort:

»Ihr wißt also nicht, daß ich geschworen habe, alle zu vernichten, die der Familie meines Todfeindes angehören? Gott, das Meer und meine Mannschaft sind Zeuge jenes verhängnisvollen Eides, der nun das Leben des einzigen Weibes, das ich je geliebt habe, fordert . . .! Hört Ihr, Honorata . . . Ihr müßt sterben!«

Nach dieser schrecklichen Drohung hatte sich die junge Herzogin erhoben.

»Gut«, sagte sie ruhig. »Tötet mich! Wenn das Schicksal es bestimmte, daß mein Vater zum Verräter und Mörder wurde, so muß ich es sühnen. Aber tötet mich selbst! Mit eigener Hand! Ich werde glücklich sterben von den Händen des Mannes, den ich so unendlich liebe!«

»Ich!« schrie der Korsar, mit Grauen zurückweichend. »Niemals! . . . Schaut her!«

Er hatte die Herzogin an das breite Fenster geführt, das zum Steuerbord hinausging.

Das Meer schimmerte, als ob geschmolzene Bronze oder flüssiger Schwefel unter den Wellen flösse, während am düstern, wolkenschweren Horizonte Blitze zuckten.

»Schaut her«, wiederholte er mit irren Augen, »das Wasser leuchtet wie in jener Nacht, in der ich die Leichen meiner Brüder in den Meeresgrund versenkte!

Dort sind sie . . . sie suchen mich und mein Schiff . . . Seht

Ihr nicht ihre Augen auf mich gerichtet? Sie schreien nach Rache . . . Ich sehe sie auf den Wellen schwimmen . . . Jetzt sind sie an die Oberfläche gekommen, um mich zu mahnen, daß ich meinen Schwur halte . . . Ja, Brüder! . . . Ihr werdet gerächt werden, aber mit welchem Opfer! Ich habe dieses Weib geliebt! . . . Ich habe sie geliebt! . . . Ich habe sie geliebt! . . .«

Er glich einem Wahnsinnigen, als er auf die sich immer höher und höher türmenden Wellen deutete.

Plötzlich wandte er sich jählings zu Honorata, die seinen Armen entglitten war. Der Ausdruck höchsten Schmerzes, der soeben noch auf seinen Zügen lag, war vollständig verschwunden. Wieder war er der rauhe Seefahrer mit dem unlöschbaren Haß.

»Bereitet Euch auf den Tod vor, Madame!« sagte er. »Empfehlt Eure Seele Gott und meinen Brüdern, daß sie Euch Schutz gewähren! Ich erwarte Euch auf der Brücke!«

Mit festen Schritten verließ er die Kajüte, ohne sich umzuschauen, und begab sich auf die Kommandobrücke.

Der Steuermann stand aufrecht am Steuer und lenkte die »Fólgore« nordwärts, den Schiffen der Freibeuter nach, deren Lichter in weiter Ferne blinkten.

»Morgan«, sagte der Kapitän zu seinem Oberleutnant, »macht ein Boot fertig und laßt es ins Meer! Ich will meinen Schwur erfüllen!«

»Wer soll das Boot besteigen?«

»Die Tochter des Verräters.«

»Kommandant!« rief Morgan vorwurfsvoll.

»Widersprecht mir nicht! Gehorcht! Hier auf diesem Fahrzeug kommandiert der Schwarze Korsar!«

Aber niemand von der Schiffsmannschaft rührte sich. Diesen

furchtlosen Männern, die hundert Schlachten geschlagen hatten, versagte in diesem Augenblick der Mut. Sie standen wie festgenagelt . . .

Schrill und drohend wiederholte der Kommandant den Befehl: »Gehorcht!«

Jetzt trat der Obermaat mit langsamen, schleppenden Schritten aus den Reihen und winkte einigen seiner Leute, ihm zu folgen. Sie ließen unter der Treppe des Steuerbords eine Schaluppe ins Meer, die sie heimlich mit Lebensmitteln versahen. Es war ihnen klar, was der Korsar mit der unglücklichen Tochter van Goulds vorhatte.

Kaum war dies geschehen, als man die Flämin aus der Kajüte kommen sah.

Sie war noch weiß gekleidet, umwallt von den langen blonden Haaren . . . Der Mannschaft erschien sie nicht als ein Wesen dieser Welt. Ohne ein Wort zu sagen, kaum mit den Füßen den Boden berührend, überschritt sie das Deck, entschlossen, ohne ein Zeichen von Erregung . . .

Als sie die kleine Leiter erreichte, zeigte der Maat stumm auf das Boot, welches die Wellen mit dumpfen Schlägen gegen die Schiffsplanke trieben. Jetzt zögerte sie einen Moment und richtete den Blick zur Kommandobrücke, wo sich die schwarze Gestalt des Korsaren unter dem von wilden Blitzen durchzuckten Himmel abhob.

Einige Sekunden lang schaute sie so den erbitterten Gegner ihres Vaters an. Dann winkte sie mit der Hand ein Lebewohl, stieg schnell die Leiter hinunter und sprang in die Schaluppe.

Der Maat löste das Seil. Die ganze Mannschaft schrie:

»Rettet sie!«

Der Korsar antwortete nicht. Er hatte sich jetzt über die

Brüstung gelehnt und blickte der Schaluppe nach, die durch den heftigen Wellengang im Treiben auf- und niederschwankte. Der Wind wehte stark über das Meer. Am Himmel folgte Blitz auf Blitz, und in das Wogengebraus mischte sich das Donnergrollen.

Immer weiter und weiter entfernte sich das Boot . . . Man sah die weiße Gestalt der jungen Herzogin die Arme nach der »Fólgore« ausstrecken. Ihre Augen schienen auf den Korsaren gerichtet.

Die ganze Bemannung hatte sich nach Steuerbord gestürzt und war der Unglücklichen mit den Blicken gefolgt. Keiner sprach. Alle wußten, daß der Versuch, den Rächer umzustimmen, gescheitert wäre.

Nun sah man die Schaluppe in der Ferne von Meeresleuchten und grellen Blitzen umgeben. Bald wurde sie von den schäumenden Wellen hochgeworfen, und bald verschlangen sie die Wellen wieder. Aber immer tauchte sie wieder auf. Es war, als ob eine geheimnisvolle Kraft sie beschirmte . . Endlich verschwand sie am tiefschwarzen Horizont.

Als die Flibustier sich umwandten, war der Kapitän zusammengebrochen. Er war auf einen Haufen Schiffstaue gesunken, das Gesicht mit den Händen bedeckend.

Und Carmaux sagte leise zu Stiller:

»Sieh nur! Der Schwarze Korsar weint!«

Sicherung guter wissenschaftlicher Praxis

Safeguarding Good Scientific Practice

Denkschrift
Memorandum

Vorschläge zur Sicherung guter wissenschaftlicher Praxis

Proposals for Safeguarding Good Scientific Practice

Denkschrift
Memorandum

Empfehlungen der Kommission
„Selbstkontrolle in der Wissenschaft"

Recommendations of the Commission
on Professional Self Regulation in Science

WILEY-VCH

Deutsche Forschungsgemeinschaft
Kennedyallee 40 · 53175 Bonn
Postanschrift: 53170 Bonn
Telefon: +49 228 885-1
Telefax: +49 228 885-2777
postmaster@dfg.de
www.dfg.de

Bibliografische Information der Deutschen Nationalbibliothek
Die Deutsche Nationalbibliothek verzeichnet diese Publikation in der Deutschen Nationalbibliografie; detaillierte bibliografische Daten sind im Internet über <http://dnb.d-nb.de> abrufbar.

Print-ISBN 978-3-527-33703-3
© 1998, erste Auflage, WILEY-VCH Verlag GmbH & Co. KGaA, Weinheim
© 2013, ergänzte Auflage, WILEY-VCH Verlag GmbH & Co. KGaA, Weinheim

Layout und Typografie: Tim Wübben, DFG
Satz: Primustype Hurler GmbH, Notzingen
Druck und Bindung: DCM Druck Center Meckenheim GmbH

Inhalt

Vorwort zur ersten Auflage

Ein in der Öffentlichkeit im In- und Ausland breit diskutierter Fall wissenschaftlichen Fehlverhaltens hat das Präsidium der Deutschen Forschungsgemeinschaft (DFG) veranlasst, eine international zusammengesetzte Kommission unter Vorsitz des Präsidenten zu berufen und sie zu bitten,

- ▶ Ursachen von Unredlichkeit im Wissenschaftssystem nachzugehen,
- ▶ präventive Gegenmaßnahmen zu diskutieren,
- ▶ die existierenden Mechanismen wissenschaftlicher Selbstkontrolle zu überprüfen und Empfehlungen zu ihrer Sicherung zu geben.

Mitglieder der Kommission waren:

- ▶ Professor Dr. Ulrike Beisiegel, Medizinische Universitätsklinik Hamburg
- ▶ Professor Dr. Johannes Dichgans, Neurologische Universitätsklinik Tübingen
- ▶ Professor Dr. Gerhard Ertl, Fritz-Haber-Institut der Max-Planck-Gesellschaft, Berlin
- ▶ Professor Dr. Siegfried Großmann, Fachbereich Physik der Universität Marburg
- ▶ Professor Dr. Bernhard Hirt, Institut Suisse de Recherches Expérimentales sur le Cancer, Epalinges s. Lausanne
- ▶ Professor Dr. Claude Kordon, INSERM, U.159 Neuroendocrinologie, Paris
- ▶ Professor Dr. Lennart Philipson, Skirball Institute of Biomolecular Medicine, New York University, New York
- ▶ Professor Dr. Eberhard Schmidt-Aßmann, Institut für deutsches und europäisches Verwaltungsrecht der Universität Heidelberg
- ▶ Professor Dr. Wolf Singer, Max-Planck-Institut für Hirnforschung, Frankfurt/Main
- ▶ Professor Dr. Cornelius Weiss, Fakultät für Chemie und Mineralogie der Universität Leipzig
- ▶ Professor Dr. Sabine Werner, Max-Planck-Institut für Biochemie, Martinsried
- ▶ Professor Dr. Björn H. Wiik, Deutsches Elektronen-Synchrotron (DESY), Hamburg

Die Kommission legt als Ergebnis ihrer Arbeit die folgenden, am 9. Dezember 1997 einstimmig verabschiedeten Empfehlungen vor. Die Begründungen und Kommentare enthalten Anregungen für die Umsetzung. Ihnen folgt ein kurzer Überblick über die Probleme im Wissenschaftssystem, mit denen die Kommission sich auseinandergesetzt hat, und über Lösungsansätze im Ausland, deren Kenntnis für die Erarbeitung der Empfehlungen wichtig war.

Allen, die an der Arbeit der Kommission mitgewirkt haben, insbesondere auch den kooperierenden Institutionen in Europa und den USA, danke ich herzlich.

Bonn, 19. Dezember 1997

Professor Dr. Wolfgang Frühwald
Präsident der Deutschen Forschungsgemeinschaft

Vorwort zur ergänzten Auflage

Wissenschaft gründet auf Redlichkeit. Diese ist eines der wesentlichen Prinzipien guter wissenschaftlicher Praxis und damit jeder wissenschaftlichen Arbeit. Nur redliche Wissenschaft kann letztlich produktive Wissenschaft sein und zu neuem Wissen führen. Unredlichkeit hingegen gefährdet die Wissenschaft. Sie zerstört das Vertrauen der Wissenschaftlerinnen und Wissenschaftler untereinander sowie das Vertrauen der Gesellschaft in die Wissenschaft, ohne das wissenschaftliche Arbeit ebenfalls nicht denkbar ist.

Redlichkeit zur Richtschnur ihres Denkens und Handelns zu machen, ist die Aufgabe und Verpflichtung eines jeden einzelnen Wissenschaftlers und einer jeden einzelnen Wissenschaftlerin. Ihre Bedeutung und Bandbreite zu erfassen und zu formulieren, die Voraussetzungen für ihre Geltung und Anwendung zu sichern und dort, wo es notwendig ist, auch Vorkehrungen gegen Verstöße zu treffen, ist die Pflicht der Wissenschaft als Gesamtsystem und zugleich ein zentrales Element ihrer Selbstverwaltung. Nur die Wissenschaft selbst kann, nicht zuletzt durch organisations- und verfahrensrechtliche Regelungen, gute wissenschaftliche Praxis gewährleisten.

In diesem Sinne hat die Deutsche Forschungsgemeinschaft (DFG) als die zentrale Selbstverwaltungsorganisation für die Wissenschaft in Deutschland 1997 erstmals ihre Denkschrift „Vorschläge zur Sicherung guter wissenschaftlicher Praxis" formuliert. Diese Empfehlungen, die auf der Arbeit einer internationalen Expertenkommission gründeten und nicht zuletzt eine Reaktion auf den bis dato gravierendsten Fall von wissenschaftlichem Fehlverhalten in Deutschland darstellten, waren als handlungsleitende Maßstäbe angelegt und haben sich als solche bewährt; auf ihrer Grundlage wurde in allen verfassten Institutionen der Wissenschaft ein System der Selbstkontrolle initiiert, das seitdem breiten Konsens findet. Allgegenwärtig sind sie auch in der täglichen Forschungsförderung durch die DFG; jeder Wissenschaftler und jede Wissenschaftlerin, die einen Antrag auf Förderung bei der DFG stellen, verpflichten sich zur Einhaltung der Regeln guter wissenschaftlicher Praxis.

Fast 16 Jahre später legt die DFG ihre Empfehlungen nunmehr in einer in einzelnen Punkten ergänzten und aktualisierten Form vor. Hierfür gibt es verschiedene Beweggründe. Anders als zunächst vielleicht zu vermuten und mitunter auch unterstellt, waren jedoch weder einzelne und besonders öffentlichkeitswirksame Fälle von wissenschaftlichem Fehlverhalten noch eine oft angenommene, tatsächlich so jedoch nicht feststellbare signifikante Häufung wissenschaftlichen Fehlverhaltens ausschlaggebend. Vielmehr entwickelt sich der Reflexions- und Diskussionsprozess zu diesem Thema in der Wissenschaft und auch in den Wissenschaftsorganisationen weiter, sind einzelne Facetten neu hinzugekommen oder haben neue oder andere Bedeutung gewonnen.

Als Diskussionspunkte seien hier etwa neue Entwicklungen in der Bekanntmachung und Auseinandersetzung mit Vorwürfen, die kritische Hinterfragung der vorhandenen Strukturen an den wissenschaftlichen Einrichtungen, die Bedeutung eines fairen Verfahrens, Versäumnisse adäquater Betreuung des wissenschaftlichen Nachwuchses und nicht zuletzt das Wissen um die Tragweite eines Vorwurfs für einzelne Wissenschaftlerinnen und Wissenschaftler genannt. Ebenso scheint es aufgrund der Erfahrungen angebracht und berechtigt, die Vorteile des Systems der Selbstkontrolle der Wissenschaft deutlicher hervorzuheben.

Der solchermaßen geführten Diskussion innerhalb der Wissenschaft und der Wissenschaftsorganisationen ist die DFG mit der Ergänzung ihrer Empfehlungen ebenso nachgekommen wie einer Bitte der Politik in der Gemeinsamen Wissenschaftskonferenz (GWK) von Bund und Ländern, die Mitte 2011 um „Aktualisierung der Empfehlungen auf der Grundlage neuer Entwicklungen und unter Einbeziehung der internationalen Entwicklungen zur Sicherung der guten wissenschaftlichen Praxis, wo nötig" gebeten hatte.

Weitere wichtige Anstöße und konkrete Handlungsfelder ergaben ein Ende 2011 unter Federführung der DFG durchgeführtes Symposium der Allianz der Wissenschaftsorganisationen zur „Guten wissenschaftlichen Praxis" sowie ein anschließender Bericht der DFG an die GWK. Die Überarbeitung der Empfehlungen erfolgte dann in enger Abstimmung mit dem Ombudsman für die Wissenschaft und dessen Mitgliedern, Professor Dr. Katharina Al-Shamery, Professor Dr. Brigitte Jockusch und Professor Dr. Wolfgang Löwer; ihre Expertise und ihre Erfahrungen waren für die Weiterentwicklung der Denkschrift ebenfalls sehr wertvoll.

Die so ergänzten Empfehlungen zur Sicherung guter wissenschaftlicher Praxis wurden nach der Zustimmung durch den Senat der DFG vom 14. März 2013 am 3. Juli 2013 von der Mitgliederversammlung der DFG im Rahmen der DFG-Jahresversammlung in Berlin verabschiedet. Auf ihrer Grundlage wird die DFG der Sicherung guter wissenschaftlicher Praxis als essenzieller Voraussetzung für wissenschaftliche Arbeit und als Kernaufgabe wissenschaftlicher Selbstkontrolle auch künftig höchste Bedeutung beimessen.

Allen, die an der Überarbeitung der Empfehlungen mitgewirkt haben, gilt auch an dieser Stelle unser herzlicher Dank.

Bonn, im September 2013

Professor Dr. Peter Strohschneider
Präsident
der Deutschen Forschungsgemeinschaft

Dorothee Dzwonnek
Generalsekretärin
der Deutschen Forschungsgemeinschaft

Übersicht über die Ergänzungen und Aktualisierungen

Zur besseren Orientierung sind die Ergänzungen und Aktualisierungen der DFG-Empfehlungen zur Sicherung guter wissenschaftlicher Praxis nachfolgend kurz zusammengefasst.

Besondere Bedeutung schenkt die Überarbeitung dem wissenschaftlichen Nachwuchs. So wird betont, dass Nachwuchsförderung in der Wissenschaft als Leitungsaufgabe wahrzunehmen ist. Doktorandinnen und Doktoranden tragen durch ihre Forschungsaktivitäten und ihren Ideenreichtum zu kontinuierlicher Wissensgenerierung bei. Betreuerinnen und Betreuer übernehmen dabei die zentrale Aufgabe, hohe Qualitätsstandards durchzusetzen und Missbrauch zu begegnen. Gerade die Verleihung des Doktorgrades sowie die Bewertung der Qualität einer Promotion gehören dabei zum Kernbereich des Wissenschaftssystems. Dieses Selbstverständnis zugrunde legend weisen die Empfehlungen insbesondere auf ein Betreuungskonzept für Doktorandinnen und Doktoranden hin (Empfehlung 4).

Ferner enthält die Denkschrift nun Hinweise zum Umgang mit dem Whistleblower (Empfehlung 17), der einerseits für das System der Selbstkontrolle unverzichtbar ist und daher besonderen Schutz verdient, der jedoch andererseits auch sein eigenes Handeln an den Grundsätzen guter wissenschaftlicher Praxis auszurichten hat. Das Ombudsverfahren ist dabei einer von mehreren möglichen Wegen, zwischen denen Wissenschaftlerinnen und Wissenschaftler wählen können, um Hinweise auf wissenschaftliches Fehlverhalten zu geben. Hinweise auf vermutetes wissenschaftliches Fehlverhalten im Rahmen von Ombudsverfahren und die weiteren Formen wissenschaftlicher Selbstkontrolle unterscheiden sich und sind komplementär. Der in Empfehlung 17 formulierte Grundsatz der Vertraulichkeit gilt hier ausschließlich für das Ombudsverfahren, die weiteren Formen der wissenschaftlichen Urteilsbildung und Selbstkontrolle sind von ihm nicht berührt.

In Empfehlung 5 wird das Ombudswesen gestärkt. Die Hochschulen werden ausdrücklich aufgefordert, sich der Ombudsperson verstärkt anzunehmen und diese für den Wissenschaftsbetrieb sowie die Ratsuchenden der eigenen Einrichtung sichtbarer zu machen.

Fragen zur Aufbewahrung und Nutzung von Primärdaten werden in Empfehlung 7 konkretisiert. Empfehlung 8 wird mit Einzelheiten zu Verfahren bei wissenschaftlichem Fehlverhalten der Hochschulen und Forschungseinrichtungen insoweit ergänzt, als Universitäten und Forschungseinrichtungen eine Höchstdauer für die Durchführung des gesamten Verfahrens anstreben sollen und auch komplexe Verfahren im Interesse aller Beteiligten in einem absehbaren Zeitraum zu einem Abschluss zu bringen sind. Im Interesse einheitlicher Standards guter wissenschaftlicher Praxis soll an den Hochschulen zudem das Verhältnis der Kommission zur Untersuchung von Vorwürfen wissenschaftlichen Fehlverhaltens zu den zuständigen Stellen für die Verleihung und den Entzug akademischer Titel in Fragen des Titelentzugs geklärt werden.

Auch das Thema Autorschaft ist eine zentrale Aufgabe des Ombudswesens und erfährt in den Empfehlungen 11 und 12 Ergänzungen.

Schließlich wird die Denkschrift um Hinweise auf nationale und internationale Standards ergänzt.

1   Empfehlungen

Vorbemerkung

Der Anlass, der die Kommission im Jahr 1997 zusammengeführt hat, war ein besonders schwerwiegender Fall wissenschaftlichen Fehlverhaltens (1). Er führte zu einer breiten Diskussion in Politik, Administration und Öffentlichkeit darüber, ob Vergleichbares häufiger vorkommt und ob die Wissenschaft in ihren Institutionen über hinreichende Kontrollmechanismen zur Qualitätssicherung verfügt. Wie konnte es geschehen, dass sie über so lange Zeit außer Funktion gesetzt wurden? Fast alle betroffenen wissenschaftlichen Arbeiten erschienen in internationalen Zeitschriften mit Gutachtersystem. Bei allen Promotionen, Habilitationen und Berufungen wurden die gängigen Kontrollmechanismen der Selbstergänzung der wissenschaftlichen Gemeinschaft ohne formale Fehler in Tätigkeit gesetzt, ohne dass Unregelmäßigkeiten entdeckt wurden. Gleiches galt für Anträge auf Fördermittel bei der Deutschen Forschungsgemeinschaft (DFG) und bei anderen Förderorganisationen über lange Zeit.

Weitere Fragen schlossen sich an: Ist ein Eingreifen des Staates, sind neue Regelungen erforderlich, um die staatlich finanzierte Wissenschaft und die auf ihre Ergebnisse angewiesene Öffentlichkeit vor missbräuchlichen Praktiken zu schützen?

Nach bestem Wissen und gestützt auf alle greifbaren Erfahrungen in anderen Ländern können diese Fragen so beantwortet werden: Wissenschaftliche Arbeit beruht auf Grundprinzipien, die in allen Ländern und in allen wissenschaftlichen Disziplinen gleich sind. Allen voran steht die Ehrlichkeit gegenüber sich selbst und anderen. Sie ist zugleich ethische Norm und Grundlage der von Disziplin zu Disziplin verschiedenen Regeln wissenschaftlicher Professionalität, das heißt guter wissenschaftlicher Praxis. Sie den Studierenden und dem wissenschaftlichen Nachwuchs zu vermitteln, gehört zu den Kernaufgaben der Hochschulen. Die Voraussetzungen für ihre Geltung und Anwendung in der Praxis zu sichern, ist eine Kernaufgabe der Selbstverwaltung der Wissenschaft. Der hohe Leistungsstand des Wissenschaftssystems macht täglich erfahrbar, dass die Grundprinzipien guter wissenschaftlicher Praxis erfolgreich angewendet werden. Gravierende Fälle wissenschaftlicher Unredlichkeit sind seltene Ereignisse. Jeder Fall, der vorkommt, ist aber ein Fall zu viel; denn nicht nur widerspricht Unredlichkeit – anders als der Irrtum – fundamental den Grundsätzen und dem Wesen wissenschaftlicher Arbeit; sie ist auch für die Wissenschaft selbst eine große Gefahr. Sie kann das Vertrauen der Öffentlichkeit in die Wissenschaft ebenso untergraben wie das Vertrauen der Wissenschaftlerinnen und Wissenschaftler untereinander zerstören, ohne das erfolgreiche wissenschaftliche Arbeit nicht möglich ist.

Unredlichkeit kann in der Wissenschaft so wenig vollständig verhindert oder ausgeschlossen werden wie in anderen Lebensbereichen. Man kann und muss aber Vorkehrungen gegen sie treffen. Dafür bedarf es keiner staatlichen Maßnahmen. Erforderlich ist aber, dass nicht nur jede Wissenschaftlerin und jeder Wissenschaftler, sondern vor allem auch die Wissenschaft in ihren verfassten Institutionen – Hochschulen, Forschungsinstitute, Fachgesellschaften, wissenschaftliche Zeitschriften, Fördereinrichtungen – sich die Normen guter wissenschaftlicher Praxis bewusst macht und sie in ihrem täglichen Handeln anwendet. Gute wissenschaftliche Praxis bildet daher den Kern der folgenden Empfehlungen; sie ist Voraussetzung für eine leistungsfähige, im internationalen Wettbewerb anerkannte wissenschaftliche Arbeit. Der Gegensatz zu guter wissenschaftlicher Praxis, den es zu verhindern gilt, ist wissenschaftliche Unredlichkeit (scientific dishonesty), die bewusste Verletzung elementarer wissenschaftlicher Grundregeln. Der breitere Begriff „wissenschaftliches Fehlverhalten" (scientific misconduct) wird dort verwendet, wo nach dem Zusammenhang (z. B. bei Verfahrensregeln) die Normverletzung als Tatbestand das ist, was es zu klären gilt.

Die Empfehlungen richten sich vornehmlich an die verfassten Institutionen der Wissenschaft, über sie aber auch an alle ihre Mitglieder. Im Vordergrund stehen Regeln guter wissenschaftlicher Praxis, die nicht neu sind, deren tägliche bewusste Einhaltung aber die wirksamste Vorbeugung gegen Unredlichkeit darstellt. Gestützt auf ausländische Erfahrungen enthalten die Empfehlungen auch Grundregeln für den Umgang mit Vorwürfen wissenschaftlichen Fehlverhaltens. Alle wissenschaftlichen Einrichtungen sollen dafür ein faires Verfahren, das die Interessen der Beteiligten und Betroffenen ebenso schützt wie ihren eigenen guten Ruf, für ihren jeweiligen Bereich erörtern, ausgestalten und in Kraft setzen.

Adressaten sind somit an erster Stelle die Hochschulen, vor allem die Universitäten, und Forschungseinrichtungen, weil Forschung und die Förderung des wissenschaftlichen Nachwuchses ihre ureigenen Aufgaben bilden. Die Pflege guter wissenschaftlicher Praxis und der angemessene Umgang mit Vorwürfen von Fehlverhalten sind institutionelle Aufgaben. Die Verantwortung für ihre Erfüllung tragen die Leitung jeder Einrichtung und ihre für Grundsatzfragen zuständigen Organe. Das ergibt sich nicht nur aus ihrer tatsächlichen Nähe zu den forschenden Wissenschaftlerinnen und Wissenschaftlern, sondern auch aus ihrer Rolle als deren Arbeitgeber oder Dienstherr und für die Hochschulen aus ihrem Monopol für die Verleihung akademischer Grade.

Die Empfehlungen sind – auch wenn sie nicht für alle Wissenschaftsgebiete in gleicher Weise angewendet werden können – absichtlich nicht als detailliertes Regelsystem ausgestaltet. Sie bieten vielmehr den Institutionen des Wissenschaftssystems einen Rahmen für eigene Überlegungen, die sie selbst jeweils gemäß ihrer äußeren und inneren Verfassung und ihren Aufgaben entwickeln müssen. In den Begründungen und Erläuterungen sind – auf Erfahrungen im In- und Ausland zurückgehende – Anregungen enthalten, wie dies geschehen kann.

Wissenschaftliche Arbeit unterliegt auf vielen Gebieten rechtlichen und standesrechtlichen Regelungen, Verhaltensregeln wie der Deklaration von Helsinki und professionellen Normen. Die Empfehlungen sollen diese Normen und Regelungen in keinem Punkt ersetzen, sondern durch allgemeine Grundsätze ergänzen. Sie entfalten und detaillieren wissenschaftsethische Prinzipien, wie sie in vielen ausländischen Universitäten gelten (2) und wie sie in Verhaltenskodizes, zum Beispiel dem der Gesellschaft Deutscher Chemiker (3), niedergelegt sind.

Empfehlung 1: Gute wissenschaftliche Praxis

Regeln guter wissenschaftlicher Praxis sollen – allgemein und nach Bedarf spezifiziert für die einzelnen Disziplinen – Grundsätze insbesondere für die folgenden Themen umfassen:

- ▶ *allgemeine Prinzipien wissenschaftlicher Arbeit, zum Beispiel*
  - *lege artis zu arbeiten,*
  - *Resultate zu dokumentieren,*
  - *alle Ergebnisse konsequent selbst anzuzweifeln,*
  - *strikte Ehrlichkeit im Hinblick auf die Beiträge von Partnern, Konkurrenten und Vorgängern zu wahren,*
- ▶ *Zusammenarbeit und Leitungsverantwortung in Arbeitsgruppen (Empfehlung 3),*
- ▶ *die Betreuung des wissenschaftlichen Nachwuchses (Empfehlung 4)*
- ▶ *die Sicherung und Aufbewahrung von Primärdaten (Empfehlung 7),*
- ▶ *wissenschaftliche Veröffentlichungen (Empfehlung 11).*

Empfehlung 2: Festlegung von Regeln

Hochschulen und außeruniversitäre Forschungsinstitute sollen unter Beteiligung ihrer wissenschaftlichen Mitglieder Regeln guter wissenschaftlicher Praxis formulieren, sie allen ihren Mitgliedern bekannt geben und diese darauf verpflichten. Diese Regeln sollen fester Bestandteil der Lehre und der Ausbildung des wissenschaftlichen Nachwuchses sein.

Erläuterungen

Hochschulen „dienen ... der Pflege und der Entwicklung der Wissenschaften ... durch Forschung, Lehre und Studium"; sie „fördern ... den wissenschaftlichen ... Nachwuchs" (4). Sie sind damit in umfassender Weise legitimiert, aber auch verpflichtet, ihre innere Ordnung so zu gestalten, dass Wissenschaft entsprechend ihren immanenten Werten und Normen betrieben werden kann.

Ähnliches gilt mit den durch Rechtsform und Aufgaben bedingten Modifikationen für die öffentlich finanzierten außeruniversitären Forschungseinrichtungen (5).

Die Freiheit der Wissenschaft in Forschung, Lehre und Studium ist in Deutschland in der Verfassung garantiert. Freiheit der Wissenschaft gehört dabei untrennbar zusammen mit Verantwortung; Das gilt für jede Wissenschaftlerin und jeden Wissenschaftler ebenso wie für die Institutionen, in denen Wissenschaft verfasst ist. Jeder, der Wissenschaft zum Beruf hat, trägt Verantwortung dafür, die grundlegenden Werte und Normen wissenschaftlicher Arbeit zu pflegen, in seinem Handeln täglich zu verwirklichen und für sie einzustehen.

Wenn daher in Hochschulen und außeruniversitären Forschungsinstituten Regeln guter wissenschaftlicher Praxis verbindlich formuliert werden, so müssen sie durch die Beteiligung eines Gremiums der wissenschaftlichen Selbstverwaltung auf die Grundlage eines Konsenses ihrer wissenschaftlichen Mitglieder gestellt werden. Dem wissenschaftlichen Nachwuchs kann nur durch eine als Vorbild geeignete wissenschaftliche Arbeitsweise der erfahrenen Wissenschaftlerinnen und Wissenschaftler und durch Gelegenheit zur Diskussion der Regeln guter wissenschaftlicher Praxis einschließlich ihrer (im weiten Sinne) ethischen Aspekte ein starkes Fundament für die Wahrnehmung der eigenen Verantwortung vermittelt werden. Daher sollen Regeln guter wissenschaftlicher Praxis in die akademische Lehre und in die Ausbildung des wissenschaftlichen Nachwuchses integriert sein.

Empfehlung 3: Organisation

Die Leitung jeder Hochschule und jeder Forschungseinrichtung trägt die Verantwortung für eine angemessene Organisation, die sichert, dass in Abhängigkeit von der Größe der einzelnen wissenschaftlichen Arbeitseinheiten die Aufgaben der Leitung, Aufsicht, Konfliktregelung und Qualitätssicherung eindeutig zugewiesen sind und gewährleistet ist, dass sie tatsächlich wahrgenommen werden.

Erläuterungen

Wie auf allen Gebieten können Grundwerte auch in der Wissenschaft letztendlich nur von jedem Einzelnen gelebt werden. Die Verantwortung für sein eigenes Verhalten trägt jede Wissenschaftlerin und jeder Wissenschaftler allein. Wer Leitungsaufgaben wahrnimmt, trägt damit aber zugleich Verantwortung für die Verhältnisse in der ganzen Einheit, die ihr oder ihm oder ihr untersteht.

Mitglieder einer Arbeitsgruppe müssen sich aufeinander verlassen können. Nur auf der Grundlage wechselseitigen Vertrauens sind die Gespräche, Diskussionen – bis hin zu Auseinandersetzungen (6) – möglich, die für lebendige, produktive Gruppen charakteristisch sind. Die eigene Arbeitsgruppe ist für den einzelnen Forscher nicht nur seine institutionelle Heimat, sie ist auch der Ort, wo Ideen im Gespräch zu Hypothesen und Theorien werden, wo die Interpretation und Einordnung einzelner, überraschender Ergebnisse in Zusammenhängen stattfindet.

Das Zusammenwirken in wissenschaftlichen Arbeitsgruppen muss so beschaffen sein, dass die in spezialisierter Arbeitsteilung erzielten Ergebnisse wechselseitig mitgeteilt, kritisiert und in einen gemeinsamen Kenntnisstand integriert werden können. Dies ist auch für die Ausbildung der Nachwuchswissenschaftlerinnen und -wissenschaftler in der Gruppe zur Selbstständigkeit besonders wichtig. In größeren Gruppen empfiehlt sich dafür eine geregelte Organisationsform (z. B. regelmäßige Kolloquien). Dasselbe gilt für die wechselseitige Überprüfung von Arbeitsergebnissen. Der primäre Test eines wissenschaftlichen Ergebnisses ist seine Reproduzierbarkeit. Je überraschender, aber auch je erwünschter (im Sinne der Bestätigung einer liebgewordenen Hypothese) ein Ergebnis ist, umso wichtiger ist die unabhängige Wiederholung des Weges zu ihm in der Gruppe, ehe es außerhalb der Gruppe weitergegeben wird. Sorgfältige Qualitätssicherung ist ein Merkmal wissenschaftlicher Redlichkeit.

Arbeitsgruppen müssen nicht hierarchisch organisiert sein. Auch wenn sie es nicht sind, ergibt sich aber zwangsläufig eine funktionelle Teilung der Verantwortung, indem zum Beispiel eine Person die Federführung für einen Antrag auf Forschungsmittel und damit gegenüber der fördernden Institution die Rechenschaftspflicht nach deren Regeln übernimmt. Im Regelfall hat eine Arbeitsgruppe eine Leiterin oder einen Leiter. Ihr oder ihm fällt die Verantwortung dafür zu, dass die Gruppe als Ganze ihre Aufgaben erfüllen kann, dass die dafür nötige Zusammenarbeit und Koordination funktioniert und dass allen Mitgliedern der Gruppe ihre Rechte und Pflichten bewusst sind.

Diese Forderung hat unmittelbare Folgen für die optimale beziehungsweise die maximale Größe einer Arbeitsgruppe. Eine Leitungsfunktion wird leer, wenn sie nicht verantwortlich in Kenntnis aller dafür relevanten Umstände wahrgenommen werden kann. Die Leitung einer Arbeitsgruppe verlangt Präsenz und Überblick. Wo sie (z. B. auf der Ebene der Leitung großer Institute oder Kliniken) nicht mehr hinreichend vorhanden sind, müssen Leitungsaufgaben delegiert werden, was nicht zu komplexen hierarchischen Strukturen führen muss. Die „Führungsspanne" darf nicht zu groß werden.

Institutionen der Wissenschaft sind gehalten, Organisationsstrukturen zu gewährleisten, die eine lebendige Wechselwirkung der beschriebenen Art mindestens ermöglichen, im Idealfall fördern. Hochschulen als mitgliedschaftlich verfasste Institutionen – und analog außeruniversitäre Forschungsinstitute – müssen die Voraussetzungen dafür garantieren, dass alle ihre Mitglieder den Normen guter wissenschaftlicher Praxis gerecht werden können. Auf der Ebene der Leitung der Institution ist die Verantwortung dafür angesiedelt, dass eine geeignete Organisationsstruktur vorhanden und bekannt ist, dass Ziele und Aufgaben festgelegt werden und ihre Einhaltung kontrolliert werden kann und dass schließlich Mechanismen der Regelung für Konflikte vorhanden sind.

Empfehlung 4: Betreuung des wissenschaftlichen Nachwuchses

Der Ausbildung und Förderung des wissenschaftlichen Nachwuchses muss besondere Aufmerksamkeit gelten. Hochschulen und Forschungseinrichtungen sollen Grundsätze für seine Betreuung entwickeln und die Leitungen der einzelnen wissenschaftlichen Arbeitseinheiten darauf verpflichten.

Erläuterungen

Nachwuchsförderung ist Leitungsaufgabe. Postdoktorandinnen/Postdoktoranden, Doktorandinnen/Doktoranden und fortgeschrittene Studierende müssen angemessen wissenschaftlich gefördert werden.

Da Arbeitsgruppen in aller Regel aus älteren und jüngeren, erfahreneren und weniger erfahrenen Wissenschaftlerinnen und Wissenschaftlern bestehen, schließt die Leitung einer Gruppe die Verantwortung dafür ein, dass für jedes jüngere Mitglied der Gruppe, vor allem Doktorandinnen und Doktoranden, aber auch fortgeschrittene Studierende und jüngere Postdocs, eine angemessene Betreuung gesichert ist. Für jede(n) von ihnen muss es eine primäre Ansprechperson geben (7). Auf Arbeitsgebieten, wo alle darin tätigen Gruppen im intensiven Wettbewerb zueinander stehen, können gerade für die jüngeren Mitglieder der Gruppe rasch Situationen vermeintlicher oder tatsächlicher Überforderung entstehen. Eine lebendige Kommunikation innerhalb der Arbeitsgruppe und gesicherte Betreuungsverhältnisse sind die wirksamsten Mittel, einem Abgleiten (der jüngeren wie der erfahreneren Mitglieder der Gruppe) in unredliche Verhaltensweisen vorzubeugen. Wer eine Arbeitsgruppe leitet, trägt Verantwortung dafür, dass diese Voraussetzungen jederzeit gegeben sind.

Es empfiehlt sich, wie Erfahrungen im In- und Ausland zeigen, für Doktorandinnen und Doktoranden neben der primären „Bezugsperson" eine Betreuung durch zwei weitere erfahrenere Wissenschaftlerinnen oder Wissenschaftler vorzusehen, die für Rat und Hilfe und bei Bedarf zur Vermittlung in Konfliktsituationen zur Verfügung stehen, aber auch den Arbeitsfortschritt in jährlichen Abständen diskutieren. Sie sollten örtlich erreichbar sein, aber nicht alle derselben Arbeitsgruppe, auch nicht notwendig derselben Fakultät oder Institution angehören; mindestens eine(r) sollte von der Doktorandin beziehungsweise dem Doktoranden selbst bestimmt sein.

Zu den Inhalten der Betreuungspflicht gegenüber dem wissenschaftlichen Nachwuchs gehört, den Abschluss der Arbeiten der Nachwuchswissenschaftlerin oder des Nachwuchswissenschaftlers innerhalb eines angemessenen Zeitrahmens zu fördern und deren weitere wissenschaftliche Karriere zu unterstützen.

Für Doktorandinnen und Doktoranden empfiehlt sich zudem die Erstellung eines Betreuungskonzepts (8). Darin sollen die sich aus dem Betreuungsverhältnis ergebenden grundlegenden Anforderungen an Betreuende und Promovierende festgehalten werden, ohne dass Modifikationen, die durch veränderte

Rahmenbedingungen notwendig werden (z. B. Anpassungen an geänderte wissenschaftliche, personelle und finanzielle Bedingungen), ausgeschlossen sind. Das Betreuungskonzept sollte auch Maßnahmen zur Unterstützung der weiteren Karriereplanung beinhalten.

Empfehlung 5: Vertrauenspersonen (Ombudspersonen)

Hochschulen und Forschungseinrichtungen sollen unabhängige Vertrauens-/Ansprechpersonen (Ombudspersonen) vorsehen, an die sich ihre Mitglieder in Fragen guter wissenschaftlicher Praxis und in Fragen vermuteten wissenschaftlichen Fehlverhaltens wenden können. Hochschulen und Forschungseinrichtungen tragen dafür Sorge, dass die Vertrauens-/Ansprechpersonen (Ombudspersonen) in der Einrichtung bekannt sind.

Erläuterungen

In Fragen guter wissenschaftlicher Praxis soll eine neutrale und qualifizierte Ansprechperson (oder eine entsprechend besetzte Kommission) die Mitglieder der Hochschulen und Forschungseinrichtungen beraten. Er oder sie hat auch die Aufgabe, eventuelle Vorwürfe wissenschaftlichen Fehlverhaltens vertraulich entgegenzunehmen und im Bedarfsfall an die verantwortliche Stelle weiterzugeben. Er oder sie sollte aus dem Kreis der Wissenschaftlerinnen und Wissenschaftler der jeweiligen Institution kommen.

Es ist wichtig, für diese auch im Sinne der Prävention wissenschaftlicher Unredlichkeit wesentliche Funktion Personen bewährter persönlicher Integrität auszuwählen und ihnen eine ihrer Aufgabe gemäße Unabhängigkeit zu verleihen. Die Aufgabe sollte zur Vermeidung von Interessenkonflikten daher nicht von Prorektoren, Dekanen oder Personen, die andere Leitungsfunktionen in einer Einrichtung haben, wahrgenommen werden.

Die örtlichen Vertrauens-/Ansprechpersonen (Ombudspersonen) sollen von den Hochschulen und Forschungseinrichtungen die erforderliche Unterstützung bei der Wahrnehmung ihrer Aufgabe erfahren. Hierzu zählen neben der Angabe der Ombudspersonen auf der Homepage und im Vorlesungsverzeichnis auch die inhaltliche Unterstützung und Akzeptanz der Ombudsarbeit. Zur Steigerung der Funktionsfähigkeit des Ombudswesens sollten die Einrichtungen Möglichkeiten der Entlastung der Vertrauens-/Ansprechpersonen (Ombudspersonen) erwägen. Wegen möglicher Besorgnis der Befangenheit ist immer eine Vertretung für eine Vertrauens-/Ansprechperson (Ombudsperson) zu benennen.

Hochschul- oder Institutsangehörige werden ihre Probleme in der Regel bevorzugt einer örtlich erreichbaren Instanz mit Kenntnis der lokalen Verhältnisse vortragen wollen. Sie sollen dazu aber selbstverständlich nicht verpflichtet sein, wenn sie es vorziehen, sich unmittelbar an den (weiter unten – Empfehlung 16 – vorgeschlagenen) überregionalen „Ombudsman" zu wenden.

Empfehlung 6: Leistungs- und Bewertungskriterien

Hochschulen und Forschungseinrichtungen sollen ihre Leistungs- und Bewertungskriterien für Prüfungen, für die Verleihung akademischer Grade, Beförderungen, Einstellungen, Berufungen und Mittelzuweisungen so festlegen, dass Originalität und Qualität als Bewertungsmaßstab stets Vorrang vor Quantität haben.

Erläuterungen

Dem einzelnen Forscher können die Bedingungen seiner Arbeit und ihrer Bewertung die Wahrung guter wissenschaftlicher Praxis erleichtern oder erschweren. Bedingungen, die unredliches Verhalten begünstigen, müssen abgebaut werden. Kriterien, die vorrangig Quantität messen, erzeugen Druck zur Massenproduktion und bieten daher keinen geeigneten Maßstab für die Beurteilung qualitativ hochwertiger Wissenschaft. Quantitative Kriterien sind heute meist informell, teilweise sogar förmlich festgelegt, als Maßstab für die Bewertung von Qualifikationsleistungen aller Art (Bachelor, Master, Promotion, Habilitation etc.; Umfang der schriftlichen Arbeit, Zahl der Publikationen), bei der Sichtung von Bewerbungen und bei der Begutachtung von Anträgen auf Forschungsmittel oft gängige Praxis. Diese Praxis bedarf der Überprüfung mit dem Ziel der Rückkehr zu qualitativen Maßstäben. Die Überprüfung sollte bei den Prüfungsanforderungen beginnen und alle akademischen Qualifikationsstufen umfassen. Bei Bewerbungen sollte prinzipiell eine maximale Zahl als Leistungsnachweis vorzulegender Veröffentlichungen festgelegt werden.

Da Veröffentlichungen die wichtigsten Produkte wissenschaftlicher Arbeit sind, lag es nahe, im Leistungsvergleich Produktivität als Zahl der Produkte, also Veröffentlichungen, pro Zeiteinheit zu messen. Doch führte dies zu Missbräuchen wie sehr kleinteiligen sogenannten „Salamiveröffentlichungen", Doppelpublikation und Orientierung am Prinzip der „least publishable unit". Da Produktivitätsmaße ohne Ergänzung durch Qualitätsindikatoren wenig aussagen, ist die Orientierung an der Länge der Veröffentlichungsliste rasch durch zusätzliche Kriterien wie das Ansehen der Zeitschriften, in denen publiziert wird, quantifiziert im „impact factor" (siehe Abschnitt 2.5), ergänzt worden. Sowohl das Zählen von Publikationen als auch das Nachschlagen (womöglich mit folgender Addition) von „impact factors" sind jedoch offenkundig für sich genommen keine angemessene Form der Leistungsbewertung. Von einer Würdigung dessen, was die Qualität wissenschaftlicher Leistung ausmacht, nämlich ihre Originalität, ihre „Innovationshöhe", ihr Beitrag zum Erkenntnisfortschritt, sind sie weit entfernt, und ihr immer häufigerer Gebrauch bringt sie in Gefahr, von Hilfsmitteln zu Surrogaten des Qualitätsurteils zu werden.

Quantitative Leistungsindikatoren können sich dazu eignen, große Kollektive (Fakultäten, Institute, ganze Länder) im Überblick zu vergleichen oder Entwicklungen im Zeitverlauf anschaulich darzustellen; dafür stellt die Bibliometrie heute vielfältige Instrumente bereit, die freilich in der Anwendung spezifischen Sachverstand voraussetzen.

Die angemessene Würdigung der Leistung eines Einzelnen oder einer kleinen Arbeitsgruppe erfordert dagegen stets qualitative Kriterien im engeren Sinn: Die Veröffentlichungen müssen gelesen und mit dem Stand des Wissens und den Beiträgen anderer Individuen und Arbeitsgruppen zu ihm kritisch verglichen werden.

Diese inhaltliche Auseinandersetzung, die Zeit und Sorgfalt kostet, ist der Kern des „peer review", der durch nichts ersetzt und durch den oberflächlichen Gebrauch von quantitativen Indikatoren nur entwertet oder verschleiert werden kann.

Für die Praxis der wissenschaftlichen Arbeit und für die Anleitung von Nachwuchswissenschaftlerinnen und -wissenschaftlern ergeben sich daraus klare Regeln; sie gelten spiegelbildlich für Begutachtung und Leistungsbewertung:

► Auch auf Arbeitsfeldern, wo intensiver Wettbewerb dazu zwingt, möglichst rasch zu publizieren, muss die Qualität der Arbeit und der Veröffentlichung oberstes Gebot sein. Ergebnisse müssen, wo immer tatsächlich möglich, kontrolliert und repliziert werden, ehe sie zur Veröffentlichung eingereicht werden.

► Wo Leistungen – in der Forschungsförderung, im Personalmanagement, bei Bewerbungen – zu bewerten sind, müssen die Bewertenden, die Gutachterinnen und Gutachter, ermutigt werden, die Qualität vor allem anderen explizit zu würdigen. Ihnen sollten daher nur jeweils möglichst wenige, nach Auffassung der Autoren besonders wichtige oder gelungene Veröffentlichungen zur Beurteilung vorgelegt werden.

Empfehlung 7: Sicherung und Aufbewahrung von Primärdaten

Primärdaten als Grundlagen für Veröffentlichungen sollen auf haltbaren und gesicherten Trägern in der Institution, wo sie entstanden sind, zehn Jahre lang aufbewahrt werden.

Erläuterungen

Ein wissenschaftliches Ergebnis ist in aller Regel ein komplexes Produkt vieler einzelner Arbeitsschritte. In allen experimentellen Wissenschaften entstehen die Ergebnisse, über die in Veröffentlichungen berichtet wird, aus Einzelbeobachtungen, die sich zu Teilergebnissen summieren. Beobachtung und Experiment, auch numerische Rechnungen, sei es als eigenständige Arbeitsmethode, sei es zur Unterstützung der Auswertung und Analyse, produzieren zunächst „Daten". Vergleichbares gilt in den empirisch arbeitenden Sozialwissenschaften.

Experimente und numerische Rechnungen können nur reproduziert werden, wenn alle wichtigen Schritte nachvollziehbar sind. Dafür müssen sie aufgezeichnet werden. Jede Veröffentlichung, die auf Experimenten oder numerischen Simulationen beruht, enthält obligatorisch einen Abschnitt „Materialien und Methoden", der diese Aufzeichnungen so zusammenfasst, dass die Arbeiten an anderem Ort nachvollzogen werden können. Wiederum gilt Ähnliches in der Sozialforschung mit der Maßgabe, dass es immer mehr üblich wird, die Primärdaten nach Abschluss ihrer Auswertung durch die Gruppe, die die Erhebung verantwortet, bei einer unabhängigen Stelle zu hinterlegen.

Auf die Aufzeichnungen später zurückgreifen zu können, ist schon aus Gründen der Arbeitsökonomie in einer Gruppe ein zwingendes Gebot. Noch wichtiger wird dies, wenn veröffentlichte Resultate von anderen angezweifelt werden. Primärdaten sind dabei auch Messergebnisse, Sammlungen, Studienerhebungen, Zellkulturen, Materialproben, archäologische Funde, Fragebögen. Die Institution kann für solche Primärdaten, die nicht auf haltbaren und gesicherten Trägern aufbewahrt werden können, in begründeten Fällen verkürzte Aufbewahrungsfristen vorsehen.

Bei Primärdaten ist zwischen deren Nutzung und deren Aufbewahrung zu unterscheiden. Die Nutzung steht insbesondere dem/den Forscher(n) zu, die sie erheben. Im Rahmen eines laufenden Forschungsprojekts entscheiden auch die Nutzungsberechtigten (gegebenenfalls nach Maßgabe datenschutzrechtlicher Bestimmungen), ob Dritte Zugang zu den Daten erhalten sollen. Sind an dem Vorgang der Datenerhebung mehrere Institutionen beteiligt, empfiehlt sich, die Frage vertraglich zu regeln.

Daher hat jedes Forschungsinstitut, in dem lege artis gearbeitet wird, klare Regeln über die Aufzeichnungen, die zu führen sind, und über die Aufbewahrung sowie den Zugang zu den Originaldaten und Datenträgern, auch wenn dies nicht ohnehin vorgeschrieben ist, zum Beispiel durch Rechtsnormen wie das Arzneimittelgesetz, das Gentechnikgesetz, das Tierschutzgesetz und die dazu erlassenen Verordnungen oder durch Regelwerke vom Typ „Good Clinical Practice". Es empfiehlt sich, dass derartige Regeln auch Vorkehrungen bei einem Wechsel des für die Entstehung der Daten verantwortlichen Arbeitsgruppenmitglieds beinhalten. In der Regel verbleiben die Originaldaten und -unterlagen am Entstehungsort; es können aber Duplikate angefertigt oder Zugangsrechte bestimmt werden.

In renommierten Labors hat sich die Regel bewährt, dass der komplette Datensatz, der einer aus dem Labor hervorgegangenen Publikation zugrunde liegt, als Doppel zusammen mit dem Publikationsmanuskript und der dazu geführten Korrespondenz archiviert wird.

Die Berichte über wissenschaftliches Fehlverhalten sind voll von Beschreibungen verschwundener Originaldaten und der Umstände, unter denen sie angeblich abhandengekommen waren. Schon deshalb ist die Feststellung wichtig, dass das Abhandenkommen von Originaldaten aus einem Labor gegen Grundregeln wissenschaftlicher Sorgfalt verstößt und prima facie einen Verdacht unredlichen oder grob fahrlässigen Verhaltens rechtfertigt (9).

Empfehlung 8: Verfahren bei wissenschaftlichem Fehlverhalten

Hochschulen und Forschungseinrichtungen sollen Verfahren zum Umgang mit Vorwürfen wissenschaftlichen Fehlverhaltens vorsehen. Diese müssen von dem dafür legitimierten Organ beschlossen sein und unter Berücksichtigung einschlägiger rechtlicher Regelungen einschließlich des Disziplinarrechts Folgendes umfassen:

- *eine Definition von Tatbeständen, die in Abgrenzung zu guter wissenschaftlicher Praxis (Empfehlung 1) als wissenschaftliches Fehlverhalten gelten, beispielsweise Erfindung und Fälschung von Daten, Plagiat, Vertrauensbruch als Gutachterin oder Gutachter wie auch als Vorgesetzte oder Vorgesetzter,*
- *Zuständigkeit, Verfahren (einschließlich Beweislastregeln) und Fristen für Ermittlungen zur Feststellung des Sachverhalts,*
- *Regeln zur Anhörung Beteiligter oder Betroffener, zur Wahrung der Vertraulichkeit und zum Ausschluss von Befangenheit,*
- *Sanktionen in Abhängigkeit vom Schweregrad nachgewiesenen Fehlverhaltens,*
- *Zuständigkeit für die Festlegung von Sanktionen.*

Erläuterungen

Das Disziplinarrecht hat gesetzlichen Vorrang vor diesen institutionsinternen Verfahren, soweit es um die Verhängung auf das Dienstverhältnis bezogener Sanktionen geht. Auch die übrigen gesetzlichen Maßstäbe zum Beispiel des Arbeitsrechts und des Rechts der akademischen Grade können nicht durch interne Regelungen entkräftet werden. Die vorliegenden Empfehlungen sollen diese vorhandenen Wege nicht ersetzen, sondern in Erinnerung rufen und ergänzen. Die gesetzlichen Verfahren erfassen nicht alle Konstellationen von Fehlverhalten in der Wissenschaft und schützen zum Teil andere Rechtsgüter als die Vertrauenswürdigkeit und Funktionsfähigkeit der Wissenschaft. Aufgrund der unterschiedlichen Regelungsziele und -zusammenhänge stellen sie zum Teil zusätzliche Voraussetzungen auf, die über wissenschaftliches Fehlverhalten als solches hinausgehen oder andere Akzente setzen. Sie sind nicht auf die Interessenlage im Falle eines Vorwurfs wissenschaftlichen Fehlverhaltens zugeschnitten und tragen daher den Interessen des Verdächtigten, seiner Forschungsinstitution und gegebenenfalls des „Whistleblowers" nicht optimal Rechnung. Meist brauchen die gesetzlichen Verfahren für ihren Weg durch verschiedene Instanzen mehrere Jahre.

Trotz ihrer zum Teil gegensätzlichen Rollen teilen der Beschuldigte, seine Institution und derjenige, der Zweifel an der Arbeit geäußert hat, das Ziel einer möglichst schnellen Aufklärung der vorgebrachten Verdächtigungen ohne öffentliches Aufsehen. Allen dreien liegt an dem Schutz ihres Rufes. Die für das Verfahren zum Umgang mit Vorwürfen wissenschaftlichen Fehlverhaltens aufzustellenden Regeln müssen sich an diesem gemeinsamen Interesse orientieren. Sie sollten daher zweckmäßigerweise ein abgestuftes Verfahren vorsehen.

Die erste Phase des Verfahrens (Vorermittlung) dient der Ermittlung einer Tatsachengrundlage zur Beurteilung des geäußerten Verdachts. Sie balanciert Vertraulichkeit von Informationen über den Angeschuldigten und denjenigen, der Vorwürfe erhebt, mit einer genauen Feststellung des Geschehens in vorgeschrieben kurzer Zeit. Besonders in dieser ersten Phase steht der Schutz des potenziell Unschuldigen im Vordergrund. Am Schluss der ersten Phase steht die Entscheidung, ob sich der Verdacht verdichtet hat und daher weitere Untersuchungen erforderlich macht oder ob er sich als gegenstandslos erwiesen hat.

Eine zweite Phase (Hauptverfahren) umfasst zusätzlich erforderliche Untersuchungen, insbesondere Beweisaufnahmen, die förmliche Feststellung, dass wissenschaftliches Fehlverhalten vorliegt oder nicht, und schließlich die Reaktion auf einen bestätigten Verdacht. Die Reaktionen können die Gestalt von Schlichtungen oder Schiedssprüchen, Empfehlungen an Vorgesetzte oder andere oder den Ausspruch von Sanktionen – etwa auch die Verpflichtung, als unkorrekt erwiesene Veröffentlichungen zurückzuziehen oder zu korrigieren – durch die dazu legitimierte Instanz der jeweiligen Einrichtung annehmen. Der Vertrauensschutz der Wissenschaft in der Öffentlichkeit macht es erforderlich, nicht nur Ermittlung und Aufklärung, sondern auch Reaktion an einem zeitlichen Maßstab zu messen.

Das Verfahren findet, wie erläutert, seine Grenze dort, wo gesetzliche Regelungen greifen. Die genaue Einordnung eines Vorfalls in der ersten Phase der Ermittlungen wird nicht immer möglich sein, sodass die Gestaltung der Vorermittlungen an den Anforderungen verwandter Verfahren gemessen werden muss, wenn Ermittlungsergebnisse gegebenenfalls auch in diesen verwertet werden sollen.

Das Verhältnis der institutionsinternen Verfahren zu den gesetzlich geregelten, wie denen des Disziplinarrechts, beschränkt sich nicht auf eine Abgrenzung der Rechtsprechungskompetenzen bei unter Umständen gemeinsam geführten Ermittlungen. Interne Regelungen können je nach Art und Schwere des Fehlverhaltens Wege zu einvernehmlichen Lösungen im Wege der Schlichtung vorzeichnen. Diese haben allgemein den Vorteil, dass sie Verfahren auf der Basis einer Einigung der Beteiligten, das heißt ohne streitentscheidendes Urteil eines Dritten, zügig beenden. Dadurch geben sie dem Verhältnis der Beteiligten für die Zukunft eine Chance. Der oft auf Dauer angelegte Charakter von Arbeits- und Dienstverhältnissen legt ein solches Verfahren in vielen Fällen nahe, wie die gesetzlich vorgesehene Güteverhandlung im arbeitsgerichtlichen Prozess zeigt. Damit die Vorteile solcher Lösungswege nicht durch unbegrenzte Verzögerungen bei der Einigung über die Person des Schlichters und das Schlichtungsergebnis ausgehöhlt werden, sollen die internen Regelungen Fristen bestimmen, nach welchen Zeiträumen auf die formalen, gesetzlichen Verfahren (mit allen ihren Vor- und Nachteilen) zurückgegriffen wird.

Eine Verfahrensbeilegung auf der Basis einer Einigung hat Potenzial zur Befriedung und kann unter Umständen dem Einzelfall besser gerecht werden als ein Urteil auf der Grundlage abstrakt gefasster Tatbestände und Rechtsfolgen. Gleichzeitig darf diese Flexibilität aber nicht zur persönlichen Bevorzugung führen oder dazu, dass Vorwürfe ungeklärt unter den Teppich gefegt werden.

Bei der Einrichtung neuer Verfahrensarten zur Konfliktregelung hat sich im Ausland bereits bewährt, von Beginn der Umsetzung an Daten zur Bewertung der Verfahren, zum Beispiel durch die Beteiligten und die betroffenen Institutionen, einheitlich zu erfassen. Dadurch lassen sich eine Grundlage für eine kritische Betrachtung nach einer gewissen Anlaufphase und mögliche Verbesserungsvorschläge schaffen.

Je nachdem, welche Eingriffe institutionseigene Verfahren in die Rechte der Beteiligten vorsehen, ist ihr hoheitlicher Charakter zu beachten, der zu einer Überprüfung durch die Gerichte führen kann. Derartige Eingriffe können bereits in der Phase der Ermittlung vorkommen und sind sicherlich bei der Verhängung konkreter Sanktionen gegeben. Die Regelungen und Verfahren sind auf eine hinreichende Rechtsgrundlage zu stellen (10).

Beide Verfahrensabschnitte, Vorermittlung und Hauptverfahren, müssen den folgenden Grundsätzen genügen:

a) Aus der Regelung muss vor dem Eintreten eines konkreten Vorfalls hervorgehen:
   – wer die Aufgabe wahrnimmt, Vorwürfe wissenschaftlichen Fehlverhaltens entgegenzunehmen,
   – wann Ermittlungen einzuleiten sind, von wem genau und in welcher Form,
   – in welchen Schritten vorgesehene Entscheidungsgremien einzurichten sind, seien es Ad-hoc-Gruppen, ständige Kommissionen oder eine Mischform, zum Beispiel mit einem ständigen Vorsitzenden und im Übrigen im Einzelfall berufenen Mitgliedern aus der Institution selbst oder von außerhalb. Letztendlich sollen die wissenschaftlichen Mitglieder das Verfahren in den Händen halten und in den entscheidenden Gremien die Mehrheit der Mitglieder stellen. Die Beiziehung externer Sachverständiger kann aber der Objektivierung immer dienen und wird in kleineren Institutionen unerlässlich sein.
b) Befangenheit eines Ermittlers muss sowohl durch ihn selbst als auch durch den Angeschuldigten geltend gemacht werden können.
c) Dem von Vorwürfen Getroffenen ist in jeder Phase des Verfahrens Gelegenheit zur Stellungnahme zu geben.
d) Bis zum Nachweis eines schuldhaften Fehlverhaltens sind die Angaben über die Beteiligten des Verfahrens und die bisherigen Erkenntnisse streng vertraulich zu behandeln.
e) Das Ermittlungsergebnis ist zu einem geeigneten Zeitpunkt nach Abschluss der Ermittlungen betroffenen Wissenschaftsorganisationen und Journalen mitzuteilen.
f) Die einzelnen Verfahrensabschnitte müssen innerhalb angemessener Fristen abgeschlossen werden. Die Universitäten und Forschungseinrichtungen sollten eine Höchstdauer für die Durchführung des gesamten Verfahrens anstreben. Auch komplexe Verfahren sollen im Interesse aller Beteiligten in einem absehbaren Zeitraum zum Abschluss gebracht werden.
g) Die Vorgänge und Ergebnisse einzelner Verfahrensabschnitte sind schriftlich und gut nachvollziehbar zu protokollieren.

Zusätzlich zu den unter a) – g) genannten Grundsätzen ist in Fragen der Führung akademischer Titel zu beachten: Die Hochschulen sollen auch das Verhältnis der Kommission zur Untersuchung von Vorwürfen wissenschaftlichen Fehlverhaltens zu den zuständigen Stellen für die Verleihung und den Entzug akademischer Titel (Prüfungsausschüsse, Promotionskommissionen, Fakultäten) klären. Im Interesse guter wissenschaftlicher Praxis ist zu empfehlen, dass die zuständigen Stellen in Fällen des Titelentzugs die Grundsätze der Verfahren zum Umgang mit wissenschaftlichem Fehlverhalten beachten und Mitglieder der Kommission „Selbstkontrolle in der Wissenschaft" bei Sitzungen der zuständigen Stellen mit beratender Stimme hinzugezogen werden können.

Die Umsetzung dieser Empfehlungen wird, wie aus dem Vorstehenden deutlich wird, ein hohes Maß an juristischer Erfahrung erfordern. Es empfiehlt sich daher, dass eine zentrale Institution, beispielsweise die Hochschulrektorenkonferenz, sich der Aufgabe annimmt, für die Hochschulen eine Muster-Verfahrensordnung zu erarbeiten beziehungsweise zu überarbeiten (siehe auch Empfehlung 9 für die außeruniversitären Forschungsinstitute).

Die Kommission weist in diesem Zusammenhang noch auf Folgendes hin:

Gerichtliche Auseinandersetzungen in Fällen wissenschaftlichen Fehlverhaltens führen zu neuen und schwierigen Rechtsfragen. Diese betreffen zum einen die Rolle wissenschaftseigener Standards innerhalb der Vorschriften staatlichen Rechts, zum anderen auch den Nachweis wissenschaftlicher Unredlichkeit und die dabei anzuwendenden Regeln der Beweislastverteilung. Fragen dieser Art können nur gelöst werden, wenn alle Interessen freier Wissenschaft umfassend in den Blick genommen werden. Die Deutsche Forschungsgemeinschaft sollte zu einem mehr als nur gelegentlichen Diskurs zwischen Vertretern unterschiedlicher Forschungsrichtungen und praktizierenden Juristen einladen.

Der Umgang mit wissenschaftlichem Fehlverhalten in der Vergangenheit offenbart die unterschiedlichen Zusammenhänge, in denen sich Wissenschaft und Rechtspflege bewegen. An dem Urteil des Bundesverwaltungsgerichts zur Reaktion der Justus-Liebig-Universität auf Fälschungsvorwürfe gegen einen Professor (11) lässt sich das Bild der Wissenschaft aus juristischer Sicht ablesen. Es stellt die Wissenschaft dar als einen Diskurs, in dem alles Geltung und damit den Schutz der grundgesetzlich verbürgten Forschungsfreiheit verlangen kann, was als ernsthafter Versuch zur Ermittlung der Wahrheit anzusehen ist (12). Damit haben die Richter die Ausgrenzung eines Vorhabens und seines Urhebers aus dem Schutz der Wissenschaftsfreiheit recht weitgehend von dem Willen des Letzteren abhängig gemacht. Es kann sich zwar auch nach Auffassung der Bundesverwaltungsgerichts niemand allein durch seinen Willen unter den Schutz der grundrechtlich garantierten Wissenschaftsfreiheit begeben, dieser endet jedoch nur durch eine „zweifelsfreie Feststellung", dass ein Werk den Schutzbereich des Art. 5 Abs. 3 GG verfehlt (13). Das Urteil zeigt das Bestreben der Gerichte, durch eine weite Definition grundrechtlich geschützter Wissenschaft die Ausgrenzung unkonventioneller Ansätze und Methoden durch Universitätsgremien zu verhindern. Der hohe Rang der Wissenschaft in der Verfassung legt eine hohe Messlatte an jede gesetzliche Regelung und jede administrative oder gerichtliche Entscheidung, die zum Schutz anderer Rechtsgüter eine Einschränkung der Freiheit der Wissenschaft bedeutet. Freilich dürfen dabei in der jeweiligen Disziplin anerkannte Forschungsstandards, Verantwortungsregeln und Sorgfaltspflichten – einschließlich ihrer beweisrechtlichen Konsequenzen (im entschiedenen Fall war das Datenmaterial, auf dem die Publikationen und die darin enthaltenen Behauptungen beruhten, nicht mehr vorhanden) – nicht außer Acht bleiben. Das Urteil zeigt damit, dass die Schnittstellen zwischen dem Umgang mit Vorwürfen wissenschaftlichen Fehlverhaltens in den Organen der Selbstverwaltung auf der einen und den förmlichen Verfahren der Justiz auf der anderen Seite in ähnlicher Weise diskutiert zu werden verdienen, wie dies in den Vereinigten Staaten geschehen ist (14).

Die Kommission schlägt der Deutschen Forschungsgemeinschaft daher vor, in regelmäßigen Abständen Rechtspraktiker, Rechtswissenschaftler und Vertreter anderer Wissenschaftszweige zu Rundgesprächen einzuladen. Dabei könnten unter anderem die folgenden Themen zur Diskussion stehen:

▶ die rechtliche Definition von Wissenschaft und die Berücksichtigung wissenschaftsimmanenter Normen,
▶ Beweislast und Beweiswürdigung bei der Feststellung wissenschaftlichen Fehlverhaltens im Zusammenhang mit der Führung von Laborbüchern,
▶ die Einbindung von Wissenschaftlerinnen und Wissenschaftlern in hochschulrechtliche und beamtenrechtliche Strukturen,
▶ alternative Wege zur Konfliktlösung in der Wissenschaft, wie zum Beispiel Schiedsgutachterverfahren, Schiedsverfahren und Schlichtungsverfahren,
▶ die Formen der Beteiligung einer Wissenschaftlerin oder eines Wissenschaftlers an dem Fehlverhalten ihrer/seiner Mitarbeiter und ihre Folgen,
▶ die institutionelle Verantwortung für Organisations- und Arbeitsstrukturen und die wissenschaftliche Selbstverwaltung.

Empfehlung 9: Gemeinschaftliches Vorgehen außeruniversitärer Institute

Für außeruniversitäre Forschungsinstitute, die nicht in einer Trägerorganisation zusammengeschlossen sind, kann sich insbesondere für das Verfahren zum Umgang mit Vorwürfen wissenschaftlichen Fehlverhaltens (Empfehlung 8) ein gemeinschaftliches Vorgehen empfehlen.

Erläuterungen

Die Max-Planck-Gesellschaft hat im November 1997 für alle ihre Institute eine Verfahrensordnung bei Verdacht auf wissenschaftliches Fehlverhalten (15) beschlossen; die Ausarbeitung von Regeln guter wissenschaftlicher Praxis ist umgesetzt worden (16). Für selbstständige wissenschaftliche Einrichtungen kann einerseits, wie für die Hochschulen, von Bedeutung sein, dass die für sie geltenden Regeln guter wissenschaftlicher Praxis ihren Aufgaben angemessen sind und sie im Konsens ihrer wissenschaftlichen Mitglieder beschlossen werden. Andererseits kann es sich empfehlen, dass Verhaltenskodizes und Verfahrensregeln der hier empfohlenen Art für mehrere Institute im Verbund erarbeitet werden, sowohl wegen der erwünschten Einheitlichkeit der Maßstäbe als auch im Interesse der Vermeidung eines Übermaßes an Beratung. So bietet es sich an, dass zum Beispiel die in der Helmholtz-Gemeinschaft Deutscher Forschungszentren e.V. oder auch die in der Wissenschaftsgemeinschaft Gottfried Wilhelm Leibniz e.V. zusammengeschlossenen Institute gemeinsame Grundsätze ausarbeiten und andere außeruniversitäre Institute in diesem Sinne zusammenarbeiten.

Empfehlung 10: Fachgesellschaften

Wissenschaftliche Fachgesellschaften sollen für ihren Wirkungsbereich Maßstäbe für gute wissenschaftliche Praxis erarbeiten, ihre Mitglieder darauf verpflichten und sie öffentlich bekannt geben.

Erläuterungen

Wissenschaftliche Fachgesellschaften (17) haben wichtige Funktionen in der gemeinsamen Willensbildung ihrer Mitglieder, nicht zuletzt in Fragen fachbezogener Standards und Normen professioneller Arbeit sowie im Hinblick auf forschungsethische Richtlinien. Eine Anzahl von deutschen Fachgesellschaften hat in ihren Statuten oder selbstständig auf deren Grundlage teils allgemeine, teils auch fachspezifische Verhaltenskodizes, insbesondere für die Forschung, festgelegt und veröffentlicht, wie dies in den USA seit längerer Zeit üblich ist, so beispielsweise die Gesellschaft Deutscher Chemiker (3), die Deutsche Gesellschaft für Soziologie (18), die Deutsche Gesellschaft für Erziehungswissenschaft (19) und andere (20). Diese Bemühungen um die Festlegung von Maßstäben sind ein wichtiges Element der Qualitätssicherung für die Forschung und verdienen noch weitere Verbreitung.

Da für viele wissenschaftliche Disziplinen inzwischen europäische Fachgesellschaften bestehen, empfiehlt sich eine Diskussion von Fragen guter wissenschaftlicher Praxis auch im europäischen Rahmen.

Analog können – unter Berücksichtigung ihrer unterschiedlichen Rechtsnatur – die Richtlinien der Ärztekammern, insbesondere der Bundesärztekammer, gesehen werden, auf deren Empfehlung seit 1979 bundesweit Ethik-Kommissionen zur Beurteilung von Forschungsvorhaben mit Patienten und Probanden eingerichtet worden sind. Seit der fünften Novelle zum Arzneimittelgesetz von 1995 sind den Ethik-Kommissionen über die Beratung der Projektleiterinnen und -leiter hinaus wesentliche Aufgaben bei der Qualitätssicherung klinischer Studien zugewachsen (21).

Zwischen den standesrechtlichen Kodizes der Ärzte und den Grundprinzipien wissenschaftlicher Arbeit bestehen beachtenswerte Parallelen. Im Rahmen der Bewertung ärztlichen Verhaltens spielen zum Beispiel auch Organisations- und Dokumentationspflichten sowie die Einwirkung auf Beweismittel eine Rolle. Die Verletzung dieser Pflichten kann in bestimmten Fällen auch die Beweislast beeinflussen (22). Diese Parallelen bieten der Wissenschaft die Möglichkeit, unter einzelnen Aspekten aus Erfahrungen der Ärztekammern im Umgang mit Fehlverhalten zu lernen.

Empfehlung 11: Autorschaft bei Publikationen

Autorinnen und Autoren wissenschaftlicher Veröffentlichungen tragen die Verantwortung für deren Inhalt stets gemeinsam. Autorin oder Autor ist nur, wer einen wesentlichen Beitrag zu einer wissenschaftlichen Veröffentlichung geleistet hat. Eine sogenannte „Ehrenautorschaft" ist ausgeschlossen.

Empfehlung 12: Wissenschaftliche Zeitschriften

Wissenschaftliche Zeitschriften sollen in ihren Autorenrichtlinien erkennen lassen, dass sie sich im Hinblick auf die Originalität eingereichter Beiträge und die Kriterien für die Autorschaft an der besten international üblichen Praxis orientieren.

Gutachterinnen und Gutachter eingereichter Manuskripte sollen auf Vertraulichkeit und auf Offenlegung von Befangenheit verpflichtet werden.

Erläuterungen

Wissenschaftliche Veröffentlichungen sind das primäre Medium der Rechenschaft von Wissenschaftlerinnen und Wissenschaftlern über ihre Arbeit. Mit der Veröffentlichung gibt ein Autor (oder eine Gruppe von Autoren) ein wissenschaftliches Ergebnis bekannt, identifiziert sich damit und übernimmt die Gewähr für den Inhalt der Veröffentlichung. Zugleich erwirbt der Autor und/oder der Verlag dadurch dokumentierte Rechte (Urheberrecht, Copyright etc.). Im Zusammenhang damit hat das Datum der Veröffentlichung eine wesentliche Bedeutung im Sinne der Dokumentierung der wissenschaftlichen Priorität erlangt; alle guten naturwissenschaftlichen Zeitschriften berichten, wann ein Manuskript eingegangen und wann es (meist nach Überprüfung durch Gutachterinnen und Gutachter) akzeptiert worden ist.

Wegen ihrer Bedeutung als Prioritäts- und Leistungsnachweis sind Veröffentlichungen seit Langem Gegenstand vielfältiger Konflikte und Kontroversen. Aus ihnen haben sich jedoch allgemein anerkannte Regeln (23) für die geläufigsten Konfliktpunkte, nämlich die Originalität und Eigenständigkeit des Inhalts und die Autorschaft herausgebildet, die im Folgenden zusammengefasst sind.

Veröffentlichungen sollen, wenn sie als Bericht über neue wissenschaftliche Ergebnisse intendiert sind,

► die Ergebnisse vollständig und nachvollziehbar beschreiben,
► eigene und fremde Vorarbeiten vollständig und korrekt nachweisen (Zitate),
► bereits früher veröffentlichte Ergebnisse nur in klar ausgewiesener Form und nur insoweit wiederholen, wie es für das Verständnis des Zusammenhangs notwendig ist.

Viele gute und angesehene Zeitschriften verlangen in ihren Autorenrichtlinien eine schriftliche Versicherung, dass der Inhalt eines Manuskripts nicht schon ganz oder teilweise anderweitig publiziert oder zur Publikation eingereicht wurde. Sie akzeptieren Manuskripte insbesondere dann nicht, wenn ihr Inhalt zuvor (ehe er von Gutachtern und von der Fachöffentlichkeit geprüft werden konnte) dem allgemeinen Publikum bekanntgegeben wurde; Ausnahmen werden bei der ausführlichen Publikation zuvor nur in Kongressbeiträgen („abstracts") referierter Ergebnisse zugelassen.

Als Autoren einer wissenschaftlichen Originalveröffentlichung sollen alle diejenigen, aber auch nur diejenigen, firmieren, die zur Konzeption der Studien oder Experimente, zur Erarbeitung, Analyse und Interpretation der Daten und zur Formulierung des Manuskripts selbst wesentlich beigetragen und seiner Veröffentlichung zugestimmt haben, das heißt, sie verantwortlich mittragen. Einige Zeitschriften verlangen, dass dies durch Unterschrift aller Autoren bekundet wird, andere verpflichten jedenfalls den korrespondierenden Autor als den für alle Einzelheiten einer Publikation Verantwortlichen zu einer entsprechenden Versicherung. Für den Fall, dass nicht alle Koautoren sich für den gesamten Inhalt verbürgen können, empfehlen manche Zeitschriften, die Einzelbeiträge kenntlich zu machen (24).

Daher reichen, um eine Autorschaft zu rechtfertigen, für sich alleine nicht aus andere Beiträge wie

► bloß organisatorische Verantwortung für die Einwerbung von Fördermitteln,
► Beistellung von Standard-Untersuchungsmaterialien,
► Unterweisung von Mitarbeiterinnen und Mitarbeitern in Standard-Methoden,
► lediglich technische Mitwirkung bei der Datenerhebung,
► lediglich technische Unterstützung, zum Beispiel bloße Beistellung von Geräten, Versuchstieren,
► regelmäßig die bloße Überlassung von Datensätzen,
► alleiniges Lesen des Manuskripts ohne substanzielle Mitgestaltung des Inhalts,
► Leitung einer Institution oder Organisationseinheit, in der die Publikation entstanden ist.

Solche Unterstützung kann in Fußnoten oder im Vorwort angemessen anerkannt werden.

Eine „Ehrenautorschaft" ist nach allgemeiner Auffassung keinesfalls akzeptabel. Weder die Stellung als Institutsleitung und Vorgesetzte/-er noch als ehemalige/-er Vorgesetzte/-er begründet allein eine Mitautorschaft.

Zur Vermeidung von Konflikten über die Autorschaft wird empfohlen – umso mehr, je größer die Zahl der an der Erarbeitung der Ergebnisse Beteiligten ist –, frühzeitig (möglichst vor Erstellung der Publikation) klare Vereinbarungen zu treffen, die bei Dissens eine Orientierung ermöglichen.

Hinsichtlich der Reihung der Autoren sind die Besonderheiten jeder Fachdisziplin zu berücksichtigen. Für jede Fachdisziplin sollten einheitliche Maßstäbe gelten.

Forschung, insbesondere in den Natur- und Lebenswissenschaften, ist oftmals arbeitsteilige Forschung. Wissenschaftlerinnen und Wissenschaftler, die ein Projekt gemeinsam verfolgen, schulden einander, die Zweckverfolgung zu fördern. Das schließt ein, Zweifel an der Qualität der Forschungsergebnisse oder -verfahren zeitgerecht geltend zu machen.

Es verstößt gegen die Regeln guter wissenschaftlicher Praxis, die Mitarbeit ohne hinreichenden Grund zu beenden oder die Publikation der Ergebnisse als Mitautor, auf dessen Zustimmung die Veröffentlichung angewiesen ist, ohne dringenden Grund zu verhindern. Publikationsverweigerungen müssen mit nachprüfbarer Kritik an Daten, Methoden oder Ergebnissen begründet werden. Die Mitautoren dürfen sich im Fall des Verdachts obstruierender Zustimmungsverweigerung an die Ombudspersonen und -kommission (vgl. Empfehlung 5 und 16) mit der Bitte um Vermittlung wenden. Wenn die Obstruktion zur Überzeugung der Ombudsperson(en) feststeht, darf (dürfen) sie den anderen Wissenschaftlern durch „Ombudsspruch" die Publikation gestatten. Der Sachverhalt muss in der Publikation einschließlich der Publikationsgestattung durch die Ombudsperson beziehungsweise -kommission offengelegt werden. Eine solche Verfahrensgestaltung ist allerdings nur möglich, wenn das Regelwerk der Ombudsverfahren dies vorsieht.

Fast alle guten Zeitschriften verpflichten ihre Gutachterinnen und Gutachter, denen sie eingesandte Manuskripte zur Prüfung anvertrauen, auf strikte Vertraulichkeit und auf Offenlegung von Befangenheiten, die dem Herausgeber und seinem Beratungsgremium bei der Auswahl entgangen sein könnten. Viele gute Zeitschriften verpflichten sich außerdem gegenüber ihren Autoren zu einer Rückmeldung innerhalb definierter, kurzer Zeit und setzen dementsprechend ihren Gutachterinnen und Gutachtern kurze Fristen für die Abgabe ihres Kommentars.

Eine weitere Diskussion der hier zusammengefassten Fragen der Qualitätssicherung auf europäischer oder internationaler Ebene ist wünschenswert (25).

Empfehlung 13: Forschungsförderung – Antragsrichtlinien

Einrichtungen der Forschungsförderung sollen nach Maßgabe ihrer Rechtsform in ihren Antragsrichtlinien klare Maßstäbe für die Korrektheit der geforderten Angaben zu eigenen und fremden Vorarbeiten, zum Arbeitsprogramm, zu Kooperationen und zu allen anderen für das Vorhaben wesentlichen Tatsachen formulieren und auf die Folgen unkorrekter Angaben aufmerksam machen.

Erläuterungen

Forschungsförderung findet in verschiedenen Rahmen statt, seien es Bundes- oder Landesministerien, öffentlich- oder privatrechtliche Stiftungen und Fördereinrichtungen oder die Deutsche Forschungsgemeinschaft. Anders als in Forschungseinrichtungen und Hochschulen, an denen direkt Forschung betrieben wird, reichen die Beziehungen der Förderinstitutionen zu einzelnen Wissenschaftlerinnen und Wissenschaftlern meist über ihren eigenen organisatorischen Rahmen hinaus.

Sie stehen an der Schnittstelle zwischen Wissenschaftlerinnen und Wissenschaftlern, die Anträge auf Forschungsförderung stellen, und solchen, die Anträge begutachten. Die Förderinstitutionen legen ein großes Maß an Vertrauen in den einzelnen Wissenschaftler, einerseits, wenn sie seine Angaben in einem Antrag als Grundlage der Beurteilung seines Vorhabens anerkennen, und andererseits, wenn sie seinem Kollegen den Antrag, der schutzwürdige neue Ideen enthält, zur Begutachtung übergeben. In dem Schutz dieser unentbehrlichen Vertrauensgrundlage liegt das eigene Interesse aller Förderinstitutionen an der Einhaltung von Grundprinzipien in der wissenschaftlichen Arbeit und in der Begutachtung.

Förderinstitutionen spielen für den einzelnen Wissenschaftler eine essenzielle Rolle, weil sie Forschung finanziell unterstützen. Indem sie den Einzelnen als Antragsteller oder Empfänger von Fördermitteln ansprechen, können sie Einfluss auf die Festigung von Standards wissenschaftlicher Arbeitsweise und ihren Schutz ausüben. Durch Ausgestaltung ihrer Antragskriterien und Förderbedingungen können sie Umstände abbauen, die zu Fehlverhalten verleiten. Auf den Umgang mit einem Fall, in dem sie finanziell oder in ihrem Ruf durch das Fehlverhalten einer Wissenschaftlerin oder eines Wissenschaftlers selbst direkt betroffen werden, müssen die Förderorganisationen sich vorbereiten. Derartige Fälle können durch falsche Angaben in Anträgen, durch den Missbrauch von gewährten Mitteln oder schließlich durch unredlichen Umgang mit zur Begutachtung überantworteten Anträgen ausgelöst werden.

Um die Grundlage des Vertrauens gegenüber den Antragstellerinnen und Antragstellern zu schützen und ihnen eine Orientierung zu geben, sollten Forschungsförderer in ihren Antragsformularen oder -anleitungen klar und deutlich solche Maßstäbe nennen, denen ein qualifizierter Antrag genügen muss:

- ▶ Vorarbeiten sind konkret und vollständig darzustellen.
- ▶ Eigene und fremde Literatur ist genau zu zitieren. Noch nicht erschienene Publikationen sind klar zu kennzeichnen als „im Druck in …", „angenommen bei …" oder „eingereicht bei …".
- ▶ Projekte sind nach bestem Gewissen inhaltlich so zu beschreiben, wie der Antragsteller beabsichtigt, sie durchzuführen.
- ▶ Kooperationen können bei der Antragsbewertung nur Berücksichtigung finden, wenn alle Beteiligten die erklärte Absicht und die Möglichkeit zu der angestrebten Zusammenarbeit haben.

Die Antragsteller sollen durch ihre Unterschrift auch ihre Kenntnis dieser Grundsätze dokumentieren.

Empfehlung 14: Forschungsförderung – Verwendungsrichtlinien

In den Richtlinien für die Verwendung bewilligter Mittel soll der/die für das Vorhaben Verantwortliche auf die Einhaltung guter wissenschaftlicher Praxis verpflichtet werden. Ist eine Hochschule oder ein Forschungsinstitut allein oder gleichberechtigt Empfänger der Mittel, so müssen dort Regeln guter wissenschaftlicher Praxis (Empfehlung 1) und für den Umgang mit Vorwürfen wissenschaftlichen Fehlverhaltens (Empfehlung 8) etabliert sein.

An Einrichtungen, die sich nicht an die Empfehlungen 1 bis 8 halten, sollen keine Fördermittel vergeben werden.

Erläuterungen

Das Verhältnis einer Förderorganisation zu Antragstellerinnen und Antragstellern gestaltet sich zunächst einseitig. Die Bewilligung nach Begutachtung begründet eine engere zweiseitige Verbindung, die weitere Möglichkeiten eröffnet, die einzelne Wissenschaftlerin beziehungsweise den einzelnen Wissenschaftler anzusprechen. Zum Schutz der Organisation vor dem Fehlverhalten einzelner Beihilfeempfänger sollen die Forschungsförderer ihrer Rechtsform entsprechend das Rechtsverhältnis eigener Art (26) mit geförderten Wissenschaftlern gestalten und darin normative Maßstäbe und Reaktionen verankern und bekannt geben. Die Definition wissenschaftlichen Fehlverhaltens an sich soll den Institutionen überlassen werden, an denen Forschung tatsächlich stattfindet, um Homogenität innerhalb einer Forschungsumgebung zu schaffen. Gleiches gilt für tatsächliche Ermittlungen, die zur Aufklärung eines Verdachts erforderlich werden. Dagegen müssen die Förderorganisationen ihre Reaktionen auf Verhalten, das sie selbst finanziell oder in ihrem Ruf betrifft, in ihren Förderbedingungen festlegen und bekannt geben. Statt der geläufigen Möglichkeit, auf der Grundlage des bürgerlichen Rechts in solchen Fällen auf das Bereicherungs- und Deliktsrecht zurückzugreifen, können sie zum Beispiel Vertragsstrafen für bestimmte Konstellationen mit ihren Beihilfeempfängern vereinbaren, deren

Inhalt nicht unbedingt Geldzahlungen sein müssen, sondern die auch Verwar-
nungen, Ausschlüsse und anderes umfassen können (27).

Empfehlung 15: Gutachterinnen und Gutachter

Förderorganisationen sollen ihre ehrenamtlichen Gutachterinnen und Gutachter auf die
Wahrung der Vertraulichkeit der ihnen überlassenen Antragsunterlagen und auf Offen-
legung von Befangenheit verpflichten. Sie sollen die Beurteilungskriterien spezifizieren,
deren Anwendung sie von ihren Gutachterinnen und Gutachtern erwarten. Unreflek-
tiert verwendete quantitative Indikatoren wissenschaftlicher Leistung (z. B. sogenannte
impact-Faktoren) sollen nicht Grundlage von Förderentscheidungen werden.

Erläuterungen

Auch Gutachterinnen und Gutachtern können formulierte Standards zur Orientierung bei ihrer Arbeit dienen. Die Vertraulichkeit des fremden Ideenmaterials,
zu dem ein Gutachter Zugang erlangt, schließt die Weitergabe an Dritte, und sei
es auch nur zur Hilfe bei der Begutachtung, absolut aus. Um eine objektive und
an wissenschaftlichen Kriterien ausgerichtete Bewertung zu sichern, müssen die
Förderorganisationen ihre Gutachter so auswählen, dass Befangenheit und jeder
Anschein von ihr vermieden werden. Wo dies im Einzelfall nicht gelungen ist,
müssen Gutachter eventuelle Interessenkonflikte oder Befangenheiten, die in der
Person des Antragstellers oder dem angestrebten Projekt begründet sein können,
anzeigen. Die Anzeige von Interessenkollisionen liegt auch im Interesse des Gutachters, der seinen Ruf als den eines fairen und neutralen Sachverständigen festigt.
    Die Richtlinien über Vertraulichkeit und den Umgang mit Befangenheit
müssen als Anknüpfung für Reaktionen auf Missbrauch der Gutachterposition
taugen. Anders als in den Richtlinien für Antragstellerinnen und Antragsteller
kommen freilich Vertragsstrafen, die vor dem Beginn einer Begutachtung zu
vereinbaren wären, nicht in Betracht. Die Gutachtertätigkeit ist ein Ehrenamt.
Jede auch nur hypothetische Unterstellung unredlichen Verhaltens würde hier
abschreckend und demotivierend wirken. Daran ändert das Auftragsverhältnis,
das im rechtlichen Sinne möglicherweise zwischen den Gutachtern und der
Förderorganisation zustande kommt, nichts (28). Reaktionen auf Fehlverhalten von Gutachtern sollten daher allgemein in den Regelungen der Förderorganisationen vorgesehen sein, im Gegensatz zu Vereinbarungen mit jedem
Einzelnen. Für den Fall des Verdachts der Verwendung fremder Ideen für eigene Projekte oder anderer gravierender Formen des Vertrauensbruchs durch
einen Gutachter empfiehlt die Kommission den Einsatz von Sachverständigen
zur schnellstmöglichen Aufklärung. Ein Gutachter, dem dergestalt Missbrauch
von vertraulichen Antragsinformationen nachgewiesen wird, darf nicht mehr
gehört werden und muss, beruht seine Tätigkeit auf einem Wahlamt, dieses
verlieren. Die Mitteilung eines belastenden Befundes an andere Forschungsförderer kann ebenfalls sinnvoll sein. Unredlicher Umgang einer Gutachterin oder

eines Gutachters mit vertraulichen Antragsinhalten kann die Aufhebung seiner Anonymität gegenüber dem geschädigten Antragsteller rechtfertigen, um diesem zu ermöglichen, seine Rechte gegen den Gutachter durchzusetzen.

Analoge Regelungen sind für die Mitarbeiter und die Mitglieder von Entscheidungsgremien vorzusehen, die im Rahmen ihres Amtes Zugang zu vertraulichen Antragsunterlagen haben.

In vergleichbar zurückhaltender Form wie die Anforderungen an die Vertraulichkeit und Neutralität müssen auch die Kriterien vorgegeben werden, deren Anwendung eine Förderorganisation von ihren Gutachtern erwartet. Maßnahmen zur Qualitätssicherung der Begutachtung sind gleichwohl notwendig, schon deshalb, weil unterschiedliche Förderprogramme neben den allgemeinen Kriterien wissenschaftlicher Qualität unterschiedliche Akzente setzen, die den Gutachtern bekannt sein müssen; sie sind daher auch weithin üblich (29).

Noch schwieriger als die Sicherung der Vertraulichkeit der Begutachtung ist die Sicherung ihrer wissenschaftlichen Qualität, das heißt die Auswahl der für die Beurteilung eines Antrags am besten qualifizierten Gutachterinnen und Gutachter, auch solcher, die sich nicht mit einfachen Zugängen zur oberflächlichen Abschätzung der Produktivität der antragstellenden Arbeitsgruppe begnügen, sondern die Mühe der inhaltlichen Beschäftigung mit dem vorgestellten Projekt und den Vorarbeiten dazu nicht scheuen. Für die wissenschaftlichen Mitarbeiter der Förderorganisationen liegt hierin eine ständige, große Herausforderung.

Auch wenn die Begutachtung von Förderanträgen generell kein geeigneter Weg sein kann, wissenschaftliches Fehlverhalten aufzudecken, sind Laborbesuche bei örtlichen Begutachtungen, indem sie Gelegenheit zum Informationsaustausch mit allen Mitarbeiterinnen und Mitarbeitern einer Arbeitsgruppe bieten, eine wichtige Informationsquelle.

Empfehlung 16: Ombudsman für die Wissenschaft

Die Deutsche Forschungsgemeinschaft soll eine unabhängige Instanz – etwa in Gestalt eines Ombudsman oder auch eines Gremiums von wenigen Personen – berufen und mit den nötigen Arbeitsmitteln ausstatten, die allen Wissenschaftlerinnen und Wissenschaftlern zur Beratung und Unterstützung in Fragen guter wissenschaftlicher Praxis und ihrer Verletzung durch wissenschaftliche Unredlichkeit zur Verfügung steht und jährlich darüber öffentlich berichtet.

Erläuterungen

Die Formulierung von Normen und Vorgaben für gute wissenschaftliche Praxis legt für ihre Verwirklichung nur eine Grundlage. Schwierigkeiten bei der Einhaltung von Grundprinzipien treten in allen Lebensgebieten erst bei ihrer Umsetzung in einem konkreten Fall auf, in dem Gegenpole von „redlich" und „unredlich" aufgrund von Verflechtungen und Wertungskonflikten im Einzelfall weniger klar zu trennen sind.

Dies gilt sowohl bei Fragen, die eigenes wissenschaftliches Verhalten betreffen, als auch für Zweifel an dem Verhalten anderer. Letzteres stellt besonders junge Wissenschaftlerinnen und Wissenschaftler, die noch am Aufbau ihrer Karriere arbeiten, zumindest subjektiv häufig vor die Frage, ob das Interesse an der Offenlegung des unredlichen Verhaltens eines älteren, unter Umständen vorgesetzten Wissenschaftlers das Risiko für die eigene Karriere, das dadurch entstehen kann, aufwiegt. Sie kommen dadurch in einen schwerwiegenden Konflikt. Hinweisgeber oder „Whistleblower" geraten leicht in den Verdacht der Denunziation. Um allen Wissenschaftlerinnen und Wissenschaftlern, insbesondere dem Nachwuchs, aus dieser einsamen Konfliktlage einen Ausweg zu öffnen, empfiehlt die Kommission der Deutschen Forschungsgemeinschaft die Berufung eines Ombudsman oder mehrerer Ombudsleute für die Wissenschaft.

Eine derartige Vertrauensperson oder -kommission soll mit einer gewissen Autorität ausgestattet werden, die ihre Grundlage zum Beispiel in der Wahl durch den Senat der DFG und einer jährlichen Berichterstattung (30) an ihn finden kann. Sie soll nicht eigene Ermittlungen nach dem Vorbild des heutigen „Office of Research Integrity" des amerikanischen Public Health Service führen (31), sondern vor allem durch ihre persönliche Autorität, Integrität und Neutralität den Wissenschaftlerinnen und Wissenschaftlern ein kompetenter und vertrauenswürdiger Ansprechpartner sein, der gegebenenfalls erhebliche Verdachtsmomente aufnimmt und zur Aufmerksamkeit der sachnahen Institutionen bringt. Wichtig ist der Kommission, dass diese Vertrauensperson(en) allen Wissenschaftlern zugänglich ist (sind), unabhängig von ihrem Bezug oder dem eines betroffenen Projekts zur Deutschen Forschungsgemeinschaft.

Durch die Einrichtung einer derartigen Appellationsinstanz kann die Deutsche Forschungsgemeinschaft das öffentliche Vertrauen in die gute wissenschaftliche Praxis erhalten, indem sie die Aufmerksamkeit demonstriert, die die Wissenschaft ihrer eigenen Selbstkontrolle schenkt (32). Die Empfehlung an die Hochschulen und Forschungseinrichtungen, Vertrauensleute (Ombudspersonen) zu benennen, soll damit nicht ihre Grundlage verlieren, sondern ergänzt werden.

Empfehlung 17: Hinweisgeber (sog. Whistleblower)

Wissenschaftlerinnen und Wissenschaftler, die einen spezifizierbaren Hinweis auf einen Verdacht wissenschaftlichen Fehlverhaltens geben (Hinweisgeber, sogenannte Whistleblower), dürfen daraus keine Nachteile für das eigene wissenschaftliche und berufliche Fortkommen erfahren. Die Vertrauensperson (Ombudsman) wie auch die Einrichtungen, die einen Verdacht überprüfen, müssen sich für diesen Schutz in geeigneter Weise einsetzen. Die Anzeige muss in „gutem Glauben" erfolgen.

Erläuterungen

Die Wissenschaftlerin und der Wissenschaftler, die den Verdacht eines möglichen wissenschaftlichen Fehlverhaltens der geeigneten Einrichtung anzeigen, erfüllen für die Selbstkontrolle in der Wissenschaft eine unverzichtbare Funktion (33). Nicht der Whistleblower, der einen berechtigten Verdacht äußert, schadet der Wissenschaft und der Einrichtung, sondern der Wissenschaftler, der ein Fehlverhalten begeht (34). Daher darf die Anzeige eines Whistleblowers nicht zu beruflichen Nachteilen und Beeinträchtigungen der wissenschaftlichen Karriere führen. Insbesondere für Nachwuchswissenschaftlerinnen und -wissenschaftler darf eine solche Anzeige nicht zu Verzögerungen und Behinderungen während der Ausbildung führen, die Erstellung von Abschlussarbeiten und Promotionen darf keine Benachteiligungen erfahren; dies gilt auch für Arbeitsbedingungen sowie mögliche Vertragsverlängerungen.

Die Anzeige des Whistleblowers hat in gutem Glauben zu erfolgen (35). Vorwürfe dürfen nicht ungeprüft und ohne hinreichende Kenntnis der Fakten erhoben werden. Ein leichtfertiger Umgang mit Vorwürfen wissenschaftlichen Fehlverhaltens, erst recht die Erhebung bewusst unrichtiger Vorwürfe, kann eine Form wissenschaftlichen Fehlverhaltens darstellen (36).

Die Überprüfung anonymer Anzeigen ist durch die Stelle abzuwägen, die den Vorwurf entgegennimmt. Grundsätzlich gebietet eine zweckmäßige Untersuchung die Namensnennung des Whistleblowers. Der Name des Whistleblowers ist vertraulich zu behandeln. Eine Offenlegung des Namens gegenüber dem Betroffenen kann im Einzelfall dann geboten sein, wenn sich der Betroffene andernfalls nicht sachgerecht verteidigen kann.

Anzeigen sind von allen Beteiligten vertraulich zu behandeln. Die Vertraulichkeit dient dem Schutz des Whistleblowers sowie demjenigen, gegen den sich ein Verdacht richtet (37). Vor abschließender Überprüfung eines angezeigten Verdachts eines möglichen wissenschaftlichen Fehlverhaltens ist eine Vorverurteilung der betroffenen Person unbedingt zu vermeiden (hierzu auch Empfehlung 8). Die Vertraulichkeit des Verfahrens ist dann nicht mehr gegeben, wenn sich der Whistleblower mit seinem Verdacht zuerst an die Öffentlichkeit richtet, ohne zuvor die Hochschule oder Forschungseinrichtung über den Hinweis des Verdachts eines wissenschaftlichen Fehlverhaltens zu informieren. Die untersuchende Einrichtung muss im Einzelfall entscheiden, wie sie mit der Verletzung der Vertraulichkeit umgeht. Es ist nicht hinzunehmen, dass die frühzeitige Herstellung der Öffentlichkeit durch den Hinweisgeber einen Reputationsverlust des Betroffenen zur Folge hat.

Nicht der des Fehlverhaltens Bezichtigte allein bedarf des Schutzes der Institution, sondern auch der Hinweisgeber. Ombudspersonen sowie die untersuchende Einrichtung sollen diesem Schutzgedanken in geeigneter Weise Rechnung tragen. Auch im Fall eines nicht erwiesenen wissenschaftlichen Fehlverhaltens ist der Hinweisgeber zu schützen, sofern seine Vorwürfe nicht offensichtlich haltlos erfolgten.

2 Probleme im Wissenschaftssystem
– Analyse der Kommission 1997 –

Fragen und Diskussionen ähnlich denen, die die Ausarbeitung der Empfehlungen im Jahr 1997 angestoßen haben, gab es in größerem Umfang erstmals Ende der 1970er-Jahre in den USA, nachdem dort im Verlauf weniger Jahre an mehreren angesehenen Forschungsuniversitäten Vorwürfe wissenschaftlichen Fehlverhaltens erhoben und teils nach einiger Zeit erhärtet, teils über Jahre hin unter großer Beteiligung der Öffentlichkeit und der Gerichte kontrovers verfolgt und erst nach langer Zeit (in einem Fall erst im elften Jahr nach den ersten Vorwürfen) entschieden wurden.

Den von 1978 bis zum Ende der 1980er-Jahre in den USA zu causes célèbres gewordenen Fällen sind folgende Merkmale gemeinsam (38):

▶ Der/die Beschuldigte und die Institution, wo die Arbeiten stattfanden, waren hoch renommiert; mindestens war der/die Beschuldigte Mitglied einer angesehenen Arbeitsgruppe. In der Regel wurden die Beschuldigungen von weniger prominenter Seite erhoben.

▶ Die Tatsachenaufklärung durch die Institution verlief zögerlich und/oder ungeschickt.

▶ Die Öffentlichkeit wurde durch Presse und andere Medien frühzeitig informiert, sodass alle weiteren Schritte von Aufmerksamkeit und Kontroversen begleitet waren.

Die meisten dieser Fälle waren außerdem von gerichtlichen Auseinandersetzungen begleitet; an einigen von ihnen nahmen auch Politiker regen Anteil. Vor allem die Öffentlichkeitswirksamkeit führte dazu, dass sich ab Beginn der 1980er-Jahre zahlreiche Gremien sowohl mit der Kasuistik als auch mit grundsätzlichen Überlegungen zu „scientific fraud and misconduct" beschäftigten (39). Dem verbreiteten Eindruck, die Institutionen der Wissenschaft seien auf das Problem schlecht eingerichtet, wurde mit institutionellen Regelungen begegnet, über die weiter unten (siehe Abschnitt 3.1) berichtet wird.

Erste Versuche Ende der 1980er-Jahre, das Problem „Fehlverhalten in der Wissenschaft" zu quantifizieren (40), führten zu wenig schlüssigen Ergebnissen. Zum Zeitpunkt der Ausarbeitung der Empfehlungen im Jahr 1997 lagen Erfahrungsberichte der für „scientific misconduct" zuständigen Behörden, dem Office of Inspector General (OIG) der National Science Foundation (NSF) und dem Office of Research Integrity (ORI) des Public Health Service vor. Das OIG erhielt im Durchschnitt in den 1990er-Jahren zwischen 30 und 80 neue „Fälle" pro Jahr bei etwa 50 000 unterstützten Projekten und fand Fehlverhalten in etwa einem Zehntel dieser Fälle. Im Jahresbericht des ORI für 1995 wird über

49 neue Fälle beim ORI selbst und über 64 neue Fälle in Institutionen seines Geschäftsbereichs im Vorjahr bei mehr als 30 000 von den National Institutes of Health (NIH) geförderten Vorhaben berichtet (41).

Das im Jahr 1992 auf Initiative des dänischen medizinischen Forschungsrates gegründete und seit 1996 unter der Schirmherrschaft des dortigen Forschungsministeriums stehende Danish Committee on Scientific Dishonesty (42) hatte sich im ersten Jahr seiner Amtszeit mit 15 Vorwürfen wissenschaftlichen Fehlverhaltens zu befassen; in den darauffolgenden Jahren nahm die Anzahl der neuen „Fälle" zunächst rasch ab und stieg 1996 wieder auf zehn.

Zur Kenntnis der Deutschen Forschungsgemeinschaft sind aus Deutschland in den letzten zehn Jahren vor 1997 insgesamt sechs Fälle von Vorwürfen wissenschaftlichen Fehlverhaltens gelangt. Seit 1992 sind sie, soweit die DFG involviert war, nach den vom Präsidium erlassenen Regeln zum Umgang mit derartigen Vorkommnissen (43) behandelt worden, die unter anderem Folgendes vorsehen:

▶ Prüfung der Vorwürfe in den zuständigen Referaten der Geschäftsstelle und Anhörung der Betroffenen,
▶ sofern hiernach ein substanzieller Verdacht wissenschaftlichen Fehlverhaltens bestätigt und eine einvernehmliche Regelung nicht erzielt wird, Befassung eines Unterausschusses des Hauptausschusses der DFG unter Vorsitz der Generalsekretärin/des Generalsekretärs; dieser Ausschuss stellt unter Anhörung der Beteiligten den Tatbestand fest und empfiehlt gegebenenfalls dem Hauptausschuss die erforderlichen Maßnahmen,
▶ Verhängung von gegebenenfalls erforderlichen Sanktionen durch den Hauptausschuss der DFG.

In drei Fällen betrafen die erhobenen Vorwürfe die Aneignung von vertraulichen Antragsunterlagen oder andere Formen problematischen Verhaltens bei Gutachtern. Sie wurden in Korrespondenz und Gesprächen zwischen der Geschäftsstelle der DFG und den Beteiligten beigelegt.

In den drei anderen Fällen ging es um Vorwürfe der Erfindung oder Fälschung experimenteller Forschungsergebnisse in Hochschuleinrichtungen. Ihnen sind folgende Merkmale gemeinsam:

▶ Die veröffentlichten Ergebnisse wurden nach kürzerer oder längerer Zeit im wissenschaftlichen Schrifttum angezweifelt.
▶ Die jeweils zuständigen Stellen in den Hochschulen wurden tätig, ermittelten den Sachverhalt unter Anhörung der Betroffenen und zum Teil weiterer Beteiligter und trafen Maßnahmen.
▶ Alle drei Fälle – der älteste reicht ins Jahr 1988 zurück – waren Ende 1997 noch bei Gericht anhängig. In einem Fall erhob die betroffene Universität Verfassungsbeschwerde gegen ein Urteil des Bundesverwaltungsgerichts (11). In einem weiteren Fall lag 1997 erst ein Beschluss des zuständigen Verwaltungsgerichts im vorläufigen Rechtsschutzverfahren vor (44).

Im Folgenden wird entsprechend dem Mandat der Kommission, „Ursachen von Unredlichkeit im Wissenschaftssystem nachzugehen", versucht, einige der Faktoren zu beschreiben, die Unredlichkeit begünstigen könnten und es rechtfertigen, diesen Problemen heute mehr als früher Aufmerksamkeit zu widmen.

Wissenschaftliche Unredlichkeit ist stets Verhalten von Individuen, auch wenn sie nicht allein handeln. Dementsprechend fehlt es weder in den Analysen einzelner Fälle noch in generalisierenden Betrachtungen an individualpsychologischen Erklärungen bis hin zur Psychopathologie (45). Diese Erklärungen führen indessen schon vom Ansatz her nicht weiter, wenn die Frage aufgeworfen wird, welche allgemeinen Bedingungen wissenschaftliche Unredlichkeit begünstigen und welche Prävention möglich ist.

2.1 Normen der Wissenschaft

Unredlichkeit und bewusste Regelverstöße gibt es in allen Lebensbereichen. Die Wissenschaft und speziell die Forschung sind aus mehreren Gründen gegenüber Unredlichkeit besonders empfindlich:

Forschung als Tätigkeit ist Suche nach neuen Erkenntnissen. Diese entstehen aus einer stets durch Irrtum und Selbsttäuschung gefährdeten Verbindung von Systematik und Eingebung. Ehrlichkeit gegenüber sich selbst und gegenüber anderen ist eine Grundbedingung dafür, dass neue Erkenntnisse – als vorläufig gesicherte Ausgangsbasis für weitere Fragen (46) – überhaupt zustande kommen können. „Ein Naturwissenschaftler wird durch seine Arbeit dazu erzogen, an allem, was er tut und herausbringt, zu zweifeln, … besonders an dem, was seinem Herzen nahe liegt" (47).

Forschung im idealisierten Sinne ist Suche nach Wahrheit. Wahrheit ist unlauteren Methoden kategorial entgegengesetzt. Unredlichkeit – anders als gutgläubiger Irrtum, der nach manchen wissenschaftstheoretischen Positionen essenziell für den Fortschritt der Erkenntnis ist, jedenfalls aber zu den „Grundrechten" des Wissenschaftlers gehört (48) – stellt also die Forschung nicht nur in Frage, sie zerstört sie.

Forschung geschieht heute fast durchweg mit Blick auf einen engeren (innerwissenschaftlichen) und weiteren (gesellschaftlichen) sozialen Kontext: Forscherinnen und Forscher sind in der Zusammenarbeit wie im Wettbewerb aufeinander angewiesen. Sie können nicht erfolgreich sein, wenn sie einander – und ihren Vorgängern, sogar ihren Konkurrenten – nicht vertrauen können. „Wissenschaftlich … überholt zu werden, ist … nicht nur unser aller Schicksal, sondern unser aller Zweck. Wir können nicht arbeiten, ohne zu hoffen, dass andere weiter kommen werden als wir." Max Webers Ausspruch (49) gilt für Zeitgenossen nicht weniger als für Vor- und Nachfahren. So ist Ehrlichkeit nicht nur selbstverständliche Grundregel professioneller wissenschaftlicher Arbeit, „dass innerhalb der Räume des Hörsaals nun einmal keine andere Tugend gilt als eben: schlichte intellektuelle Rechtschaffenheit" (49) ; sie ist das Fundament der Wissenschaft als eines sozialen Systems.

2.2 Wissenschaft als Beruf

Schon im Jahr 1919, noch geraume Zeit vor dem Aufstieg der Vereinigten Staaten zur führenden Wissenschaftsnation, hat Max Weber in dem bereits zitierten Kontext gesagt: „Unser deutsches Universitätsleben amerikanisiert sich, wie unser Leben überhaupt, in sehr wichtigen Punkten, und diese Entwicklung, das bin ich überzeugt, wird weiter übergreifen …" (49). A fortiori sind heute die USA das Land, in dem die Strukturen professioneller Wissenschaft und ihre Probleme am klarsten in Erscheinung treten und am besten dokumentiert sind (50). Schon die für einen großen Teil der aktuellen Verhältnisse grundlegende Tatsache, dass „90 Prozent aller jemals aktiven Wissenschaftler heute leben", wurde von einem Amerikaner zuerst veröffentlicht (51). Die USA waren auch das Land, in dem nach der beispiellosen Anstrengung des Manhattan-Projekts ein nationales staatliches Engagement für die Grundlagenforschung als intellektuelles Kapital gefordert (52) und verwirklicht wurde. Das nach der Gründung der National Science Foundation (1950) und der National Institutes of Health (1948) über Jahre stetig wachsende Engagement der amerikanischen Bundesregierung führte zu einem rapiden Wachstum des Forschungssystems im Ganzen und zur Herausbildung der Forschungsuniversitäten, in denen ein erheblicher Teil der Gesamtaktivität über Projektmittel der Forschungsförderinstitutionen finanziert wird. Anders als in Deutschland (Stand 1997) können diese nicht nur das Gehalt der Projektleitung, sondern auch über die sogenannten „overheads" Infrastrukturkosten einschließlich der Mittel für die Verwaltung enthalten. Der Erfolg im Wettbewerb um diese Mittel entscheidet daher über Karrierechancen, Ausstattung und – kumulativ – über das Ansehen der Abteilung und der gesamten Universität. Wesentliches Kriterium für den Erfolg im Wettbewerb wurde die wissenschaftliche Produktivität, gemessen an ihren der wissenschaftlichen Öffentlichkeit zur Verfügung gestellten Ergebnissen. Damit geriet die Veröffentlichung im Lauf der Zeit in eine Doppelrolle: Neben ihrer Funktion im wissenschaftlichen Diskurs und als Dokument neuen Wissens wurde sie Mittel zum Zweck, bald mehr gezählt als gelesen. Zugleich entwickelte sich in dem Maße, wie Forschungsergebnisse Grundlage von Anwendungen wurden, eine immer intensivere Wechselwirkung der „akademischen" Forschung mit Anwendungsfeldern in der Industrie, im Gesundheitswesen, in der Politikberatung u. a. m. In den 1990er-Jahren sah man in den USA wiederum bedeutsame Änderungen: Die über lange Jahre fraglos akzeptierte Bedeutung der Forschung als nationale Aufgabe ging zurück; die Wissenschaft wurde zu einem Verbraucher staatlicher Mittel neben anderen und musste ihre Forderungen in der Konkurrenz zu anderen Bereichen der staatlichen Daseinsvorsorge rechtfertigen. Kooperationen mit Anwendern gewannen – mit großen Unterschieden nach Disziplinen – noch weiter an Bedeutung; wissenschaftliche Ergebnisse wurden immer öfter auch als Grundlage finanziellen Erfolgs gesehen (53).

Vieles aus dieser Schilderung lässt sich auf deutsche Verhältnisse übertragen. Die quantitative Entwicklung ist – berücksichtigt man die unterschiedlichen Größen der beiden Länder – durchaus ähnlich. Im Jahr 1920 zählte der Lehrkörper der Universitäten und vergleichbaren Einrichtungen in ganz Deutschland 5403 Professorinnen und Professoren sowie Dozentinnen und Dozenten (54). Die Zahl der Professurstellen an Hochschulen stieg in Westdeutschland von rund 5500 im Jahr 1950 auf rund 34 100 im Jahr 1995, die für „übriges wissenschaftliches Personal" von rund 13 700 auf 55 900. In ganz Deutschland gab es im Jahr 1996 rund 42 000 Professurstellen und 72 700 Stellen für „übriges wissenschaftliches Personal" (55) an Hochschulen. In diesen Zahlen ist das nicht aus Stellen, sondern aus Mitteln Dritter finanzierte wissenschaftliche Personal nicht enthalten. Die staatlichen Aufwendungen für Forschung und Entwicklung in den Hochschulen machten ihrerseits rund ein Fünftel der Bruttoinlandsausgaben für Forschung und Entwicklung aus (56).

Die Zahlen veranschaulichen, dass akademische Forschung in Deutschland (wie in den übrigen entwickelten Ländern) sich in weniger als einem Jahrhundert von einer allein oder in kleinen Gemeinschaften betriebenen gelehrten Arbeit weithin zu großbetrieblichen Arbeits- und Organisationsformen entwickelt hat. Der Begriff der „Wissensproduktion" hat sich dafür eingebürgert; Veränderungen der Produktionsform werden heute in ähnlichen Kategorien diskutiert wie die der industriellen Produktion (57).

2.3 Wettbewerb

Wettbewerb ist Bestandteil des Wissenschaftssystems seit dem 17. Jahrhundert (58). Ging es damals darum, wer als erster eine Entdeckung gemacht und sie veröffentlicht hatte, erstreckt sich unter den heutigen Bedingungen der Forschungsfinanzierung der Wettbewerb auch auf die materielle Sicherung wissenschaftlicher Arbeit bis hin zum Fortbestand von Arbeitsgruppen und zu den Existenzgrundlagen der einzelnen Forscher. Neben den Wettbewerb der einzelnen Wissenschaftlerinnen und Wissenschaftler, der sich auf fast allen Feldern im internationalen Rahmen abspielt, ist ein Wettbewerb der Institutionen und Nationen getreten (59). Anders als bei den Medaillenspiegeln der Sportwettbewerbe ist allerdings der Abstand zwischen der Goldmedaille und dem Feld sehr groß: Ein vom Erstentdecker veröffentlichtes Ergebnis zu bestätigen, bringt wenig Ehre. Es gibt keine Silbermedaillen, und die nationalen Rekorde werden international nicht beachtet. Umso wichtiger ist freilich die Nachprüfung veröffentlichter Ergebnisse durch andere, auf demselben Arbeitsgebiet kompetente Arbeitsgruppen.

In jeder Form des Wettbewerbs gibt es gezielte Regelverstöße, und ihre Wahrscheinlichkeit wächst mit der Intensität des Wettbewerbs ebenso wie mit dem Erfolgsdruck, unter dem sich Teilnehmer sehen. Unerträglicher Erfolgsdruck ist das Motiv, das beispielsweise William Summerlin, die zentrale Figur eines in den USA berühmt gewordenen Fälschungsfalls, neben anderem anführte: „Immer wieder wurde ich aufgefordert, Versuchsdaten zu publizieren und Projektanträge ... zu erstellen. Dann kam eine Zeit im Herbst 1973, als ich keine neue überraschende Entdeckung vorzuweisen hatte und mir Dr. Good brutal eröffnete, dass ich ein Versager sei ... So stand ich unter extremem Produktionsdruck ..." (60).

Vor allem im amerikanischen System der Forschungsförderung, wo schon seit Langem die Erfolgsquoten von Förderanträgen konsistent niedrig sind, muss die Motivation, durch regelwidriges Verhalten zum Erfolg zu kommen, hoch eingeschätzt werden. Unter vergleichbarem Druck sehen sich mittlerweile auch in Deutschland viele, vor allem junge Wissenschaftlerinnen und Wissenschaftler.

Neben der Versuchung zum gezielten Regelverstoß kann Wettbewerbsdruck auch zu Nachlässigkeit und mangelnder Sorgfalt führen. Ein Kernstück wissenschaftlicher Methode ist aber der systematische Zweifel an den eigenen Ergebnissen. Experimente sollten gerade dann – und möglichst unabhängig – wiederholt werden, wenn sie das erhoffte Ergebnis bringen. Erfolgsdruck und Eile, das Bestreben, schneller als die Konkurrenz zu publizieren, sind eine Quelle schlecht abgesicherter Resultate und kommen in der Praxis weit häufiger vor als Manipulationen und Fälschungen.

2.4 Veröffentlichungen

Forschungsergebnisse gelten seit den frühen neuzeitlichen Formen der Institutionalisierung von Wissenschaft im 17. Jahrhundert erst dann als anerkannt, wenn sie veröffentlicht und damit der Kritik und Überprüfung zugänglich gemacht worden sind. Dieses Prinzip ist heute unverändert gültig; es begegnet jedoch mehreren Schwierigkeiten.

Zum einen ist im Gefolge des exponentiellen Wachstums des Wissenschaftssystems auch die Zahl der Veröffentlichungen exponentiell gewachsen und hat schon vor langer Zeit unüberschaubare Ausmaße angenommen (61).

Zum anderen hat der Gebrauch der Publikationen als Erfolgskriterium im Wettbewerb der Wissenschaftlerinnen und Wissenschaftler um Karrierechancen, Forschungsmittel etc. seinerseits zu einer Vermehrung der Veröffentlichungen geführt und zur Aufteilung ihres Inhalts in immer kleinere Einheiten, die mit Begriffen wie dem „publish or perish"-Prinzip oder der LPU (least publishable unit) zwar seit langer Zeit kritisiert wird, sich aber nicht verringert hat.

Weiterhin hat auch die Zahl der Veröffentlichungen, an denen mehrere Autoren beteiligt sind, rapide zugenommen. Das hat nicht nur den objektiven Grund, dass in nahezu allen Wissenschaftszweigen mit Ausnahme der Geisteswissenschaften Kooperation zu einer notwendigen Erfolgsbedingung wissenschaftlicher Arbeit geworden ist, sondern auch den opportunistischen Grund, dass die Länge einer Publikationsliste zu einem ebenfalls kritisierten, aber gleichwohl häufig angewendeten Kriterium für den wissenschaftlichen Rang einer Forscherin oder eines Forschers geworden ist.

Seit dem späten 17. Jahrhundert besteht der Brauch, neue Forschungsergebnisse vor der Veröffentlichung kritisch zu diskutieren. Alle angesehenen wissenschaftlichen Zeitschriften veröffentlichen heute nur solche Arbeiten, die von sachverständigen Gutachterinnen und Gutachtern auf ihre Validität und Originalität geprüft worden sind. Oft enthalten die regelmäßig veröffentlichten Hinweise für Autoren eine Beschreibung des Begutachtungsprozesses und

Angaben über Fristen und Erfolgsquoten (Anteil der angenommenen Arbeiten an den eingereichten), die bei als führend geltenden Zeitschriften wie „Nature" oder „Science" bei zehn Prozent oder darunter liegen (62).

Die Begutachtung ist in doppelter Weise eine kritische Phase für Publikationsmanuskripte. Einerseits birgt sie Gefahren für die Autoren, weil urheberrechtlich oder patentrechtlich noch ungeschützte Ideen, Forschungsergebnisse und Formulierungen an Personen weitergegeben werden, deren Identität die Autoren in der Regel nicht kennen (fast alle derartigen Begutachtungsverfahren sind anonym, und wenige Gutachterinnen und Gutachter durchbrechen von sich aus die Anonymität) und die ihre unmittelbaren Konkurrenten sein können. Typische Vorsichtsmaßnahmen der Zeitschriftenherausgeber sind sorgfältige Auswahl der Begutachtenden unter Vermeidung von Angehörigen derselben „Schule" und ihrer erklärten Gegner, die Verpflichtung der Gutachterinnen und Gutachter auf Vertraulichkeit und Offenlegung von Befangenheit und die Setzung kurzer Fristen für die Begutachtung.

Andererseits ist argumentiert worden, die Gutachterinnen und Gutachter müssten Datenmanipulationen und Fälschungen zuverlässig erkennen können und seien im Rahmen ihrer Prüfung dazu auch moralisch verpflichtet. Faktisch trifft dieses Argument die Wirklichkeit nur begrenzt. Herausgeber und Begutachtende entdecken in der Tat viele Ungereimtheiten mit der Folge, dass Publikationsmanuskripte nachgebessert werden oder (zumindest in der betreffenden Zeitschrift) nicht erscheinen. Auch gibt es aktuelle Überlegungen von Herausgebern führender Zeitschriften, wie der Umgang mit Unregelmäßigkeiten in eingereichten Manuskripten und in Publikationen verbessert werden kann (25). Die Erwartung einer stets wirksamen Identifizierung von Unregelmäßigkeiten geht jedoch fehl: Weder stehen den Gutachterinnen und Gutachtern die Originaldaten zur Verfügung noch hätten sie die Zeit, die Experimente oder Beobachtungen zu wiederholen, selbst wenn dies regelmäßig möglich wäre. Auch in diesem Stadium wissenschaftlicher Selbstkontrolle ist das wechselseitige Vertrauen eine wesentliche Grundlage des Systems. Eben dadurch ist es so verletzlich durch unredliches Verhalten.

Wahrscheinlicher ist die Entdeckung von Unregelmäßigkeiten bei der Überprüfung publizierter Ergebnisse durch andere Gruppen. Nach Schätzungen werden zwischen einem Promille und einem Prozent veröffentlichter Arbeiten korrigiert oder zurückgezogen, nachdem ihre Validität angezweifelt wurde. Darüber, inwieweit in solchen Fällen Irrtum oder Täuschung die Ursache ist, gibt es keine Daten. Zweifel werden den Autoren im Regelfall von Kollegen unmittelbar mitgeteilt. Die Herausgeber von Zeitschriften haben, wenn ihnen Zweifel informell bekannt werden, wenig Handlungsspielraum. Die Veröffentlichung von Korrekturen unterliegt, wenn nicht alle Autoren einer Arbeit sie gemeinsam verantworten, juristischen Risiken (63).

2.5 Quantitative Leistungsmessung

Die bisher geschilderten Anfälligkeiten des Wissenschaftssystems gegenüber Unredlichkeit in ihren verschiedenen Formen sind in den letzten Jahrzehnten durch die breite Einführung computergestützter Literaturnachweisverfahren und ihre zunehmende Nutzung zur Bewertung wissenschaftlicher Leistungen und Leistungsfähigkeit vermehrt worden. Die inhaltsreichste und am häufigsten genutzte Datenbasis dafür ist der Science Citation Index, der vom Institute for Scientific Information (ISI) in Philadelphia veröffentlicht wird. Er erlaubt es, die Wirkung von Veröffentlichungen anhand ihrer Zitierungen quantitativ darzustellen, und obgleich methodische Einzelheiten nach wie vor in Zeitschriften wie „Scientometrics" diskutiert werden, sind Zitatenanalysen aus der Praxis der Bewertung von Forschungsleistungen nicht mehr wegzudenken und spielen, wie jüngste Veröffentlichungen zeigen (64), eine wachsende Rolle in der Gestaltung der Forschungspolitik in verschiedenen Ländern. Auch die Beobachtung der wissenschaftlichen Entwicklung durch die Analyse, zu welchen Themen besonders extensiv publiziert wird und welche Arbeiten besonders häufig zitiert werden, ist auf dieser Grundlage gut möglich und trägt inzwischen eine eigene Zeitschrift „Science Watch".

Neben der Wirkung der wissenschaftlichen Arbeiten von Einzelpersonen, Gruppen, Fachbereichen/Fakultäten und ganzen Ländern kann über die Zitierhäufigkeit auch die Wirkung von Zeitschriften berechnet werden („journal impact factor"); er wird vom ISI jährlich veröffentlicht und gilt weithin als Maß der Anerkennung – mittelbar also der Qualität – einer Zeitschrift. So hat zum Beispiel „Nature" den impact factor 27, das „Journal of Biological Chemistry" 7,4 und „Arzneimittelforschung" 0,5. In der Begutachtung von Forschungsanträgen spielt regelmäßig die „Publikationsleistung" der Antragsteller eine entscheidende Rolle. Schon immer war es ein Kriterium, inwieweit ein Antragsteller und seine Gruppe in „guten" Zeitschriften mit Gutachtersystem (und nicht lediglich „abstracts" in Kongressberichten oder Beiträge in Sammelbänden ohne Begutachtung) veröffentlicht hatten. Seit der „journal impact factor" eine bequeme Quantifizierung ermöglicht, wird er von Gutachterinnen und Gutachtern zur Bewertung von Leistungen mit zunehmender Häufigkeit verwendet.

Diese Praxis begegnet Bedenken, die in jüngster Zeit stärker artikuliert werden (65). Die Bedenken sind aus mehreren Gründen berechtigt.

Zum einen hängt die Zitierhäufigkeit offenkundig nicht nur vom Ansehen einer Zeitschrift oder einer Arbeitsgruppe ab, sondern vor allem von der Größe der Gruppe von Wissenschaftlerinnen und Wissenschaftlern, die sich für das Thema interessiert. Spezialisierte Zeitschriftenhaben geringere „impact factors" als solche mit breiter Leserschaft; in einem kleinen Fach gelten andere quantitative Maßstäbe als in einem großen. Ein Assyriologe und ein Germanist wären mit dem „impact factor" auch dann schlecht vergleichbar, wenn die Publikationsgewohnheiten in beiden Fächern gleich wären. Auch die fachspezifischen Publikationsgewohnheiten spielen für die Vergleichbarkeit eine große Rolle: Der Publikationsrhythmus ist in der Halbleiterphysik ein anderer als in der molekularen Entwicklungsbiologie. So wird in Arbeiten zur Methodik bibliometrischer Analysen immer wieder betont, dass nur Vergleichbares verglichen werden darf (66).

Zum anderen delegieren Gutachterinnen oder Gutachter, die sich in der Bewertung lediglich auf Publikationszahlen und (etwa im „impact factor" ausgedrückte) Zitierhäufigkeiten stützen, ihre Verantwortung vollständig auf die jeweiligen Zeitschriften und ihre Leser. Auch bedarf es für das Zählen von Publikationen und das Nachschlagen von „impact factors" bei Weitem nicht derselben Kompetenz, die zur Beurteilung der Qualität des Inhalts einer Veröffentlichung erforderlich ist. Ein Gutachter, der sich auf Ersteres beschränkt, macht sich damit letztlich überflüssig.

Außerdem verdient Beachtung, dass alle (lediglich oder vorwiegend) quantitativen Verfahren der Leistungsbewertung dem „publish or perish"-Prinzip mit allen seinen bekannten Nachteilen zu noch breiterer Geltung verhelfen. Schließlich muss bedacht werden, dass das Bewusstsein von der Verwendung des Zitats als Einfluss- und (trotz aller methodischen Bedenken) als Qualitätsmaß für die zitierte Publikation und ihre Autoren seinerseits verhaltenssteuernd wirken und zu Missbräuchen (z. B. Zitierkartellen) führen kann.

2.6 Organisation

Forschung in Universitäten und universitätsnahen Forschungsinstituten dient in aller Regel zugleich der Ausbildung des wissenschaftlichen Nachwuchses. Erfolgreiche Forscherinnen und Forscher erinnern sich mit großer Regelmäßigkeit daran, wie sie in einem gut geführten, wissenschaftlich anspruchsvollen Arbeitskreis selbstständig geworden sind (67). Doch gibt es nicht nur solche Verhältnisse. Junge Wissenschaftlerinnen und Wissenschaftler klagen häufig über mangelnde Betreuung, über unzureichende Anleitung, über Ausnutzung durch Vorgesetzte (bis hin zu dem Vorwurf, die wesentlichen Bestandteile von Publikationen erarbeitet zu haben, ohne als Autoren mitberücksichtigt zu werden) und über eine Atmosphäre von Konkurrenzdruck und wechselseitigem Misstrauen in ihrer Umgebung. Ein immer wieder genanntes Problem in solchen Situationen ist das Fehlen zugänglicher, neutraler Ansprechpersonen, mit denen Sorgen und Probleme erörtert werden können, ohne die Furcht haben zu müssen, dass Kritik zum Verlust des Arbeitsplatzes führt.

Als besonders problematisch hat die Kommission die Verhältnisse in der klinischen Forschung identifiziert. Die Probleme, die auch im Ausland beschrieben werden (68), wirken sich in Deutschland dadurch besonders stark aus, dass die Ausbildung der Studierenden im Fach Humanmedizin für sich allein keine geeigneten Grundlagen für eine eigenständige wissenschaftliche Tätigkeit vermittelt (69). Dementsprechend sind viele medizinische Promotionsleistungen (ausgenommen die wachsende Zahl der auf experimentelle Arbeiten gestützten Dissertationen) Pflichtübungen, die wissenschaftlichen Maßstäben, wie sie in den medizinisch-theoretischen Disziplinen und in den Naturwissenschaften gelten, nicht genügen; das ist ein Grund dafür, dass in den Statistiken über akademische Prüfungen die Promotionen im Fach Humanmedizin stets gesondert ausgewiesen werden. Auch wenn junge Ärztinnen und Ärzte, die wissenschaftlich arbeiten wollen, ihre Beherrschung der wissenschaftlichen Grundlagen der Medizin und der in den Grundlagenfächern verwendeten Methoden und Techniken – zum Beispiel durch einen Aufenthalt im Ausland nach der Promotion – verbessert haben, sind die Arbeitsabläufe in den meisten Hochschulkliniken für alle ärztlichen Mitarbeiter – in aller Regel vom Arzt im Praktikum bis zum Direktor der Klinik – so beanspruchend, dass eine produktive wissenschaftliche Tätigkeit auf internationalem Niveau schwer zu erreichen ist (sogenannte „Feierabendforschung"). Diese Überlastung begünstigt auch Organisationsmängel in der Aufsicht und in der Kommunikationsstruktur von Arbeitsgruppen.

Wissenschaftliche Leistung ist auch in der klinischen Medizin Karrierevoraussetzung. Sie ist jedoch strukturell durch die Überlast der klinischen Aufgaben, durch den Mangel an Breite der Führungsstruktur der Kliniken und durch die Seltenheit von Positionen für Naturwissenschaftlerinnen und Naturwissenschaftler mit Aussicht auf eine stabile Lebensperspektive in den Kliniken weit mehr erschwert als in anderen Disziplinen. Eine straffe hierarchische Führungsstruktur, wie sie den klinischen Betrieb charakterisiert, ist für die Forschung und die hier zu leistenden Aufgaben der Anleitung und der Qualitätssicherung nicht notwendig förderlich. Modelle delegierter und geteilter Verantwortung, wie sie in den von der DFG geförderten Klinischen Forschergruppen und in manchen Sonderforschungsbereichen etabliert worden sind, bieten Beispiele für eine forschungsdienlichere Organisation. Sie sind auch geeignet, für die notwendige Ausbildung des klinisch-wissenschaftlichen Nachwuchses eine bessere Umgebung zu schaffen.

2.7 Rechtsnormen und wissenschaftliche Normen

Die Bundesrepublik Deutschland hat – anders als viele westliche Staaten – die Freiheit der Forschung im Grundgesetz als Bestandteil ihrer verfassungsrechtlichen Ordnung verankert. Für die Ausübung von Wissenschaft gibt es zahlreiche – die Forschungsfreiheit im Einzelfall durchaus einengende – spezialgesetzliche Regelungen vom Tierschutzgesetz über das Gentechnikgesetz bis zum Chemikaliengesetz, dem Bundesdatenschutzgesetz und dem Arzneimittelgesetz (70). Das Verhältnis der wissenschaftsinternen Normen, die wissenschaftliches Fehlverhalten von regelgerechter wissenschaftlicher Arbeit abzugrenzen erlauben, zur Verfassungsnorm der Forschungsfreiheit ist dagegen noch wenig geklärt (71). Auch das Hochschulrecht enthält zum Zeitpunkt der Kommissionsarbeiten 1997 wenig einschlägige Bestimmungen, sieht man von Selbstverständlichkeiten wie dem Verbot der Beeinträchtigung der Rechte und Pflichten anderer Hochschulmitglieder allgemein (§ 36 V HRG, Stand 1997) und etwa durch Forschung mit Mitteln Dritter (§ 25 II HRG, Stand 1997) ab.

Das Hochschulrecht bietet den Universitäten im Prinzip durchaus hinreichende Möglichkeiten, bei Vorwürfen wissenschaftlichen Fehlverhaltens tätig zu werden und im Bedarfsfall auch hochschulinterne Sanktionen zu verhängen, wobei das Disziplinarrecht unberührt bleiben kann. Schwierigkeiten zeigen sich allerdings dann, wenn die von einer Universität getroffenen Maßnahmen Gegenstand gerichtlicher Auseinandersetzungen werden (11, 44). Nicht nur die Dauer des Verfahrens, sondern auch Unsicherheiten in der Interpretation und Anwendung der hochschulrechtlichen Bestimmungen sowie in der Berücksichtigung außerrechtlicher wissenschaftlicher Normen wie zum Beispiel des gewissenhaften Umgangs mit Originaldaten erscheinen problematisch.

Auf der Ebene der Forschungsförderorganisationen ist zu fragen, inwieweit sie durch eigene Richtlinien und Verfahren hinreichend auf den Umgang mit wissenschaftlichem Fehlverhalten eingerichtet sind.

Schon die Vorbereitung dieser Empfehlungen im Jahr 1997 hat gezeigt, dass die Erfahrungen anderer Institutionen, in diesem Fall aus dem Ausland, mit der Stärkung guter wissenschaftlicher Praxis und der Bestimmung von Definition und Verfahren im Umgang mit Fehlverhalten wichtige Anregungen für eigene Ansätze bieten können. Nach einer gewissen Anfangsphase könnte ein derartiger Erfahrungsaustausch auch unter deutschen Institutionen der Wissenschaft, das heißt Hochschulen und Forschungsinstituten, zu einer sinnvollen und umsichtigen Weiterentwicklung der praktischen Umsetzung dieser Empfehlungen beitragen. Ein Treffen von Fachleuten in ein bis zwei Jahren nach der Publikation dieser Empfehlungen könnte von der Deutschen Forschungsgemeinschaft oder einer anderen interessierten Institution ausgerichtet werden. Sein Ausgang wäre umso reichhaltiger, je mehr die Hochschulen und Institute bis dahin bereits in die Praxis umgesetzt und von ihren Erfahrungen möglichst systematisch aufbewahrt haben.

3 Internationale Erfahrungen
– Grundlage der Kommissionsarbeit 1997 –

3.1 USA

Die weitaus meisten in einer breiteren Öffentlichkeit bekannt gewordenen Vorwürfe wissenschaftlicher Unredlichkeit sind in den USA erhoben (und zu einem kleineren Teil auch bestätigt) worden. Die Verhältnisse dort sind gut zugänglich dokumentiert (26, 39) und müssen daher hier nur kurz zusammengefasst werden.

Aufgrund der Besonderheiten der Finanzierungsstruktur der akademischen Forschung in den USA war bei sämtlichen Fällen wissenschaftlichen Fehlverhaltens, die seit dem Ende der 1970er-Jahre bis in die Gegenwart dort öffentlich diskutiert worden sind, mindestens eine der beiden großen nationalen Förderorganisationen involviert. Dies sind

- ▶ die National Science Foundation (NSF), die seit 1950 mit einem Jahresetat von rund 4 Mrd. Dollar (Stand 2012: 7 Mrd. Dollar) Forschung vor allem in den Ingenieur- und Naturwissenschaften, aber auch in den Verhaltenswissenschaften (einschließlich der Linguistik, der Psychologie und der Sozialwissenschaften) fördert, daneben Programme zur Ausbildung in den Naturwissenschaften betreibt. Sie ist eine selbstständige Bundesbehörde, die keinem Ressort zugeordnet ist;
- ▶ die National Institutes of Health (NIH), deren Anfänge bis ins Jahr 1888 zurückgehen und die unter ihrem heutigen Namen seit 1948 bestehen (72); sie betreiben in 13 (Stand 2013: 21) eigenen Instituten biologische und medizinische Forschung, sind aber zugleich mit einem Anteil von rund 80 Prozent Projektmitteln an ihrem Gesamtetat von fast 14 Mrd. Dollar (Stand 2012: 30 Mrd. Dollar) die größte Forschungsförderorganisation der Welt. Sie sind eine Bundesbehörde im Geschäftsbereich des Department of Health and Human Services (DHHS).

Die NSF (1987) und die NIH (1989) haben ähnliche, aber nicht identische Definitionen von „scientific misconduct" und Regeln zum Umgang damit veröffentlicht. Sie sind für alle Institutionen bindend, die Fördermittel in Anspruch nehmen wollen. Diese müssen nachweisen, dass sie ein internes Verfahren etabliert haben, wie mit Vorwürfen wissenschaftlichen Fehlverhaltens umgegangen wird.

Die Verantwortung für die Behandlung von Vorwürfen liegt damit in erster Linie bei den Universitäten (ebenso: Forschungsinstituten, Unternehmen etc.). Die großenteils nach einem von der Association of American Universities ausgearbeiteten Muster (73) entwickelten Regeln sehen typischerweise ein zweistufiges Verfahren vor:

▶ In einer informellen Voruntersuchung (inquiry) wird geklärt, ob Anlass besteht, eine förmliche Untersuchung (investigation) einzuleiten.

▶ Förmliche Untersuchungen, meist in der Verantwortung zentraler Universitätsorgane organisiert, dienen der Klärung des Sachverhalts; anschließend wird eine Entscheidung getroffen, ob und gegebenenfalls welche Sanktionen (in der Spannweite von Abmahnung bis Entlassung) verhängt werden. In diesem Stadium hat der/die Beschuldigte in der Regel das Recht auf anwaltlichen Rat.

Sowohl NSF als auch NIH verlangen, dass Beginn und Abschluss jeder förmlichen Untersuchung, bei der Projektmittel von ihnen involviert sind, ihnen angezeigt wird. Zuständig ist bei der NSF der Inspector General, ein in der NSF selbst angesiedeltes, unmittelbar dem National Science Board als Aufsichtsgremium unterstehendes und auch für die Rechnungsprüfung der Zuwendungen verantwortliches Organ (OIG). Für die NIH wird das Office of Research Integrity (ORI) tätig, eine im Department of Health and Human Services (dem vorgesetzten Ministerium) angesiedelte Behörde mit Jurisdiktion für alle Bereiche des Public Health Service außer der Food and Drug Administration (FDA). OIG und ORI können das Verfahren an sich ziehen oder nach dessen Abschluss eigene Ermittlungen veranstalten. Das ORI hat für die zuständigen Stellen der Institutionen, die Mittel der NIH verwalten, einen detaillierten Leitfaden entwickelt, wie mit Vorwürfen wissenschaftlichen Fehlverhaltens umzugehen ist (74).

Nach Abschluss des inneruniversitären Verfahrens befinden das ORI und das OIG jeweils über die ihrerseits zu verhängenden Sanktionen. Während das ORI hier selbst tätig wird (gegen seine Maßnahmen ist ein Berufungsverfahren zu einem Departmental Appeals Board im DHHS möglich), unterbreitet das OIG dem Deputy Director der NSF zusammen mit dem Untersuchungsbericht einen Vorschlag, der dort unabhängig geprüft wird, ehe Sanktionen angekündigt und dann gegebenenfalls verhängt werden. Sanktionen können beispielsweise sein:

▶ Ausschluss von der Antragsberechtigung, typischerweise für drei bis fünf Jahre, für Anträge auf Forschungsförderung,

▶ Ausschluss aus den Gutachtergremien,

▶ Auflagen für die Antragstellung, typischerweise in Gestalt von Aufsichtspflichten der Institution, an der die Arbeiten durchgeführt werden sollen, meist für mehrere Jahre,

▶ Verpflichtung, bestimmte Publikationen zurückzuziehen oder zu korrigieren.

OIG und ORI veröffentlichen regelmäßige Tätigkeitsberichte (41). Danach werden Sanktionen in einer Bandbreite zwischen 10 und 50 Prozent aller Fälle verhängt, und zwar fast immer in Form einer freiwilligen Übereinkunft. In einem sehr spektakulären Fall sprach das Departmental Appeals Board Mitte 1996 – zehn Jahre nach Bekanntwerden der Vorwürfe – eine beschuldigte Wissenschaftlerin frei.

Eine eingehende Diskussion galt und gilt in den USA der Definition von „scientific misconduct". Wissenschaftlichen Fehlverhaltens macht sich nach der insoweit übereinstimmenden Definiton der NIH und der NSF schuldig, wer

„bei der Antragstellung auf Mittel, in der Durchführung oder in Berichten über Ergebnisse von der jeweiligen Institution finanzierter Arbeiten Tatsachen frei erfindet oder fälscht oder fremdes geistiges Eigentum plagiiert oder in anderer Weise von der allgemein akzeptierten Praxis wissenschaftlicher Arbeit in schwerwiegender Weise abweicht" (75).

Bei der NSF folgt hierauf noch eine Schutzklausel für gutgläubige Informanten.

Gegenstand der Auseinandersetzung ist die Unbestimmtheit der Klausel „oder in anderer Weise … in schwerwiegender Weise abweicht". Dagegen wird politisch mit der Gefahr von Behördenwillkür argumentiert, verfassungsrechtlich mit dem Bestimmtheitsgebot (76) und sachlogisch mit der Forderung, eine Definition wissenschaftlichen Fehlverhaltens müsse sich auf Verstöße gegen Grundregeln des Wissenschaftssystems beschränken und nicht Tatbestände von Fehlverhalten einschließen, die bereits anderweitig rechtlich sanktioniert sind. Dagegen wird vor allem seitens der NSF argumentiert, die Definition sei gerade in diesem Punkt besonders wissenschaftsnah, indem sie sich auf (ggf. fachspezifische) Normen der jeweiligen wissenschaftlichen Gemeinschaft stütze. Im Lauf der Jahre wird diese Argumentation von der NSF ausgebaut: Die gravierende Abweichung von den Normen korrekter wissenschaftlicher Arbeit sei der Kern der Definition, die zuvor genannten Tatbestände seien lediglich (empirisch am häufigsten belegte) Beispiele dafür. Eine Beschränkung auf „FFP" (Fabrikation von Resultaten, Fälschung, Plagiat) sei legalistisch, treffe einige gravierende Fälle wissenschaftlichen Fehlverhaltens (z. B. Indiskretion eines Gutachters) nicht und verschiebe im Übrigen das Problem lediglich auf die Definition der Einzelbestandteile von „FFP" (77).

Es bleibt anzumerken, dass die Unbestimmtheit der Definition in den USA, soweit bekannt, bislang in der Anwendung nicht zu Kontroversen geführt hat, im Gegensatz zu teilweise massiver Kritik an der konkreten Untersuchungs- und Spruchpraxis des ORI.

Die kanadischen Forschungsförderorganisationen haben im Jahr 1994 in einer gemeinsamen Erklärung ähnliche, aber weniger detailliert formulierte Grundsätze beschlossen, wie sie in den USA gelten.

3.2 Dänemark

Als erstes europäisches Land hat Dänemark im Jahr 1992 auf Initiative des Dänischen Medizinischen Forschungsrates (DMRC) ein nationales Gremium zur Behandlung von Vorwürfen wissenschaftlicher Unredlichkeit (scientific dishonesty) gebildet (Danish Committee on Scientific Dishonesty, DCSD). Die Einsetzung folgte Empfehlungen einer Arbeitsgruppe des DMRC, die sich ausführlich mit den Ursachen, der Phänomenologie und den Folgen von wissenschaftlicher Unredlichkeit befasst hat (78). Ähnlich wie die National Science Foundation sieht die Arbeitsgruppe den Kern wissenschaftlicher Unredlichkeit in der Absicht, andere zu täuschen. Diese führe zu vielerlei einzelnen Tatbeständen, die prinzipiell unterschiedlich gravierend seien, aber auch im Einzelfall unterschiedlichen Schweregrad haben könnten. Als Beispiele für Tatbestände, die eine förmliche Untersuchung grundsätzlich rechtfertigen oder erfordern, nennt sie absichtliche Fälle

- der Erfindung von Ergebnissen (fabrication of data),
- selektiven Ausblendens und Verschweigens „unerwünschter" Ergebnisse und
- ihrer Substitution durch erfundene Ergebnisse,
- missbräuchlicher Anwendung statistischer Verfahren in der Absicht, Daten in ungerechtfertigter Weise zu interpretieren,
- verzerrter Interpretation von Ergebnissen und ungerechtfertigter Schlussfolgerungen,
- des Plagiats fremder Ergebnisse oder Veröffentlichungen,
- verzerrter Wiedergabe fremder Forschungsergebnisse,
- falscher oder ungerechtfertigter Zuweisung von Autorschaft,
- von Irreführung in Förderanträgen oder Bewerbungen.

Als Beispiele für Tatbestände minderen Schweregrads nennt die Arbeitsgruppe

- nicht offengelegte Mehrfachveröffentlichungen und andere Formen der „Wattierung" von Publikationslisten,
- Bekanntgabe von Forschungsergebnissen an die Laienöffentlichkeit vor der regelgerechten Veröffentlichung im wissenschaftlichen Schrifttum,
- Nichterwähnung früherer Beobachtungen anderer Forscherinnen und Forscher,
- Verweigerung von Mitautorschaft trotz ihrer Beiträge zu einer Veröffentlichung.

In diesem Zusammenhang diskutiert die Arbeitsgruppe auch Schnittmengen der betrachteten Tatbestände zu strafrechtlichen (Betrug, Urkundenfälschung) oder zivilrechtlichen (Plagiat) Delikten.

Das DCSD hat den zuerst genannten Katalog von Tatbeständen (ausdrücklich als nicht abschließend gekennzeichnet) im Wesentlichen in seine Statuten übernommen. Sein Tätigkeitsbereich war bis 1996 durch die Zuständigkeit des DMRC definiert. Seine Hauptaufgabe ist die Tatsachenaufklärung der ihm vorgelegten Vorwürfe, wobei über jeden abgeschlossenen Fall ein Bericht verfasst wird. Strafrechtlich relevante Fälle werden an die Strafverfolgungsbehörden abgegeben. In anderen Fällen kann das Komitee den beteiligten Personen und Institutionen Empfehlungen geben. Das Komitee und seine Mitglieder sehen sich außerdem verpflichtet, sich in Vorträgen und Publikationen für Prinzipien der „good scientific practice" einzusetzen. Seine Jahresberichte enthalten zahlreiche Veröffentlichungen zu Einzelfragen guter wissenschaftlicher Praxis und der Abweichungen davon und ihrer Bewertung. Dem Komitee gehören unter dem Vorsitz eines Richters am obersten dänischen Gericht sieben weitere

Mitglieder an, die von verschiedenen Universitäten und Wissenschaftsorganisationen bestimmt werden.

Im Lauf des Jahres 1996 wurde das DCSD ohne Veränderung seiner Prinzipien dem Forschungsministerium unmittelbar unterstellt, womit eine Ausdehnung seiner Zuständigkeit auf alle Wissenschaftsgebiete, wie sein Vorsitzender sie im Jahresbericht 1996 vorgeschlagen hatte, vorbereitet worden ist.

Das DCSD ist Vorbild für großenteils analoge, aber weniger detailliert ausgearbeitete Regelungen in den anderen skandinavischen Ländern geworden.

3.3 Großbritannien

Ähnlich wie in Dänemark hat in Großbritannien der Medical Research Council (MRC) – soweit bekannt – als erste Institution die Initiative ergriffen, Regeln für korrektes wissenschaftliches Verhalten zu veröffentlichen (79) und Regeln für den Umgang mit Vorwürfen von Fehlverhalten zu kodifizieren. Der MRC, gegründet 1913, betreibt biologische und medizinische Forschung in eigenen Research Units und fördert auf Antrag medizinische Forschungsvorhaben in Universitäten. Er erwartet von seinen Instituten ebenso wie von den geförderten Institutionen, dass Verhaltensregeln formuliert und bekannt gegeben werden. Dafür hat er neben den genannten allgemeinen Richtlinien Empfehlungen zu verschiedenen medizinethischen Fragen – so zum Beispiel zur Forschung mit nicht entscheidungsfähigen Personen – veröffentlicht. Die Richtlinien des MRC hatten maßgeblichen Einfluss auf eine Entschließung der European Medical Research Councils, eines ständigen Ausschusses der European Science Foundation, zum Thema „Misconduct in Medical Research" (80).

Anders als in Dänemark erwartet der MRC, dass Vorwürfe wissenschaftlichen Fehlverhaltens (so wie in den USA) in den einzelnen betroffenen Institutionen behandelt werden. Sein Regelwerk (81) sieht ein dreistufiges Verfahren vor, dessen erste Stufe die Unterrichtung des/der Beschuldigten über die Vorwürfe mit Gelegenheit zur Stellungnahme bildet. Das Verfahren folgt im Übrigen den bereits dargelegten Grundsätzen, die in den meisten amerikanischen Institutionen gelten. Sanktionen reichen von der Versetzung aus dem Projekt, in dem Fehlverhalten beobachtet wurde, über eine dienstliche Abmahnung bis zur fristlosen Entlassung. Wie in den USA, so ist auch beim MRC eine Berufungsinstanz in Gestalt eines Ausschusses vorgesehen, der vom Executive Director des MRC eingesetzt wird.

4 Weitere nationale und internationale Standards

4.1 Nationale Verfahrensordnungen

Die DFG-Empfehlungen finden eine Ergänzung in den Grundsätzen des Verfahrens des Ombudsman für die Wissenschaft sowie in der DFG-Verfahrensordnung zum Umgang mit wissenschaftlichem Fehlverhalten (VerfOwF). Die aktuell geltenden Fassungen finden sich auf der DFG-Homepage.

Verfahrensgrundsätze des Ombudsman für die Wissenschaft:
www.dfg.de/foerderung/grundlagen_rahmenbedingungen/gwp/ombudsman/index.html
www.ombudsman-fuer-die-wissenschaft.de/index.php?id=6094

Verfahrensordnung zum Umgang mit wissenschaftlichem Fehlverhalten
(DFG-Vordruck 80.01):
www.dfg.de/formulare/80_01/index.jsp

4.2 Entwicklungen im internationalen Bereich

Im internationalen Wissenschaftsbereich haben sich Empfehlungen zur guten wissenschaftlichen Praxis in folgenden Beiträgen niedergeschlagen.

The European Code of Conduct for Research Integrity (2010):
www.esf.org/publications/member-organisation-fora.html

Singapore Statement on Research Integrity (2010):
www.singaporestatement.org

InterAcademy Council and IAP Policy Report (2012):
www.interacademycouncil.net/24026/GlobalReport/28257.aspx

Statement of Principles for Research Integrity, Global Research Council (2013):
www.globalresearchcouncil.org

The Montreal Statement on Research Integrity in Cross-Boundary Research Collaborations (2013):
http://wcri2013.org/Montreal_Statement_e.shtml

Anmerkungen

(1) Zusammenfassend: Robert Koenig: Panel Calls Falsification in German Case ‚Unprecedented', Science 277, 1997, S. 894; hierzu auch Marco Finetti/Armin Himmelrath: Der Sündenfall, Stuttgart: DUZ Edition 1999.

(2) Derek Bok: Beyond the Ivory Tower. Social Responsibilities of the Modern University, Cambridge, Mass.: Harvard University Press 1982.

(3) www.gdch.de.

(4) Stand 1997: § 2 HRG; Stand 2013: s. die landesrechtlichen Hochschulgesetze, exemplarisch Art. 2 Bayerisches Hochschulgesetz v. 23.5.2006, § 4 Berliner Hochschulgesetz v. 26.7.2011, § 3 Gesetz über die Hochschulen des Landes Nordrhein-Westfalen v. 31.10.2006.

(5) Hans-Heinrich Trute: Die Forschung zwischen grundrechtlicher Freiheit und staatlicher Institutionalisierung, Tübingen: Mohr 1994.

(6) Hubert Markl: Wissenschaft im Widerstreit, Weinheim: VCH Verlagsgesellschaft 1990, S. 7–21.

(7) Hochschulrektorenkonferenz: Zum Promotionsstudium. Entschließung des 179. Plenums der HRK, Bonn 1996. Dokumente zur Hochschulreform 113/1996.

(8) Es besteht ein breiter Konsens über das Erfordernis eines derartigen Betreuungskonzepts zur Qualitätssicherung in Promotionsverfahren: Empfehlung des Präsidiums der HRK an die promotionsberechtigten Hochschulen vom 23.4.2012, „Zur Qualitätssicherung in Promotionsverfahren", S. 5, spricht von „Promotionsvereinbarung", s. auch Empfehlung der 14. Mitgliederversammlung der HRK am 14.5.2013, „Gute wissenschaftliche Praxis an deutschen Hochschulen"; der Wissenschaftsrat spricht sich für eine Betreuungsvereinbarung zwischen Doktoranden, Betreuenden und Promotionskomitee aus, so in „Anforderungen an Qualitätssicherung in Promotionen", 2011, S. 19.

(9) Danish Committee on Scientific Dishonesty: Guidelines for Data Documentation, in: DCSD Annual Report 1994, København: The Danish Research Councils 1995.

(10) Vgl. hierzu VG Mainz 3 K 844/09.MZ; OVG Berlin-Brandenburg 5 S 27.11.; hierzu auch Hans-Werner Laubinger: Die Untersuchung von Vorwürfen wissenschaftlichen Fehlverhaltens, in: FS für Peter Krause, 2006, S. 379ff.; Helmuth Schulze-Fielitz: Reaktionsmöglichkeiten des Rechts auf wissenschaftliches Fehlverhalten, Wissenschaftsrecht, 2012, Beiheft 21, S. 1ff.; Wolfgang Löwer: Regeln guter wissenschaftlicher Praxis zwischen Ethik und Hochschulrecht, in: Plagiate – Wissenschaftsethik und Recht, hrsg. von Thomas Dreier und Ansgar Ohly, Tübingen: Mohr Siebeck 2013, S. 51ff.

(11) Bundesverwaltungsgericht: Urteil vom 11. 12. 1996, 6 C 5.95, NJW 1997, S. 1996ff.; s. hierzu auch Christoph Schneider: Der Scharlatan auf dem Rechtsweg – und was vielleicht zu seiner Umlenkung getan werden könnte, Berichte zur Wissenschaftsgeschichte 27 (2004), S. 237ff. Zur Nichtannahme der Verfassungsbeschwerde gegen das Urteil des BVerwG, BVerfGE 1 BvR 653/97 v. 8.8.2000.

(12) BVerwGE (Anm. 11), S. 16, S. 21 (NJW 1997, S. 1996 unter Bezugnahme auf die ständige Rechtsprechung des Bundesverfassungsgerichts, vgl. BVerfGE 90, 1ff., 11).

(13) BVerwGE (Anm. 11), S. 12, NJW 1997, S. 1998.

(14) AAAS-ABA National Conference of Lawyers and Scientists. Project on Scientific Fraud and Misconduct; Berichte über drei Workshops in den Jahren 1987 und 1988, erschienen 1988–89, Washington, DC: American Association for the Advancement of Science.

(15) Max-Planck-Gesellschaft: Verfahren bei Verdacht auf wissenschaftliches Fehlverhalten – Verfahrensordnung, Beschluss des Senats vom 14. 11. 1997, geändert am 24.11.2000.

(16) Max-Planck-Gesellschaft: Regeln zur Sicherung guter wissenschaftlicher Praxis, Beschluss des Senats vom 24.11.2000, geändert am 20.3.2009.

(17) Wissenschaftsrat: Zur Förderung von Wissenschaft und Forschung durch wissenschaftliche Fachgesellschaften, Typoskript Drs. 823/92, Köln 1992.

(18) Ethik-Kodex der Deutschen Gesellschaft für Soziologie und des Berufsverbandes Deutscher Soziologen, DGS-Informationen 1/93, S. 13ff.

(19) Deutsche Gesellschaft für Erziehungswissenschaft: Standards erziehungswissenschaftlicher Forschung, in: Barbara Friebertshäuser, Annedore Prengel (Hrsg.): Handbuch quantitative Forschungsmethoden in der Erziehungswissenschaft, Weinheim: Juventa Verlag 1997, S. 857–863.

(20) Siehe auch Deutsche Physikalische Gesellschaft: Verhaltenskodex für Mitglieder, geändert 2008.

(21) H. Burchardi: Die Ethikkommissionen als Instrument der Qualitätssicherung in der klinischen Forschung, Intensivmedizin 34, 1997, S. 352–360.

(22) Erwin Deutsch: Arztrecht und Arzneimittelrecht, Heidelberg: Springer (2) 1991, S. 1ff., S. 155.

(23) International Committee of Medical Journal Editors: Uniform Requirements for Manuscripts Submitted to Biomedical Journals, zitiert nach: New England Journal of Medicine 336, 1997, S. 309–315.

(24) So auch Siegfried Großmann und Hans-Heinrich Trute: Autorschaft – nicht nur Recht, sondern auch Verantwortung, Physik Journal 2 (2003) Nr. 2, S. 3

(25) Zum Stand der Diskussion 1997: Nigel Williams: Editors Seek Ways to Cope With Fraud, Science 278, 1997, S. 1221. Stand 2013: s. Kap. 4.2 und COPE (Committee on Publication Ethics): www.publicationethics.org.

(26) Stefanie Stegemann-Boehl: Fehlverhalten von Forschern. Eine Untersuchung am Beispiel der biomedizinischen Forschung im Rechtsvergleich USA-Deutschland, Stuttgart: Ferdinand Enke Verlag 1994 (Medizin in Recht und Ethik, Band 29), S. 94.

(27) Ebenda S. 272ff., s. auch Verfahrensordnung der DFG zum Umgang mit wissenschaftlichem Fehlverhalten, DFG-Vordruck 80.01.

(28) Ebenda, S. 160f.

(29) Deutsche Forschungsgemeinschaft: Hinweise für die Begutachtung, DFG-Vordrucke: www.dfg.de/foerderung/formulare_merkblaetter/index.jsp.

(30) Berichte des Ombudsman für die Wissenschaft seit 2000: www.ombudsman-fuer-die-wissenschaft.de/index.php?id=6095.

(31) Nach den Empfehlungen aus der wissenschaftlichen Gemeinschaft war dem ORI ursprünglich eine durchaus ähnliche Rolle zugedacht; vgl. Institute of Medicine: The Responsible Conduct of Research in the Health Sciences. Report of a study, Washington, DC: National Academy Press 1989.

(32) Wolfgang Frühwald: Ein Ombudsman für die Wissenschaft? forschung – Mitteilungen der DFG, 2–3, 1997, S. 3. Einen Überblick über die „Selbstkontrolle in der Wissenschaft" gibt Kirsten Hüttemann, Forschung und Lehre 2011, S. 280f.

(33) Christopher Baum: Whistleblowing in der Wissenschaft, Forschung und Lehre 2012, S. 38ff. Corinna Nadine Schulz: Whistleblowing in der Wissenschaft, Baden-Baden: Nomos 2008; Schulze-Fielitz (Anm. 10). Zum rechtlichen Schutz des sog. Whistleblowers s. § 612a BGB sowie Urteil des EGMR v. 21.7.2011 – 28274/08, DB 0426266.

(34) Max-Planck-Gesellschaft: Regeln zur Sicherung guter wissenschaftlicher Praxis, Beschluss des Senats vom 24.11.2000, geändert am 20.3.2009.

(35) Vgl. hierzu Office of Research Integrity (ORI), Protection for Whistleblower.

(36) Jahresbericht des Ombudsman für die Wissenschaft 2000/2001, S. 13f.

(37) Hierzu auch Schulze-Fielitz (Anm. 10); siehe auch Verfahrensgrundsätze des Ombudsman für die Wissenschaft: www.ombudsman-fuer-die-wissenschaft.de/index.php?id=6094.

(38) Allan Mazur: The experience of universities in handling allegations of fraud or misconduct in research, in: AAAS-ABA National Conference of Lawyers and Scientists, Project on scientific fraud and misconduct. Report on workshop number two. Washington, DC: American Association for the Advancement of Science, 1989, S. 67–94.

(39) Zusammenfassend: Panel on Scientific Responsibility and the Conduct of Research. Committee on Science, Engineering and Public Policy. National Academy of Sciences. National Academy of Engineering. Institute of Medicine: Responsible Science. Ensuring the Integrity of the Research Process, 2 Bände, Washington, DC: National Academy Press, 1992–93.

(40) Patricia K. Woolf: Deception in Scientific Research, in: AAAS-ABA National Conference of Lawyers and Scientists, Project on scientific fraud and misconduct. Report on workshop number one. Washington, DC: American Association for the Advancement of Science, 1988, S. 37–86.

(41) Office of Inspector General: Semiannual Report to Congress, Washington, DC: National Science Foundation 1 (1989)ff.; Office of Research Integrity. Annual Report, Washington, DC: Department of Health and Human Services. Office of the Secretary. Office of Public Health and Science, 1994ff.

(42) The Danish Committee on Scientific Dishonesty: Annual Report 1993, 1994, 1995, 1996, København: The Danish Research Councils; teilweise auch verfügbar bei www.forskraad.dk.

(43) Präsidialordnung „Fehlverhalten in der Wissenschaft" v. 19.3.1992, abgelöst durch die Verfahrensordnung der DFG zum Umgang mit wissenschaftlichem Fehlverhalten v. 26.10.2001, geändert am 5.7.2011, DFG-Vordruck 80.01.

(44) Verwaltungsgericht Düsseldorf: Beschluss vom 11. 4. 1997, 15 L 4204/96; Entscheidung des VG Düsseldorf (Klageabweisung) vom 17.9.1999 – 15K 5989/97.

(45) Alexander Kohn: False Prophets, Oxford: Basil Blackwell 1986, u. a. S. 193ff.

(46) Karl R. Popper: Logik der Forschung (1934), Tübingen: Mohr, 2. Auflage 1968.

(47) Heinz Maier-Leibnitz: Über das Forschen, in: ders.: Der geteilte Plato, Zürich: Interfrom 1981, S. 12.

(48) Andreas Heldrich: Freiheit der Wissenschaft – Freiheit zum Irrtum? Haftung für Fehlleistungen in der Forschung, Heidelberg: C. F. Müller 1987. Schriftenreihe der Juristischen Studiengesellschaft Karlsruhe, Heft 179; Kohn (Anm. 45), S. 18–34.

(49) Max Weber: Wissenschaft als Beruf (1919), in: ders.: Gesammelte Aufsätze zur Wissenschaftslehre, Tübingen: Mohr, 3. Auflage 1968, S. 582–613.

(50) Die von den USA ausgehenden Veränderungen im Wissenschaftssystem macht auch Federico DiTrocchio für die Zunahme unredlichen Verhaltens verantwortlich: Der große Schwindel, Betrug und Fälschung in der Wissenschaft (1993), deutsch von Andreas Simon, Frankfurt: Campus 1994, S. 51ff.

(51) Derek J. de Solla Price: Little Science, Big Science, New York: Columbia University Press 1963.

(52) Vannevar Bush: Science – the endless frontier, A report to the President on a program for postwar scientific research (1945), reprint Washington, DC: National Science Foundation, 1960.

(53) Report of the Committee on Academic Responsibility. Massachusetts Institute of Technology (1992), zitiert nach: Responsible Science (Anm. 39) Band 2, S. 159–200.

(54) Untersuchungen zur Lage der deutschen Hochschullehrer, Band III: Christian von Ferber: Die Entwicklung des Lehrkörpers der deutschen Universitäten und Hochschulen 1864–1954, Göttingen: Vandenhoeck & Ruprecht 1956.

(55) Bundesministerium für Bildung, Wissenschaft, Forschung und Technologie (Hrsg.): Grund- und Strukturdaten 1996/97, Bonn: BMBF 1996.

(56) Bundesministerium für Bildung, Wissenschaft, Forschung und Technologie (Hrsg.): Bundesbericht Forschung 1996, Bonn: BMBF 1996.

(57) Michael Gibbons, Camille Limoges, Helga Nowotny, Simon Schwartzman, Peter Scott, Martin Trow: The new production of knowledge, London: Sage Publications 1994.

(58) Robert K. Merton: Prioritätsstreitigkeiten in der Wissenschaft (1957), in: ders.: Entwicklung und Wandel von Forschungsinteressen, Frankfurt: Suhrkamp 1985, S. 258–300.

(59) Wissenschaftsrat: Empfehlungen zum Wettbewerb im deutschen Hochschulsystem, Köln: Selbstverlag 1985.
Heinrich Ursprung: Hochschulen im Wettbewerb, in: ders.: Die Zukunft erfinden. Wissenschaft im Wettbewerb, Zürich: vdf Hochschulverlag AG an der ETH Zürich 1997, S. 142–152.

(60) Zitiert nach William Broad, Nicholas Wade: Betrug und Täuschung in der Wissenschaft (1982), Basel: Birkhäuser 1985, S. 184.

(61) Derek J. de Solla Price: Diseases of Science, in ders.: Science since Babylon (1961). Enlarged Edition, New Haven: Yale University Press 1975, S. 161–195.

(62) www.nature.com und www.sciencemag.org; Veröffentlichen in Nature – ein Leitfaden, München o.J. (1996).

(63) Patricia Morgan: The impact of libel law on retractions, in: AAAS-ABA National Conference of Lawyers and Scientists. Project on scientific fraud and misconduct. Report on workshop number three, Washington, DC: American Association for the Advancement of Science 1989, S. 181–185.

(64) Robert M. May: The Scientific Wealth of Nations, Science 275, 1997, S. 793–796; David Swinbanks et al.: Western research assessment meets Asian cultures, Nature 389, 1997, S. 113–117.

(65) Beschluss des Präsidiums der Deutschen Gesellschaft für Unfallchirurgie e.V. vom 21.6.1997; Sigurd Lenzen: Nützlichkeit und Limitationen des sogenannten „Journal Impact Factor" bei der Bewertung von wissenschaftlichen Leistungen und Zeitschriften, Diabetes und Stoffwechsel 6, 1997, S. 273–275;
Peter Lachmann und John Rowlinson: It's what not where you publish that matters, Science and Public Affairs, Winter 1997.

(66) Zum Beispiel: Ben R. Martin und John Irvine: Assessing Basic Research. Some partial indicators of scientific progress in radio astronomy, Research Policy 12 (2), 1983, S. 61–90.

(67) Eugen Seibold, Christoph Schneider: Vorschläge, in: Christoph Schneider (Hrsg.): Forschung in der Bundesrepublik Deutschland, Beispiele, Kritik, Vorschläge, Weinheim: Verlag Chemie 1983, S. 907–942.

(68) Edward H. Ahrens, Jr.: The Crisis in Clinical Research. Overcoming Institutional Obstacles, New York, Oxford: Oxford University Press 1992.

(69) Wissenschaftsrat: Empfehlungen zur klinischen Forschung in den Hochschulen, Köln 1986, S. 25ff.; Empfehlungen zur Verbesserung der Ausbildungsqualität in der Medizin, in: Empfehlungen und Stellungnahmen 1988, Köln 1989, S. 263–288; Empfehlungen zur Neustrukturierung der Doktorandenausbildung und -förderung (1995), in: ders.: Empfehlungen zur Doktorandenausbildung und zur Förderung des Hochschullehrernachwuchses, Köln 1997, S. 35–104.

(70) Deutsche Forschungsgemeinschaft: Forschungsfreiheit. Ein Plädoyer für bessere Rahmenbedingungen der Forschung in Deutschland, Weinheim: VCH Verlagsgesellschaft 1996.

(71) Stegemann-Boehl (Anm. 26).

(72) Geschichte, Struktur und Verfahren der NIH bei Ahrens (Anm. 68), S. 65ff.

(73) Abgedruckt in: Responsible Science (Anm. 39), Band 2, S. 231–242.

(74) ORI Handbook for Institutional Research Integrity Officers, Washington, DC: Office of Research Integrity, Februar 1997.

(75) „Misconduct in science and engineering" ist nach der Definition der NSF „fabrication, falsification, plagiarism or other serious deviation from accepted practices in proposing, carrying out, or reporting results from activities funded by NSF; or retaliation of any kind against a person who reported or provided information about suspected or alleged misconduct and who has not acted in bad faith."

(76) Karen A. Goldmann, Montgomery K. Fisher: The constitutionality of the „other serious deviations from accepted practices" clause, Jurimetrics 37, 1997, S. 149–166.

(77) Robert M. Andersen: Select legal provisions regulating scientific misconduct in federally supported research programs, in: AAAS-ABA workshop number three (s. Anm. 63), S. 145–156; Donald E. Buzzelli: NSF's Definition of Misconduct in Science, The Centennial Review XXXVIII, 2, 1994, S. 273–296. Zum Stand der Diskussion in den USA 1997 vgl. auch: Integrity and Misconduct in Research. Report of the Commission on Research Integrity to the Secretary of Health and Human Services (etc.), November 1995, verfügbar unter www.dhhs.gov/phs/ori.

(78) Daniel Andersen, Lis Attrup, Nils Axelsen, Povl Riis: Scientific Dishonesty and Good Scientific Practice, Kopenhagen: Danish Medical Research Council 1992. Jahresberichte des DCSD: s. Anm. 42.

(79) Medical Research Council: Principles in the Assessment and Conduct of Medical Research and Publicising Results. London: MRC 1995.

(80) David Evered, Philippe Lazar: Misconduct in Medical Research, The Lancet 345, 1995, S. 1161–1162.

(81) MRC Policy and Procedure for Inquiring into Allegations of Scientific Misconduct, London 1997.

Proposals for Safeguarding Good Scientific Practice

Recommendations of the Commission
on Professional Self-Regulation in Science

Contents

Foreword to the First Edition

A case of scientific misconduct that was widely discussed in public both in Germany and abroad has led the Executive Board of the Deutsche Forschungsgemeinschaft (DGF, German Research Foundation) to appoint an international commission chaired by the President with the mandate,

- ▶ to explore causes of dishonesty in the science system,
- ▶ to discuss preventive measures,
- ▶ to examine the existing mechanisms of professional self-regulation in science and to make recommendations on how to safeguard them.

The commission had the following members:

- ▶ Professor Dr. Ulrike Beisiegel, Department of Internal Medicine, Hamburg University
- ▶ Professor Dr. Johannes Dichgans, Department of Neurology, Tübingen University
- ▶ Professor Dr. Gerhard Ertl, Fritz-Haber-Institut der Max-Planck-Gesellschaft, Berlin
- ▶ Professor Dr. Siegfried Großmann, Department of Physics, Marburg University
- ▶ Professor Dr. Bernhard Hirt, Institut Suisse de Recherches Expérimentales sur le Cancer, Epalinges s. Lausanne
- ▶ Professor Dr. Claude Kordon, INSERM, U.159 Neuroendocrinologie, Paris
- ▶ Professor Lennart Philipson, M.D., Ph.D., Skirball Institute of Biomolecular Medicine, New York University, New York
- ▶ Professor Dr. Eberhard Schmidt-Aßmann, Institute for German and European Administrative Law, Heidelberg University
- ▶ Professor Dr. Wolf Singer, Max Planck Institute for Brain Research, Frankfurt/Main
- ▶ Professor Dr. Cornelius Weiss, Department of Chemistry, Leipzig University
- ▶ Professor Dr. Sabine Werner, Max Planck Institute for Biochemistry, Martinsried
- ▶ Professor Dr. Björn H. Wiik, Deutsches Elektronen-Synchrotron (DESY), Hamburg

As the result of its deliberations, the commission puts forward the following recommendations, unanimously adopted on 9 December 1997. The accompanying justification and commentary contain suggestions for their implementation.

They are followed by a short overview of the problems in the scientific system discussed by the commission, and of institutional regulations in other countries which were helpful for drawing up the recommendations.

I express my cordial gratitude to all who were involved in the commission's work, in particular to the cooperating institutions in Europe and in the USA.

Bonn, 19 December 1997

Professor Dr. Wolfgang Frühwald
President of the Deutsche Forschungsgemeinschaft

Foreword to the Expanded Edition

Science and the humanities are founded on integrity. It is one of the key principles of good scientific practice and therefore of every piece of research. Only science performed with integrity can ultimately be productive science and lead to new knowledge. On the other hand, a lack of integrity can represent a threat to science, destroying the confidence of researchers in each other and that of the public in science; research is unthinkable without this confidence.

All researchers have a duty and an obligation to allow integrity to govern their thoughts and actions. It is incumbent on the science system as a whole to grasp and describe the significance and wide-ranging nature of this integrity, to provide the conditions under which it can be enforced and applied and, where necessary, to put in place safeguards against its violation. Only science itself can guarantee good scientific practice, primarily with organizational and procedural regulations.

This was the background to the „Proposals for Safeguarding Good Scientific Practice" first set out in 1997 by the Deutsche Forschungsgemeinschaft (DFG, German Research Foundation), Germany's central self-governing organization for research. These recommendations were derived from the work of an international committee of experts and represented a response to the most serious case of scientific misconduct ever seen in Germany at that time. They were designed as standards to provide guidance and have been used in practice as such; they form the basis for a self-regulation system that has been initiated in every registered research institution and which since then has enjoyed a broad consensus. They are also an ever-present element in DFG research funding; every researcher submitting a proposal to the DFG must undertake to comply with the rules of good scientific practice.

Now, almost 16 years later, the DFG is presenting its updated recommendations with some additional points. There are a number of reasons for this. However, although as might well have been conjectured and also implied, the crucial impetus was not provided by isolated, particularly well-publicized cases of scientific misconduct nor by an often assumed but actually undefinable significant increase in its frequency. The review was prompted rather by reflection on and discussion of this subject among scientists and in research organizations, by the emergence of new facets or by their new or changing significance.

The areas addressed include new developments in the disclosure and examination of allegations, critical investigation of existing structures at research institutions, the significance of a fair hearing, failure to supervise early career researchers adequately and, last but not least, awareness of the consequences of an allegation for individual researchers. Similarly, experience has shown that it is appropriate and justified to emphasize the benefits of self-regulation in science and the humanities.

By supplementing its recommendations, the DFG has contributed to the discussion of this issue in science and the humanities and in research organizations and also fulfilled the request of policy-makers in the federal government's and the federal states' Joint Science Conference which in 2011 asked for „an update of the recommendations prompted by new developments and that international developments on ensuring good scientific practice be taken into account where necessary".

At the end of 2011, other important motivations and areas for action resulted from the symposium of the Alliance of Science Organisations in Germany on „Good Scientific Practice" organized by the DFG and a subsequent report by the DFG to the Joint Science Conference. The recommendations were redrafted in close coordination with the Research Ombudsman and its members Professor Dr. Katharina Al-Shamery, Professor Dr. Brigitte Jockusch and Professor Dr. Wolfgang Löwer; their expertise and experience were also of great value for the further development of the recommendations.

Having been agreed by the DFG Senate on 14 March 2013, the recommendations for safeguarding good scientific practice with these changes and additions were approved by the General Assembly on 3 July 2013 at the DFG's Annual Meeting in Berlin. They will form the basis for the DFG's continuing endeavours to accord the highest importance to safeguarding good scientific practice as an essential prerequisite for research and as the core task of self-regulation in research.

We would like to thank everyone who has worked on the amendments to the recommendations.

Bonn, September 2013

Professor Dr. Peter Strohschneider
President
of the Deutsche Forschungsgemeinschaft

Dorothee Dzwonnek
Secretary General
of the Deutsche Forschungsgemeinschaft

Overview of the Additions and Updates

The additions and updates to the DFG's recommendations on safeguarding good scientific practice are summarized below.

The section on early career researchers has been revised to reflect its particular significance. It emphasizes that early career support in science and the humanities must be seen as a leadership responsibility. Doctoral researchers contribute to the continuous generation of knowledge with their research and their ideas. Supervisors have a key role in ensuring high quality standards and countering malpractice. The granting of doctoral degrees and the assessment of the quality of doctorates are at the heart of the research system. In consideration of all of the above, the recommendations discuss a supervision concept for doctoral researchers (Recommendation 4).

Furthermore, the recommendations include guidance on dealing with whistleblowers (Recommendation 17), who are essential for the system of self-regulation and therefore deserving of special protection, but whose own conduct must be in accordance with the principles of good scientific practice. Investigation by the ombudsman is one of several options which researchers can choose to draw attention to scientific misconduct. Providing information about suspected scientific misconduct within the framework of the ombudsman's investigations and the other forms of self-regulation in research are different and complementary. The principle of confidentiality formulated in Recommendation 17 applies exclusively to the investigation by the ombudsman. Other forms of scientific assessment and self-regulation are not within the remit of the ombudsman.

The ombudsman function is given greater weight in Recommendation 5. The universities are explicitly called upon to offer the ombudsperson more support and to make the function more visible to researchers and to those seeking advice at their own institution.

Issues concerning the storage and use of primary data are set out in Recommendation 7. Recommendation 8 is supplemented by details of the procedure adopted by the universities and research institutions in the event of scientific misconduct which stipulate a maximum period over which to conduct the whole process and that in the interests of all those involved, complex cases should be concluded within a reasonable period. In the interests of providing consistent standards for good scientific practice, the relationship of the Commission for the Investigation of Allegations of Scientific Misconduct with the offices involved in granting and revoking academic titles should be clarified in the event of a title being revoked.

Authorship is a key area in the ombudsman's function and has been addressed in more depth in Recommendations 11 and 12.

Finally, information about national and international standards has been added to the recommendations.

1 Recommendations

Introduction

The event that prompted the appointment of the commission in 1997 was an unusually serious case of scientific misconduct (1). It led to a wide discussion in politics, administration and the general public in Germany whether such events are more frequent than is generally known, and whether science in its institutions has sufficient control mechanisms for quality assurance. How could it happen that the institutions of science were deceived for so long? Nearly all the publications called into question appeared in peer reviewed international journals. All degrees awarded and all appointments relied on the conventional control mechanisms for regulating advancement in the scientific community. There were no procedural failings; yet the irregularities were not discovered. The same was true for research proposals which led to funding by the Deutsche Forschungsgemeinschaft (DFG, German Research Foundation) and other funding organizations over a long period of time.

Further questions arose: Is intervention by state authorities necessary? Is there a need for new regulations to protect science, supported with public funds, and society, depending on its results, against abusive research practices?

On the best available knowledge and on the basis of all published experience in other countries, these questions may be answered as follows:

The conduct of science rests on basic principles valid in all countries and in all scientific disciplines. The first among these is honesty towards oneself and towards others. Honesty is both an ethical principle and the basis for the rules, the details of which differ by discipline, of professional conduct in science, i.e. of good scientific practice. Conveying the principle of honesty to students and to young scientists and scholars is one of the principal missions of universities. Safeguarding its observance in practice is one of the principal tasks of the self-government of science.

The high standard of achievement in the scientific system provides daily evidence of the successful application of the principles of good scientific practice. Grave cases of scientific dishonesty are rare events. However, every case that occurs is one case too many. For dishonesty – in contrast to error – not only fundamentally contradicts the principles and the essence of scientific work, it is also a grave danger to science itself. It can undermine public confidence in science, and it may destroy the confidence of scientists in each other without which successful scientific work is impossible.

Complete prevention of dishonesty is no more feasible in science than in other walks of life. But safeguards can and must be established. This does not require governmental action. What is necessary, however, is that not only every individual scientist and scholar, but especially the institutions of science – universities, research institutes, learned societies, scientific journals, funding organizations – develop a consciousness of good scientific practice and apply it in their day-to-day activity.

Good scientific practice therefore is the core of the following recommendations. It is the first condition for effective and internationally competitive scientific work. The opposite of good scientific practice, which must be prevented, is scientific dishonesty, i.e. the conscious violation of elementary scientific rules. The broader term "scientific misconduct" is employed in contexts (e. g. of procedural rules) where the infringement of accepted good practice is discussed as a fact (irrespective of motive).

The recommendations are principally addressed to the institutions of science, but through them also to all their individual members. They mainly spell out rules of good scientific practice that are in no way new. Their conscious observance in the daily practice of science, however, is the best preventive measure against dishonesty. Based on experiences in other countries, the recommendations also include basic rules for dealing with suspected scientific misconduct. All institutions of science should discuss, specify and enact a fair procedure for this so as to protect both the interests of the parties involved and their own good reputation.

First among the addressees are the institutions of higher education, particularly the universities, and research institutes, because research and the education of young scientists and scholars are their principal mission. Fostering good scientific practice, and providing for adequate measures when suspicions of scientific misconduct are raised, are institutional tasks. The responsibility for implementing them lies with the chief executives of every institution and with the responsible statutory bodies. This follows not only from the proximity of these institutions to those active in research, but also from their role as employers or superiors and, for institutions of higher education, from their monopoly of awarding academic degrees.

Flexibility will be necessary to allow the recommendations to be applied appropriately to specific institutions and research relationships. Therefore, they have consciously not been developed into a detailed system of regulations. They are designed to provide a framework for the deliberations and measures which each institution will have to conduct for itself according to its constitution and its mission. The accompanying text contains suggestions, based on experiences in Germany and in other countries, on how they may be implemented.

Scientific activities in many fields are governed by legal and professional norms, and by codes of conduct like the Declaration of Helsinki. The recommendations are in no way designed to replace these norms and regulations; they supplement them by a set of basic principles. They develop and extend ethical norms of science current in many universities abroad (2) and laid down in codes of conduct of professional societies, e. g. that of the German Chemical Society (3).

Recommendation 1: Good Scientific Practice

Rules of good scientific practice shall include principles for the following matters (in general, and specified for individual disciplines as necessary):

- ▸ *fundamentals of scientific work, such as*
  - *– observing professional standards,*
  - *– documenting results,*
  - *– consistently questioning one's own findings,*
  - *– practising strict honesty with regard to the contributions of partners, competitors, and predecessors,*
- ▸ *cooperation and leadership responsibility in working groups (Recommendation 3),*
- ▸ *mentorship for young scientists and scholars (Recommendation 4),*
- ▸ *securing and storing primary data (Recommendation 7),*
- ▸ *scientific publications (Recommendation 11).*

Recommendation 2: Institutional Rules

Universities and independent research institutes shall formulate rules of good scientific practice in a discussion and decision process involving their academic members. These rules shall be made known to, and shall be binding for, all members of each institution. They shall be a constituent part of teaching curricula and of the education of young scientists and scholars.

Commentary

Universities in Germany have the legal task of "fostering and developing science and scholarship through research, teaching, and studies"; they "promote young scientists ... and scholars" (4). This gives them the clear legitimation, but also the responsibility, to design their internal rules and regulations so that they provide for the conduct of science and scholarship in accordance with their accepted norms and values.

With modifications appropriate to their legal status and their mission, the same holds true for public research institutes independent from the universities (5).

The freedom of science in research, teaching, and studies is guaranteed in the German constitution. Freedom and responsibility – of each scientist and scholar individually as well as of the institutions of science – are inseparable from each other. Whoever practises science and scholarship as a profession is responsible for fostering the fundamental values and norms of scientific practice, to realize them in his or her daily activity and to defend them.

When, therefore, universities and research institutes formulate binding rules of good scientific practice, they must base them on a consensus of their academic members through the involvement of a corporate body of academic self-government.

Young scientists and scholars can only acquire a firm foundation for assuming their personal responsibility if their more experienced superiors observe such rules of conduct in their own work that allow them to act as role models, and if they have sufficient opportunity to discuss the rules of good scientific practice including their ethical aspects in the widest sense. The principles and practicalities of good scientific practice should therefore be an integral part of academic teaching and of the research training of graduate students.

Recommendation 3: Organization

Heads of universities and research institutes are responsible for an adequate organizational structure. Taking into account the size of each scientific unit, the responsibilities for direction, supervision, conflict resolution, and quality assurance must be clearly allocated, and their effective fulfilment must be verifiable.

Commentary

In science as in all other fields, adherence to fundamental values is particular to each individual. Every scientist and scholar is personally responsible for his or her own conduct. But whoever is responsible for directing a unit also carries responsibility for the conditions therein.

Members of a working group must be able to rely on each other. Mutual trust is the basis for the conversations, discussions, and even confrontations (6) which are characteristic of groups that are dynamic and productive. A researcher's working group is not only his or her institutional home base; it is also the place where, in conversations, ideas become hypotheses and theories, where individual, surprising findings are interpreted and brought into a context.

Cooperation in scientific working groups must allow the findings, made in specialized division of labour, to be communicated, subjected to reciprocal criticism and integrated into a common level of knowledge and experience. This is also of vital importance to the training of graduate students in the group for independent research. In larger groups, some organized form for this process (e.g. regular seminars) is to be recommended. The same holds true for the reciprocal verification of new findings. The primary test of a scientific discovery is its reproducibility. The more surprising, but also the more welcome (in the sense of confirming a cherished hypothesis) a finding is held to be, the more important independent replication within the group becomes, prior to communicating it to others outside the group. Careful quality assurance is essential to scientific honesty.

The organization of working groups does not have to be hierarchical. But whether or not this is the case, there will always be a functional division of responsibilities, e.g. when one member of the group assumes the role of principal investigator of a grant proposal, and thereby becomes accountable to the funding institution according to its rules. Usually, one person heads a working group. He or she bears the responsibility that the group as a whole is able to fulfil its tasks, that the necessary cooperation and coordination are effective and that all members of the group are aware of their rights and their responsibilities.

This has immediate consequences for the optimum and maximum size of a group. A leadership function becomes void when it cannot be exercised responsibly on the basis of the knowledge of all relevant circumstances. Leading a working group demands presence and awareness. Where – for instance at the level of the direction of large institutes or clinics – these are no longer sufficiently assured, leadership tasks must be delegated. This will not necessarily lead to complex hierarchical structures. The "leadership chain" must not become too long.

Institutions of science are under obligation to provide organizational structures which should ideally promote, but at least permit the type of healthy communication described above. Universities, as corporate institutions, and independent research institutes by analogy, must guarantee working conditions that allow all their members to observe the norms of good scientific practice. Heads of institutions carry the responsibility to ensure that a suitable organizational structure is (and is known to be) in place, that goals and objectives will be set and progress towards them can be monitored, and finally, that mechanisms for resolving conflicts are available.

Recommendation 4: Supervision of Young Scientists

The education and development of young scientists and scholars need special attention. Universities and research institutes shall develop standards for mentorship and make them binding for the heads of the individual scientific working units.

Commentary

Early career support is a leadership responsibility. Postdoctoral and doctoral researchers and advanced students must be offered appropriate assistance with their academic work.

Working groups as a rule consist of a mix of older and younger, experienced and less experienced scientists. Leading a group therefore includes the responsibility of ensuring that every younger member of the group – graduate students in particular, but also advanced undergraduates and younger postdocs – receives adequate supervision. Each one must have a senior partner primarily responsible for his or her progress (7).

In fields where active groups are in intensive competition with each other, there is a real danger, particularly for younger group members, of situations of real or supposed overburdening. A healthy communication within a group and high quality supervision are the best means to prevent younger or more experienced group members from slipping into dishonest practices. Leading a group includes the responsibility to guarantee such conditions at all times.

As experience in Germany and other countries shows, it is good practice for graduate students, beside their primary mentor, to be supervised by two additional experienced scientists who are available for advice and help and, if need be, for mediating in conflict situations, and who also discuss the progress of the young researchers' work with them at annual intervals. They should be accessible locally, but should not all belong to the same working group, not even necessarily to the same faculty or institution. At least one of them should be chosen by the graduate student.

The obligation to mentor early career researchers includes helping them to complete their studies within a reasonable time frame and supporting their subsequent career in research.

A supervision concept is recommended for doctoral researchers (8). It should set out the fundamental requirements it imposes on the supervisor and the doctoral researcher and not exclude modifications which become necessary due to changes in the framework conditions (such as adaptation to different academic, personal and financial circumstances). The supervision concept should also contain measures to support subsequent career planning.

Recommendation 5: Impartial Counselor (Ombudsman)

Universities and research institutes shall appoint independent mediators (ombudspersons) to whom their members may turn with questions concerning good scientific practice and in cases of suspected scientific misconduct. Universities and research institutions shall ensure that the identities of the independent mediators (ombudspersons) are known throughout the institution.

Commentary

An impartial and qualified mediator (or a small committee of such members) should advise the members of universities and research institutes on questions of good scientific practice. It would be part of their task to receive possible allegations of scientific misconduct in confidence and pass them on to the responsible authorities of the institution, if appropriate. They should be appointed from the institution's faculty.

It is important that this function, which may also have a significant effect in preventing scientific dishonesty, be entrusted to persons of proven personal integrity and that they be equipped with the independence required by the task. In order to avoid conflicts of interest, the function should not therefore be performed by pro-rectors, deans or persons who have other managerial responsibilities in the institution.

The universities and research institutions should provide the independent mediators (ombudspersons) at their establishments with the support they require to carry out their duties. In addition to putting the names of the ombuds-persons on the website and in the prospectus, this also means offering them practical assistance and maintaining a positive attitude towards their work. To render the mediation work more effective, institutions should consider ways in which to reduce their workload of the independent mediators (ombudsper-sons). Due to concerns about potential conflicts of interest, a deputy must al-ways be appointed for an independent mediator (ombudsperson).

Members of universities and research institutes will normally prefer to dis-cuss their problems with a person or persons locally available and familiar with local circumstances. They should not, of course, be obliged to do so if they pre-fer to turn immediately to the national "Ombudsman" proposed below (Recom-mendation 16).

Recommendation 6: Performance Evaluation

Universities and research institutes shall always give originality and quality precedence before quantity in their criteria for performance evaluation. This applies to academic de-grees, to career advancement, appointments and the allocation of resources.

Commentary

For the individual scientist and scholar, the conditions of his or her work and its evaluation may facilitate or hinder observing good scientific practice. Condi-tions that favour dishonest conduct should be changed. For example, criteria that primarily measure quantity create incentives for mass production and are therefore likely to be inimical to high quality science and scholarship.

Quantitative criteria today are common in judging academic achievement at all levels. They usually serve as an informal or implicit standard, although cases of formal requirements of this type have also been reported. They apply in many different contexts: length of Bachelor, Master or Ph.D. thesis, number of publications for the Habilitation (formal qualification for university profes-sorships in German speaking countries), as criteria for career advancements, appointments, peer review of grant proposals, etc. This practice needs revision with the aim of returning to qualitative criteria. The revision should begin at the first degree level and include all stages of academic qualification. For appli-cations for academic appointments, a maximum number of publications should regularly be requested for the evaluation of scientific merit.

Since publications are the most important "product" of research, it may have seemed logical, when comparing achievement, to measure productivity as the number of products, i.e. publications, per length of time. But this has led to abuses like the so-called salami publications, repeated publication of the same findings, and observance of the principle of the LPU (least publishable unit).

Moreover, since productivity measures yield little useful information unless refined by quality measures, the length of publication lists was soon complemented by additional criteria like the reputation of the journals in which publications appeared, quantified as their "impact factor" (see section 2.5).

However, clearly neither counting publications nor computing their cumulative impact factors are by themselves adequate forms of performance evaluation. On the contrary, they are far removed from the features that constitute the quality element of scientific achievement: its originality, its "level of innovation", its contribution to the advancement of knowledge. Through the growing frequency of their use, they rather run the danger of becoming surrogates for quality judgements instead of helpful indicators.

Quantitative performance indicators have their use in comparing collective activity and output at a high level of aggregation (faculties, institutes, entire countries) in an overview, or for giving a salient impression of developments over time. For such purposes, bibliometry today supplies a variety of instruments. However, they require specific expertise in their application.

An adequate evaluation of the achievements of an individual or a small group, however, always requires qualitative criteria in the narrow sense: their publications must be read and critically compared to the relevant state of the art and to the contributions of other individuals and working groups.

This confrontation with the content of the science, which demands time and care, is the essential core of peer review for which there is no alternative. The superficial use of quantitative indicators will only serve to devalue or to obfuscate the peer review process.

The rules that follow from this for the practice of scientific work and for the supervision of young scientists and scholars are clear. They apply conversely to peer review and performance evaluation:

▶ Even in fields where intensive competition requires rapid publication of findings, quality of work and of publications must be the primary consideration. Findings, wherever factually possible, must be controlled and replicated before being submitted for publication.

▶ Wherever achievement has to be evaluated – in reviewing grant proposals, in personnel management, in comparing applications for appointments – the evaluators and reviewers must be encouraged to make explicit judgements of quality before all else. They should therefore receive the smallest reasonable number of publications – selected by their authors as the best examples of their work according to the criteria by which they are to be evaluated.

Recommendation 7: Safeguarding and Storing of Primary Data

Primary data as the basis for publications shall be securely stored for ten years in a durable form in the institution of their origin.

Commentary

A scientific finding normally is a complex product of many single working steps. In all experimental sciences, the results reported in publications are generated through individual observations or measurements adding up to preliminary findings. Observation and experiment, as well as numerical calculation (used as an independent method or to support data analysis), first produce "data". The same is true for empirical research in the social sciences.

Experiments and numerical calculations can only be repeated if all important steps are reproducible. For this purpose, they must be recorded. Every publication based on experiments or numerical simulations includes an obligatory chapter on "materials and methods" summing up these records in such a way that the work may be reproduced in another laboratory. Again, comparable approaches are common in the social sciences, where it has become more and more customary to archive primary survey data sets in an independent institution after they have been analysed by the group responsible for the survey.

Being able to refer to the original records is a necessary precaution for any group if only for reasons of working efficiency. It becomes even more important when published results are challenged by others. Primary data includes measurement results, collections, surveys, cell cultures, specimens of material, archaeological finds and questionnaires. Where justified, the institution can stipulate shorter retention periods for primary data which cannot be stored on permanent and secure carriers.

A distinction must be observed between the use and the retention of primary data. Researcher(s) who collect the data are entitled to use it. During a research project, those entitled to use the data (possibly subject to data protection regulations) decide whether third parties should have access to it. If more than one institution is involved in collecting the data, an agreement must be drawn up to regulate the matter.

Therefore every research institute applying professional standards in its work has a clear policy for retaining research records and for the storage of primary data and data carriers and access to the original data and data carriers, even when this is not obligatory on legal or comparable grounds following regulations laid down e. g. in German laws on medical drugs, on recombinant DNA technology, on animal protection, or in professional codes such as Good Clinical Practice. It is recommended that this policy also includes arrangements for the event that the working group member responsible for creating the data changes. As a rule, the original data and documentation remain where they were created. However, duplicates can be made or access rights specified.

Experience indicates that laboratories of high quality are able to comply comfortably with the practice of storing a duplicate of the complete data set on which a publication is based, together with the publication manuscript and the relevant correspondence.

The published reports on scientific misconduct are full of accounts of vanished original data and of the circumstances under which they had reputedly been lost. This, if nothing else, shows the importance of the following statement: The disappearance of primary data from a laboratory is an infraction of basic principles of careful scientific practice and justifies a prima facie assumption of dishonesty or gross negligence (9).

Recommendation 8: Procedure when Scientific Misconduct is Suspected

Universities and research institutes shall establish procedures for dealing with allegations of scientific misconduct. They must be approved by the responsible corporate body. Taking account of relevant legal regulations including the law on disciplinary actions, they should include the following elements:

▶ *a definition of categories of action which seriously deviate from good scientific practice (Recommendation 1) and are held to be scientific misconduct, for instance the fabrication and falsification of data, plagiarism, or breach of confidence as a reviewer or superior,*
▶ *jurisdiction, rules of procedure (including rules for the burden of proof), and time limits for inquiries and investigations conducted to ascertain the facts,*
▶ *the rights of the involved parties to be heard and to discretion, and rules for the exclusion of conflicts of interest,*
▶ *sanctions depending on the seriousness of proven misconduct,*
▶ *the jurisdiction for determining sanctions.*

Commentary

The law on disciplinary actions legally takes precedence over these internal institutional procedures as far as sanctions touching the relationship between employer and employee are concerned. Equally, other legal regulations e.g. in labour law or in the law on academic degrees cannot be overridden by internal rules. The present recommendations are not meant to replace these existing regulations, but to call them to memory and to complement them.

Existing legal regulations do not cover all forms of possible misconduct in science, and in part they serve to protect rights other than the credibility of science and the conditions for its functioning. Owing to the different aims and contexts of these regulations, they partly postulate additional assumptions and requirements which go beyond scientific misconduct as such or address other concerns. They are not adapted to the configuration of interests typical of allegations of scientific misconduct. For instance, they do not adequately take account of the interests of the accused person, of his or her research institution, and of the "whistleblower". Often, legal procedures take several years.

In spite of their partly antagonistic standpoints, the person whose work has been challenged, his or her institution, and the person who has raised allegations, share an interest in a rapid clarification of the allegations and in avoiding publicity. All three wish to protect their reputation. The rules of procedure for dealing with allegations of scientific misconduct must take into account this common interest of the parties involved. They should therefore suitably provide for a procedure in several steps:

The first phase (inquiry) serves to ascertain a factual basis for judging whether or not an allegation is well founded. In this phase, the need of the respondent and the "whistleblower" for confidentiality is balanced against the aim of reaching a clear statement of the facts within a defined short time. In this first phase, the protection of the potentially innocent respondent is particularly prominent. It ends with the decision whether the allegation has substance and therefore requires further investigations, or whether it has proved baseless.

A second phase (investigation) includes such additional inquiries as may be necessary, in particular hearings and recordings of evidence, the formal declaration that misconduct has or has not occurred, and finally the reaction to a confirmed allegation. Reactions may take the form of a settlement or arbitration, of recommendations to superiors or third parties, or of sanctions (including e. g. the obligation to retract or correct publications with proven irregularities) imposed through the authority empowered for this in the individual institution. The protection of public confidence in science requires that not only the investigation and confirmation of the facts, but also the reaction to confirmed misconduct happen within a reasonable period of time.

Such procedures, as has been noted above, reach their limits where legal regulations apply. In the first phase of inquiry, it will not always be possible to reach an exact conclusion on the precise nature of a case. The procedural character of the inquiry phase will therefore have to be measured against the requirements of related legal proceedings to ensure that findings established in this phase may, if necessary, be used in these proceedings as well.

The relationship between internal institutional procedures and legal proceedings, e. g. according to the law on disciplinary actions, is not simply a question of determining jurisdictions or competences in parallel or joint investigations. Internal regulations may, depending on the nature and the seriousness of misconduct, offer consensual solutions through conciliation or arbitration. These generally have the advantage of allowing procedures to be concluded speedily and on the basis of a settlement between the parties involved, i. e. without the judgment of a third party having to resolve the controversy. The conciliation procedure, which is obligatory according to German labour law for litigation concerning employer-employee relationships, shows that consensual settlements are well adapted to the long-term character often typical for employment. To avoid an erosion of the advantages of such alternative dispute resolution through time-consuming confrontations on the person of the arbitrator and on the settlement proposed, internal regulations should prescribe time limits after which formal legal proceedings (with their specific advantages and disadvantages) shall become mandatory.

Settling a dispute on a consensual basis has a potential for peace-keeping and may in many circumstances do better justice to a case than the decision by a court of justice on the basis of abstract categorizations of the facts and their legal consequences. On the other hand, this flexibility must not lead to preferential treatment for individuals or to allegations being swept under the carpet without proper clarification.

When new procedures for conflict resolution have been instituted abroad, it has proved useful to collect data for their evaluation at a later date, e. g. in the institutions involved, from the beginning of their implementation. Such data may serve as the basis for a critical evaluation of new procedures after a pilot phase, and for their improvement.

Depending on the nature of the interventions into the rights of the parties that internal regulations allow for, their juridical character, which makes them subject to verification by the courts, has to be taken into account. Such interventions may already occur in the inquiry phase, and the imposition of concrete sanctions will certainly fall under this category. The policies and procedures must have an adequate foundation in law (10).

Both phases of internal procedures, inquiry and investigation, must conform to the following principles:

a) The regulations must specify in advance
   – who officially receives allegations of scientific misconduct,
   – when inquiries and investigations are to be initiated, by whom, and in what form,
   – which steps are to be taken to set up decision-making bodies, whether they be ad hoc groups or standing committees or take a mixed form, e. g. with a permanent chairperson and individually appointed members from the institution itself or from outside. Ideally the academic members of an institution should be in control of the proceedings and have the majority in the decision-making bodies. However, involving experts from outside will always serve objectivity and may be indispensable in smaller institutions.
b) Conflict of interest of a person involved in investigations must be arguable both by him- or herself and by the respondent.
c) The respondent must have a right to be heard in every phase of the proceedings.
d) Until culpable misconduct is proven, strict confidentiality must be observed concerning the parties involved as well as the findings reached.
e) The result of an investigation shall be communicated to the science organizations and journals involved at a suitable time after its conclusion.
f) The individual phases of the procedure must be concluded within appropriate time limits. The universities and research institutions should attempt to impose a maximum duration on the whole procedure. In the interests of all those involved, even complex cases should be concluded within a reasonable period.
g) Proceedings and results of the individual phases must be clearly recorded in writing.

In addition to the principles listed under a) – g), consideration should be given to the question of academic titles: The universities should resolve the question of the relationship of the Commission for the Investigation of Allegations of Scientific Misconduct to the authorities responsible for granting and revoking academic titles (such as examination committees, doctoral commissions or the faculties). In the interests of good scientific practice, it is recommended that when a title is revoked, the authorities responsible take account of the principles of dealing with scientific misconduct and that members of the Commission on Self-Regulation in Science and Research are permitted to attend their meetings in an advisory capacity.

The implementation of these recommendations will, as is evident from the above, require considerable juridical expertise. It is therefore to be recommended that a central institution, for instance the Hochschulrektorenkonferenz (German Committee of Vice-Chancellors and Principals) assume the task of formulating a model order of procedure for the universities (see also Recommendation 9 for independent research institutes).

The commission, in this context, wishes to draw attention to the following:

Juridical proceedings in cases of scientific misconduct raise new and difficult legal issues. They include the role of professional scientific standards within the regulations of state law, and the proof of scientific dishonesty, and with it the rules for the distribution of the burden of proof. Issues of this type may only be resolved when all the interests of free scientific enquiry are comprehensively taken into account. The Deutsche Forschungsgemeinschaft should therefore take the initiative for a more than occasional discourse between representatives of different fields of research and practitioners of the legal profession.

The available experience of dealing with scientific misconduct in Germany reveals the different contexts in which science and the administration of justice operate. The decision of the Federal Administrative Court (Bundesverwaltungsgericht) on the reactions of the Justus Liebig University to allegations of falsification against one of its professors (11) throws a light on the image of scientific enquiry from the legal profession's point of view. In the decision, scientific enquiry is represented as a discourse in which everything that may be regarded as a serious effort to attain the truth has a claim to validity, and with it to the protection of the constitutional guarantee of the freedom of science (12). The Court has thus made the exclusion of a project and its author from the protection by the guarantee of freedom depend to a large extent on the scientist's intention. While the Administrative Court does not hold the intention to discover the scientific truth about something to be the sole condition for the assumption of a serious scientific effort protected by the Constitution, it refuses this protection only when a scientist's activity "beyond doubt" cannot be held to aim to increase scientific knowledge (13).

The decision shows the aim of the courts to prevent unconventional concepts and methods in science from being marginalized by corporate university bodies. The high rank of science in the constitution sets a high threshold for any legal regulation, and any administrative or judicial decision, which restricts the freedom of science in the interest of other values. However, the research standards, rules of responsibility and obligations of good scientific practice recognized in a discipline must not be dis- regarded in this context. This includes their consequences for the burden of proof; in the case underlying the decision cited above, the primary data on which the publications and the statements at issue were based were no longer available. The decision thus demonstrates that the intersections between the treatment of allegations of scientific misconduct in corporate bodies of scientific self-administration on the one hand, and in formal judicial proceedings on the other, merit discussion in a similar way to that which has been documented in the United States (14).

The commission therefore proposes to the Deutsche Forschungsgemeinschaft to hold regular colloquia involving legal practitioners, legal scholars and representatives of other branches of science and scholarship. Meetings of this kind might serve to discuss themes such as the following:

- ▶ the legal definition of science and the way in which professional scientific norms are taken into account,
- ▶ the burden of proof and the appreciation of evidence, including the keeping of laboratory records, in cases of scientific misconduct allegations,
- ▶ the status of scientists and scholars within the legal structures of universities and of employment regulations,
- ▶ alternative models of conflict resolution in science, e. g. through arbitration and through consensual settlements,
- ▶ forms of involvement of scientists in misconduct of their collaborators, and their consequences,
- ▶ the institutional responsibility for organizational and working structures, and scientific self-regulation.

Recommendation 9: Cooperation of Independent Institutes

Research institutes independent of the universities not legally part of a larger organization may be well advised to provide for common rules, in particular with regard to the procedure for dealing with allegations of scientific misconduct (Recommendation 8).

Commentary

The Max-Planck-Gesellschaft has enacted an order of procedure (15) for handling allegations of scientific misconduct for all its institutes in November 1997. The rules of good scientific practice that were drawn up have been implemented (16). For other independent scientific institutions, it may on the one hand be important to have rules of good scientific practice that correspond to their tasks and that are based on a consensus of their academic membership. On the other hand it may be advisable that codes of conduct and rules of procedure of the type recommended here be developed jointly for several institutes. This will be in the interest both of the desirable uniformity of principles and of avoiding excessive deliberation efforts. Thus, working out common principles might commend itself for the national laboratories that are members of the Helmholtz-

Gemeinschaft Deutscher Forschungszentren e.V., and for the institutes belonging to the Wissenschaftsgemeinschaft Gottfried Wilhelm Leibniz e.V., while other independent institutes might cooperate with this aim.

Recommendation 10: Learned Societies

Learned Societies should work out principles of good scientific practice for their area of work, make them binding for their members, and publish them.

Commentary

Learned societies (17) play an important role in establishing common positions of their members, not least on questions of standards and norms of professional conduct in their disciplines, and on ethical guidelines for research. A number of learned societies in Germany (in analogy to the practice common in the USA for some time) has set down and published general or discipline-specific codes of conduct, in particular for research, in their Statutes or based upon them, for example the German Chemical Society (3), the German Sociological Society (18), the German Society for Studies in Education (19), and others (20). Such efforts to develop codes of practice are an important element of quality assurance for research and deserve still wider attention.

Since European learned societies now exist for many scientific disciplines, it is recommended to pursue discussions of good scientific practice at the European level as well as nationally.

An analogy may be drawn – taking into account their different legal status – to the guidelines issued by the Chambers of Physicians in Germany, in particular the Bundesärztekammer at whose initiative ethical committees for research involving human subjects have been established throughout Germany since 1979. Since the fifth amendment to the German law on drugs (Arzneimittelgesetz) enacted in 1995, the ethical committees, in addition to advising principal investigators of studies involving patients and/or volunteers, have acquired important new tasks in the quality assurance of clinical studies (21).

There are remarkable parallels between the codes of practice that are part of the professional law for physicians, and the basic principles of scientific work. The evaluation of the professional conduct of physicians refers, inter alia, to obligations in organization and documentation, and securing evidence. Behaviour contrary to these obligations may in certain cases have consequences for the burden of proof in misconduct cases (22). Such parallels afford the possibility for science to profit from certain aspects of the experiences of the Chambers of Physicians when dealing with misconduct.

Recommendation 11: Authorship

Authors of scientific publications are always jointly responsible for their content. Only someone who has made a significant contribution to a scientific publication is deemed to be its author. A so-called "honorary authorship" is inadmissible.

Recommendation 12: Scientific Journals

Scientific journals shall make it clear in their guidelines for authors that they are committed to best international practice with regard to the originality of submitted papers and the criteria for authorship.

Reviewers of submitted manuscripts shall be bound to respect confidentiality and to disclose conflicts of interest.

Commentary

Scientific publications are the primary medium through which scientists give an account of their work. Through a publication, authors (or groups of authors) make a new finding known and identify themselves with it; they also assume the responsibility for its content. Simultaneously the authors and/or the publishers acquire documented rights of intellectual property (copyright, etc.). In this context, the date of publication has gained specific importance in the sense of documenting priority; all good scientific journals report when a manuscript has been received and when – usually following peer review – it has been accepted.

Owing to their importance for documenting priority and performance, publications have long since been the object of many conflicts and controversies. In the course of these, however, generally accepted rules (23) have been developed for the most important issues, namely the originality and independence of the content of a publication, and for authorship. They may be summarized as follows. Publications intended to report new scientific findings shall

▸ describe the findings completely and understandably,
▸ give correct and complete references to previous work by the authors and by others (citations),
▸ repeat previously published findings only inasmuch as it is necessary for understanding the context, and in a clearly identified form.

The guidelines for authors of many good and respected journals demand written statements that the content of a submitted manuscript has not previously been published or submitted for publication elsewhere. They do not accept manuscripts of original publications if their content has been presented to the general public prior to being subjected to criticism by reviewers and the scientific community; exceptions are granted only for full publications of findings previously presented at scientific meetings ("abstracts").

Authors of an original scientific publication shall be all those, and only those, who have made significant contributions to the conception of studies or experiments, to the generation, analysis and interpretation of the data, and to preparing the manuscript, and who have consented to its publication, thereby assuming responsibility for it. Some journals demand that this be documented through the signatures of all authors. Others ask for a written statement to this effect by the corresponding author as the person responsible for a manuscript as a whole and in all its details. Where not all authors can assume responsibility for the entire content of a publication, some journals recommend an identification of individual contributions (24).

Therefore, the following contributions on their own are not sufficient to justify authorship:

▶ merely organisational responsibility for obtaining the funds for the research,
▶ providing standard investigation material,
▶ the training of staff in standard methods,
▶ merely technical work on data collection,
▶ merely technical support, such as only providing equipment or experimental animals,
▶ regularly providing datasets only,
▶ only reading the manuscript without substantial contributions to its content,
▶ directing an institution or working unit in which the publication originates.

Help of this kind can be acknowledged in footnotes or in the foreword.

"Honorary authorship" is generally not considered to be acceptable under any circumstances. Neither the position of institute director and supervisor nor former supervisor justify designation as co-author.

To avoid conflicts concerning authorship, timely and clear agreements are recommended, in particular when there is a large number of contributors to the findings, to serve as guidelines for resolving disputes.

The sequence in which authors are listed must take account of the particular conventions of the discipline in question. Equivalent standards should be applied in each discipline.

Particularly in the natural and life sciences, research is often carried out jointly with others. Researchers working together on a project are mutually obliged to encourage a spirit of collaboration. This includes raising doubts about the quality of research results or procedures at the appropriate time.

It conflicts with the rules of good scientific practice to cease contributing without sufficient reason or, as a co-author on whose agreement publication depends, to prevent publication where there are no urgent grounds to do so. Refusals to publish must be justified with verifiable criticism of data, methods or results. Should co-authors suspect an obstructive refusal to give agreement, they must ask ombudspersons and the Ombuds Commission (cf. Recommendations 5 and 16) to mediate. If the ombudsperson is persuaded that there is deliberate obstruction, he or she can issue a statement permitting the other researchers to publish. The matter must be disclosed in the publication, including the permission to publish by the ombudsperson or the ombuds committee. However, this approach is only possible if there is provision in the procedures available to the ombudsperson.

Nearly all good journals have guidelines for reviewers of manuscripts committing them to strict confidentiality and to disclosing such conflicts of interest which may have eluded the editors and their advisors in selecting reviewers. Many good journals also promise their authors to respond to a submitted manuscript within a specified, short time limit, and correspondingly set their reviewers short time limits for their comments.

Publications (25) document an ongoing international discussion on these questions of quality assurance among journal editors. The discussion merits to be pursued at European or international level.

Recommendation 13: Guidelines for Research Proposals

Research funding agencies shall, in conformity with their individual legal status, issue clear guidelines on their requirements for information to be provided in research proposals on (i) the proposers' previous work and (ii) other work and information relevant to the proposal. The consequences of incorrect statements should be pointed out.

Commentary

Research funding takes place in different contexts. In Germany, the primary agents are federal and State ministries, foundations and funding agencies under public and private law, and the Deutsche Forschungsgemeinschaft. Funding agencies differ from universities and research institutes, which conduct research intramurally, in that their relationships with individual researchers usually reach beyond their own organizational context.

Funding agencies typically have an intermediate position between scientists submitting proposals for their research, and other scientists who act as reviewers. They extend a substantial measure of trust to the individual scientist, both in taking the statements in his or her proposal as a basis for its evaluation, and in entrusting the proposal, which typically contains new ideas demanding protection, to a colleague for review. The funding agencies' own interest in the observation of the fundamental principles of scientific practice and its review lies in safeguarding the mutual trust indispensable for their work.

For the individual scientist, funding agencies play an essential role through the financial support which they grant. By addressing scientists as applicants for funds or as beneficiaries of grants, they may exercise an influence on the consolidation and the protection of standards of scientific practice. Through the design of their requirements for proposals and their conditions for support they can reduce or prevent circumstances that may prompt or facilitate misconduct. They must also prepare themselves for dealing with the eventuality that their funds or their reputation are at issue in connection with misconduct of a scientist. Such cases may occur through incorrect statements in proposals, through the misuse of grant money, or through dishonest handling of proposals submitted for review.

To protect the basis of trust between themselves and the applicants and to provide orientation, funding agencies should clearly specify in their guidelines to what standards a qualified proposal must conform:

▶ Previous work must be presented specifically and completely.
▶ Publications must be precisely cited. Unpublished manuscripts must be clearly identified as "in press in …", "accepted by …" or "submitted to …".
▶ Projects must be described in the way in which, to the best knowledge of the applicant, they are intended to be carried out.
▶ Cooperations may only be taken into account by reviewers when the relevant partners have declared their intention and shown the possibility to cooperate as stated.

Through their signature, applicants must acknowledge having noted these principles.

Recommendation 14: Rules for the Use of Funds

In the rules for the use of funds granted, the principal investigator shall be obliged to adhere to good scientific practice. When a university or a research institute is the sole or joint grantee, it must have rules of good scientific practice (Recommendation 1) and procedures for handling allegations of scientific misconduct (Recommendation 8).

Institutions which do not conform to Recommendations 1 to 8 above shall not be eligible to receive grants.

Commentary

The relationship between a funding agency and an applicant is at first unilateral. A grant, awarded after peer evaluation, establishes a closer, bilateral relationship which provides further possibilities for addressing the individual scientist.

To protect themselves against misconduct of individual grant holders, funding institutions should, in accordance with their legal status, design the specific legal relationship (26) between themselves and the grantees, by laying down and publishing their requirements for the proper conduct of research and specifying their reactions to misconduct.

The definition of what constitutes scientific misconduct as such should be left to the institutions in which research is carried out, so as to ensure that they are appropriate to the specific research environment. The same applies to factual inquiries and investigations necessary for confirming or disproving an allegation.

Funding agencies must, however, set down in their funding conditions, and make public, their policy in relation to research they support and their reactions to abusive practices. Instead of the obvious possibility of recurring to the law of torts or of enrichment in such cases, they may also choose to provide for contractual penalties for certain actions. These would not necessarily take the form of payments, but might also include written warnings, debarments, etc. (27).

Recommendation 15: Reviewers

Funding organizations shall oblige their honorary reviewers to treat proposals submitted to them confidentially and to disclose conflicts of interest. They shall specify the criteria which they wish reviewers to apply. Quantitative indicators of scientific performance, e. g. so-called impact factors, shall not by themselves serve as the basis for funding decisions.

Commentary

Explicit standards for review are a useful orientation for reviewers. The confidentiality of the ideas to which a reviewer has access in a proposal absolutely precludes communicating them to third parties, not even for assistance in the review process. To ensure an objective evaluation applying scientific criteria, funding organizations must select their reviewers in a way that avoids any conflict of interest, real or apparent. Where conflicts of interest with the principal investigator or the project do occur despite these precautions, reviewers must disclose them. This is also in the individual reviewer's own best interest, since it serves to confirm his or her reputation as a fair and neutral expert.

Rules on confidentiality and on conflicts of interest should provide a sufficient basis for reactions by the funding agency, should a reviewer abuse his or her position. In contrast to the guidelines for applicants and grantees, however, contractual penalties stipulated before the beginning of the review are not acceptable here. Reviewers exercise their function in an honorary capacity. Any imputation of dishonest conduct, however hypothetical, will be demotivating and act as a deterrent. This is true regardless of the contractual relationship between the funding organization and the reviewer which might be construed from a legal point of view (28). Reactions to misconduct of reviewers should therefore be laid down in the general rules of a funding organization and not become the subject of individual agreements.

In cases of suspected use of confidential material for a reviewer's own work or other serious breach of confidentiality, the commission recommends the consultation of experts in the interest of the quickest possible clarification. A reviewer known to have abused confidential information from grant proposals must not be consulted again and, should he or she have been elected or appointed to this function, must be debarred from it.

It may also be advisable to communicate proven dishonesty of a reviewer to other funding organizations. Equally, dishonest use of confidential proposal information by a reviewer may justify the disclosure of his or her identity to the principal investigator of the proposal to enable him or her to claim compensation for damage incurred.

Rules analogous to those for reviewers must be established for the staff and for members of decision-making bodies of funding organizations who have access to confidential proposal information.

Similar care and tact as in formulating requirements of neutrality and confidentiality must be exercised by funding organizations in setting out criteria for review. Measures to ensure a uniform high quality of reviews are nevertheless necessary, not least because different funding programmes have different sets of criteria in addition to general principles of selecting the best research. Guidelines for reviewers are therefore common practice in funding organizations (29).

More arduous than securing confidentiality of review is the maintenance of its scientific quality, i.e. the selection of those reviewers who are best qualified to assess a certain proposal, who are ready to go beyond gaining a superficial impression of the productivity of the proposers and to assess the intellectual content of the proposal and the previous work on which it is based. Therein lies a great and permanent challenge for the academic staff of all funding organizations.

Peer review of grant proposals will not provide many opportunities for uncovering scientific misconduct. However, visits to the individual laboratories in the context of site visits may be an important source of relevant information, because they enable reviewers to obtain first-hand information from all members of a working group.

Recommendation 16: Ombudsman for Science

The Deutsche Forschungsgemeinschaft should appoint an independent authority in the form of an Ombudsman (or a small committee) and equip it with the necessary resources for exercising its functions. Its mandate should be to advise and assist scientists and scholars in questions of good scientific practice and its impairment through scientific dishonesty, and to give an annual public report on its work.

Commentary

Formulating norms and recommendations for good scientific practice only lays a foundation for their effect in real life. Difficulties in observing basic principles usually arise in their implementation. This is because the distinction between "honest" and "dishonest" is much easier in theory than in the actual circumstances of an individual case, with the involvements and value conflicts which come into play.

This is true for judging both one's own conduct in science and for doubts cast upon the conduct of others. The latter often confront scientists and scholars – particularly those still engaged in establishing their career – with the question whether the interest of disclosing dishonest conduct of another scientist (who may be their elder and/or their superior) weighs up the consequential risks to their own career. This provides a challenging dilemma. "Whistleblowers" may become victimized. To provide a way out of the isolation of such a conflict, the commission recommends that the Deutsche Forschungsgemeinschaft take the initiative of appointing an Ombudsman (or a body of Ombudspersons) for science and scholarship.

Such a mediating person or committee should be vested with a clearly specified mandate which might, for instance, be based on its appointment by the DFG Senate and a commitment to report to it annually (30). It should not have a mandate to conduct its own investigations like, for instance, the Office of Research Integrity of the US Public Health Service (31). Through its personal authority, integrity and impartiality, it should become a competent and credible partner, to whom scientists and scholars may turn with their problems and who, if need be, may take up indications for serious concern and bring them to the attention of the institutions involved. The commission regards it as important that this mediating authority be accessible to all scientists and scholars whether or not the research in question is supported by the DFG.

By appointing such a mediating authority, the Deutsche Forschungsgemeinschaft would support public confidence in good scientific practice by demonstrating the attention which science and scholarship give to their own self-regulation (32). This does not diminish the desirability that universities and research institutes appoint local independent counselors (Recommendation 5). The two measures are complementary.

Recommendation 17: Whistleblower

Researchers who suspect scientific misconduct and can provide specific information (whistleblowers) must not suffer disadvantage in their own scientific and career progress as result. The independent mediator (ombudsman) and the institutions who verify a suspicion must protect them in an appropriate manner. The information must be provided "in good faith".

Comment

Researchers who report their suspicions of possible scientific misconduct to the relevant institution perform an essential function for self-regulation in science and research (33). It is not the whistleblower who expresses a justified suspicion who damages research and the institution, but the researcher who is guilty of misconduct (34). Therefore, a whistleblower's career should not be disadvantaged or academic progress hindered by a disclosure. Particularly for early career researchers a report of this nature should not result in delays or obstacles during their education; there should be no disadvantage to their final dissertations and doctorate; this applies to working conditions and to possible extensions to their contracts.

The whistleblower's report must be made in good faith (35). Allegations must not be made without verification and without adequate knowledge of the facts. Frivolous allegations of scientific misconduct and the making of allegations known to be incorrect can represent a form of scientific misconduct (36).

Verification of anonymous reports must be considered by the authority or group to whom the allegation is reported. Generally speaking, it is more useful to an investigation if the whistleblower is named. The whistleblower's name must remain confidential. It can be expeditious to reveal the name to the person against whom allegations have been made if he or she is otherwise unable to mount an appropriate defence.

Reports must be treated confidentially by all those involved. This protects the whistleblower and the person against whom suspicions have been raised (37). Prejudgement of the person involved must be avoided before a final review of a reported suspicion of possible scientific misconduct (also see Recommendation 8). The procedure is no longer confidential if the whistleblower makes his or her suspicions public before notifying the university or research institution that they suspect scientific misconduct. The investigating institution must decide on a case-by-case basis how to deal with the breach of confidentiality. It is not acceptable that premature disclosure to the public should result in a loss of reputation for the person involved.

It is not only the person accused of misconduct who requires the protection of the institution, but also the whistleblower. Ombudspersons and the investigating institution should bear this notion of protection in mind and act accordingly. The whistleblower should also be protected if scientific conduct is not proven, provided the allegations were not obviously groundless.

2 Problems in the Scientific System
– Analysis of the Commission in 1997 –

Questions and discussions similar to those which have prompted the recommendations in 1997 were first raised in a broader context in the USA in the late 1970s after allegations of scientific misconduct had arisen at several well-known research universities in succession within a few years. They were partly confirmed after some time, partly pursued controversially for several years with substantial participation of the public and the courts, and only resolved after a long time – in one case in the eleventh year after the first allegations.

The cases of alleged scientific misconduct which have become famous in the USA between 1978 and the end of the 1980s have the following features in common (38):

▸ The defendants and their institutions had a high reputation; at the least, the person against whom allegations were raised belonged to a well-known group. Often, the "whistleblowers" were less prominent.
▸ The clarification of the facts by the institution concerned was conducted slowly and/or awkwardly.
▸ The public was alerted at an early time through the press or other media. All following steps were thus accompanied by public attention and controversies.

Most of these cases were also the object of litigation in the courts, and in some of them, politicians eagerly took part. Public attention was the major factor which caused a large number of committees to engage both in the phenomenology and in fundamental deliberations of "scientific fraud and misconduct" (39) from the beginning of the 1980s. The widespread impression that the institutions of science were poorly equipped to handle such problems led to institutional regulations reported below (see section 3.1).

The first attempts at the end of the 1980s to assess the quantitative dimensions of the problem of scientific misconduct did not lead to conclusive results (40). When the recommendations were drawn up in 1997, reports of the two most important authorities responsible for dealing with misconduct cases, the Office of Inspector General (OIG) of the National Science Foundation (NSF), and the Office of Scientific Integrity (ORI) of the Public Health Service, were available. In the 1990s, the OIG has received an average of 30 to 80 new cases per year – compared with some 50,000 projects funded by the NSF – and found misconduct in about one tenth of these. The ORI's Annual Report for 1995 mentions 49 new cases lodged with the ORI itself and 64 new cases in institutions within its jurisdiction in the preceding year, compared to more than 30,000 projects supported by the National Institutes of Health (41).

The Danish Committee on Scientific Dishonesty (DCSD), founded in 1992 at the initiative of the Danish Medical Research Council and working under the umbrella of the Danish research ministry since 1996, had to deal with 15 cases during the first year of its activity. In the following years, the number of new cases first decreased rapidly and then rose again to ten in 1996 (42).

In Germany, in the ten years preceding 1997, a total of six cases of alleged scientific misconduct came to the knowledge of the Deutsche Forschungsgemeinschaft. Since 1992, those cases in which the DFG was involved have been handled according to the rules set up by its Executive Board for dealing with such events (43). These include the following elements:

▶ Allegations are examined in the directorates of the DFG central office responsible for the case in question. The parties involved are heard.
▶ If, after this, a suspicion of scientific misconduct appears to have substance and if a consensual settlement cannot be reached, the case is put before a subcommittee of the DFG's Grants Committee chaired by the Secretary General. After giving the parties involved the opportunity to give evidence, this committee determines the facts of the case and makes recommendations to the Grants Committee as may be necessary.
▶ If necessary, sanctions are imposed by the Grants Committee.

In three of the cases brought to the DFG's attention, the allegations concerned the misappropriation of confidential proposal information or other forms of misconduct by reviewers. These cases were closed after correspondence and conversations between the parties involved and the DFG Head Office.

In the three other cases the allegations concerned the fabrication or falsification of experimental research findings in university institutes. These cases have the following features in common:

▶ Published results were challenged after different lengths of time in the scientific literature.
▶ The responsible authorities in the universities took action, investigated the facts, collecting evidence from the defendants and partly also from other parties involved, and imposed sanctions.
▶ All three cases – the oldest of them goes back to the year 1988 – were still pending in court at the end of 1997. In one case the university had appealed to the Federal Constitutional Court against a decision by the Federal Administrative Court (11). Another case was pending following a decision by the local administrative court on the issue of provisional legal protection in 1997 (44).

The commission's mandate was to "explore possible causes of dishonesty in the scientific system". In what follows, an attempt is made to describe some of its potential underlying causes which might justify a higher level of attention to problems of scientific dishonesty.

Dishonesty in science always comes down to the conduct of individuals, even when they do not act alone. Correspondingly, both the analysis of individual cases and generalizing statements frequently relate to considerations of individual psychology and even psychopathology (45). Such explanations, however, are of limited use when the question is raised, which general conditions might favour scientific dishonesty and what measures might be taken for its prevention.

2.1 Norms of Science

Dishonesty and conscious violations of rules occur in all walks of life. Science, and in particular scientific research, is particularly sensitive to dishonesty for several reasons:

Research, seen as an activity, is the quest for new insights. They are generated through a combination – permanently at risk through error and self-deception – of systematic enquiry and intuition. Honesty towards oneself and towards others is a fundamental condition for achieving new insights, for establishing them as a provisional point of departure (46) for new questions. "Scientists are educated by their work to doubt everything that they do and find out … especially what is close to their heart" (47).

Research in an idealized sense is the quest for truth. Truth is categorically opposed to dishonest methods. Dishonesty therefore not merely throws research open to doubt; it destroys it. In this, it is fundamentally different from honest error, which according to some positions in the theory of science is essential to scientific progress, and which at any rate belongs to the "fundamental rights" of every scientist and scholar (48).

Nearly all research today is carried out with regard to a social context, both in the narrow sense of the scientific community and in the wider sense of society at large. Researchers depend on each other, in cooperation and as competitors. They cannot be successful unless they are able to trust each other and their predecessors – and even their present rivals. "Being overtaken in our scientific work is not only our common fate … but our common mission. We cannot work without hoping that others will surpass us". Max Weber's dictum (49) applies to contemporaries no less than to predecessors and successors. Thus, honesty is not merely the obvious basic rule of professional conduct in science in the sense that "within the confines of the lecture theatre, there is simply no other virtue but straight intellectual honesty" (49); it is the very foundation of science as a social system.

2.2 Science as a Profession

As early as 1919, well before the rise of the United States to becoming the leading nation in science, Max Weber – in the context cited above – observed:

"Our university life in Germany, like our life in general, is being americanized in very vital aspects, and it is my conviction that this development will spread even further …"(49). A fortiori the USA today are the country where the structures of professional science and their inherent problems are more clearly visible and more amply documented than anywhere else (50). The fundamental characteristic of present-day science, namely that 90 per cent of all scientists ever active are alive today, was first published by an American (51). The USA were also the country where, after the unprecedented effort of the Manhattan Project, a national engagement by the state for basic research as the source of intellectual capital was proposed (52) and implemented. After the establishment of the National Science Foundation in 1950 and the National Institutes of Health in 1948, the efforts of the American Federal Government grew steadily over many years and led to a rapid growth of the research system as a whole and to the evolution of the research universities where a substantial part of their overall activity is funded through project grants of research funding agencies. In contrast to conditions in Germany (in 1997), these grants typically include not only the salary of the principal investigator but, in addition, by way of so-called "overheads", the cost of research infrastructure including administration. Success in the competition for these funds is thus decisive for career opportunities, for the equipment and – in cumulation – for the reputation of departments and of entire universities. The essential criterion for success in the competition for grants is scientific productivity, measured in terms of its results made available to the scientific community. Publications, over the course of time, thereby acquired a double role: beyond their function in scientific discourse and as documents of new knowledge, they became means to an end, and were soon counted more often than read. Parallel to this, the more research results became the basis of applications, the more the relationship between "academic" research and fields of application in industry, in public health, in advice to politics, etc. grew in intensity. In the 1990s important developments occurred in the USA, the esteem for research as a national goal, accepted without question over many years, was diminishing. Science was increasingly perceived as a consumer of government funds, among many others, and faced the obligation of justifying its requests in competition with other government priorities. Cooperation with stakeholders in applications of research gained even more importance (with large differences between disciplines), and research results were viewed in terms of their utility for financial success with growing frequency (53).

Much of this description is applicable also to Germany. When the difference in size between the two countries is taken into account, the quantitative development is not dissimilar. In 1920, the senior faculty membership of universities and comparable institutions in all Germany numbered 5,403 (54). The number of professorships in higher education institutions in West Germany grew from 5,400 in 1950 to 34,100 in 1995, while the number of positions for "other academic staff" rose from 13,700 to 55,900. Germany as a whole counted 42,000 professorships and 72,700 positions for "other academic staff" in higher education institutions in 1996 (55), not including the academic personnel funded through grants and contracts. Government expenditure for research and development (R&D) in higher education institutions was about 20 per cent of gross domestic expenditure for R&D (56).

These figures show that academic research in Germany (as in other developed countries) grew, within less than a century, from scholarly work conducted individually or in small communities to organizational forms of work typical of large enterprises. The term "knowledge production" has become current, and changes in the form of knowledge production are discussed in terms similar to those used for industrial production (57).

2.3 Competition

Competition is on record as a feature of the system of science since the 17th century (58). Priority of discovery and of publication was the major concern at issue then. Today, the issues are much broader and involve all prerequisites of scientific research up to, and including, the continuity of working groups and the professional careers of the researchers themselves. Competition between individual researchers, which has become international in all but a few fields of research, is complemented by competition between institutions and nations (59). In contrast to the ranking lists in sports, however, the distance between the gold medalists and the field is very large: confirmation of a discovery already published brings little honour. There are no silver medals, and national records have no international significance. This makes the systematic control of published findings through independent groups working in the same field all the more important.

Every form of competition knows its own conscious violations of the rules. Their probability increases with the intensity of competition and with the pressure for success. Intolerable pressure is one of the motives presented by William Summerlin, the central figure of a case of falsification in research that gained prominence in the USA. "Time after time, I was called upon to publicise experimental data and to prepare applications for grants ... Then came a time in the fall of 1973 when I had no new startling discovery, and was brutally told by Dr. Good that I was a failure ... Thus, I was placed under extreme pressure to produce" (60).

Success rates in the American system of research funding have been consistently low for many years. Thus, the motivation to gain success by breaking rules may be estimated to be high. Comparable pressure is meanwhile also felt in Germany by many scientists and scholars, particularly in the younger generation.

Besides provoking the temptation to break the rules, the pressure of competition may also lead to sloppiness and lack of care. Systematically doubting one's own findings, however, is at the core of scientific method. Repetition of experiments – if possible, independently – is particularly important when they yield the desired result. Competitive pressure and haste, trying to publish faster than one's competitors, are a source of scantily confirmed results, which in practice is much more frequent than manipulation and falsification.

2.4 Publications

Since the early modern forms of institutionalization of science in the 17th century, scientific findings are only recognized when they have been published and laid open to criticism and scrutiny. This principle is still valid, but it encounters several difficulties. First, the growth of science has led to an exponential growth of the number of publications, which has long since reached dimensions defying overview (61).

Second, the use of publications as a performance indicator in the competition of scientists for career chances, research funds, etc. has in turn accelerated the growth in the number of publications and led to the technique of splitting up their content into smaller and smaller portions. Criticism of this, epitomized in terms such as the "publish or perish" principle or the LPU (least publishable unit) is of long standing, but has not slowed down the growth.

Furthermore, the number of publications with several authors has also grown rapidly, not only for the objective reason that in nearly all fields of science and scholarship (with the exception of the humanities) cooperation has become a necessary condition of successful work, but also for the opportunistic reason that the length of a publication list is extensively used as an indicator of a researcher's rank, notwithstanding criticism of its validity.

Since the late 17th century it has been customary for new research findings to be discussed critically before publication. Good scientific journals today publish original articles only after they have been examined by competent reviewers for their validity and originality. Guidelines for authors, regularly published, often contain a description of the review process indicating time limits and success rates. The ratio of submitted and accepted papers will often be ten per cent or less in leading journals like Nature and Science (62).

The review process is a critical phase for publication manuscripts in two ways: On the one hand, it holds risks for the authors because ideas, research findings and texts still unprotected by patents or intellectual property rights are submitted to persons whose identity is normally unknown to the authors (nearly all review processes of this type are anonymous, and few reviewers break anonymity themselves) and who may happen to be their direct competitors. Safeguards typically used by editors are the careful selection of reviewers, avoiding members and declared opponents of a "school", requesting reviewers to respect confidentiality and to divulge conflicts of interest, and setting brief time limits for reviews.

On the other hand, it has been argued that reviewers ought to be relied upon to recognize manipulations and falsifications, and that they have some moral obligation to make every necessary effort. In fact, this argument remains at some distance to reality. Editors and reviewers do indeed discover many inconsistencies with the consequence that manuscripts are revised or are not accepted for publication (at least in the journal in question). And editors of leading journals are discussing measures to improve their techniques of dealing with irregularities in manuscripts and in publications (25). To expect irregularities to be reliably detected would, however, be misguided: the original data are not available to reviewers, and if they were, they would not have the time to replicate experiments and observations. In this, as in other areas of self-regulation in science, mutual trust is an essential component of the process. This is why it is so vulnerable to dishonest conduct.

Irregularities are more likely to be detected when published results are examined by other groups. According to estimates, between 0.1 and 1.0 per cent of publications are retracted or corrected after their validity has been challenged. No data exist to show to what extent error or deceit is the cause here. As a rule, doubts are communicated immediately to authors by their colleagues. Editors of journals have little leeway for action when they learn of doubts informally. Publishing corrections is fraught with juridical risks unless they are jointly signed by all authors (63).

2.5 Quantitative Performance Evaluation

The susceptibilities of the scientific system to various forms of dishonesty sketched in the preceding pages have been aggravated in the last decades with the extensive introduction of computer-based referencing systems for publications and citations and their growing use in the evaluation of achievements and performance in science. The richest and most frequently used data basis for this is the Science Citation Index published by the Institute for Scientific Information (ISI) in Philadelphia. It permits quantitative measurements of the impact of publications, based on their citations, and although details of the methodology are still being discussed in journals like Scientometrics, citation analysis has established itself as an integral part of performance evaluation in research, and, as recent publications show (64), plays an increasing role in shaping research policy in various countries. Bibliometric techniques also serve as a useful basis for observing the development of science through the analysis of publication and citation frequency, as exemplified by the journal Science Watch.

Citation analysis permits calculation of the impact of the work of individuals, groups, departments and of entire countries, but also of journals. The "journal impact factor" is annually published by the ISI and widely regarded as a measure of the reputation, and thus indirectly of the quality, of a journal. The impact factor of Nature in 1995 was calculated to be 27, that of the Journal of Biological Chemistry 7.4, and that of Arzneimittelforschung 0.5. In the review of grant proposals, the "publication performance" of the applicants regularly plays an important role. It has always made a difference whether a principal investigator and his/her group published in "good", peer-reviewed journals or merely produced "abstracts" in congress reports or articles in collective monographs without peer review. Since the "journal impact factor" offers a ready method of quantification, it is used by reviewers for the evaluation of performance with growing frequency.

This practice, however, is open to reservations which have recently found increasing support (65). They are justified for several reasons.

First, citation frequency obviously does not only depend on the reputation of a journal or a group, but above all on the size of the community interested in the subject matter. Specialized journals typically have lesser "impact factors" than those with a broad readership, and different fields have different quantitative norms. Comparing an Assyriologist and a scholar of German by their "impact factors" would make little sense even if the publication habits in the two fields were the same. Publication habits specific to research fields have a strong influence on comparability: the publication pattern in semiconductor physics is different from that in molecular developmental biology. The literature on the methodology of bibliometric analysis therefore regularly insists on the principle of "comparing like with like" (66).

Second, reviewers who rely exclusively on publication counts and on citation frequencies, perhaps expressed by the "impact factor", in their evaluation delegate their responsibility completely to the journals in question and their readers. Counting publications and looking up "impact factors" are far removed from the competence needed to judge the quality of the content of a publication. Reviewers restricting themselves to the former end up by making themselves superfluous.

It should also be noted that all methods of performance evaluation which depend exclusively or predominantly on quantitative measures serve to promote the "publish or perish" principle with all its disadvantages.

Finally, it should be taken into account that the knowledge of the use of citations as a measure of impact and (despite all methodological reservations) of the quality of a publication so cited and its authors may influence the behaviour of the latter and lead to abuses such as citation cartels.

2.6 Organization

Research in universities and academic research institutes also serves the education of the next generation of scientists and scholars. Successful researchers regularly remember how they became independent in a well-conducted group with demanding standards in science (67). But not all groups measure up to this description. Young scientists and scholars frequently deplore lack of attention, insufficient guidance, and exploitation by their superiors, and even report having contributed most of the input to publications without being named as co-authors. They may also describe an atmosphere of competitive pressure and mutual distrust in their environment. A problem frequently referred to in situations like this is the lack of accessible, impartial counselors with whom concerns and problems may be discussed without having to fear that criticism will lead directly to the loss of one's job.

The commission has seen particular problems in the field of clinical research. The difficulties which are also reported in other countries (68) are intensified in Germany through the fact that the education of medical students does not, by itself, provide a sufficient basis for independent scientific work (69). Therefore, many medical dissertations (except the growing number of theses based on experimental work) represent a mere discharge of duties and do not measure up to scientific standards observed in the sciences and the experimental medical disciplines. This is one of the reasons why medical doctorates are always shown separately in statistics of university degrees in Germany. Young medical doctors wishing to do research work will, of course, improve their familiarity with the scientific foundations of medicine and with the methods and techniques employed in the experimental medical disciplines, for example through a postdoctoral research assistantship abroad. But even then in most German university clinics the working conditions of the clinical environment are so demanding for the entire medical staff – from the first year intern to the head of the clinic – that a productive scientific activity at international level is difficult to achieve, leaving the so-called "off duty research". This overburdening is one possible cause of organizational faults in the communication structure and the supervision of clinical research groups.

Achievements in research are part of the prerequisites for an academic career in clinical medicine as in other fields. However, they are much more difficult to attain there than in other disciplines. The causes for this in the German system include the narrow leadership structure in the clinics, but also the rarity of academic staff positions offering a perspective of tenure for natural scientists in the clinics. The tightly hierarchical structure of management and leadership characteristic for patient care is not necessarily suited to clinical research and to the tasks of guidance and quality assurance which research demands. Models of delegated and shared responsibility, as they have been established in the Clinical Research Groups and Collaborative Research Centres supported by the Deutsche Forschungsgemeinschaft, offer examples of an organization more adequate to the needs of clinical research. They may also provide a better environment for the training of young clinical scientists.

2.7 Legal Norms and Norms in Science

The freedom of research is established as a constituent part of the German constitutional order in the Grundgesetz with an explicitness found in few other western constitutions. Yet the practice of research is governed by a large number of specific legal provisions which may also restrict the freedom of scientific enquiry in individual cases. Examples for this are the laws on animal protection, on recombinant DNA technology, on chemicals, on data protection, and on medical drugs (70). In contrast to this, the relationship between norms internal to science, which distinguish scientific misconduct from good scientific practice, and the constitutional norm guaranteeing freedom of research is not yet well defined (71). The law on higher education institutions offered – when the commission was sitting in 1997 – few relevant rules beyond obvious clauses such as the general obligation to respect the rights and duties of other members of the university (§ 36 V of the Hochschulrahmengesetz – HRG, in 1997), and its specification for research supported by external grants and contracts (§ 25 II HRG, in 1997).

In principle, the law on higher education institutions gives the universities adequate possibilities to take action when scientific misconduct is alleged and to impose internal sanctions when required, without necessarily resorting to the legal provisions governing disciplinary action. Difficulties arise, however, when the steps taken by a university become the object of litigation in the courts (11, 44). Problems concern not only the duration of court proceedings, but also uncertainties in the interpretation and application of the rules of the law on higher education institutions, and in taking into account scientific norms which are not part of the legal system, e. g. those relevant to the documentation and storage of primary data.

At the level of research funding organizations it seems uncertain to what extent they are prepared for handling cases of scientific misconduct by internal rules and procedures.

The preparation of these recommendations in 1997 has shown that the experiences of institutions in other countries with safeguarding good scientific practice and with establishing definitions and procedures for handling misconduct may provide important suggestions and models for possible measures in Germany. After a pilot phase, an exchange of information and experiences among German institutions might be useful to promote a sensible and careful further development of the implementation of these recommendations. It is therefore suggested that a meeting of experts – to be hosted by the Deutsche Forschungsgemeinschaft or another organization – be envisaged for a date one or two years after the publication of these recommendations. The prospect for such a workshop being fruitful will depend on the degree in which universities and research institutes make an effort now to implement these recommendations in practice and systematically record their experiences.

3 Experiences outside Germany
– Basis of the Commission's Work in 1997 –

3.1 USA

The vast majority of allegations of scientific dishonesty that have become generally known have been raised (and to some smaller degree confirmed) in the USA. Conditions there are well and accessibly documented (26, 39), so that a brief summary will suffice here.

Owing to the structure of research funding in the USA, every case of scientific misconduct which led to a broader public discussion there from the end of the 1970s to the present time involved at least one of the two large federal research funding agencies. These are:

▶ The National Science Foundation (NSF). Established in 1950, it has an annual budget approaching 4 bn. US-$ (2012: 7 bn. US-$) which support research in the natural and engineering sciences, and also the behavioural sciences including such fields as linguistics, psychology, and social sciences, and in addition programmes in science education. It is an independent federal agency.

▶ The National Institutes of Health (NIH). Their beginnings reach back to the year 1888, and they have existed under their present name since 1948 (72). There are 13 institutes (2013: 21) carrying out biomedical and clinical research. At the same time, some 80 per cent of their total budget which approaches 14 bn. US-$ (2012: 30 bn. US-$) are spent on grants and contracts to universities and research institutions. The NIH are thus the largest research funding organization in the world. They are a federal agency within the jurisdiction of the Department of Health and Human Services (DHHS).

Both the NSF (in 1987) and the NIH (in 1989) have published definitions of scientific misconduct and regulations for handling allegations thereof. They are similar, but not identical, and are binding for all grantee institutions, which must show that they have established an internal procedure for dealing with allegations of scientific misconduct.

The responsibility for dealing with such cases rests primarily with the universities and research institutes. Their rules, largely following a model worked out by the Association of American Universities (73), typically provide for a two-step procedure:

▶ An informal preliminary phase ("inquiry") serves to clarify whether it is necessary to open a formal investigation.

▶ Formal investigations, usually organized under the responsibility of central university authorities, serve to determine the facts of the case. Following this a decision is taken on what sanctions (if any), on a scale reaching from written warnings to termination of employment, are to be imposed. In this phase, governed by the rules of due process, the defendant usually has the right to be assisted by legal counsel.

Both the NSF and the NIH require that they be notified at the beginning and at the end of every formal investigation where grants awarded by them are involved. The responsibility in the NSF is vested in the Office of Inspector General (OIG), an authority situated in the NSF itself which is also responsible for the financial auditing of grants and reports directly to the National Science Board as the NSF's supervisory body. For the NIH, the responsibility lies with the Office of Research Integrity (ORI), an authority situated in the DHHS (the Department responsible for the NIH) and with jurisdiction for all areas of the Public Health Service except the Food and Drug Administration. Both the OIG and the ORI may conduct their own investigations during or after the local proceedings. The ORI has developed detailed guidelines for dealing with allegations of scientific misconduct locally (74).

After the closure of local proceedings, the ORI and the OIG determine what sanctions are to be imposed from their side. The ORI takes action itself, and appeals may be lodged with a Departmental Appeals Board of the DHHS. The OIG formulates a recommendation, based on its investigation report, to the Deputy Director of the NSF. The recommendation is independently examined there before sanctions are announced to the defendant and eventually imposed. Sanctions may e. g. be

▶ debarment from submitting grant proposals, typically for three to five years,
▶ exclusion from review panels and other bodies,
▶ conditions for future grant proposals, typically in the form of supervision requirements addressed to the institution where the research is to be carried out, usually for several years,
▶ the obligation to correct or retract certain publications.

Both the OIG and the ORI publish regular reports on their activities (41). They show that sanctions are imposed in 10 to 50 per cent of all cases, nearly always in the form of a voluntary settlement. In one highly publicised case the Departmental Appeals Board exonerated the scientist against whom allegations had been brought in the summer of 1996, ten years after the allegations first became known.

The definition of what constitutes "scientific misconduct" has been, and still is, widely discussed in the USA. According to the part of the definition shared by NIH and NSF, scientific misconduct is defined as

"fabrication, falsification, plagiarism, or other serious deviation from accepted practices in proposing, carrying out, or reporting results from activities funded by ..."

the respective agency; in the NSF's definition there follows a clause protecting informants who have not acted in bad faith.

The point at issue in the discussion is the generic nature of the words "other serious deviation from accepted practices". It is challenged with the political argument of permitting arbitrary decisions by the authorities, with the constitutional argument of being "void for vagueness" (75), and with the logical claim that a definition of scientific misconduct must be limited to specific violations of fundamental rules of science and not include areas of misconduct covered by other legal regulations. The challenges are rebutted, chiefly by the NSF, arguing that the definition is close to scientific practice particularly through the reference to the norms (which may be specific to individual disciplines) of the scientific community in question. Over the years, this argument has been developed further: serious deviation from the norms of correct scientific work, it is argued, is the core of the definition. Fabrication, falsification, and plagiarism (FFP) are empirically frequent examples of such serious deviations. The proposed limitation of the definition to "FFP" would be legalistic, would exclude some particularly grave cases of scientific misconduct such as breach of confidentiality by a reviewer, and would merely shift the problem towards the exact definition of the individual constituents of "FFP" (76).

It may be noted that the generality of the definition in the USA has not led to reported controversies over its application to individual cases. There have, on the other hand, been examples of substantial criticism of the ORI's practice in investigations and imposing sanctions.

The research support organizations in Canada have issued a joint declaration in 1994 formulating similar principles to those in force in the USA, but in a less detailed form.

3.2 Denmark

The first European country to form a national body to handle allegations of scientific dishonesty was Denmark. The Danish Committee on Scientific Dishonesty (DCSD) was established in 1992 at the initiative of the Danish Medical Research Council (DMRC) following recommendations by a working group which had extensively analyzed the causes, the phenomenology and the consequences of dishonesty in science (77). Like the US National Science Foundation, the working group sees the core of scientific dishonesty in the intent to deceive. This may lead to a variety of individual constellations of differing degrees of seriousness both in principle and depending on the circumstances of each case. Examples given for constellations requiring formal investigation are cases of "deliberate

- ▶ fabrication of data,
- ▶ selective and undisclosed rejection of undesired results,
- ▶ substitution with fictitious data,
- ▶ erroneous use of statistical methods with the aim of drawing other conclusions than those warranted by the available data,

▶ distorted interpretation of results or distortion of conclusions,
▶ plagiarism of the results or entire articles of other researchers,
▶ distorted representation of the results of other researchers,
▶ wrongful or inappropriate attribution of authorship,
▶ misleading grant or job applications".

Examples of less serious constellations mentioned by the working group include

▶ "covert duplicate publication and other exaggeration of the personal publication list,
▶ presentation of results to the public ... by-passing a critical professional forum in the form of journals or scientific associations,
▶ omission of recognition of original observations made by other scientists,
▶ exclusion of persons from the group of authors despite their contributions to the paper in question" (77).

In this context, the working group also discusses intersections of the constellations examined and conduct sanctioned by the penal code (fraud, falsification of documents) or by civil law (plagiarism).

The DCSD has incorporated the essential elements of the first list quoted above (expressly marked as "not exhaustive") into its statutory rules. Until 1996, its scope of activity was defined by the mission of the DMRC. Its principal task is the determination of the facts in cases of allegations presented to it, and reporting on each case. Cases falling under criminal law are submitted to the relevant authorities. In other cases, the Committee may give recommendations to the individuals and institutions involved. In addition, the Committee and its members regard it as their duty to promote the principles of good scientific practice through lectures and publications. Its published annual reports contain many articles on questions of good scientific practice and deviations from it and their assessment. The committee, chaired by a judge of the Danish Supreme Court, has seven other members nominated by different universities and scientific organizations in Denmark.

In 1996, the DCSD, with its principles unchanged, was brought under the umbrella of the Danish research ministry, thus preparing the extension of its remit to all fields of science, as its chairman had recommended in the 1996 Annual Report.

The DCSD has become the model for analogous regulations, mostly less detailed, in the other Scandinavian countries.

3.3 United Kingdom

As in Denmark, the Medical Research Council (MRC) is the first institution in the United Kingdom known to have taken the initiative of publishing rules for correct conduct in research (78) and to codify rules for handling allegations of scientific misconduct. The MRC, established in 1913, conducts biomedical and clinical research in its own units and awards grants for medical research in universities. It expects both its own units and universities receiving grants to set up and publicise rules of conduct. Apart from the general rules mentioned above, it has published guidelines for a variety of questions in medical ethics, e. g. for research with persons unable to give informed consent. The guidance and policy of the MRC have had a decisive influence on a declaration of the European Medical Research Councils, a standing committee of the European Science Foundation, on the subject of "Misconduct in Medical Research" (79).

In contrast to the Danish example, and in analogy to the USA, the MRC expects allegations of scientific misconduct to be handled in the individual institutions involved. Its "policy" (80) provides for a three-step procedure, in which the first step is a formal confrontation of the defendant with the allegations, giving him or her the opportunity to respond. The procedure is otherwise analogous to the principles current in most American institutions. The scale of sanctions includes the removal from the project in which misconduct was observed, a "final written warning" and various other measures, with termination of appointment in extreme cases. As in the USA, the MRC's rules provide for an Appeal Board which is appointed by the Executive Director of the MRC.

4   Other National and International Standards

4.1 National Rules of Procedure

The DFG's recommendations are supplemented by the principles of the Research Ombudsman and in the DFG Rules of Procedure for Dealing with Scientific Misconduct. The currently valid versions can be found on the DFG website.

Principles of Procedure of the Research Ombudsman:
www.dfg.de/foerderung/grundlagen_rahmenbedingungen/gwp/ombudsman/
index.html
www.ombudsman-fuer-die-wissenschaft.de/index.php?id=6094
(only available in German)

Rules of Procedure for Dealing with Scientific Misconduct (DFG form 80.01):
www.dfg.de/formulare/80_01/index.jsp

4.2 International Developments

International recommendations on good scientific practice have been set out in the following publications.

The European Code of Conduct for Research Integrity (2010):
www.esf.org/publications/member-organisation-fora.html

Singapore Statement on Research Integrity (2010):
www.singaporestatement.org

InterAcademy Council and IAP Policy Report (2012):
www.interacademycouncil.net/24026/GlobalReport/28257.aspx

Statement of Principles for Research Integrity, Global Research Council (2013):
www.globalresearchcouncil.org

The Montreal Statement on Research Integrity in Cross-Boundary Research Collaborations (2013):
http://wcri2013.org/Montreal_Statement_e.shtml

Notes

(1) Robert Koenig: Panel Calls Falsification in German Case 'Unprecedented', Science 277, 1997, p. 894; see also Marco Finetti/Armin Himmelrath: Der Sündenfall, Stuttgart: DUZ Edition 1999.

(2) Derek Bok: Beyond the Ivory Tower. Social Responsibilities of the Modern University, Cambridge, Mass.: Harvard University Press 1982.

(3) Available at www.gdch.de.

(4) Situation in 1997: § 2 HRG; in 2013: see the federal state laws for higher education such as Art. 2 Bayerisches Hochschulgesetz of 23.5.2006, § 4 Berliner Hochschulgesetz of 26.7.2011, § 3 Gesetz über die Hochschulen des Landes Nordrhein-Westfalen of 31.10.2006.

(5) Hans-Heinrich Trute: Die Forschung zwischen grundrechtlicher Freiheit und staatlicher Institutionalisierung, Tübingen: Mohr 1994.

(6) Hubert Markl: Wissenschaft im Widerstreit, Weinheim: VCH Verlagsgesellschaft 1990, p. 7–21.

(7) Hochschulrektorenkonferenz: Zum Promotionsstudium. Entschließung des 179. Plenums der HRK, Bonn 1996. Dokumente zur Hochschulreform 113/1996.

(8) There is a broad consensus on the requirement for a supervision concept of this nature to ensure quality in the process of awarding doctorates: The German Rectors' Conference (HRK) recommendation (23.4.2012) to the universities permitted to award doctorates "Quality assurance in the awarding of doctorates", p. 5, mentions a "doctoral agreement", also see the recommendation of the 14th general meeting of the HRK on 14.5.2013, "Good scientific practice at German Universities"; the German Council of Science and Humanities spoke out in favour of a supervision agreement between doctoral researchers, their supervisors and the doctorate committee; see "Quality assurance requirements in the award of doctorates" 2011, p. 19.

(9) Danish Committee on Scientific Dishonesty: Guidelines for Data Documentation, in: DCSD Annual Report 1994, København: The Danish Research Councils 1995.

(10) cf. VG Mainz 3 K 844/09.MZ; OVG Berlin-Brandenburg 5 S 27.11; see also Hans-Werner Laubinger: Die Untersuchung von Vorwürfen wissenschaftlichen Fehlverhaltens, in: FS für Peter Krause, 2006, p. 379ff.; Helmuth Schulze-Fielitz: Reaktionsmöglichkeiten des Rechts auf wissenschaftliches Fehlverhalten, Wissenschaftsrecht, 2012, Beiheft 21, p. 1ff.; Wolfgang Löwer: Regeln guter wissenschaftlicher Praxis zwischen Ethik und Hochschulrecht, in: Plagiate – Wissenschaftsethik und Recht, ed. by Thomas Dreier and Ansgar Ohly, Tübingen: Mohr Siebeck 2013, p. 51ff.

(11) Bundesverwaltungsgericht: Urteil vom 11. 12. 1996, 6 C 5.95; Neue Juristische Wochenschrift 1997, p. 1996ff.; see also Christoph Schneider: Der Scharlatan auf dem Rechtsweg – und was vielleicht zu seiner Umlenkung getan werden könnte, Berichte zur Wissenschaftsgeschichte 27 (2004), p. 237ff. Dismissal of the constitutional complaint against the judgement of the Federal Administrative Court (BVerwG), BVerfGE, BvR, 653/97 of 8.8.2000.

(12) Bundesverwaltungsgericht (see note 11) p. 16, p. 21 (Neue Juristische Wochenschrift 1997, p. 1996, referring to principles of jurisdiction by the Federal Constitutional Court [Bundesverfassungsgericht], e.g. BVerfGE 90, p. 1ff., p. 11).

(13) Bundesverwaltungsgericht (see note 11) p. 12; Neue Juristische Wochenschrift 1997, p. 1998.

(14) AAAS-ABA National Conference of Lawyers and Scientists. Project on Scientific Fraud and Misconduct; reports of three workshops held in 1987 and 1988, published 1988–89, Washington, DC: American Association for the Advancement of Science.

(15) Max-Planck-Gesellschaft: Verfahren bei Verdacht auf wissenschaftliches Fehlverhalten – Verfahrensordnung, Beschluss des Senats vom 14. 11. 1997, amended on 24.11.2000.

(16) Max-Planck-Gesellschaft: Regeln zur Sicherung guter wissenschaftlicher Praxis, Beschluss des Senats vom 24.11.2000, amended on 20.3.2009.

(17) Wissenschaftsrat: Zur Förderung von Wissenschaft und Forschung durch wissenschaftliche Fachgesellschaften, mimeograph Drs. 823/92, Köln 1992.

(18) Ethik-Kodex der Deutschen Gesellschaft für Soziologie und des Berufsverbandes Deutscher Soziologen, DGS-Informationen 1/93, p. 13ff.

(19) Deutsche Gesellschaft für Erziehungswissenschaft: Standards erziehungswissenschaftlicher Forschung, in: Barbara Friebertshäuser, Annedore Prengel (eds.): Handbuch quantitative Forschungsmethoden in der Erziehungswissenschaft, Weinheim: Juventa Verlag 1997, p. 857–863.

(20) see also Deutsche Physikalische Gesellschaft: Verhaltenskodex für Mitglieder, amended in 2008.

(21) H. Burchardi: Die Ethikkommissionen als Instrument der Qualitätssicherung in der klinischen Forschung, Intensivmedizin 34, 1997, p. 352–360.

(22) Erwin Deutsch: Arztrecht und Arzneimittelrecht, 2nd edition, Heidelberg: Springer 1991, p. 1ff., p. 155.

(23) International Committee of Medical Journal Editors: Uniform Requirements for Manuscripts Submitted to Biomedical Journals, quoted from: New England Journal of Medicine 336, 1997, p. 309–315.

(24) Also Siegfried Großmann and Hans-Heinrich Trute: Autorschaft – nicht nur Recht, sondern auch Verantwortung, Physik Journal 2 (2003) Nr. 2, p. 3

(25) On the status of the debate in 1997: Nigel Williams: Editors Seek Ways to Cope With Fraud, Science 278, 1997, p. 1221. For 2013, see chapter 4.2 and COPE (Committee on Publication Ethics): www.publicationethics.org.

(26) Stefanie Stegemann-Boehl: Fehlverhalten von Forschern. Eine Untersuchung am Beispiel der biomedizinischen Forschung im Rechtsvergleich USA-Deutschland, Stuttgart: Ferdinand Enke Verlag 1994 (Medizin in Recht und Ethik, Band 29), p. 94.

(27) Stegemann-Boehl (note 26), p. 272ff; see also Rules of Procedure for Dealing with Scientific Misconduct, DFG form 80.01.

(28) Stegemann-Boehl (note 26), p. 160f.

(29) Deutsche Forschungsgemeinschaft: Guidelines for the Review, DFG forms: www.dfg.de/foerderung/formulare_merkblaetter/index.jsp.

(30) Reports of the Ombudsman for Science since 2000: www.ombudsman-fuer-die-wissenschaft.de/index.php?id=6095.

(31) The scientific community originally recommended an advisory and mediating role for what later became the ORI, cf. Institute of Medicine: The Responsible Conduct of Research in the Health Sciences. Report of a study, Washington, DC: National Academy Press 1989.

(32) Wolfgang Frühwald: An Ombudsman for the Scientific Community? german research. Reports of the DFG, 2–3, 1997, p. 3. For an overview of "self-regulation in science" see Kirsten Hüttemann, Forschung und Lehre 2011, p. 280f.

(33) Christopher Baum: Whistleblowing in der Wissenschaft, Forschung und Lehre 2012, p. 38ff. Corinna Nadine Schulz: Whistleblowing in der Wissenschaft, Baden-Baden: Nomos 2008; Schulze-Fielitz (note 10). On the legal protection of whistleblowers, see § 612a German Civil Code (BGB) and the ruling of the ECHR of 21.7.2011 – 28274/08, DB 0426266.

(34) Max-Planck-Gesellschaft: Regeln zur Sicherung guter wissenschaftlicher Praxis, Beschluss des Senats vom 24.11.2000, amended on 20.3.2009.

(35) cf. Office of Research Integrity (ORI), Protection for Whistleblower.

(36) Annual Report of the Ombudsman for Science 2000/2001, p. 13f.

(37) See also Schulze-Fielitz (note 10); see also Verfahrensgrundsätze des Ombudsman für die Wissenschaft: www.ombudsman-fuer-die-wissenschaft.de/index.php?id=6094.

(38) Allan Mazur: The experience of universities in handling allegations of fraud or misconduct in research, in: AAAS-ABA National Conference of Lawyers and Scientists, Project on scientific fraud and misconduct. Report on workshop number two. Washington, DC: American Association for the Advancement of Science, 1989, p. 67–94.

(39) An extensive summary in: Panel on Scientific Responsibility and the Conduct of Research. Committee on Science, Engineering and Public Policy. National Academy of Sciences. National Academy of Engineering. Institute of Medicine: Responsible Science. Ensuring the Integrity of the Research Process, 2 vols., Washington, DC: National Academy Press, 1992–93.

(40) Patricia K. Woolf: Deception in Scientific Research, in: AAAS-ABA National Conference of Lawyers and Scientists, Project on scientific fraud and misconduct. Report on workshop number one. Washington, DC: American Association for the Advancement of Science, 1988, p. 37–86.

(41) Office of Inspector General: Semiannual Report to the Congress, Washington, DC: National Science Foundation 1 (1989) ff; Office of Research Integrity: Annual Report, Washington, DC: Department of Health and Human Services. Office of the Secretary. Office of Public Health and Science, 1994ff.

(42) The Danish Committee on Scientific Dishonesty: Annual Report 1993, 1994, 1995, 1996, København: The Danish Research Councils, partly available at www.forskraad.dk.

(43) Presidential Directive „Fehlverhalten in der Wissenschaft" of 19.3.1992, replaced by the DFG's Rules of Procedure for Dealing with Scientific Misconduct" of 26.10.2001, amended on 5.7.2011, DFG form 80.01.

(44) Verwaltungsgericht Düsseldorf: Beschluss vom 11. 4. 1997, 15 L 4204/96; Entscheidung des VG Düsseldorf (Klageabweisung) vom 17.9.1999 – 15K 5989/97.

(45) Alexander Kohn: False Prophets, Oxford: Basil Blackwell 1986, e. g. p. 193ff.

(46) Karl R. Popper: Logik der Forschung (1934), 2nd edition, Tübingen: Mohr 1968.

(47) Heinz Maier-Leibnitz: Über das Forschen, in: Heinz Maier-Leibnitz: Der geteilte Plato, Zürich; Interfrom 1981, p. 12.

(48) Andreas Heldrich: Freiheit der Wissenschaft – Freiheit zum Irrtum? Haftung für Fehlleistungen in der Forschung, Heidelberg: C. F. Müller 1987. Schriftenreihe der Juristischen Studiengesellschaft Karlsruhe, Heft 179; Alexander Kohn (note 45) p. 18–34.

(49) Max Weber: Wissenschaft als Beruf (1919), in: Max Weber: Gesammelte Aufsätze zur Wissenschaftslehre, 3rd edition, Tübingen: Mohr 1968, p. 582–613.

(50) The changes in the scientific system originating in the USA are one of the main causes of the growing frequency of misconduct in science according to Federico DiTrocchio: Le bugie della scienza. Perchè e come gli scienziati imbrogliano, Milano: Arnoldo Monadori Editore, 1993 (quoted from the German translation: Der große Schwindel. Betrug und Fälschung in der Wissenschaft. Frankfurt: Campus 1994, p. 51ff.).

(51) Derek J. de Solla Price: Little Science, Big Science, New York: Columbia University Press, 1963.

(52) Vannevar Bush: Science – the endless frontier, A report to the President on a program for postwar scientific research (1945), reprint Washington, DC: National Science Foundation, 1960.

(53) Report of the Committee on Academic Responsibility. Massachusetts Institute of Technology (1992), quoted from the reprint in: Responsible Science (note 39) vol. 2, p. 159–200.

(54) Untersuchungen zur Lage der deutschen Hochschullehrer, Band III: Christian von Ferber: Die Entwicklung des Lehrkörpers der deutschen Universitäten und Hochschulen 1864–1954, Göttingen: Vandenhoeck & Ruprecht 1956.

(55) Bundesministerium für Bildung, Wissenschaft, Forschung und Technologie (ed.): Grund- und Strukturdaten 1996/97, Bonn: BMBF 1996.

(56) Bundesministerium für Bildung, Wissenschaft, Forschung und Technologie (ed.): Report of the Federal Government on Research 1996 – Abridged Version –, Bonn: BMBF 1996.

(57) Michael Gibbons, Camille Limoges, Helga Nowotny, Simon Schwartzman, Peter Scott, Martin Trow: The new production of knowledge, London: Sage Publications 1994.

(58) Robert K. Merton: Priorities in Scientific Discovery: A Chapter in the Sociology of Science, American Sociological Review 22, 1957, p. 635–659.

(59) Wissenschaftsrat: Empfehlungen zum Wettbewerb im deutschen Hochschulsystem, Köln: Wissenschaftsrat 1985;
Heinrich Ursprung: Hochschulen im Wettbewerb, in: Heinrich Ursprung: Die Zukunft erfinden. Wissenschaft im Wettbewerb, Zürich: vdf Hochschulverlag AG, ETH Zürich 1997, p. 142–152.

(60) quoted from William Broad, Nicholas Wade: Betrayers of the Truth, New York: Simon & Schuster 1982, p. 157.

(61) Derek J. de Solla Price: Diseases of Science, in: D.J. de Solla Price: Science since Babylon (1961). Enlarged Edition, New Haven: Yale University Press 1975, p. 161–195.

(62) Instructions to authors available at www.nature.com and www.sciencemag.org.

(63) Patricia Morgan: The impact of libel law on retractions, in: AAAS-ABA National Conference of Lawyers and Scientists. Project on scientific fraud and misconduct. Report on workshop number three, Washington, DC: American Association for the Advancement of Science 1989, p. 181–185.

(64) Robert M. May: The Scientific Wealth of Nations, Science 275, 1997, p. 793–796; David Swinbanks et al.: Western research assessment meets Asian cultures, Nature 389, 1997, p. 113–117.

(65) Beschluss des Präsidiums der Deutschen Gesellschaft für Unfallchirurgie e.V. vom 21. 6. 1997; Sigurd Lenzen: Nützlichkeit und Limitationen des sogenannten "Journal Impact Factor" bei der Bewertung von wissenschaftlichen Leistungen und Zeitschriften, Diabetes und Stoffwechsel 6, 1997, p. 273–275;
Peter Lachmann, John Rowlinson: It's what, not where you publish that matters, Science & Public Affairs, Winter 1997, 8.

(66) e. g. Ben R. Martin, John Irvine: Assessing Basic Research. Some partial indicators of scientific progress in radio astronomy, Research Policy 12 (2), 1983, p. 61–90.

(67) Eugen Seibold, Christoph Schneider: Vorschläge, in: Christoph Schneider (ed.): Forschung in der Bundesrepublik Deutschland, Beispiele, Kritik, Vorschläge, Weinheim: Verlag Chemie 1983, p. 907–942.

(68) Edward H. Ahrens, Jr.: The Crisis in Clinical Research. Overcoming Institutional Obstacles, New York, Oxford: Oxford University Press 1992.

(69) Wissenschaftsrat: Empfehlungen zur klinischen Forschung in den Hochschulen, Köln 1986, p. 25ff.; Empfehlungen zur Verbesserung der Ausbildungsqualität in der Medizin, in: Empfehlungen und Stellungnahmen 1988, Köln 1989, p. 263–288; Empfehlungen zur Neustrukturierung der Doktorandenausbildung und -förderung (1995), in: Empfehlungen zur Doktorandenausbildung und zur Förderung des Hochschullehrernachwuchses, Köln 1997, p. 35–104.

(70) Deutsche Forschungsgemeinschaft: Forschungsfreiheit. Ein Plädoyer für bessere Rahmenbedingungen der Forschung in Deutschland, Weinheim: VCH Verlagsgesellschaft 1996.

(71) Stegemann-Boehl (note 26).

(72) Ahrens (note 68), p. 65ff.

(73) quoted from the reprint in: Responsible Science (note 39), vol. 2, p. 231–242.

(74) ORI Handbook for Institutional Research Integrity Officers, mimeograph: Washington, DC: Department of Health and Human Services. Office of the Secretary of Health and Human Services. Office of Public Health and Science. Office of Research Integrity. Public Health Service, February 1997.

(75) Karen A. Goldmann, Montgomery K. Fisher: The constitutionality of the "other serious deviations from accepted practices" clause, Jurimetrics 37, 1997, p. 149–166.

(76) Robert M. Andersen: Select legal provisions regulating scientific misconduct in federally supported research programs, in: AAAS-ABA workshop number three (note 63), p. 145–156; Donald E. Buzzelli: NSF's Definition of Misconduct in Science, The Centennial Review XXXVIII, 2, 1994, p. 273–296. For the state of the debate in the USA in 1997 see also: Integrity and Misconduct in Research. Report of the Commission on Research Integrity to the Secretary of Health and Human Services … [etc.], November 1995, available at www.dhhs.gov/phs/ori.

(77) Daniel Andersen, Lis Attrup, Nils Axelsen, Povl Riis: Scientific Dishonesty and Good Scientific Practice, København: Danish Medical Research Council 1992; Annual reports of the DCSD: see note 42.

(78) Medical Research Council: Principles in the Assessment and Conduct of Medical Research and Publicising Results. London: MRC 1995.

(79) David Evered, Philippe Lazar: Misconduct in Medical Research, The Lancet 345, 1995, p. 1161–1162.

(80) MRC Policy and Procedure for Inquiring into Allegations of Scientific Misconduct, London: MRC, December 1997.